普通高等教育“十一五”国家级规划教材

线性代数与解析几何教程

(上册)

樊　恽　刘宏伟　编

科 学 出 版 社

北 京

内容简介

本书讲述了高等院校线性代数与解析几何课程的基本内容，既突出了线性代数作为各专业公共课程的工具性和操作性，也反映了线性代数与解析几何、多项式知识的思想性以及它们之间的内在联系. 本书在内容处理上力求翔实流畅、易学易教. 本书分上、下两册. 上册内容包括空间向量、直线与平面、行列式、矩阵与向量、多项式、矩阵的特征系与相似对角化等6章. 每节后配备了一定数量的练习题，章后配备有综合性较强的习题. 上、下册均有符号说明、部分习题答案与提示，并附有名词索引，便于阅读查找.

本书为板块结构，遵循按需选取. 本书既可作为数学各专业学生的教学用书，也可作为非数学专业学生的教学用书，对其他课程的教师也具有参考价值.

图书在版编目(CIP)数据

线性代数与解析几何教程. 上册/樊恽，刘宏伟编. —北京：科学出版社，2009

普通高等教育“十一五”国家级规划教材

ISBN 978-7-03-025044-5

Ⅰ. 线…　Ⅱ. ①樊…　②刘…　Ⅲ. ①线性代数-高等学校-教材　②解析几何-高等学校-教材　Ⅳ. O151.2　O182

中国版本图书馆 CIP 数据核字(2009)第122512号

责任编辑：李鹏奇　王　静　房　阳／责任校对：邹慧卿

责任印制：张　伟／封面设计：陈　敬

科学出版社出版

北京东黄城根北街16号

邮政编码：100717

http://www.sciencep.com

北京凌奇印刷有限责任公司 印刷

科学出版社发行　各地新华书店经销

*

2009年8月第　一　版　开本：B5(720×1000)

2022年11月第十三次印刷　印张：17

字数：333 000

定价：39.00元

(如有印装质量问题，我社负责调换)

前言

高等代数、解析几何是大学数学课程中最基础的几门课程中的两门. 它们是大部分专业的公修课, 对数学各专业、师范类数学专业更具基础性和重要性. 高等代数通常包括线性代数和少量多项式内容, 解析几何则主要是以代数方法研究直线、平面、曲线、曲面. 线性代数和多项式也有广泛几何背景. 作者多年来从事这两门课程的合并教学. 在实践基础上, 5 年前曾出版了《线性代数与几何引论》, 在涵盖高等代数与解析几何的标准内容的基础上, 适当考虑了考研等需求, 处理方式上也下了一番功夫, 不足之处主要是操作性差了一点: 编排比较浓缩, 讲述过于简练. 在近几年教学实践的基础上, 作者希望重新编写一部学生比较容易阅读、教师比较容易使用的教材. 本书就是这种努力的产物.

本书内容比较丰富, 共 12 章, 上、下册各 6 章. 选取材料涵盖了高等代数与解析几何的标准内容, 而且不论是正文还是习题都有更广的适应性, 如可作考研复习参考等. 全书基本是板块式结构, 有利于教学安排.

第 1, 2 章和第 8, 9 章是两个解析几何板块. 前者基本是线性部分, 也是线性代数的几何背景; 后者是曲线曲面部分, 二次曲线曲面分类的关键步骤是主轴化, 所以放在第 7 章二次型之后.

第 3, 4 章和第 5, 6 章是两个高等代数基础板块. 前者是最基础的部分; 后者是多项式、特征系和对角化, 特征系需要较多的多项式知识.

第 7 章二次型, 也是高等代数的基础板块.

第 10~12 章则是数学专业的线性代数板块.

可见, 第 3, 4, 6 章相当于一般理工科线性代数课程, 加上第 7 章则可适应较高要求.

四个高等代数板块则构成数学专业高等代数两学期课程.

全书作为数学各专业、师范类数学专业教材, 适合三学期课程: 第 1~4 章 (约 90 课时)、第 5~9 章 (约 90 课时)、第 10~12 章 (约 72 课时), 这个进度是与专业整体课程安排和谐共进的.

考虑教学方便, 本书尽量设计为一个教材节可供一次课 (两课时) 讲授再辅以适当习题课时. 标以 † 的章节是可以不讲授的内容.

尽管编排带有板块性质, 但从上面各板块的介绍已可看出各章之间思想内容的交叉、转换融合. 而且, 章节材料的处理也尽量体现思想的转换融合和提炼, 如最基础的第 4 章, 以线性方程组为导引, 以解析几何向量为实例, 导入数序列向量空间和矩阵概念；以消去法即矩阵的初等变换为基本思想技巧, 推导出矩阵的秩等基本定理；再作为应用得出关于线性方程组的基本理论. 这样, 线性方程组与矩阵内容融为一体；思想渊源、基本理论、操作技巧融为一体.

本书包含三个应用实例：里昂捷夫经济模型、列斯里群体模型、极小平方逼近.

本书习题量较大. 对初学者可适当布置练习, 稍难的习题如每章补充习题可供复习选讲、考研训练等. 书后附有部分习题答案与提示.

书中附有符号说明和名词索引, 方便阅读查找.

基础教学任重道远, 诚盼斧正.

樊 恽 刘宏伟
2008 年 11 月
于武昌桂子山

符 号 说 明

下面对全书使用符号的惯例和在较多地方出现的符号做一简短说明.

$A := B$　表示用 A 记 B

$B =: A$　表示 B 记作 A

$\forall$　表示 "对所有"

$\exists$　表示 "存在"

$\square$　表示证明完毕, 或证明省略

$\sum\limits_{i=1}^{n}$　表示跑动标识 i 从 1 跑到 n 的和

$\prod\limits_{i=1}^{n}$　表示跑动标识 i 从 1 跑到 n 的积

$f : A \to B$　从集 A 到集 B 的映射

$a \mapsto b$　表示元素 a 映射为元素 b

id　表示恒等映射 (恒等变换)

$\mathrm{Im}(f)$　映射 $f : A \to B$ 的象

$\varnothing$　表示空集

板书黑体 $\mathbb{F}$　表示一个数域, $\mathbb{Q}$, $\mathbb{R}$, $\mathbb{C}$ 分别表示有理数域、实数域、复数域

i　表示虚数单位, 即 $\mathrm{i} = \sqrt{-1}$(数学斜体 i, j 等常用来表示跑动标号)

小写英文字母 a, b, c 等　常表示数

大写英文字母 $\boldsymbol{A}$, $\boldsymbol{B}$, $\boldsymbol{C}$ 等　常表示矩阵

单位矩阵 (亦称恒等矩阵) 记作 $\boldsymbol{E}$, 零矩阵记作 $\boldsymbol{O}$

大写英文字母 V, U, W 等　常表示向量空间; $W \leqslant V$　表示 W 是 V 的子空间

小写希腊字母 $\boldsymbol{\alpha}$, $\boldsymbol{\beta}$, $\boldsymbol{\gamma}$ 等　常表示向量 (很多地方, 多项式的变元 (不定元) 用 λ 表示)

零向量记作 $\mathbf{0}$

花写英文字母 $\mathcal{A}$, $\mathcal{B}$, $\mathcal{C}$ 等　常表示线性变换

$\overrightarrow{AB}$　表示以 A 为起点以 B 为终点的向量

$\dbinom{n}{k} = \dfrac{n!}{k!(n-k)!}$　表示从 n 个东西选取 k 个的组合数

$\deg f(x)$　表示多项式 $f(x)$ 的次数

$\gcd(f(x), g(x))$　表示多项式 $f(x)$, $g(x)$ 的最大公因式

$\gcd(m, n)$　表示整数 m, n 的最大公因数

$\mathrm{lcm}(f(x), g(x))$　表示多项式 $f(x)$, $g(x)$ 的最小公倍式

$\mathrm{lcm}(m, n)$　表示整数 m, n 的最小公倍数

$\min\{a, b, \cdots\}$ 表示 a, b, $\cdots$ 中最小的数

$\max\{a, b, \cdots\}$ 表示 a, b, $\cdots$ 中最大的数

$\mathrm{diag}(d_1, \cdots, d_n)$ 表示对角线元为 $d_1, \cdots, d_n$ 的对角矩阵

$\boldsymbol{A}^{\mathrm{T}}$ 表示矩阵 $\boldsymbol{A}$ 的转置矩阵, $(x_1, \cdots, x_n)^{\mathrm{T}} = \begin{pmatrix} x_1 \\ \vdots \\ x_n \end{pmatrix}$ 表示列向量

$\overline{\boldsymbol{A}}^{\mathrm{T}}$ 表示矩阵 $\boldsymbol{A}$ 的转置共轭矩阵

$\boldsymbol{A}^*$ 表示矩阵 $\boldsymbol{A}$ 的伴随矩阵

$\boldsymbol{A}\begin{pmatrix} i_1, \cdots, i_l \\ j_1, \cdots, j_m \end{pmatrix}$ 表示矩阵 $\boldsymbol{A}$ 的第 $i_1, \cdots, i_l$ 行, 第 $j_1, \cdots, j_m$ 列决定的子矩阵

$\mathrm{tr}\,\boldsymbol{A}$ 表示矩阵 $\boldsymbol{A}$ 的迹

$\det \boldsymbol{A}$ 或 $|\boldsymbol{A}|$ 表示矩阵 $\boldsymbol{A}$ 的行列式

$\mathrm{rank}\,\boldsymbol{A}$ 表示矩阵 $\boldsymbol{A}$ 的秩

$\Delta_{\boldsymbol{A}}(\lambda)$ 表示矩阵 $\boldsymbol{A}$ 的特征多项式

$m_{\boldsymbol{A}}(\lambda)$ 表示矩阵 $\boldsymbol{A}$ 的极小多项式

$L(\boldsymbol{\alpha}_1, \cdots, \boldsymbol{\alpha}_k)$ 表示由向量 $\boldsymbol{\alpha}_1, \cdots, \boldsymbol{\alpha}_k$ 生成的子空间

$\langle \boldsymbol{\alpha}, \boldsymbol{\beta} \rangle$ 表示欧氏空间的内积

$\mathbb{F}[\lambda]$ 表示数域 $\mathbb{F}$ 上的所有多项式的集合

$M_{m\times n}(\mathbb{F})$ 表示数域 $\mathbb{F}$ 上的所有 $m \times n$ 矩阵的集合

$M_n(\mathbb{F})$ 表示数域 $\mathbb{F}$ 上的所有 n 阶方阵的集合

$GL_n(\mathbb{F})$ 表示数域 $\mathbb{F}$ 上的所有 n 阶可逆方阵的集合

目　录

第1章　空间向量

解析几何用代数方法研究几何问题. 空间的基本几何对象是点与向量. 在空间建立坐标系, 点与向量就转化为坐标, 几何对象和代数形式之间就有了自由地相互转换的桥梁: 几何问题有了代数表达, 代数问题有了几何形象.

本章讨论空间向量及其运算. 它们是讨论直线和平面的主要工具, 也是线性代数的极好思想模型.

恒以 $\mathbb{R}$ 记所有实数的集合, $\mathbb{R}$ 与实数轴上的点一一对应.

1.1　空间向量及其线性运算

物理学提供了空间向量的典型模型, 如力、速度、加速度、力矩等. 它们的共同特点是具有三要素: 大小、方向、作用点 (也就是向量的起点). 从某种意义来说, "作用点" 这个要素是力和速度等物理向量在具体实现时的要素. 例如, 如果两个力大小相等、方向相同, 那么它们实际上就是相等的力, 见图 1.1.1, 只是在这个力作用在具体物体上时 "作用点" 这个要素才起作用. 所以暂不考虑 "作用点" 这个要素. 因此, 在解析几何中, 称有大小、有方向的量为**向量**.

图 1.1.1

本书中, 通常用小写希腊字母 $\boldsymbol{\alpha}, \boldsymbol{\beta}$ 等来标记向量, 用像图 1.1.1 那样的有向线段来图示向量.

向量 $\boldsymbol{\alpha}$ 的大小称为向量 $\boldsymbol{\alpha}$ 的**绝对值**, 或称**长度**, 或称**模**, 记作 $|\boldsymbol{\alpha}|$.

如果向量 $\boldsymbol{\alpha}$ 与 $\boldsymbol{\beta}$ 大小相等、方向相同, 则称为相等的向量, 记作 $\boldsymbol{\alpha}=\boldsymbol{\beta}$.

三点说明: (1) 如上所述, 没有考虑物理中的物理向量具体作用时的 "作用点" 这个要素, 所以我们说的向量也称为**自由向量**. 注意, 本书中的 "向量" 一词在没有特别说明时都是指这种自由向量.

(2) 空间两点 A, B, 以 A 为起点以 B 为终点决定的向量可记作 $\overrightarrow{AB}$. 这种表示向量的方式在某些场合有方便之处, 但是要注意, 按照上面说的向量的意义, 如果向量 $\overrightarrow{CD}$ 经过平移后可重合于 $\overrightarrow{AB}$, 则作为向量有 $\overrightarrow{AB}=\overrightarrow{CD}$ (图 1.1.2).

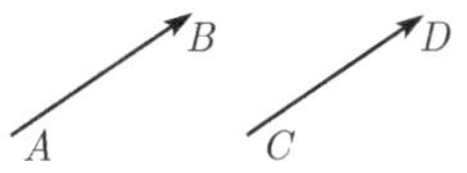

图 1.1.2

(3) 长度为零的向量称为**零向量**. 为简便, 零向量记作 $\mathbf{0}$. 大小、方向是向量的两要素, 但注意：零向量 $\mathbf{0}$ 是唯一的例外, 它无方向, 也可以说它具任意方向.

从物理和几何的背景, 有几种关于向量的运算. 本节先定义两种基本运算, 称为向量的**线性运算**.

向量的线性运算　(1) **向量加法**. 把向量 $\boldsymbol{\alpha}$ 与 $\boldsymbol{\beta}$ 共起点放置, 以它们为一对邻边构成平行四边形, 以公共起点为起点的对角线指向的向量称为向量 $\boldsymbol{\alpha}$ 与 $\boldsymbol{\beta}$ 的和, 记作 $\boldsymbol{\alpha}+\boldsymbol{\beta}$, 见图 1.1.3(a), 这称为向量加法的**平行四边形法则**.

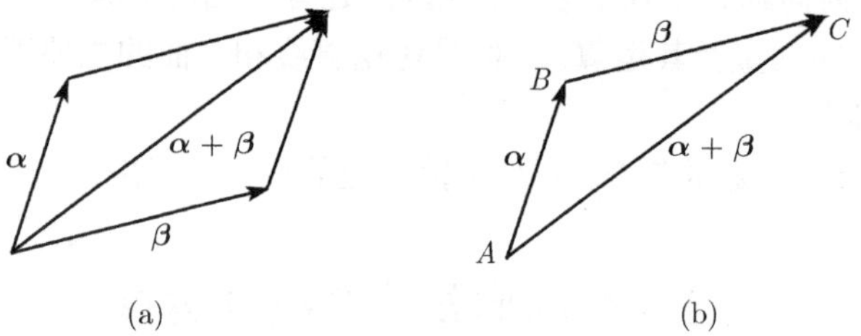

图 1.1.3

等价地, 还可以把向量 $\boldsymbol{\alpha}$ 与 $\boldsymbol{\beta}$ 首尾相接放置 (即把 $\boldsymbol{\beta}$ 的起点置于 $\boldsymbol{\alpha}$ 的终点), 如图 1.1.3(b) 所示, 那么从 $\boldsymbol{\alpha}$ 的起点到 $\boldsymbol{\beta}$ 的终点的向量就是它们的和 $\boldsymbol{\alpha}+\boldsymbol{\beta}$. 所以, 用起点终点的方式来表示向量, 向量加法可简单表写为

$$\overrightarrow{AB}+\overrightarrow{BC}=\overrightarrow{AC},$$

这称为向量加法的**三角形法则**.

(2) **实数乘向量**. 设 k 为实数, $\boldsymbol{\alpha}$ 为向量. 向量 $k\cdot\boldsymbol{\alpha}$(简记为 $k\boldsymbol{\alpha}$) 定义为

$$\text{大小：}|k\cdot\boldsymbol{\alpha}|=|k|\cdot|\boldsymbol{\alpha}|;\quad \text{方向：}\begin{cases}\text{与 }\boldsymbol{\alpha}\text{ 同向}, & k>0,\\ \text{与 }\boldsymbol{\alpha}\text{ 反向}, & k<0,\\ \text{任意方向}, & k=0,\end{cases}$$

称 $k\boldsymbol{\alpha}$ 为实数 k 与向量 $\boldsymbol{\alpha}$ 的**纯量积**, k 称为系数. 这个运算也称为“数乘向量”.

图 1.1.4 是实数乘向量的几个图示.

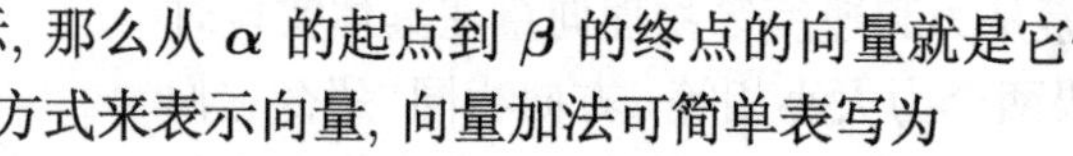

图 1.1.4

向量线性运算的基本性质　对任向量 $\boldsymbol{\alpha}$, $\boldsymbol{\beta}$, $\boldsymbol{\gamma}$ 和任实数 k, l 以下成立：

(V1) 加法交换律　$\boldsymbol{\alpha}+\boldsymbol{\beta}=\boldsymbol{\beta}+\boldsymbol{\alpha}$.

(V2) 加法结合律 $(\boldsymbol{\alpha}+\boldsymbol{\beta})+\boldsymbol{\gamma}=\boldsymbol{\alpha}+(\boldsymbol{\beta}+\boldsymbol{\gamma})$.

(V3) 零向量特征 $\mathbf{0}+\boldsymbol{\alpha}=\boldsymbol{\alpha}=\boldsymbol{\alpha}+\mathbf{0}$.

(V4) 负向量 与 $\boldsymbol{\alpha}$ 大小相等、方向相反的向量称为 $\boldsymbol{\alpha}$ 的负向量, 记作 $-\boldsymbol{\alpha}$, 它满足 $\boldsymbol{\alpha}+(-\boldsymbol{\alpha})=\mathbf{0}=(-\boldsymbol{\alpha})+\boldsymbol{\alpha}$.

(V5) 数乘结合律 $(kl)\boldsymbol{\alpha}=k(l\boldsymbol{\alpha})$.

(V6) 数乘对向量加法分配律 $k(\boldsymbol{\alpha}+\boldsymbol{\beta})=k\boldsymbol{\alpha}+k\boldsymbol{\beta}$.

(V7) 数乘对实数加法分配律 $(k+l)\boldsymbol{\alpha}=k\boldsymbol{\alpha}+l\boldsymbol{\alpha}$.

(V8) 数乘幺模律 $1\boldsymbol{\alpha}=\boldsymbol{\alpha}$.

证 (V1) 由向量加法的平行四边形法则可知 $\boldsymbol{\alpha}+\boldsymbol{\beta}=\boldsymbol{\beta}+\boldsymbol{\alpha}$.

(V2) 图 1.1.5(a) 是按三角形法则计算 $(\boldsymbol{\alpha}+\boldsymbol{\beta})+\boldsymbol{\gamma}$, 图 1.1.5(b) 则是按三角形法则计算 $\boldsymbol{\alpha}+(\boldsymbol{\beta}+\boldsymbol{\gamma})$, 结果都是将向量 $\boldsymbol{\alpha}, \boldsymbol{\beta}, \boldsymbol{\gamma}$ 首尾相接后从 $\boldsymbol{\alpha}$ 的起点到 $\boldsymbol{\gamma}$ 的终点的向量, 所以 $(\boldsymbol{\alpha}+\boldsymbol{\beta})+\boldsymbol{\gamma}=\boldsymbol{\alpha}+(\boldsymbol{\beta}+\boldsymbol{\gamma})$.

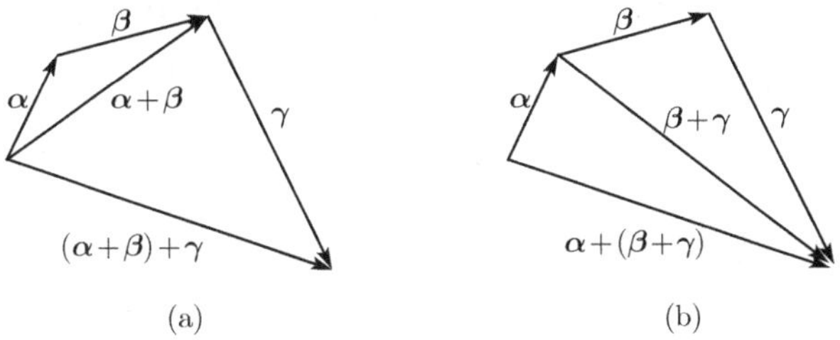

图 1.1.5

按向量加法的平行四边形法则, (V3), (V4) 都是显然的.

(V5) 按实数乘以向量的定义, 有

$$|(kl)\boldsymbol{\alpha}|=|kl|\cdot|\boldsymbol{\alpha}|=|k|\cdot|l|\cdot|\boldsymbol{\alpha}|=|k|\cdot(|l|\cdot|\boldsymbol{\alpha}|)=|k|\cdot|l\boldsymbol{\alpha}|=|k(l\boldsymbol{\alpha})|,$$

就是说, 向量 $(kl)\boldsymbol{\alpha}$ 与 $k(l\boldsymbol{\alpha})$ 大小相等, 然后确定方向.

$$\text{向量 } k(l\boldsymbol{\alpha}) \text{ 的方向:}\begin{cases}\text{与 } l\boldsymbol{\alpha} \text{ 同向}, & k>0,\\ \text{与 } l\boldsymbol{\alpha} \text{ 反向}, & k<0,\\ \text{任意方向}, & k=0,\end{cases}$$

但 $l\boldsymbol{\alpha}$ 的方向在 $l>0$ 时与 $\boldsymbol{\alpha}$ 相同, 而在 $l<0$ 时与 $\boldsymbol{\alpha}$ 相反, 所以得

$$\text{向量 } k(l\boldsymbol{\alpha}) \text{ 的方向:}\begin{cases}\text{与 } \boldsymbol{\alpha} \text{ 同向}, & k>0 \text{ 且 } l>0, \text{ 或 } k<0 \text{ 且 } l<0,\\ \text{与 } \boldsymbol{\alpha} \text{ 反向}, & k<0 \text{ 且 } l>0, \text{ 或 } k>0 \text{ 且 } l<0,\\ \text{任意方向}, & k=0, \text{ 或 } l=0.\end{cases}$$

另一方面, 马上可以得到

$$\text{向量 } (kl)\boldsymbol{\alpha} \text{ 的方向：} \begin{cases} \text{与 } \boldsymbol{\alpha} \text{ 同向}, & kl > 0, \\ \text{与 } \boldsymbol{\alpha} \text{ 反向}, & kl < 0, \\ \text{任意方向}, & kl = 0. \end{cases}$$

比较两个结果, 就可以断言向量 $(kl)\boldsymbol{\alpha}$ 与向量 $k(l\boldsymbol{\alpha})$ 的方向相同. 按向量相等的规定, 得 $(kl)\boldsymbol{\alpha} = k(l\boldsymbol{\alpha})$.

(V6) 和 (V7) 的证明留作习题.

(V8) 从实数乘向量的定义, $|1\boldsymbol{\alpha}| = |\boldsymbol{\alpha}|$, $1\boldsymbol{\alpha}$ 与 $\boldsymbol{\alpha}$ 方向相同, 即 $1\boldsymbol{\alpha} = \boldsymbol{\alpha}$. □

这些性质将是以后进一步抽象研究的出发点, 所以列为基本性质.

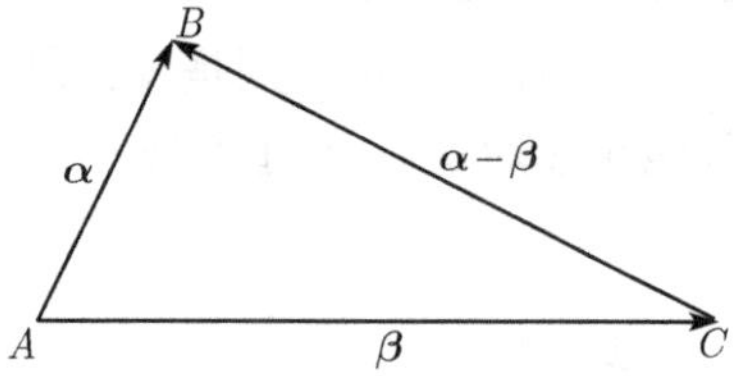

图 1.1.6

从基本运算可产生一个导出运算: **向量减法**, 定义为 $\boldsymbol{\alpha} - \boldsymbol{\beta} = \boldsymbol{\alpha} + (-\boldsymbol{\beta})$. 这与数的减法定义类似, 也类似地读作 “减去一个向量等于加上它的相反的向量”.

用起点终点的方式来表示向量, 向量减法可简单表写为 (图 1.1.6)

$$\overrightarrow{AB} - \overrightarrow{AC} = \overrightarrow{CB}\ .$$

关于向量线性运算的几个进一步的性质如下:

(V9) $k\boldsymbol{\alpha} = \mathbf{0}$ 当且仅当 $k = 0$ 或者 $\boldsymbol{\alpha} = \mathbf{0}$.

(V10) 符号法则 $-(-\boldsymbol{\alpha}) = \boldsymbol{\alpha}$; $(-k)\boldsymbol{\alpha} = -k\boldsymbol{\alpha} = k(-\boldsymbol{\alpha})$; 特别地, $(-1)\boldsymbol{\alpha} = -\boldsymbol{\alpha}$.

(V11) 减法符号法则 $\boldsymbol{\alpha} - (\boldsymbol{\beta} + \boldsymbol{\gamma}) = \boldsymbol{\alpha} - \boldsymbol{\beta} - \boldsymbol{\gamma}$;

$$\boldsymbol{\alpha} - (\boldsymbol{\beta} - \boldsymbol{\gamma}) = \boldsymbol{\alpha} - \boldsymbol{\beta} + \boldsymbol{\gamma}.$$

证 (V9) $|k\boldsymbol{\alpha}| = 0$ 当且仅当 $|k| \cdot |\boldsymbol{\alpha}| = 0$, 当且仅当或者 $|k| = 0$ 或者 $|\boldsymbol{\alpha}| = 0$, 当且仅当或者 $k = 0$ 或者 $\boldsymbol{\alpha} = \mathbf{0}$.

(V10) $-(-\boldsymbol{\alpha})$ 是与 $-\boldsymbol{\alpha}$ 大小相等方向相反的向量, 所以就是 $\boldsymbol{\alpha}$. 按实数乘向量的定义, $|(-1)\boldsymbol{\alpha}| = |-1| \cdot |\boldsymbol{\alpha}| = |\boldsymbol{\alpha}|$, $(-1)\boldsymbol{\alpha}$ 方向与 $\boldsymbol{\alpha}$ 相反, 所以 $(-1)\boldsymbol{\alpha} = -\boldsymbol{\alpha}$. 因而, $(-k)\boldsymbol{\alpha} = \big((-1)k\big)\boldsymbol{\alpha} = (-1)(k\boldsymbol{\alpha}) = -k\boldsymbol{\alpha}$. 类似地, $-k\boldsymbol{\alpha} = k(-\boldsymbol{\alpha})$.

(V11) $\boldsymbol{\alpha} - (\boldsymbol{\beta} - \boldsymbol{\gamma}) = \boldsymbol{\alpha} + (-1)\big(\boldsymbol{\beta} + (-1)\boldsymbol{\gamma}\big) = \boldsymbol{\alpha} + (-1)\boldsymbol{\beta} + (-1)(-1)\boldsymbol{\gamma} = \boldsymbol{\alpha} - \boldsymbol{\beta} + \boldsymbol{\gamma}$. 类似地证明另一等式. □

以上性质也可以从基本性质按纯逻辑方式推导出来 (在 10.1 节中将这样做), 所以称为导出性质.

以上概念与性质及其推导都有相对具体的物理和几何背景, 相对容易理解, 故没有列举具体例子.

现在以一个具体应用例题结束本节.

例 1 设 M 是三角形 ABC 的重心, O 是空间中任意一点. 证明:

$$\overrightarrow{OA}+\overrightarrow{OB}+\overrightarrow{OC}=3\cdot\overrightarrow{OM}.$$

证 如图 1.1.7 所示, 取边 BC 的中点 D, 则 $\overrightarrow{DB}+\overrightarrow{DC}=\mathbf{0}$, $\overrightarrow{MA}+2\cdot\overrightarrow{MD}=\mathbf{0}$, 故

$$\begin{aligned}&\overrightarrow{OA}+\overrightarrow{OB}+\overrightarrow{OC}\\=&\overrightarrow{OA}+(\overrightarrow{OD}+\overrightarrow{DB})+(\overrightarrow{OD}+\overrightarrow{DC})\\=&\overrightarrow{OA}+2\cdot\overrightarrow{OD}+(\overrightarrow{DB}+\overrightarrow{DC})\\=&(\overrightarrow{OM}+\overrightarrow{MA})+2\cdot(\overrightarrow{OM}+\overrightarrow{MD})\\=&3\cdot\overrightarrow{OM}+(\overrightarrow{MA}+2\cdot\overrightarrow{MD})\\=&3\cdot\overrightarrow{OM}.\end{aligned}$$

□

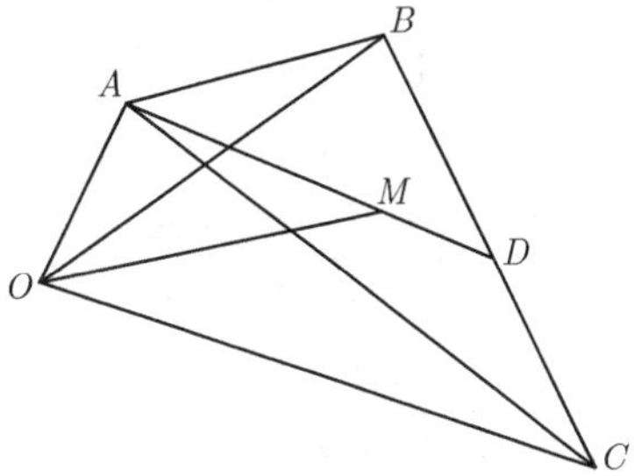

图 1.1.7

习 题 1.1

1. 证明: 向量线性运算基本性质 (V6), (V7).

2^+. 设 $\boldsymbol{\alpha}\neq\mathbf{0}$, 证明: $\dfrac{1}{|\boldsymbol{\alpha}|}\boldsymbol{\alpha}$ 是与 $\boldsymbol{\alpha}$ 同向的单位长的向量.

3. 设 $\boldsymbol{\alpha}$, $\boldsymbol{\beta}$, $\boldsymbol{\varepsilon}_1$, $\boldsymbol{\varepsilon}_2$, $\boldsymbol{\varepsilon}_3$ 是向量, k, a_i, b_i 是实数, 其中 $i=1,2,3$. 如果

$$\boldsymbol{\alpha}=a_1\boldsymbol{\varepsilon}_1+a_2\boldsymbol{\varepsilon}_2+a_3\boldsymbol{\varepsilon}_3,\quad \boldsymbol{\beta}=b_1\boldsymbol{\varepsilon}_1+b_2\boldsymbol{\varepsilon}_2+b_3\boldsymbol{\varepsilon}_3,$$

试用 $\boldsymbol{\varepsilon}_1$, $\boldsymbol{\varepsilon}_2$, $\boldsymbol{\varepsilon}_3$ 把 $\boldsymbol{\alpha}+\boldsymbol{\beta}$ 和 $k\boldsymbol{\alpha}$ 表示出来.

4. 证明下列不等式并指出等号成立的条件:

(1) $|\boldsymbol{\alpha}+\boldsymbol{\beta}|\leqslant|\boldsymbol{\alpha}|+|\boldsymbol{\beta}|$;

(2) $|\boldsymbol{\alpha}-\boldsymbol{\beta}|\geqslant|\boldsymbol{\alpha}|-|\boldsymbol{\beta}|$.

5. 在三角形 ABC 中, 设 $\overrightarrow{AB}=\boldsymbol{\alpha}$, $\overrightarrow{AC}=\boldsymbol{\beta}$. 试作出下列向量:

(1) $\dfrac{1}{2}(\boldsymbol{\alpha}+\boldsymbol{\beta})$; (2) $\dfrac{1}{2}(\boldsymbol{\alpha}-\boldsymbol{\beta})$; (3) $\boldsymbol{\alpha}-\dfrac{1}{2}\boldsymbol{\beta}$.

6. 在三角形 ABC 中, D 是边 BC 上的点使得 $|\overrightarrow{BD}|:|\overrightarrow{DC}|=m:n$. 试用向量 $\overrightarrow{AB}$ 和 $\overrightarrow{AC}$ 来表示向量 $\overrightarrow{AD}$.

7. 在三角形 ABC 中求一点 O, 使得 $\overrightarrow{OA}+\overrightarrow{OB}+\overrightarrow{OC}=\mathbf{0}$.

1.2 向量的共线与共面

定义 1.2.1 称几个向量**共线**, 如果把它们的起点重合时它们在一条直线上. 称几个向量**共面**, 如果把它们的起点重合时它们在一个平面上.

可见，向量的共线共面就是它们的起点重合时它们决定的直线的共线共面. 因此，一个向量一定共线，两个向量一定共面. 以下结论也都是显然的：

(1) 零向量与任一向量共线. 零向量与任一向量共面.

(2) 共线的向量也可作为共面的向量，因为直线可以放在一个平面中. 反之不然，因为平面上的相交两条直线不一定重合为一条直线.

(3) 如果几个向量共面，那么它们的一部分当然也共面.

例如，在正方体 $ABCD$-$A'B'C'D'$ 中易见：向量 $\overrightarrow{AB}$, $\overrightarrow{AD}$, $\overrightarrow{AC}$ 共面，但是，向量 $\overrightarrow{AB}$, $\overrightarrow{AD}$, $\overrightarrow{AA'}$ 不共面.

命题 1.2.1　设向量 $\boldsymbol{\alpha} \neq \mathbf{0}$，则以下两断言等价：

(i) 向量 $\boldsymbol{\alpha}, \boldsymbol{\beta}$ 共线.

(ii) 存在实数 k 使得 $\boldsymbol{\beta} = k\boldsymbol{\alpha}$.

证　首先由 $\boldsymbol{\alpha} \neq \mathbf{0}$，得知 $\dfrac{1}{|\boldsymbol{\alpha}|}\boldsymbol{\alpha}$ 是与 $\boldsymbol{\alpha}$ 同向的单位长的向量，见习题 1.1 的第 2 题.

(i) ⇒ (ii). 设 (i) 成立，即向量 $\boldsymbol{\alpha}, \boldsymbol{\beta}$ 共线，那么 $\boldsymbol{\beta}$ 与单位长的向量 $\dfrac{1}{|\boldsymbol{\alpha}|}\boldsymbol{\alpha}$ 同向或反向. 而 $\boldsymbol{\beta}$ 长度为 $|\boldsymbol{\beta}|$，所以

$$\boldsymbol{\beta} = \begin{cases} \dfrac{|\boldsymbol{\beta}|}{|\boldsymbol{\alpha}|}\boldsymbol{\alpha}, & \boldsymbol{\beta}\text{与}\boldsymbol{\alpha}\text{同向}, \\ -\dfrac{|\boldsymbol{\beta}|}{|\boldsymbol{\alpha}|}\boldsymbol{\alpha}, & \boldsymbol{\beta}\text{与}\boldsymbol{\alpha}\text{反向}, \\ 0 \cdot \boldsymbol{\alpha}, & \boldsymbol{\beta} = \mathbf{0}, \end{cases}$$

即存在实数 k 使得 $\boldsymbol{\beta} = k\boldsymbol{\alpha}$，得 (ii) 成立.

(ii) ⇒ (i). 设 (ii) 成立，即 $\boldsymbol{\beta} = k\boldsymbol{\alpha}$. 按实数乘向量的定义，$\boldsymbol{\beta}$ 与 $\boldsymbol{\alpha}$ 同向或反向，那么把它们共起点放置时它们在一条直线上，即 $\boldsymbol{\alpha}$ 与 $\boldsymbol{\beta}$ 共线，得 (i) 成立. □

命题 1.2.1 也可以简单地陈述为

设向量 $\boldsymbol{\alpha} \neq \mathbf{0}$，则向量 $\boldsymbol{\alpha}, \boldsymbol{\beta}$ 共线的充分必要条件是存在实数 k 使得 $\boldsymbol{\beta} = k\boldsymbol{\alpha}$.

这样陈述时，上面的 “(ii) ⇒ (i)” 就是充分性，“(i) ⇒ (ii)” 就是必要性.

“充分必要条件” 还可以更简单地表述为 “当且仅当”，就是说命题 1.2.1 还可以更简单地陈述为

设向量 $\boldsymbol{\alpha} \neq \mathbf{0}$，则向量 $\boldsymbol{\alpha}, \boldsymbol{\beta}$ 共线当且仅当存在实数 k 使得 $\boldsymbol{\beta} = k\boldsymbol{\alpha}$.

以后将较多地使用这种 “当且仅当” 的陈述方式.

推论 1.2.1　两个向量 $\boldsymbol{\alpha}, \boldsymbol{\beta}$ 共线当且仅当存在不全为零的实数 k, l 使得

$$k\boldsymbol{\alpha} + l\boldsymbol{\beta} = \mathbf{0} .$$

证　必要性 (即 "仅当"). 设 $\boldsymbol{\alpha}, \boldsymbol{\beta}$ 共线. 若 $\boldsymbol{\alpha}=\mathbf{0}$, 则 $1\boldsymbol{\alpha}+0\boldsymbol{\beta}=\mathbf{0}$, 其中系数 1, 0 不全为零. 再设 $\boldsymbol{\alpha}\neq\mathbf{0}$, 由命题 1.2.1, 存在实数 k 使得 $\boldsymbol{\beta}=k\boldsymbol{\alpha}$, 即 $k\boldsymbol{\alpha}+(-1)\boldsymbol{\beta}=\mathbf{0}$, 其中系数 k, -1 不全为零.

充分性 (即 "当"). 设 $k\boldsymbol{\alpha}+l\boldsymbol{\beta}=\mathbf{0}$, 其中系数 k,l 不全为零. 若 $\boldsymbol{\alpha}=\mathbf{0}$, 则 $\boldsymbol{\alpha}$ 与 $\boldsymbol{\beta}$ 共线. 下设 $\boldsymbol{\alpha}\neq\mathbf{0}$. 那么可肯定 $l\neq 0$, 否则 $k\boldsymbol{\alpha}=\mathbf{0}$ 但 $k\neq 0$, 于是 $\boldsymbol{\alpha}=\mathbf{0}$, 这与已设 $\boldsymbol{\alpha}\neq\mathbf{0}$ 相矛盾, 所以 $\boldsymbol{\beta}=\dfrac{-k}{l}\boldsymbol{\alpha}$. 仍由命题 1.2.1, $\boldsymbol{\alpha}$ 与 $\boldsymbol{\beta}$ 共线. □

将这个推论与命题 1.2.1 相比, 这里推论说了两个断言 "两个向量 $\boldsymbol{\alpha}, \boldsymbol{\beta}$ 共线" 与 "存在不全为零的实数 k, l 使得 $k\boldsymbol{\alpha}+l\boldsymbol{\beta}=\mathbf{0}$" 是等价的, 但是没有附加任何前提条件. 反观命题 1.2.1, 那里的两断言等价是在前提条件 "向量 $\boldsymbol{\alpha}\neq\mathbf{0}$" 之下的等价! 读者可看出: 如果没有这个前提条件, 命题 1.2.1 中的断言 (i) 与断言 (ii) 是不等价的. 因为当 $\boldsymbol{\alpha}=\mathbf{0}$ 时, 断言 (i) 总是成立的, 但 (ii) 却仅在 $\boldsymbol{\beta}=\mathbf{0}$ 时成立, 只要 $\boldsymbol{\beta}\neq\mathbf{0}$ 断言 (ii) 就不成立, 所以这时断言 (i) 与断言 (ii) 不等价!

按定义, 向量的共线就是把它们共起点放置时它们的起点终点的共线问题.

引理 1.2.1　设 O, A, B, C 是空间四点且 $A\neq B$, 设 $k\in\mathbb{R}$, 那么

$$\overrightarrow{AC}=k\cdot\overrightarrow{AB}$$

当且仅当

$$\overrightarrow{OC}=(1-k)\cdot\overrightarrow{OA}+k\cdot\overrightarrow{OB}.$$

证　因为 $\overrightarrow{AC}=\overrightarrow{OC}-\overrightarrow{OA}$, $\overrightarrow{AB}=\overrightarrow{OB}-\overrightarrow{OA}$, 所以

$$\overrightarrow{AC}=k\cdot\overrightarrow{AB}$$

当且仅当

$$\overrightarrow{OC}-\overrightarrow{OA}=k\cdot\left(\overrightarrow{OB}-\overrightarrow{OA}\right)$$

当且仅当

$$\overrightarrow{OC}=(1-k)\cdot\overrightarrow{OA}+k\cdot\overrightarrow{OB}.$$ □

注　如果 $A\neq B$, 则 $\overrightarrow{AC}=k\cdot\overrightarrow{AB}$ 就是说 C 在 A 与 B 的连线上 (图 1.2.1), 而且

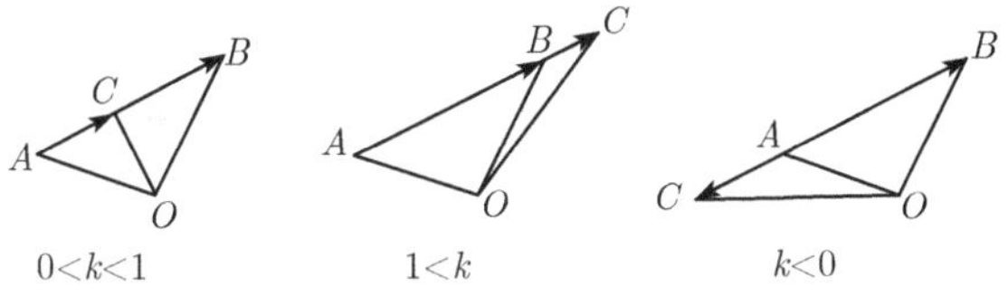

图 1.2.1

(1) $0<k<1$ 时, C 在线段 AB 内 (即不含端点 A,B); $k=0$ 时, $C=A$; $k=1$ 时, $C=B$.

(2) $k>1$ 则表明 C 在直线 AB 上 B 点一侧以外.

(3) $k<0$ 则表明 C 在直线 AB 上 A 点一侧以外.

但是, 如果 $A=B$, 则 $\overrightarrow{AC}=k\cdot\overrightarrow{AB}$ 只能在 $C=A=B$ 时成立; 另一方面, 等式 $\overrightarrow{OC}=(1-k)\cdot\overrightarrow{OA}+k\cdot\overrightarrow{OB}$ 也表明 $\overrightarrow{OC}=\overrightarrow{OA}$, 即只能在 $C=A$ 时成立.

下面讨论向量共面的条件.

命题 1.2.2　设 $\boldsymbol{\alpha}$, $\boldsymbol{\beta}$ 不共线, 则 $\boldsymbol{\gamma}$ 与 $\boldsymbol{\alpha}$, $\boldsymbol{\beta}$ 共面当且仅当存在实数 k, l 使得

$$\boldsymbol{\gamma}=k\boldsymbol{\alpha}+l\boldsymbol{\beta}\ .$$

注　形如 $k\boldsymbol{\alpha}+l\boldsymbol{\beta}$ 的向量称为向量组 $\boldsymbol{\alpha}$, $\boldsymbol{\beta}$ 的**线性组合**, 其中 k, l 称为**组合系数**. 如果 $\boldsymbol{\gamma}=k\boldsymbol{\alpha}+l\boldsymbol{\beta}$, 则说 $\boldsymbol{\gamma}$ 是 $\boldsymbol{\alpha}$, $\boldsymbol{\beta}$ 的线性组合, 或说 $\boldsymbol{\gamma}$ 由 $\boldsymbol{\alpha}$, $\boldsymbol{\beta}$ 通过系数 k, l **线性表出**.

证　必要性. 设 $\boldsymbol{\gamma}$ 与 $\boldsymbol{\alpha}$, $\boldsymbol{\beta}$ 共面. 把三个向量的起点重合, 由于 $\boldsymbol{\alpha}$, $\boldsymbol{\beta}$ 不共线, 它们决定的直线 L,M 相交于它们的共同起点 (即它们决定一个**斜坐标系**), 见图 1.2.2. 从 $\boldsymbol{\gamma}$ 的终点分别作平行于直线 M, L 的线与直线 L,M 分别相交, 就得到 $\boldsymbol{\gamma}$ 在直线 L,M 上的 (斜) 投影. 由命题 1.2.1, $\boldsymbol{\gamma}$ 在 L 上的斜投影可以写为 $k\boldsymbol{\alpha}$, 而 $\boldsymbol{\gamma}$ 在 M 上的斜投影可以写为 $l\boldsymbol{\beta}$. 由平行四边形法则, 得 $\boldsymbol{\gamma}=k\boldsymbol{\alpha}+l\boldsymbol{\beta}$.

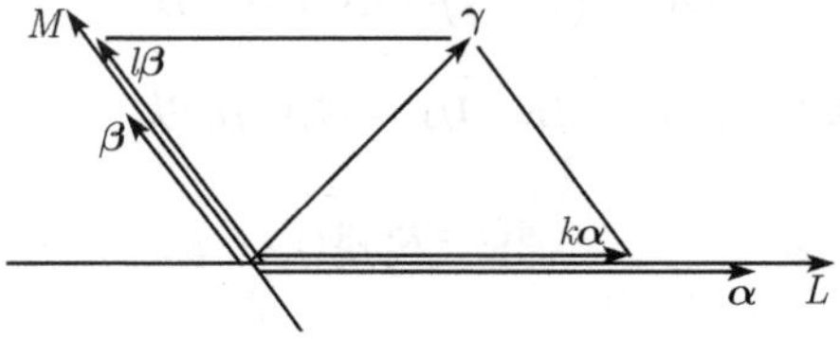

图 1.2.2

充分性. 由 $\boldsymbol{\gamma}=k\boldsymbol{\alpha}+l\boldsymbol{\beta}$ 按向量加法平行四边形法则即知 $\boldsymbol{\gamma}$ 与 $\boldsymbol{\alpha}$, $\boldsymbol{\beta}$ 共面. □

推论 1.2.2　三向量 $\boldsymbol{\alpha}$, $\boldsymbol{\beta}$, $\boldsymbol{\gamma}$ 共面当且仅当存在不全为零的实数 k, l, m 使得

$$k\boldsymbol{\alpha}+l\boldsymbol{\beta}+m\boldsymbol{\gamma}=\mathbf{0}\ .$$

证　必要性. 设 $\boldsymbol{\alpha}$, $\boldsymbol{\beta}$, $\boldsymbol{\gamma}$ 共面. 如果 $\boldsymbol{\alpha}$, $\boldsymbol{\beta}$ 共线, 由推论 1.2.1, 有不全为零的实数 k, l 使得 $k\boldsymbol{\alpha}+l\boldsymbol{\beta}=\mathbf{0}$, 从而 $k\boldsymbol{\alpha}+l\boldsymbol{\beta}+0\boldsymbol{\gamma}=\mathbf{0}$, 其中的系数 k, l, 0 不全为零. 下设 $\boldsymbol{\alpha}$, $\boldsymbol{\beta}$ 不共线. 由命题 1.2.2, 有实数 k, l 使得 $\boldsymbol{\gamma}=k\boldsymbol{\alpha}+l\boldsymbol{\beta}$, 于是 $k\boldsymbol{\alpha}+l\boldsymbol{\beta}+(-1)\cdot\boldsymbol{\gamma}=\mathbf{0}$, 其中的系数 k, l, -1 不全为零.

充分性. 设 $k\boldsymbol{\alpha}+l\boldsymbol{\beta}+m\boldsymbol{\gamma}=\mathbf{0}$, 其中 k, l, m 不全为零. 如果 $\boldsymbol{\alpha}$, $\boldsymbol{\beta}$ 共线, 则 $\boldsymbol{\alpha}$, $\boldsymbol{\beta}$, $\boldsymbol{\gamma}$ 当然共面. 下设 $\boldsymbol{\alpha}$, $\boldsymbol{\beta}$ 不共线. 首先可肯定 $m\neq 0$, 因为若 $m=0$, 则 $k\boldsymbol{\alpha}+l\boldsymbol{\beta}=\mathbf{0}$, 但 k, l 不全为零, 于是由命题 1.2.1 的推论知 $\boldsymbol{\alpha}$, $\boldsymbol{\beta}$ 共线, 这与已设 $\boldsymbol{\alpha}$, $\boldsymbol{\beta}$ 不共线相

矛盾, 那么 $\gamma=-\dfrac{k}{m}\boldsymbol{\alpha}-\dfrac{l}{m}\boldsymbol{\beta}$. 由命题 1.2.2, 得 $\boldsymbol{\alpha}$, $\boldsymbol{\beta}$, $\boldsymbol{\gamma}$ 共面. □

例 1 三角形 ABC 中, 令 $\boldsymbol{\alpha}:=\overrightarrow{AB}$, $\boldsymbol{\beta}:=\overrightarrow{BC}$. 证明: $\gamma:=\overrightarrow{CA}$ 是 $\boldsymbol{\alpha}$, $\boldsymbol{\beta}$ 的线性组合.

证 $\overrightarrow{AB}+\overrightarrow{BC}+\overrightarrow{CA}=\overrightarrow{AA}=\mathbf{0}$, 即 $\boldsymbol{\alpha}+\boldsymbol{\beta}+\boldsymbol{\gamma}=\mathbf{0}$, 所以 $\boldsymbol{\gamma}=(-1)\boldsymbol{\alpha}+(-1)\boldsymbol{\beta}$. □

例 2 设 A, B, C, O 是空间四点, 且 $A\neq B$. 证明:

(1) A, B, C 共线当且仅当存在实数 a, b 满足 $a+b=1$ 使 $\overrightarrow{OC}=a\cdot\overrightarrow{OA}+b\cdot\overrightarrow{OB}$.

(2) C 在 A 与 B 连成的线段内 (不包括端点) 当且仅当存在正实数 a, b 满足 $a+b=1$ 使得 $\overrightarrow{OC}=a\cdot\overrightarrow{OA}+b\cdot\overrightarrow{OB}$.

证 因为 $A\neq B$, 所以 $\overrightarrow{AB}\neq\mathbf{0}$.

(1) 设 A, B, C 共线, 即向量 $\overrightarrow{AB}$, $\overrightarrow{AC}$ 共线, 由命题 1.2.1, 存在实数 k 使得 $\overrightarrow{AC}=k\cdot\overrightarrow{AB}$, 再由引理 1.2.1, $\overrightarrow{OC}=(1-k)\cdot\overrightarrow{OA}+k\cdot\overrightarrow{OB}$. 令 $a=1-k$, $b=k$, 则 $a+b=1$ 且 $\overrightarrow{OC}=a\cdot\overrightarrow{OA}+b\cdot\overrightarrow{OB}$.

反过来, 设 $a+b=1$ 且 $\overrightarrow{OC}=a\cdot\overrightarrow{OA}+b\cdot\overrightarrow{OB}$. 令 $k=b$, 则 $a=1-k$, 且 $\overrightarrow{OC}=(1-k)\cdot\overrightarrow{OA}+k\cdot\overrightarrow{OB}$. 由引理 1.2.1, 得 $\overrightarrow{AC}=k\cdot\overrightarrow{AB}$, 故 A, B, C 共线.

(2) 设点 C 在 A 与 B 连成的线段内. 由上段证明, 有实数 k 使得 $\overrightarrow{AC}=k\cdot\overrightarrow{AB}$, 而且 $0<k<1$, 参看引理 1.2.1 后的注解, 那么 $\overrightarrow{OC}=a\cdot\overrightarrow{OA}+b\cdot\overrightarrow{OB}$, 其中 $a=1-k$, $b=k$ 都是正实数.

反过来, 设正实数 a, b 满足 $a+b=1$ 使得 $\overrightarrow{OC}=a\cdot\overrightarrow{OA}+b\cdot\overrightarrow{OB}$. 仍由上面 (1) 的证明知, 令 $k=b$ 就得到 $\overrightarrow{AC}=k\cdot\overrightarrow{AB}$, 而此时还可得到 $k=b>0$, 且 $k=1-a<1$, 即 $0<k<1$, 所以 C 在 A 与 B 连成的线段内. □

例 3 设 A, B, C, O 是空间四点. 证明: 点 A, B, C 共线当且仅当存在不全为零的实数 a, b, c 满足 $a+b+c=0$ 使得 $a\cdot\overrightarrow{OA}+b\cdot\overrightarrow{OB}+c\cdot\overrightarrow{OC}=\mathbf{0}$.

证 必要性. 设 A, B, C 共线. 如果 $A=B$, 则 $\overrightarrow{OA}=\overrightarrow{OB}$, 故

$$\overrightarrow{OA}+(-1)\cdot\overrightarrow{OB}+0\cdot\overrightarrow{OC}=\mathbf{0},$$

其中系数 1, -1, 0 不全为零. 下设 $A\neq B$, 那么由引理 1.2.1(或利用例 2 的结论), 有实数 k 使得 $\overrightarrow{OC}=(1-k)\overrightarrow{OA}+k\cdot\overrightarrow{OB}$, 故

$$(1-k)\overrightarrow{OA}+k\cdot\overrightarrow{OB}+(-1)\overrightarrow{OC}=\mathbf{0},$$

其中系数 $1-k$, k, -1 不全为零.

充分性. 设不全为零的实数 a, b, c 满足 $a+b+c=0$ 使得

$$a\cdot\overrightarrow{OA}+b\cdot\overrightarrow{OB}+c\cdot\overrightarrow{OC}=\mathbf{0}.$$

若 $A=B$, 则 A, B, C 当然共线. 下设 $A\neq B$. 如果 $c=0$, 则 $a\cdot\overrightarrow{OA}+b\cdot\overrightarrow{OB}=\mathbf{0}$, 且 $a+b=0$, 即 $b=-a\neq 0$, 故 $a(\overrightarrow{OA}-\overrightarrow{OB})=\mathbf{0}$, 即 $\overrightarrow{OA}=\overrightarrow{OB}$, 这与 $A\neq B$ 相矛盾, 故 $c\neq 0$, 那么

$$\overrightarrow{OC} = (-c^{-1}a)\cdot \overrightarrow{OA} + (-c^{-1}b)\, \overrightarrow{OB}\ ,$$

而且从 $a+b+c=0$ 得 $(-c^{-1}a)+(-c^{-1}b)=1$, 由例 2(1), A, B, C 共线. □

习 题 1.2

1. 设 $ABCD\text{-}A'B'C'D'$ 为平行六面体. 在向量 $\overrightarrow{AB}$, $\overrightarrow{BC}$, $\overrightarrow{CD}$, $\overrightarrow{DA}$, $\overrightarrow{BB'}$, $\overrightarrow{B'A'}$, $\overrightarrow{A'A}$ 中,

(1) 找出共线的向量;

(2) 找出共面的向量;

(3) 列举一组不共面的向量.

2. 已知向量 $\boldsymbol{\alpha}$, $\boldsymbol{\beta}$ 不共线. 判断下列每组向量是否共线:

(1) $\boldsymbol{\alpha}-\boldsymbol{\beta}$ 与 $-\boldsymbol{\alpha}+\boldsymbol{\beta}$;

(2) $\boldsymbol{\alpha}-\boldsymbol{\beta}$ 与 $\boldsymbol{\alpha}+\boldsymbol{\beta}$.

3. 设 $\boldsymbol{\alpha}$, $\boldsymbol{\beta}$, $\boldsymbol{\gamma}$ 是任意三个向量, 证明: $\boldsymbol{\alpha}-\boldsymbol{\beta}$, $\boldsymbol{\beta}-\boldsymbol{\gamma}$, $\boldsymbol{\gamma}-\boldsymbol{\alpha}$ 共面.

4. 设 $\boldsymbol{\alpha}$, $\boldsymbol{\beta}$ 是不共线的向量.

(1) 若 $\overrightarrow{AB}=\boldsymbol{\alpha}+2\boldsymbol{\beta}$, $\overrightarrow{BC}=-4\boldsymbol{\alpha}-\boldsymbol{\beta}$, $\overrightarrow{CD}=-5\boldsymbol{\alpha}-3\boldsymbol{\beta}$. 证明: $ABCD$ 是梯形;

(2) 若 $\overrightarrow{AB}=\boldsymbol{\alpha}+\boldsymbol{\beta}$, $\overrightarrow{BC}=2\boldsymbol{\alpha}+8\boldsymbol{\beta}$, $\overrightarrow{CD}=3\boldsymbol{\alpha}-3\boldsymbol{\beta}$. 证明: A, B, D 共线.

5. 设 A, B, C, D, O 是空间五点. 证明:

(1) 四点 A, B, C, D 共面当且仅当存在不全为零的实数 a, b, c, d 满足 $a+b+c+d=0$ 使得

$$a\cdot \overrightarrow{OA} + b\cdot \overrightarrow{OB} + c\cdot \overrightarrow{OC} + d\cdot \overrightarrow{OD} = \mathbf{0}\ ;$$

(2) 设 A, B, C 不共线, 则 A, B, C, D 共面当且仅当存在实数 a, b, c 满足 $a+b+c=1$ 使得

$$\overrightarrow{OD} = a\cdot \overrightarrow{OA} + b\cdot \overrightarrow{OB} + c\cdot \overrightarrow{OC}\ ;$$

(3) 设 A, B, C 不共线, 则 D 在三角形 ABC 内 (三角形 ABC 上包括边界) 当且仅当存在正实数 (非负实数)a, b, c 满足 $a+b+c=1$ 使得

$$\overrightarrow{OD} = a\cdot \overrightarrow{OA} + b\cdot \overrightarrow{OB} + c\cdot \overrightarrow{OC}\ .$$

1.3 向量与坐标系

首先简单回顾平面坐标系.

平面上取定单位长和一点 O, 过 O 的两条不共线的有向直线 OX, OY 就构成可以给平面上的所有点定位的基准线, 因为有向直线 OX, OY 构成数轴, 从任一点 P 可构成唯一平行四边形以 OP 为对角线两相邻边分别在数轴 OX, OY 上, 该平行四边形在 OX, OY 上的顶点就是点 P 在数轴 OX, OY 上的斜投影 (在图 1.2.2 中已叙述过这种做法), 它们分别给出点 P 的坐标 (x, y), 见图 1.3.1.

这样一个平面定位系统称为**平面坐标系** O–XY.

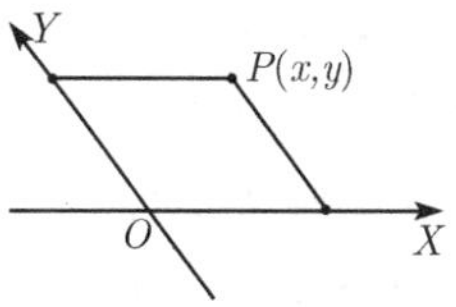

图 1.3.1

有两种不同的确定平面坐标系中坐标次序的方式.

如果面对平面坐标系, 叉开右手的拇指、食指、中指, 并使拇指指向自己时, 食指向中指的旋转方向正好与从 OX 轴到 OY 轴的旋转方向一致, 就称该平面坐标系是**右手系**, 否则就称平面坐标系是**左手系**(图 1.3.2).

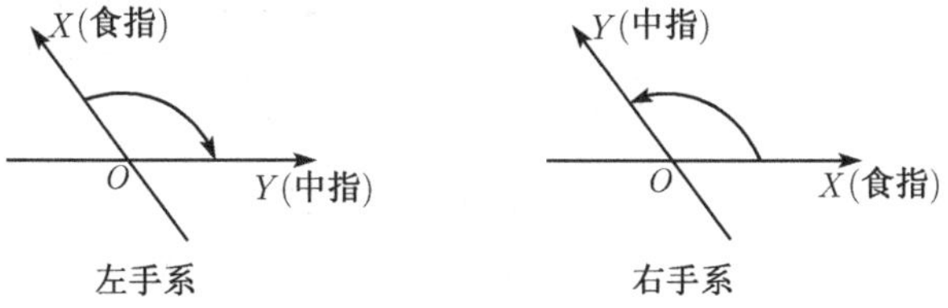

图 1.3.2

常用的是坐标轴彼此正交 (即垂直) 的平面坐标系, 称为平面直角坐标系, 并且常用的是右手系.

现在考虑立体空间. 可以完全类似于平面建立坐标系那样, 建立空间点的定位系统, 即空间坐标系. 以空间直角坐标系为主对此予以说明, 但是需要指出本节的讨论对斜坐标系都可同样展开.

在空间取定一点 O 称为原点, 取定单位长. 再取过点 O 的三条彼此正交 (即垂直) 的有向直线作为几何定位基准线, 称为坐标轴, 分别标为 X 轴、Y 轴、Z 轴. 这就建立了空间**直角坐标系** O–XYZ. 从空间任一点 P 向 O–XY 平面引垂线得垂足 B, 那么 BP 在 OZ 轴上对应的坐标 z 就是点 P 的 Z 坐标, 而垂足 B 在 O–XY 平面上的坐标 (x, y) 就是点 P 的 X 坐标和 Y 坐标, 即得点 P 的在该空间直角坐标系的**坐标** (x, y, z).

类似于平面坐标系, 空间坐标系 O–XYZ 也有两种定向, 如图 1.3.3 所示.

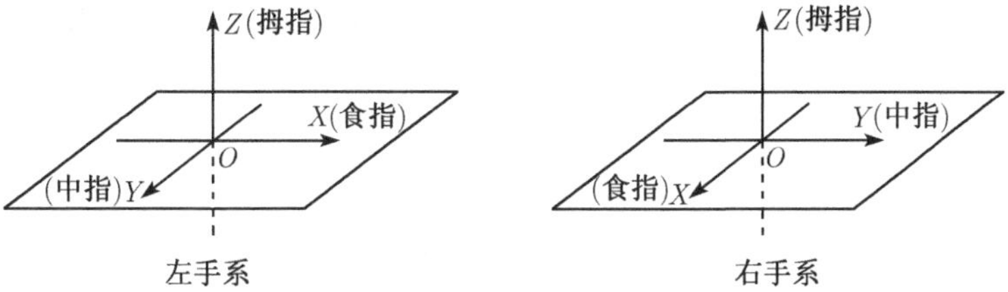

图 1.3.3

如果叉开右手的拇指、食指、中指, 并使拇指指向 OZ 轴的正方向时, 食指向中指的旋转方向正好与从 OX 轴到 OY 轴的旋转方向一致, 那么就称坐标系 O–XYZ

为**右手系**, 也就是, 空间右手系三条轴的指向正好与右手的食指、中指、拇指叉开时的指向一致.

否则 X 轴、Y 轴、Z 轴的指向一定符合左手的食指、中指、拇指叉开时的指向, 故称为**左手系**.

约定　以下未说明时都假定在一个右手直角坐标系 $O\text{–}XYZ$ 中讨论.

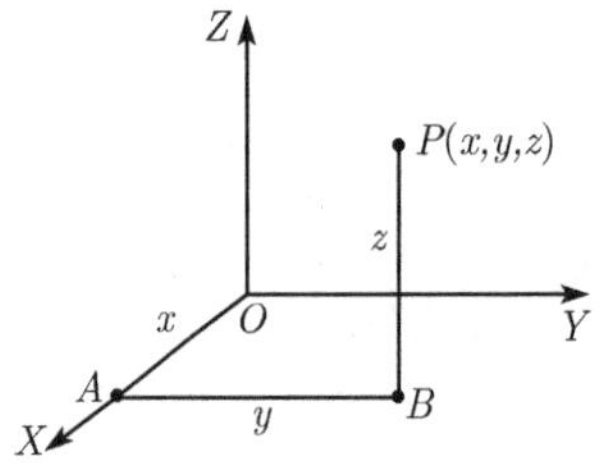

图 1.3.4

如图 1.3.4 所示, 空间任何一点 P 在直角坐标系三个坐标轴上的正投影所表示的实数 x, y, z 构成的实数序列 (x,y,z) 称为点 P 在这个坐标系中的**坐标**.

反过来, 对任一实数序列 (x,y,z), 存在唯一一个点 P 以 (x,y,z) 为坐标.

之所以称 (x,y,z) 是实数序列是因为它与顺序有关. 例如, 都由一个 1 和两个 0 构成的序列 $(1,0,0)$, $(0,1,0)$, $(0,0,1)$ 是完全彼此不同的序列, 它们在坐标系中也表示彼此完全不同的点.

为方便, 把这种实数序列 (x,y,z) 称为一个**三维实数向量**.

结论　在空间建立一个直角坐标系 $O\text{–}XYZ$, 那么就在空间的点的集合与三维实数向量的集合之间建立了一一对应:

$$\{\,\text{空间点}\ P\,\} \ \to\ \{\,(x,y,z)\mid x,y,z\in\mathbb{R}\,\},\quad P\ \mapsto\ \text{坐标}(x,y,z)\,. \qquad \square$$

注　一般地, 花括号 $\{\cdots\}$ 表示集合, 起点不带小竖线的箭头 “$\to$” 表示映射, 而符号 “$\mapsto$” 则用于表示具体对应规则, “$P\ \mapsto\ \text{坐标}(x,y,z)$” 表示把点 P 对应为它的坐标 (x,y,z).

再考虑空间向量, 马上可以得到另一个一一对应.

把任一向量 $\boldsymbol{\alpha}$ 的起点重合于原点 O, 则其终点确定唯一一个点 P. 反过来, 把任一点 P 作为终点, 以原点为起点确定唯一一个向量 $\boldsymbol{\alpha}=\overrightarrow{OP}$.

结论　在空间建立一个直角坐标系 $O\text{–}XYZ$, 那么就在空间的点的集合与空间向量的集合之间建立了一一对应:

$$\{\,\text{空间点}\,\}\ \to\ \{\,\text{空间向量}\,\},\quad P\ \mapsto \overrightarrow{OP}\,. \qquad \square$$

这样就在空间向量集合、空间点集合、三维实数向量集合这三个集合之间都建立了一一对应, 把点 P 的坐标 (x,y,z) 也称为向量 $\boldsymbol{\alpha}=\overrightarrow{OP}$ 的**坐标**.

约定　(1) “点 $P:(x,y,z)$” 表示点 P 的坐标为 (x,y,z);

(2) “向量 $\boldsymbol{\alpha}:(x,y,z)$” 表示向量 $\boldsymbol{\alpha}$ 的坐标为 (x,y,z).

现在就可以把图 1.3.4 进一步细化为图 1.3.5, 其中粗体箭头表示向量.

三个坐标轴上的下述向量称为该坐标轴的**单位向量**:

ε_1 长度为 1, 与 X 轴正方向同向, 坐标为 (1, 0, 0);

ε_2 长度为 1, 与 Y 轴正方向同向, 坐标为 (0, 1, 0);

ε_3 长度为 1, 与 Z 轴正方向同向, 坐标为 (0, 0, 1),

称 $\varepsilon_1, \varepsilon_2, \varepsilon_3$ 为空间的**标准正交基底**, 那么在图 1.3.5 中

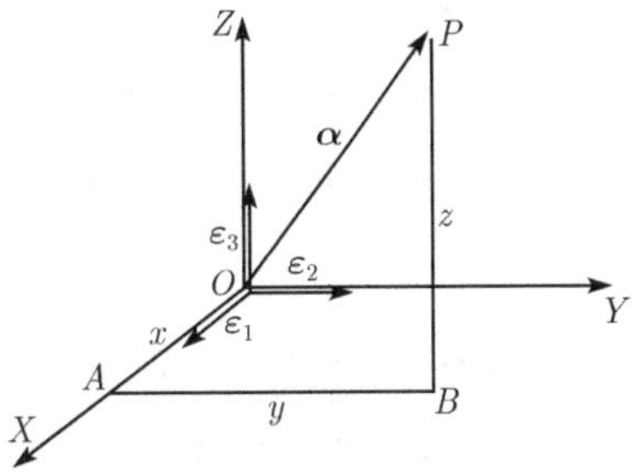

图 1.3.5

$$\boldsymbol{\alpha}=\overrightarrow{OP}=\overrightarrow{OA}+\overrightarrow{AB}+\overrightarrow{BP}=x\,\varepsilon_1+y\,\varepsilon_2+z\,\varepsilon_3,$$

即向量 $\boldsymbol{\alpha}$ 是向量组 ε_1, ε_2, ε_3 的以 x, y, z 为系数的线性组合.

又, 如果三维实数向量 (x', y', z') 也使得 $\boldsymbol{\alpha}=x'\,\varepsilon_1+y'\,\varepsilon_2+z'\,\varepsilon_3$, 则

$$x'\,\varepsilon_1+y'\,\varepsilon_2+z'\,\varepsilon_3=x\,\varepsilon_1+y\,\varepsilon_2+z\,\varepsilon_3\ ,$$

得 $(x'-x)\,\varepsilon_1+(y'-y)\,\varepsilon_2+(z'-z)\,\varepsilon_3=0$, 但 ε_1, ε_2, ε_3 不共面, 由推论 1.2.2 得 $x'-x=y'-y=z'-z=0$, 从而

$$x'=x,\quad y'=y,\quad z'=z\ .$$

故得下述结论.

结论 向量 $\boldsymbol{\alpha}$ 写成标准正交基底 ε_1, ε_2, ε_3 的线性组合时组合系数是唯一的, 它们恰好是 $\boldsymbol{\alpha}$ 的坐标 (x, y, z), 即 $\boldsymbol{\alpha}=x\,\varepsilon_1+y\,\varepsilon_2+z\,\varepsilon_3$. □

既然空间向量与三维实数向量是一一对应的, 就可以把空间向量的有关概念结论转移到三维实数向量. 首先规定:

$$(x,\ y,\ z)=(x',\ y',\ z')\Leftrightarrow x'=x\,,y'=y\,,z'=z\ .$$

再设向量 $\boldsymbol{\alpha}$ 与 $\boldsymbol{\beta}$ 的坐标分别是 $(x_\alpha,\ y_\alpha,\ z_\alpha)$ 和 $(x_\beta,\ y_\beta,\ z_\beta)$, 设 $k\in\mathbb{R}$. 因为

$$\begin{aligned}\boldsymbol{\alpha}+\boldsymbol{\beta}&=(x_\alpha\,\varepsilon_1+y_\alpha\,\varepsilon_2+z_\alpha\,\varepsilon_3)+(x_\beta\,\varepsilon_1+y_\beta\,\varepsilon_2+z_\beta\,\varepsilon_3)\\&=(x_\alpha+x_\beta)\,\varepsilon_1+(y_\alpha+y_\beta)\,\varepsilon_2+(z_\alpha+z_\beta)\,\varepsilon_3\ ,\end{aligned}$$

故 $\boldsymbol{\alpha}+\boldsymbol{\beta}$ 的坐标是 $(x_\alpha+x_\beta,\ y_\alpha+y_\beta,\ z_\alpha+z_\beta)$. 类似可知 $\boldsymbol{\alpha}-\boldsymbol{\beta}$ 的坐标是 $(x_\alpha-x_\beta,\ y_\alpha-y_\beta,\ z_\alpha-z_\beta)$. 又

$$k\boldsymbol{\alpha}=k(x_\alpha\,\varepsilon_1+y_\alpha\,\varepsilon_2+z_\alpha\,\varepsilon_3)=(kx_\alpha)\,\varepsilon_1+(ky_\alpha)\,\varepsilon_2+(kz_\alpha)\,\varepsilon_3\ ,$$

故 $k\boldsymbol{\alpha}$ 的坐标是 $(kx_\alpha,\ ky_\alpha,\ kz_\alpha)$. 由此, 定义三维实数向量的相应运算如下：

$$(x,\ y,\ z)+(x',\ y',\ z')=(x+x',\ y+y',\ z+z')\ ,$$
$$(x,\ y,\ z)-(x',\ y',\ z')=(x-x',\ y-y',\ z-z')\ ,$$
$$k(x,\ y,\ z)=(kx,\ ky,\ kz)\ .$$

对于由任意两点 A, A' 确定的向量 $\overrightarrow{AA'}$, 如果起点 A 不是原点, 那么终点 A' 的坐标就不是 $\overrightarrow{AA'}$ 的坐标.

由两点确定的向量的坐标　设两点 $A:(x,y,z)$ 与 $A':(x',y',z')$, 则它们确定的向量 $\overrightarrow{AA'}$ 的坐标为 $(x'-x,\ y'-y,\ z'-z)$.

证　由于 $\overrightarrow{AA'}=\overrightarrow{OA'}-\overrightarrow{OA}$, 而 $\overrightarrow{OA'}$ 的坐标是 (x',y',z'), $\overrightarrow{OA}$ 的坐标是 (x,y,z), 所以 $\overrightarrow{AA'}$ 的坐标是 $(x',y',z')-(x,y,z)=(x'-x,\ y'-y,\ z'-z)$. □

空间向量及其运算与坐标及其运算的对应关系如表 1.3.1 所示.

表 1.3.1　空间向量及其运算与坐标及其运算的对应

空间向量及其运算	坐标 (三维实数向量) 及其运算
零向量 $\mathbf{0}$	坐标 $(0, 0, 0)$
向量 $\boldsymbol{\varepsilon}_1,\ \boldsymbol{\varepsilon}_2,\ \boldsymbol{\varepsilon}_3$	坐标 $(1, 0, 0)$, $(0, 1, 0)$, $(0, 0, 1)$
向量 $\boldsymbol{\alpha}, \boldsymbol{\beta}$	坐标 $(x_\alpha,\ y_\alpha,\ z_\alpha)$, $(x_\beta,\ y_\beta,\ z_\beta)$
$\boldsymbol{\alpha}+\boldsymbol{\beta}$	$(x_\alpha,\ y_\alpha,\ z_\alpha)+(x_\beta,\ y_\beta,\ z_\beta)=(x_\alpha+x_\beta,\ y_\alpha+y_\beta,\ z_\alpha+z_\beta)$
$\boldsymbol{\alpha}-\boldsymbol{\beta}$	$(x_\alpha,\ y_\alpha,\ z_\alpha)-(x_\beta,\ y_\beta,\ z_\beta)=(x_\alpha-x_\beta,\ y_\alpha-y_\beta,\ z_\alpha-z_\beta)$
$k\boldsymbol{\alpha}$	$k(x_\alpha,\ y_\alpha,\ z_\alpha)=(kx_\alpha,\ ky_\alpha,\ kz_\alpha)$
点 A, A'	坐标 (x,y,z), (x',y',z')
向量 $\overrightarrow{AA'}$	坐标 $(x'-x,\ y'-y,\ z'-z)$

定比分点公式　设三点 $A:(x_A,\ y_A,\ z_A)$, $B:(x_B,\ y_B,\ z_B)$, $C:(x_C,\ y_C,\ z_C)$ 共线, 而且点 C 分线段 AB 为两段, 比值为 λ, 即 $\overrightarrow{AC}=\lambda\,\overrightarrow{CB}$, 其中 $\lambda\neq-1$, 则

$$x_C=\frac{x_A+\lambda x_B}{1+\lambda}\ ,\quad y_C=\frac{y_A+\lambda y_B}{1+\lambda}\ ,\quad z_C=\frac{z_A+\lambda z_B}{1+\lambda}\ .$$

证　向量 $\overrightarrow{OA}, \overrightarrow{OB}, \overrightarrow{OC}$ 的坐标分别是 $(x_A,\ y_A,\ z_A)$, $(x_B,\ y_B,\ z_B)$, $(x_C,\ y_C,\ z_C)$, 由 $\overrightarrow{AC}=\lambda\cdot\overrightarrow{CB}$ 得 $\overrightarrow{AC}=\lambda\cdot(\overrightarrow{AB}-\overrightarrow{AC})$, 因 $1+\lambda\neq0$, 故得

$$\overrightarrow{AC}=\frac{\lambda}{1+\lambda}\,\overrightarrow{AB},$$

注意到 $1-\dfrac{\lambda}{1+\lambda}=\dfrac{1}{1+\lambda}$, 由引理 1.2.1, 得

$$\overrightarrow{OC}=\frac{1}{1+\lambda}\,\overrightarrow{OA}+\frac{\lambda}{1+\lambda}\,\overrightarrow{OB}\ .$$

对应的坐标等式就是

$$(x_C, y_C, z_C) = \frac{1}{1+\lambda}\Big(x_A, y_A, z_A\Big) + \frac{\lambda}{1+\lambda}\Big(x_B, y_B, z_B\Big),$$

将右边的三维实数向量按规则计算出来, 然后比较两边对应位置的实数, 即得

$$x_C = \frac{x_A+\lambda x_B}{1+\lambda}, \quad y_C = \frac{y_A+\lambda y_B}{1+\lambda}, \quad z_C = \frac{z_A+\lambda z_B}{1+\lambda}. \qquad \Box$$

注 如果 $A \neq B$, $\overrightarrow{AC} = \lambda \cdot \overrightarrow{CB}$ 表示 C 在 A 与 B 的连线上, 如图 1.3.6 所示.

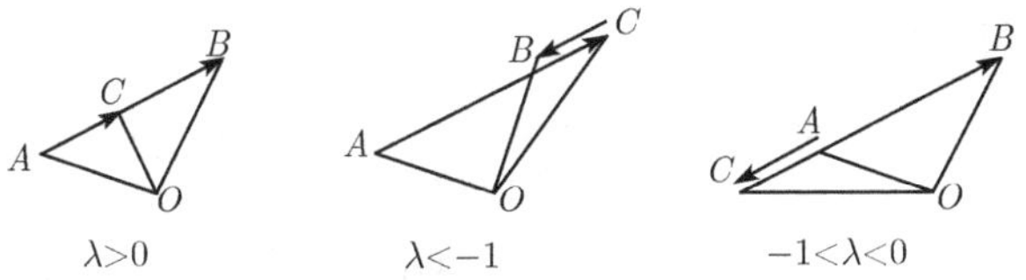

图 1.3.6

对于 $A = B$ 这种特殊情形, $\overrightarrow{AC} = \lambda \cdot \overrightarrow{CB}$ 只能在 $C = A = B$ 时成立, 而等式 $\overrightarrow{OC} = \dfrac{1}{1+\lambda}\overrightarrow{OA} + \dfrac{\lambda}{1+\lambda}\overrightarrow{OB}$ 也表明 $\overrightarrow{OC} = \overrightarrow{OA}$, 即 $C = A$.

习 题 1.3

1. (1) 设 $\boldsymbol{\alpha} = (2, -3, 0)$, $\boldsymbol{\beta} = (1, 2, 0)$, $\boldsymbol{\gamma} = (9, 4, 0)$, 把 $\boldsymbol{\gamma}$ 写成 $\boldsymbol{\alpha}, \boldsymbol{\beta}$ 的线性组合;

(2) 设 $\boldsymbol{\alpha} = (3, -1, 0)$, $\boldsymbol{\beta} = (1, -2, 0)$, $\boldsymbol{\gamma} = (-1, 7, 0)$, $\boldsymbol{\omega} = \boldsymbol{\alpha} + \boldsymbol{\beta} + \boldsymbol{\gamma}$, 把 $\boldsymbol{\omega}$ 写成 $\boldsymbol{\alpha}, \boldsymbol{\beta}$ 的线性组合.

2. 把单位 (即边长为 1 的) 正方体 $ABCD\text{-}A'B'C'D'$ 放在直角坐标系 $O\text{–}XYZ$ 的第一象限 (即三个坐标均非负的点的区域), 使得 A 重合于原点 O, 且面 $ABB'A'$ 在 $O\text{–}XY$ 平面上. 求向量 $\overrightarrow{AC'}, \overrightarrow{CA'}, \overrightarrow{BD'}, \overrightarrow{DB'}$ 的坐标.

3. 已知一条线段被 P_1 : $(2, 1, -1)$ 和 P_2 : $(4, -3, -2)$ 三等分, 求这条线段的两个端点.

4. 证明: 四面体的三组对棱的中点连线交于一点.

5. (1) 设三角形的顶点 A, B, C 对边边长分别为 a, b, c, 设角 A、角 B 的平分线交于点 N, 设 O 是任意一点. 证明:

$$\overrightarrow{ON} = \frac{1}{a+b+c}(a \cdot \overrightarrow{OA} + b \cdot \overrightarrow{OB} + c \cdot \overrightarrow{OA});$$

(2) 证明: 三角形的三条角平分线交于一点.

1.4 内 积

如同 1.3 节的约定, 以下都取**右手系**的直角坐标系 $O\text{–}XYZ$.

把向量 $\boldsymbol{\alpha}$ 的起点置于原点, 终点 P 的坐标 (x,y,z) 就是向量 $\boldsymbol{\alpha}=\overrightarrow{OP}$ 的坐标, 见图 1.3.5. 通过勾股定理很容易计算出向量 $\boldsymbol{\alpha}$ 的长度.

公式 1.4.1(向量长度公式) $|\boldsymbol{\alpha}|=\sqrt{x^2+y^2+z^2}$.

证 如图 1.3.5 所示, 用 $|OP|$ 表示线段 OP 的长度, 则

$$|\boldsymbol{\alpha}|^2=|OP|^2=|OB|^2+|BP|^2=|OA|^2+|AB|^2+|BP|^2=x^2+y^2+z^2. \quad \square$$

对应的三维实数向量的长度如下.

公式 1.4.1′(向量长度公式) $|(x,y,z)|=\sqrt{x^2+y^2+z^2}$.

本节介绍向量的内积.

物理学中, 力 $\boldsymbol{F}$ 沿位移 $\boldsymbol{D}$ 做的功是数量 (但可以是负值), 不是向量. 这是内积的典型模型, 先对它进行分析.

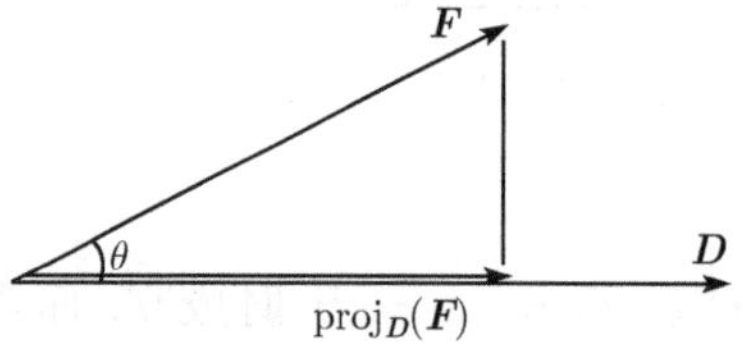

图 1.4.1

$\theta:=\widehat{\boldsymbol{D},\boldsymbol{F}}$

如图 1.4.1 所示, 先计算力 $\boldsymbol{F}$ 在位移 $\boldsymbol{D}$ 方向上的**投影**, 记作 $\mathrm{proj}_{\boldsymbol{D}}(\boldsymbol{F})$, 这是一个与 $\boldsymbol{D}$ 共线的向量, 为计算它需要两向量的夹角. 作以下约定.

约定 用 $\widehat{\boldsymbol{\alpha},\boldsymbol{\beta}}$ 表示两向量 $\boldsymbol{\alpha}$ 和 $\boldsymbol{\beta}$ 的**夹角**.

如图 1.4.1 所示, 投影向量的长度 $|\mathrm{proj}_{\boldsymbol{D}}(\boldsymbol{F})|=|\boldsymbol{F}|\cdot|\cos\theta|$, 其中 $\theta=\widehat{\boldsymbol{D},\boldsymbol{F}}$. 再注意到 $\cos\theta$ 为正还是负正好表示投影向量 $\mathrm{proj}_{\boldsymbol{D}}(\boldsymbol{F})$ 与向量 $\boldsymbol{D}$ 是同向还是反向, 与 $\boldsymbol{D}$ 同向的单位向量为 $\dfrac{\boldsymbol{D}}{|\boldsymbol{D}|}$, 故得如下公式.

公式 1.4.2(投影向量计算公式) $\mathrm{proj}_{\boldsymbol{D}}(\boldsymbol{F})=\dfrac{|\boldsymbol{F}|\cdot\cos\theta}{|\boldsymbol{D}|}\cdot\boldsymbol{D}$.

由公式 1.4.2 知, 力 $\boldsymbol{F}$ 沿位移 $\boldsymbol{D}$ 做的功的绝对值为 $|\mathrm{proj}_{\boldsymbol{D}}(\boldsymbol{F})|\cdot|\boldsymbol{D}|=|\boldsymbol{D}|\cdot|\boldsymbol{F}|\cdot|\cos\theta|$, 而做功的正负性正好与 $\cos\theta$ 的正负性一致. 故得如下结论.

结论 力 $\boldsymbol{F}$ 沿位移 $\boldsymbol{D}$ 做的功等于 $|\boldsymbol{D}|\cdot|\boldsymbol{F}|\cdot\cos\theta$.

以此为模型, 作出以下定义.

定义 1.4.1 向量 $\boldsymbol{\alpha}$ 和 $\boldsymbol{\beta}$ 的**内积**, 记作 $\langle\boldsymbol{\alpha},\ \boldsymbol{\beta}\rangle$, 定义为

$$\langle\boldsymbol{\alpha},\ \boldsymbol{\beta}\rangle=|\boldsymbol{\alpha}|\cdot|\boldsymbol{\beta}|\cdot\cos(\widehat{\boldsymbol{\alpha},\boldsymbol{\beta}}) .$$

向量的内积也称向量的**数量积**, 或称纯量积.

可用内积来表达很多几何量. 首先, 按定义马上得以下夹角公式.

向量夹角公式

$$\cos(\widehat{\boldsymbol{\alpha},\boldsymbol{\beta}})=\frac{\langle\boldsymbol{\alpha},\ \boldsymbol{\beta}\rangle}{|\boldsymbol{\alpha}|\cdot|\boldsymbol{\beta}|},$$

其中 $\boldsymbol{\alpha} \neq \mathbf{0}, \boldsymbol{\beta} \neq \mathbf{0}$.

从这里知道：非零向量 $\boldsymbol{\alpha}$ 与 $\boldsymbol{\beta}$ 的夹角

$$\widehat{\boldsymbol{\alpha},\boldsymbol{\beta}} \text{ 为 } \begin{cases} \text{锐角}, & \langle\boldsymbol{\alpha},\boldsymbol{\beta}\rangle > 0, \\ \text{直角}, & \langle\boldsymbol{\alpha},\boldsymbol{\beta}\rangle = 0, \\ \text{钝角}, & \langle\boldsymbol{\alpha},\boldsymbol{\beta}\rangle < 0. \end{cases}$$

特别地, 向量 $\boldsymbol{\alpha}$ 与 $\boldsymbol{\beta}$ 正交 (即垂直) 的充要条件是它们的内积 $\langle\boldsymbol{\alpha}, \boldsymbol{\beta}\rangle = 0$. 为方便, 可认为零向量与任何向量正交.

约定 称向量 $\boldsymbol{\alpha}$ 与向量 $\boldsymbol{\beta}$ **正交**, 记作 $\boldsymbol{\alpha}\perp\boldsymbol{\beta}$, 如果它们的内积 $\langle\boldsymbol{\alpha}, \boldsymbol{\beta}\rangle = 0$.

向量长度公式

$$|\boldsymbol{\alpha}|^2 = \langle\boldsymbol{\alpha}, \boldsymbol{\alpha}\rangle.$$

证 $\langle\boldsymbol{\alpha}, \boldsymbol{\alpha}\rangle = |\boldsymbol{\alpha}|\cdot|\boldsymbol{\alpha}|\cdot\cos(\widehat{\boldsymbol{\alpha},\boldsymbol{\alpha}}) = |\boldsymbol{\alpha}|^2\cdot\cos 0 = |\boldsymbol{\alpha}|^2.$ □

投影向量公式 1.4.2 可以变形改写为

公式 1.4.2′(投影向量计算公式)

$$\mathrm{proj}_{\boldsymbol{\alpha}}(\boldsymbol{\beta}) = \frac{\langle\boldsymbol{\beta}, \boldsymbol{\alpha}\rangle}{\langle\boldsymbol{\alpha}, \boldsymbol{\alpha}\rangle}\cdot\boldsymbol{\alpha}.$$

证 由公式 1.4.2 计算得

$$\mathrm{proj}_{\boldsymbol{\alpha}}(\boldsymbol{\beta}) = \frac{|\boldsymbol{\beta}|\cdot\cos(\widehat{\boldsymbol{\beta},\boldsymbol{\alpha}})}{|\boldsymbol{\alpha}|}\cdot\boldsymbol{\alpha} = \frac{|\boldsymbol{\beta}|\cdot|\boldsymbol{\alpha}|\cdot\cos(\widehat{\boldsymbol{\beta},\boldsymbol{\alpha}})}{|\boldsymbol{\alpha}|\cdot|\boldsymbol{\alpha}|}\cdot\boldsymbol{\alpha} = \frac{\langle\boldsymbol{\beta}, \boldsymbol{\alpha}\rangle}{\langle\boldsymbol{\alpha}, \boldsymbol{\alpha}\rangle}\cdot\boldsymbol{\alpha}\,.$$ □

推论 1.4.1 $|\mathrm{proj}_{\boldsymbol{\alpha}}(\boldsymbol{\beta})|\cdot|\boldsymbol{\alpha}| = |\langle\boldsymbol{\beta}, \boldsymbol{\alpha}\rangle|\,.$

证 $|\mathrm{proj}_{\boldsymbol{\alpha}}(\boldsymbol{\beta})| = \left|\dfrac{\langle\boldsymbol{\beta}, \boldsymbol{\alpha}\rangle}{\langle\boldsymbol{\alpha}, \boldsymbol{\alpha}\rangle}\cdot\boldsymbol{\alpha}\right| = \dfrac{|\langle\boldsymbol{\beta}, \boldsymbol{\alpha}\rangle|}{|\langle\boldsymbol{\alpha}, \boldsymbol{\alpha}\rangle|}\cdot|\boldsymbol{\alpha}| = \dfrac{|\langle\boldsymbol{\beta}, \boldsymbol{\alpha}\rangle|}{|\boldsymbol{\alpha}|^2}\cdot|\boldsymbol{\alpha}| = \dfrac{|\langle\boldsymbol{\beta}, \boldsymbol{\alpha}\rangle|}{|\boldsymbol{\alpha}|}.$ □

下面推导向量内积的坐标计算公式.

如图 1.4.2 所示, 设向量 $\boldsymbol{\alpha}$, $\boldsymbol{\beta}$ 的坐标分别是 (x, y, z), (x', y', z'); 利用余弦定理, 得

$$2|\boldsymbol{\alpha}|\cdot|\boldsymbol{\beta}|\cdot\cos(\widehat{\boldsymbol{\alpha},\boldsymbol{\beta}}) = |\boldsymbol{\alpha}|^2 + |\boldsymbol{\beta}|^2 - |\boldsymbol{\alpha}-\boldsymbol{\beta}|^2,$$

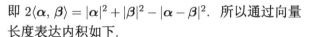

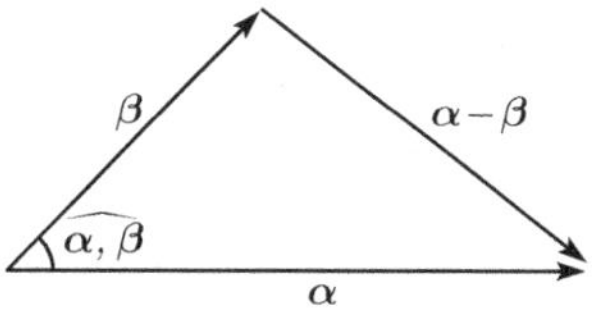

图 1.4.2

即 $2\langle\boldsymbol{\alpha}, \boldsymbol{\beta}\rangle = |\boldsymbol{\alpha}|^2 + |\boldsymbol{\beta}|^2 - |\boldsymbol{\alpha}-\boldsymbol{\beta}|^2$. 所以通过向量长度表达内积如下.

内积与向量长度关系

$$\langle\boldsymbol{\alpha}, \boldsymbol{\beta}\rangle = \frac{|\boldsymbol{\alpha}|^2 + |\boldsymbol{\beta}|^2 - |\boldsymbol{\alpha}-\boldsymbol{\beta}|^2}{2}.$$

利用公式 1.4.1, 得

$$\langle\boldsymbol{\alpha}, \boldsymbol{\beta}\rangle = \frac{(x^2+y^2+z^2) + (x'^2+y'^2+z'^2) - \big((x-x')^2 + (y-y')^2 + (z-z')^2\big)}{2},$$

化简得如下命题.

命题 1.4.1(内积的坐标计算公式)　设向量 $\boldsymbol{\alpha}$ 和 $\boldsymbol{\beta}$ 的坐标分别是 (x,y,z) 和 (x',y',z'), 则它们的内积为

$$\langle\boldsymbol{\alpha},\ \boldsymbol{\beta}\rangle = x\,x' + y\,y' + z\,z'\ . \qquad \square$$

相应地, 也规定三维实数向量的内积如下.

三维实数向量的内积

$$\big\langle\ (x,y,z),\ (x',y',z')\ \big\rangle := x\,x' + y\,y' + z\,z'\ .$$

注　也可以根据图 1.4.3 利用余弦定理得向量的内积公式.

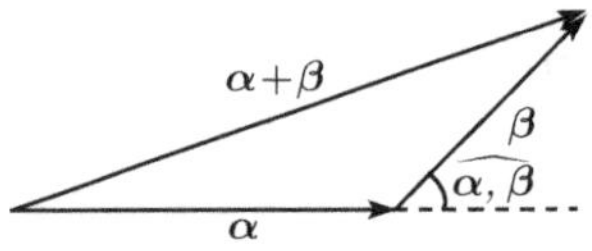

图 1.4.3

内积与向量长度关系

$$\langle\boldsymbol{\alpha},\ \boldsymbol{\beta}\rangle = \frac{|\boldsymbol{\alpha}+\boldsymbol{\beta}|^2 - |\boldsymbol{\alpha}|^2 - |\boldsymbol{\beta}|^2}{2}.$$

命题 1.4.2(内积的三条基本性质)　对任意向量 $\boldsymbol{\alpha}, \boldsymbol{\beta}, \boldsymbol{\gamma}$ 和任意实数 k, l 有

(I1) 双线性　$\langle k\boldsymbol{\beta}+l\boldsymbol{\gamma},\ \boldsymbol{\alpha}\rangle = k\langle\boldsymbol{\beta},\ \boldsymbol{\alpha}\rangle + l\langle\boldsymbol{\gamma},\ \boldsymbol{\alpha}\rangle$,
$\langle\boldsymbol{\alpha},\ k\boldsymbol{\beta}+l\boldsymbol{\gamma}\rangle = k\langle\boldsymbol{\alpha},\ \boldsymbol{\beta}\rangle + l\langle\boldsymbol{\alpha},\ \boldsymbol{\gamma}\rangle$.

(I2) 对称性　$\langle\boldsymbol{\alpha},\ \boldsymbol{\beta}\rangle = \langle\boldsymbol{\beta},\ \boldsymbol{\alpha}\rangle$.

(I3) 正定性　$\langle\boldsymbol{\alpha},\ \boldsymbol{\alpha}\rangle \geqslant 0$； 等号仅在 $\boldsymbol{\alpha} = \boldsymbol{0}$ 时成立.

证　证明 (I1) 如下, 其他作为练习. 设 $\boldsymbol{\alpha}, \boldsymbol{\beta}, \boldsymbol{\gamma}$ 的坐标分别是 (x,y,z), (x',y',z'), (x'',y'',z''), 则

$$\begin{aligned}\langle\boldsymbol{\alpha},\ k\boldsymbol{\beta}+l\boldsymbol{\gamma}\rangle &= x(kx'+lx'') + y(ky'+ly'') + z(kz'+lz'')\\ &= k(xx'+yy'+zz') + l(xx''+yy''+zz'')\\ &= k\langle\boldsymbol{\alpha},\ \boldsymbol{\beta}\rangle + l\langle\boldsymbol{\alpha},\ \boldsymbol{\gamma}\rangle\ . \qquad \square\end{aligned}$$

如同 1.3 节中所说, 在直角坐标系, 有一个方便的办法是取三个坐标轴上的单位向量 ε_1, ε_2, ε_3, 任何向量 $\boldsymbol{\alpha}$ 可唯一地写成以 $\boldsymbol{\alpha}$ 的坐标 (x,y,z) 为系数的 ε_1, ε_2, ε_3 的线性组合: $\boldsymbol{\alpha} = x\,\varepsilon_1 + y\,\varepsilon_2 + z\,\varepsilon_3$. 现在, 坐标可用内积表达.

引理 1.4.1　设 ε_1, ε_2, ε_3 是直角坐标系的三个坐标轴上的单位向量, 即它们的坐标分别为 $(1,0,0)$, $(0,1,0)$, $(0,0,1)$, 那么

(1) $\langle\varepsilon_i,\ \varepsilon_j\rangle = \begin{cases} 1, & i=j,\\ 0, & i\neq j.\end{cases}$

注　这就是称 $\varepsilon_1, \varepsilon_2, \varepsilon_3$ 为标准正交基的原因, 它们都是单位长且彼此正交.

(2) 任何向量 $\boldsymbol{\alpha}$ 的坐标为 $\big(\langle\boldsymbol{\alpha},\ \varepsilon_1\rangle,\ \langle\boldsymbol{\alpha},\ \varepsilon_2\rangle,\ \langle\boldsymbol{\alpha},\ \varepsilon_3\rangle\big)$, 即

$$\boldsymbol{\alpha} = \langle\boldsymbol{\alpha},\ \varepsilon_1\rangle\varepsilon_1 + \langle\boldsymbol{\alpha},\ \varepsilon_2\rangle\varepsilon_2 + \langle\boldsymbol{\alpha},\ \varepsilon_3\rangle\varepsilon_3\ .$$

(3) 向量 $\boldsymbol{\alpha}=\boldsymbol{\beta}$ 当且仅当

$$\langle\boldsymbol{\alpha},\ \boldsymbol{\varepsilon}_j\rangle=\langle\boldsymbol{\beta},\ \boldsymbol{\varepsilon}_j\rangle,\quad j=1,2,3\ .$$

证 (1) 由命题 1.4.1 即得.

(2) 令 $\boldsymbol{\alpha}=a_1\boldsymbol{\varepsilon}_1+a_2\boldsymbol{\varepsilon}_2+a_3\boldsymbol{\varepsilon}_3$, 则

$$\langle\boldsymbol{\alpha},\ \boldsymbol{\varepsilon}_j\rangle=\langle a_1\boldsymbol{\varepsilon}_1+a_2\boldsymbol{\varepsilon}_2+a_3\boldsymbol{\varepsilon}_3,\ \boldsymbol{\varepsilon}_j\rangle\ ,$$

应用内积的双线性, 把右边展开, 得

$$\langle\boldsymbol{\alpha},\ \boldsymbol{\varepsilon}_j\rangle=a_1\langle\boldsymbol{\varepsilon}_1,\ \boldsymbol{\varepsilon}_j\rangle+a_2\langle\boldsymbol{\varepsilon}_2,\ \boldsymbol{\varepsilon}_j\rangle+a_3\langle\boldsymbol{\varepsilon}_3,\ \boldsymbol{\varepsilon}_j\rangle\ .$$

再应用 (1) 已证的结果, $\langle\boldsymbol{\varepsilon}_j,\ \boldsymbol{\varepsilon}_j\rangle=1$, 而 $i\neq j$ 时, $\langle\boldsymbol{\varepsilon}_i,\ \boldsymbol{\varepsilon}_j\rangle=0$, 即得 $\langle\boldsymbol{\alpha},\ \boldsymbol{\varepsilon}_j\rangle=a_j$.

(3) 由 (2) 即可获证. □

例 1 证明: 三角形的三条高交于一点.

证 如图 1.4.4 所示, 在三角形 ABC 中, 设 E 和 F 分别是边 AC 和边 AB 上的高的垂足, 并设这两条高线交于点 M. 证明 $AM\perp BC$ 也就是证明 $\langle\overrightarrow{AM},\ \overrightarrow{BC}\rangle=0$ 即可.

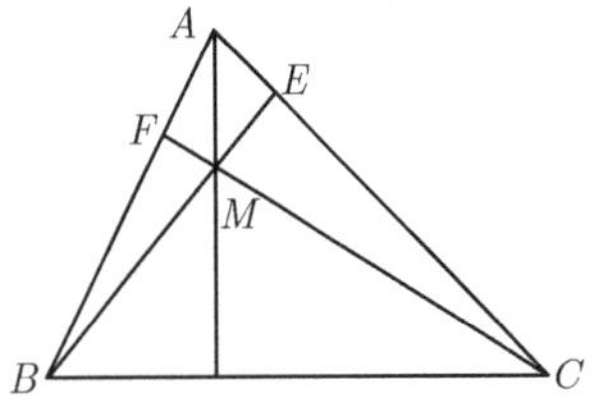

图 1.4.4

由于 $\overrightarrow{BM}\perp\overrightarrow{AC}$, 即 $\langle\overrightarrow{BM},\ \overrightarrow{AC}\rangle=0$, 计算得

$$\begin{aligned}\langle\overrightarrow{AM},\ \overrightarrow{AC}\rangle&=\langle\overrightarrow{AB}+\overrightarrow{BM},\ \overrightarrow{AC}\rangle\\&=\langle\overrightarrow{AB},\ \overrightarrow{AC}\rangle+\langle\overrightarrow{BM},\ \overrightarrow{AC}\rangle=\langle\overrightarrow{AB},\ \overrightarrow{AC}\rangle\ .\end{aligned}$$

同理可得 $\langle\overrightarrow{AM},\ \overrightarrow{AB}\rangle=\langle\overrightarrow{AB},\ \overrightarrow{AC}\rangle$. 所以

$$\begin{aligned}\langle\overrightarrow{AM},\ \overrightarrow{BC}\rangle&=\langle\overrightarrow{AM},\ \overrightarrow{AC}-\overrightarrow{AB}\rangle\\&=\langle\overrightarrow{AM},\ \overrightarrow{AC}\rangle-\langle\overrightarrow{AM},\ \overrightarrow{AB}\rangle\\&=\langle\overrightarrow{AB},\ \overrightarrow{AC}\rangle-\langle\overrightarrow{AB},\ \overrightarrow{AC}\rangle=0\ .\end{aligned}$$ □

附录　格拉姆-施密特正交化

设 $\boldsymbol{\alpha},\boldsymbol{\beta}$ 是两个向量. 重新审视图 1.4.1(这里重画为图 1.4.5), 它还提示了一种求正交向量的方法.

因为 $\mathrm{proj}_{\boldsymbol{\alpha}}(\boldsymbol{\beta})$ 是 $\boldsymbol{\beta}$ 在 $\boldsymbol{\alpha}$ 上的投影, 所以差向量 $\boldsymbol{\beta}_1:=\boldsymbol{\beta}-\mathrm{proj}_{\boldsymbol{\alpha}}(\boldsymbol{\beta})$ 与向量 $\boldsymbol{\alpha}$ 正交, 再由公式 1.4.2′, 得下述正交于向量的 $\boldsymbol{\alpha}$ 与向量 $\boldsymbol{\beta}_1$:

$$\boldsymbol{\beta}_1=\boldsymbol{\beta}-\mathrm{proj}_{\boldsymbol{\alpha}}(\boldsymbol{\beta})=\boldsymbol{\beta}-\frac{\langle\boldsymbol{\beta},\ \boldsymbol{\alpha}\rangle}{\langle\boldsymbol{\alpha},\ \boldsymbol{\alpha}\rangle}\cdot\boldsymbol{\alpha}\ .$$

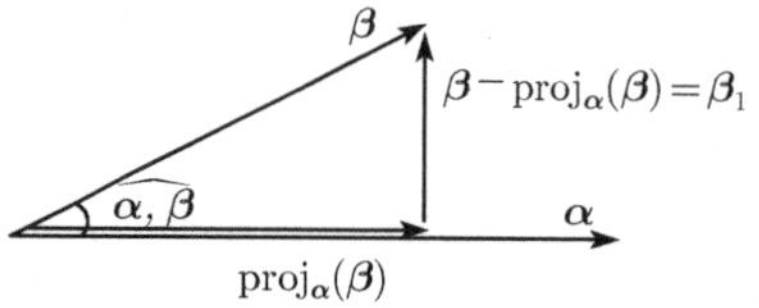

图 1.4.5

这个做法可以推广. 把向量 $\boldsymbol{\alpha}, \boldsymbol{\beta}, \boldsymbol{\gamma}$ 的起点重合于原点. 设 $\boldsymbol{\alpha}, \boldsymbol{\beta}$ 不共线, 把它们张成的平面记作 $L(\boldsymbol{\alpha},\boldsymbol{\beta})$, 再把 $\boldsymbol{\gamma}$ 在平面 $L(\boldsymbol{\alpha},\boldsymbol{\beta})$ 上的投影记作 $\text{proj}_{L(\boldsymbol{\alpha},\boldsymbol{\beta})}(\boldsymbol{\gamma})$. 同上道理, 向量 $\boldsymbol{\gamma}-\text{proj}_{L(\boldsymbol{\alpha},\boldsymbol{\beta})}(\boldsymbol{\gamma})$ 正交于平面 $L(\boldsymbol{\alpha},\boldsymbol{\beta})$, 即

$$\left(\boldsymbol{\gamma}-\text{proj}_{L(\boldsymbol{\alpha},\boldsymbol{\beta})}(\boldsymbol{\gamma})\right) \perp L(\boldsymbol{\alpha},\boldsymbol{\beta}),$$

不过这时的投影 $\text{proj}_{L(\boldsymbol{\alpha},\boldsymbol{\beta})}(\boldsymbol{\gamma})$ 一般情形下不像上面那样好计算. 但是, 如果 $\boldsymbol{\alpha}\perp\boldsymbol{\beta}$, 那么由三垂线定理可以证明 (图 1.4.6)

$$\begin{aligned}\text{proj}_{L(\boldsymbol{\alpha},\boldsymbol{\beta})}(\boldsymbol{\gamma})&=\text{proj}_{\boldsymbol{\alpha}}(\boldsymbol{\gamma})+\text{proj}_{\boldsymbol{\beta}}(\boldsymbol{\gamma})\\&=\frac{\langle\boldsymbol{\gamma},\,\boldsymbol{\alpha}\rangle}{\langle\boldsymbol{\alpha},\,\boldsymbol{\alpha}\rangle}\cdot\boldsymbol{\alpha}+\frac{\langle\boldsymbol{\gamma},\,\boldsymbol{\beta}\rangle}{\langle\boldsymbol{\beta},\,\boldsymbol{\beta}\rangle}\cdot\boldsymbol{\beta}.\end{aligned}$$

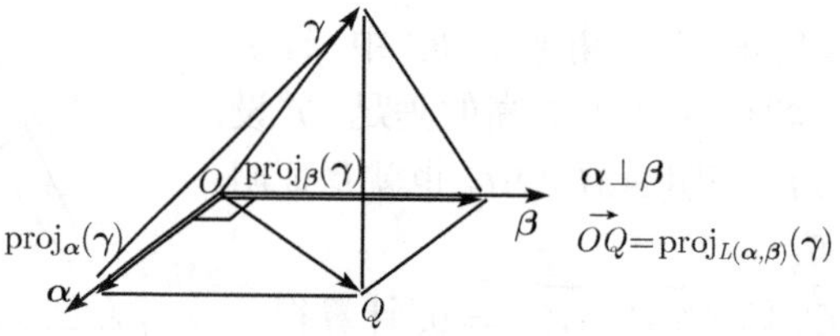

图 1.4.6

因此

$$\boldsymbol{\gamma}_1=\boldsymbol{\gamma}-\frac{\langle\boldsymbol{\gamma},\,\boldsymbol{\alpha}\rangle}{\langle\boldsymbol{\alpha},\,\boldsymbol{\alpha}\rangle}\cdot\boldsymbol{\alpha}-\frac{\langle\boldsymbol{\gamma},\,\boldsymbol{\beta}\rangle}{\langle\boldsymbol{\beta},\,\boldsymbol{\beta}\rangle}\cdot\boldsymbol{\beta}$$

是与 $\boldsymbol{\alpha}, \boldsymbol{\beta}$ 都正交的向量.

也可以不引用三垂线定理, 直接用代数计算来给出证明.

格拉姆–施密特正交化定理　设 $\boldsymbol{\alpha}, \boldsymbol{\beta}, \boldsymbol{\gamma}$ 是三个向量, 令 $\boldsymbol{\alpha}_1=\boldsymbol{\alpha}$.

(1) 如果 $\boldsymbol{\alpha}_1\neq\mathbf{0}$, 则

$$\boldsymbol{\beta}_1=\boldsymbol{\beta}-\frac{\langle\boldsymbol{\beta},\boldsymbol{\alpha}_1\rangle}{\langle\boldsymbol{\alpha}_1,\boldsymbol{\alpha}_1\rangle}\boldsymbol{\alpha}_1$$

与 $\boldsymbol{\alpha}_1$ 正交, 且 $\boldsymbol{\beta}$ 与 $\boldsymbol{\alpha}_1$ 不共线时 $\boldsymbol{\beta}_1$ 与 $\boldsymbol{\alpha}_1$ 也不共线 (即 $\boldsymbol{\beta}_1\neq\mathbf{0}$).

(2) 如果 $\boldsymbol{\alpha}_1\neq\mathbf{0}$, $\boldsymbol{\beta}_1\neq\mathbf{0}$, 则

$$\boldsymbol{\gamma}_1=\boldsymbol{\gamma}-\frac{\langle\boldsymbol{\gamma},\boldsymbol{\alpha}_1\rangle}{\langle\boldsymbol{\alpha}_1,\boldsymbol{\alpha}_1\rangle}\boldsymbol{\alpha}_1-\frac{\langle\boldsymbol{\gamma},\boldsymbol{\beta}_1\rangle}{\langle\boldsymbol{\beta}_1,\boldsymbol{\beta}_1\rangle}\boldsymbol{\beta}_1$$

与 $\boldsymbol{\alpha}_1, \boldsymbol{\beta}_1$ 都正交, 且 $\boldsymbol{\gamma}$ 与 $\boldsymbol{\alpha}_1, \boldsymbol{\beta}_1$ 不共面时 $\boldsymbol{\gamma}_1$ 与 $\boldsymbol{\alpha}_1, \boldsymbol{\beta}_1$ 也不共面 (即 $\boldsymbol{\gamma}_1\neq\mathbf{0}$).

证　(1) 因为

$$\begin{aligned}\langle\boldsymbol{\beta}_1,\ \boldsymbol{\alpha}_1\rangle=&\left\langle\boldsymbol{\beta}-\frac{\langle\boldsymbol{\beta},\boldsymbol{\alpha}_1\rangle}{\langle\boldsymbol{\alpha}_1,\boldsymbol{\alpha}_1\rangle}\boldsymbol{\alpha}_1,\ \boldsymbol{\alpha}_1\right\rangle=\langle\boldsymbol{\beta},\ \boldsymbol{\alpha}_1\rangle-\left\langle\frac{\langle\boldsymbol{\beta},\boldsymbol{\alpha}_1\rangle}{\langle\boldsymbol{\alpha}_1,\boldsymbol{\alpha}_1\rangle}\boldsymbol{\alpha}_1,\ \boldsymbol{\alpha}_1\right\rangle\\=&\langle\boldsymbol{\beta},\ \boldsymbol{\alpha}_1\rangle-\frac{\langle\boldsymbol{\beta},\boldsymbol{\alpha}_1\rangle}{\langle\boldsymbol{\alpha}_1,\boldsymbol{\alpha}_1\rangle}\langle\boldsymbol{\alpha}_1,\ \boldsymbol{\alpha}_1\rangle=0,\end{aligned}$$

故 $\boldsymbol{\beta}_1\perp\boldsymbol{\alpha}_1$.

(2) 注意到已有 $\langle\boldsymbol{\beta}_1,\boldsymbol{\alpha}_1\rangle=0$, 可作以下计算:

$$\begin{aligned}\langle\boldsymbol{\gamma}_1,\ \boldsymbol{\alpha}_1\rangle=&\left\langle\boldsymbol{\gamma}-\frac{\langle\boldsymbol{\gamma},\boldsymbol{\alpha}_1\rangle}{\langle\boldsymbol{\alpha}_1,\boldsymbol{\alpha}_1\rangle}\boldsymbol{\alpha}-\frac{\langle\boldsymbol{\gamma},\boldsymbol{\beta}_1\rangle}{\langle\boldsymbol{\beta}_1,\boldsymbol{\beta}_1\rangle}\boldsymbol{\beta}_1,\ \ \boldsymbol{\alpha}_1\right\rangle\\=&\langle\boldsymbol{\gamma},\ \boldsymbol{\alpha}_1\rangle-\left\langle\frac{\langle\boldsymbol{\gamma},\boldsymbol{\alpha}_1\rangle}{\langle\boldsymbol{\alpha}_1,\boldsymbol{\alpha}_1\rangle}\boldsymbol{\alpha}_1,\ \boldsymbol{\alpha}_1\right\rangle-\left\langle\frac{\langle\boldsymbol{\gamma},\boldsymbol{\beta}_1\rangle}{\langle\boldsymbol{\beta}_1,\boldsymbol{\beta}_1\rangle}\boldsymbol{\beta}_1,\ \boldsymbol{\alpha}_1\right\rangle\\=&\langle\boldsymbol{\gamma},\ \boldsymbol{\alpha}_1\rangle-\frac{\langle\boldsymbol{\gamma},\boldsymbol{\alpha}_1\rangle}{\langle\boldsymbol{\alpha}_1,\boldsymbol{\alpha}_1\rangle}\langle\boldsymbol{\alpha}_1,\ \boldsymbol{\alpha}_1\rangle-\frac{\langle\boldsymbol{\gamma},\boldsymbol{\beta}_1\rangle}{\langle\boldsymbol{\beta}_1,\boldsymbol{\beta}_1\rangle}\langle\boldsymbol{\beta}_1,\ \boldsymbol{\alpha}_1\rangle\\=&\langle\boldsymbol{\gamma},\ \boldsymbol{\alpha}_1\rangle-\langle\boldsymbol{\gamma},\boldsymbol{\alpha}_1\rangle-\frac{\langle\boldsymbol{\gamma},\boldsymbol{\beta}_1\rangle}{\langle\boldsymbol{\beta}_1,\boldsymbol{\beta}_1\rangle}\cdot 0=0\ ,\end{aligned}$$

故 $\boldsymbol{\gamma}_1\perp\boldsymbol{\alpha}_1$. 同理可得 $\boldsymbol{\gamma}_1\perp\boldsymbol{\beta}_1$. □

习 题 1.4

本节都假设直角坐标系为右手系.

1. 设 $\boldsymbol{\alpha},\boldsymbol{\beta},\boldsymbol{\gamma}$ 是非零向量, 在什么条件下有 $\langle\boldsymbol{\alpha},\boldsymbol{\beta}\rangle\boldsymbol{\gamma}=\langle\boldsymbol{\beta},\boldsymbol{\gamma}\rangle\boldsymbol{\alpha}$?

2. 问向量 $\boldsymbol{\alpha},\boldsymbol{\beta}$ 满足什么条件可分别使下述结论成立:

(1) $|\boldsymbol{\alpha}+\boldsymbol{\beta}|=|\boldsymbol{\alpha}-\boldsymbol{\beta}|$;

(2) $\boldsymbol{\alpha}+\boldsymbol{\beta}$ 平分向量 $\boldsymbol{\alpha}$ 与 $\boldsymbol{\beta}$ 的夹角.

3. (1) 设向量 $\boldsymbol{\alpha}$ 与 $\boldsymbol{\beta}$ 的夹角为 120°, $|\boldsymbol{\alpha}|=3$, $|\boldsymbol{\beta}|=5$. 求 $|\boldsymbol{\alpha}+\boldsymbol{\beta}|$ 和 $|\boldsymbol{\alpha}-\boldsymbol{\beta}|$.

(2) 设 $\boldsymbol{\alpha}_1+\boldsymbol{\alpha}_2+\boldsymbol{\alpha}_3=\boldsymbol{0}$, $|\boldsymbol{\alpha}_1|=2$, $|\boldsymbol{\alpha}_2|=3$, $|\boldsymbol{\alpha}_3|=4$. 求 $\langle\boldsymbol{\alpha}_1,\boldsymbol{\alpha}_2\rangle+\langle\boldsymbol{\alpha}_2,\boldsymbol{\alpha}_3\rangle+\langle\boldsymbol{\alpha}_3,\boldsymbol{\alpha}_1\rangle$.

4. 从正方体的一个顶点引相邻两个面的对角线, 求这两条线的夹角.

5. 求与向量 $\boldsymbol{\alpha}=(2,2,1)$ 和 $\boldsymbol{\beta}=(4,5,3)$ 都正交的单位向量.

6. 证明: $\langle\boldsymbol{\alpha},\boldsymbol{\beta}\rangle^2\leqslant\langle\boldsymbol{\alpha},\boldsymbol{\alpha}\rangle\langle\boldsymbol{\beta},\boldsymbol{\beta}\rangle$, 而且等号只在 $\boldsymbol{\alpha}$ 与 $\boldsymbol{\beta}$ 共线时成立.

1.5 外积与混合积

物理学中, 力 $\boldsymbol{F}$ 与力臂向量 $\boldsymbol{D}$ 构成的**力矩**是向量, 不是数量, 记作 $\boldsymbol{D}\times\boldsymbol{F}$, 它的物理定义如下 (图 1.5.1):

(1) $|\boldsymbol{D}\times\boldsymbol{F}|$ 的大小等于 $\boldsymbol{D}$ 与 $\boldsymbol{F}$ 共起点形成的平行四边形的面积, 即

$$|\boldsymbol{D}\times\boldsymbol{F}|=|\boldsymbol{D}|\cdot|\boldsymbol{F}|\cdot|\sin(\widehat{\boldsymbol{D},\boldsymbol{F}})|\ ;$$

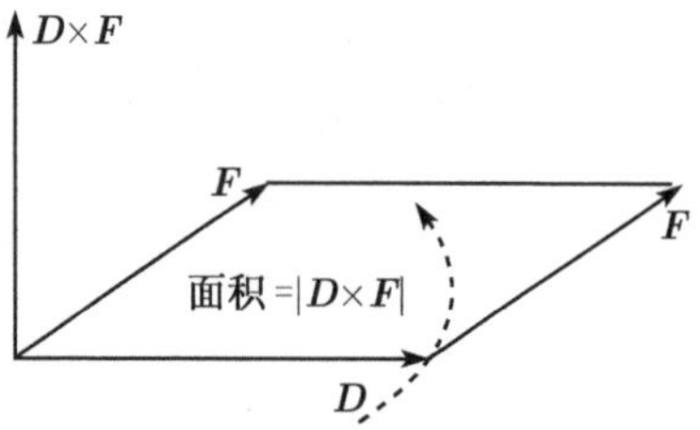

图 1.5.1

(2) 方向　向量 $\boldsymbol{D}\times\boldsymbol{F}$ 与向量 $\boldsymbol{D}$, $\boldsymbol{F}$ 都正交且 $\boldsymbol{D}$, $\boldsymbol{F}$, $\boldsymbol{D}\times\boldsymbol{F}$ 成右手系 (即叉开右手食指、中指、拇指并让拇指指向 $\boldsymbol{D}\times\boldsymbol{F}$ 时, 食指到中指的旋转方向与 $\boldsymbol{D}$ 到 $\boldsymbol{F}$ 旋转方向一致).

以此为模型, 作出以下定义.

定义 1.5.1　空间向量 $\boldsymbol{\alpha}$ 与 $\boldsymbol{\beta}$ 的**外积**, 记作 $\boldsymbol{\alpha}\times\boldsymbol{\beta}$, 是一个定义如下的向量 (图 1.5.1):

(1) $\boldsymbol{\alpha}\times\boldsymbol{\beta}$ 的大小　$|\boldsymbol{\alpha}\times\boldsymbol{\beta}|=|\boldsymbol{\alpha}|\cdot|\boldsymbol{\beta}|\cdot|\sin(\widehat{\boldsymbol{\alpha},\boldsymbol{\beta}})|$ (就是 $\boldsymbol{\alpha}$, $\boldsymbol{\beta}$ 共起点形成的平行四边形的面积);

(2) $\boldsymbol{\alpha}\times\boldsymbol{\beta}$ 的方向　与 $\boldsymbol{\alpha}$, $\boldsymbol{\beta}$ 都正交, 并使得 $\boldsymbol{\alpha}$, $\boldsymbol{\beta}$, $\boldsymbol{\alpha}\times\boldsymbol{\beta}$ 构成右手系.

注　从定义马上知道, 向量 $\boldsymbol{\alpha}$, $\boldsymbol{\beta}$ 共线当且仅当它们的外积 $\boldsymbol{\alpha}\times\boldsymbol{\beta}=\boldsymbol{0}$.

从外积和内积, 进一步定义混合积如下.

定义 1.5.2　空间向量 $\boldsymbol{\alpha}$, $\boldsymbol{\beta}$, $\boldsymbol{\gamma}$ 的**混合积**是一实数, 记作 $(\boldsymbol{\alpha},\ \boldsymbol{\beta},\ \boldsymbol{\gamma})$, 定义为

$$(\boldsymbol{\alpha},\ \boldsymbol{\beta},\ \boldsymbol{\gamma})=\langle\,\boldsymbol{\alpha}\times\boldsymbol{\beta},\ \boldsymbol{\gamma}\rangle\,.$$

本节主要介绍混合积的性质和计算, 下节利用混合积回头研究外积.

引理 1.5.1　向量 $\boldsymbol{\alpha}_1$, $\boldsymbol{\alpha}_2$, $\boldsymbol{\alpha}_3$ 的混合积 $(\boldsymbol{\alpha}_1,\ \boldsymbol{\alpha}_2,\ \boldsymbol{\alpha}_3)$ 的绝对值是 $\boldsymbol{\alpha}_1$, $\boldsymbol{\alpha}_2$, $\boldsymbol{\alpha}_3$ 共起点时它们确定的平行六面体的体积, 符号如下:

(1) 若 $\boldsymbol{\alpha}_1$, $\boldsymbol{\alpha}_2$, $\boldsymbol{\alpha}_3$ 为右手系, 则 $(\boldsymbol{\alpha}_1,\ \boldsymbol{\alpha}_2,\ \boldsymbol{\alpha}_3)>0$;

(2) 若 $\boldsymbol{\alpha}_1$, $\boldsymbol{\alpha}_2$, $\boldsymbol{\alpha}_3$ 为左手系, 则 $(\boldsymbol{\alpha}_1,\ \boldsymbol{\alpha}_2,\ \boldsymbol{\alpha}_3)<0$;

(3) 若 $\boldsymbol{\alpha}_1$, $\boldsymbol{\alpha}_2$, $\boldsymbol{\alpha}_3$ 共面, 则 $(\boldsymbol{\alpha}_1,\ \boldsymbol{\alpha}_2,\ \boldsymbol{\alpha}_3)=0$.

证　如图 1.5.2 所示, 可得出

$$\text{平行六面体的体积}=\text{底面积}\cdot\text{高}=|\boldsymbol{\alpha}_1\times\boldsymbol{\alpha}_2|\cdot|\mathrm{proj}_{\boldsymbol{\alpha}_1\times\boldsymbol{\alpha}_2}(\boldsymbol{\alpha}_3)|\,,$$

利用推论 1.4.1, 得出

$$\text{平行六面体的体积}=|\langle\,\boldsymbol{\alpha}_1\times\boldsymbol{\alpha}_2,\ \boldsymbol{\alpha}_3\,\rangle|=|(\boldsymbol{\alpha}_1,\ \boldsymbol{\alpha}_2,\ \boldsymbol{\alpha}_3)|.$$

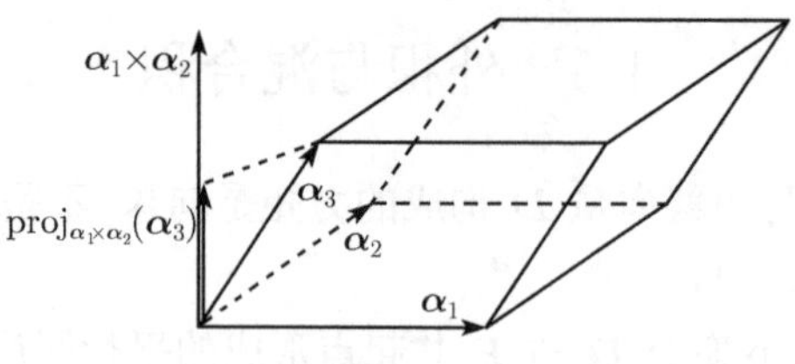

图 1.5.2

而 $\langle \boldsymbol{\alpha}_1 \times \boldsymbol{\alpha}_2,\ \boldsymbol{\alpha}_3 \rangle > 0$ 当且仅当 $\mathrm{proj}_{\boldsymbol{\alpha}_1 \times \boldsymbol{\alpha}_2}(\boldsymbol{\alpha}_3)$ 与 $\boldsymbol{\alpha}_1 \times \boldsymbol{\alpha}_2$ 同向, 即 $\boldsymbol{\alpha}_1,\ \boldsymbol{\alpha}_2,\ \boldsymbol{\alpha}_3$ 成右手系. □

注 由于混合积 $(\boldsymbol{\alpha}_1, \boldsymbol{\alpha}_2, \boldsymbol{\alpha}_3)$ 的正负性与向量 $\boldsymbol{\alpha}_1, \boldsymbol{\alpha}_2, \boldsymbol{\alpha}_3$ 的顺序的手系有关, 所以称 $(\boldsymbol{\alpha}_1, \boldsymbol{\alpha}_2, \boldsymbol{\alpha}_3)$ 是 $\boldsymbol{\alpha}_1,\ \boldsymbol{\alpha}_2,\ \boldsymbol{\alpha}_3$ 确定的**有向平行六面体**的**有向体积.**

命题 1.5.1(混合积性质) 对任意向量 $\boldsymbol{\alpha},\ \boldsymbol{\beta},\ \boldsymbol{\gamma}$ 和 $a \in \mathbb{R}$, 以下成立:

(1) **多重线性**

$$
\begin{aligned}
(\boldsymbol{\alpha}_1 + \boldsymbol{\alpha}_2,\ \boldsymbol{\beta},\ \boldsymbol{\gamma}) &= (\boldsymbol{\alpha}_1,\ \boldsymbol{\beta},\ \boldsymbol{\gamma}) + (\boldsymbol{\alpha}_2,\ \boldsymbol{\beta},\ \boldsymbol{\gamma})\ ;\\
(\boldsymbol{\alpha},\ \boldsymbol{\beta}_1 + \boldsymbol{\beta}_2,\ \boldsymbol{\gamma}) &= (\boldsymbol{\alpha},\ \boldsymbol{\beta}_1,\ \boldsymbol{\gamma}) + (\boldsymbol{\alpha},\ \boldsymbol{\beta}_2,\ \boldsymbol{\gamma})\ ;\\
(\boldsymbol{\alpha},\ \boldsymbol{\beta},\ \boldsymbol{\gamma}_1 + \boldsymbol{\gamma}_2) &= (\boldsymbol{\alpha},\ \boldsymbol{\beta},\ \boldsymbol{\gamma}_1) + (\boldsymbol{\alpha},\ \boldsymbol{\beta},\ \boldsymbol{\gamma}_2)\ ;\\
a(\boldsymbol{\alpha},\ \boldsymbol{\beta},\ \boldsymbol{\gamma}) = (a\boldsymbol{\alpha},\ \boldsymbol{\beta},\ \boldsymbol{\gamma}) &= (\boldsymbol{\alpha},\ a\boldsymbol{\beta},\ \boldsymbol{\gamma}) = (\boldsymbol{\alpha},\ \boldsymbol{\beta},\ a\boldsymbol{\gamma})\ .
\end{aligned}
$$

(2) **交错性** 对换任两个因子所得混合积与原混合积绝对值相等符号相反, 即

$$
(\boldsymbol{\beta}, \boldsymbol{\alpha}, \boldsymbol{\gamma}) = -(\boldsymbol{\alpha}, \boldsymbol{\beta}, \boldsymbol{\gamma}), \quad (\boldsymbol{\alpha}, \boldsymbol{\gamma}, \boldsymbol{\beta}) = -(\boldsymbol{\alpha}, \boldsymbol{\beta}, \boldsymbol{\gamma}), \quad (\boldsymbol{\gamma}, \boldsymbol{\beta}, \boldsymbol{\alpha}) = -(\boldsymbol{\alpha}, \boldsymbol{\beta}, \boldsymbol{\gamma}).
$$

特别地, 若混合积有两个因子相等, 则混合积为零, 如 $(\boldsymbol{\alpha},\ \boldsymbol{\alpha},\ \boldsymbol{\gamma}) = 0$. (任意顺序, 如 $\boldsymbol{\beta}, \boldsymbol{\gamma}, \boldsymbol{\alpha}$, 可从 $\boldsymbol{\alpha}, \boldsymbol{\beta}, \boldsymbol{\gamma}$ 对换第 1, 2 位再对换第 2, 3 位得到, 故 $(\boldsymbol{\beta}, \boldsymbol{\gamma}, \boldsymbol{\alpha}) = (\boldsymbol{\alpha},\ \boldsymbol{\beta},\ \boldsymbol{\gamma})$.)

(3) 设 $\boldsymbol{\varepsilon}_1,\ \boldsymbol{\varepsilon}_2,\ \boldsymbol{\varepsilon}_3$ 是三个坐标轴的单位向量, 则

(i) $(\boldsymbol{\varepsilon}_i,\ \boldsymbol{\varepsilon}_j,\ \boldsymbol{\varepsilon}_k) = 0$, 若 $i,\ j,\ k$ 中至少有两个相等;

(ii) 否则 (i, j, k) 就是 1, 2, 3 的排列, 而 $(\boldsymbol{\varepsilon}_i,\ \boldsymbol{\varepsilon}_j,\ \boldsymbol{\varepsilon}_k) = \sigma(i, j, k)$, 其中 $\sigma(i, j, k)$ 是 1, 2, 3 的排列集合上的函数, 定义为

$$
\sigma(i, j, k) = \begin{cases} 1, & (i, j, k) = (1, 2, 3), (2, 3, 1), (3, 1, 2), \\ -1, & (i, j, k) = (1, 3, 2), (2, 1, 3), (3, 2, 1). \end{cases}
$$

证 先证 (2). 交换 $\boldsymbol{\alpha},\ \boldsymbol{\beta},\ \boldsymbol{\gamma}$ 中的任意两个恰好使手系改变 (即右手系变为左手系, 左手系变为右手系). 由引理 1.5.1, 得 (2) 的前一结论.

交换 $(\boldsymbol{\alpha},\ \boldsymbol{\alpha},\ \boldsymbol{\gamma})$ 的第 1、第 2 因子所得值变号, 即 $(\boldsymbol{\alpha},\ \boldsymbol{\alpha},\ \boldsymbol{\gamma}) = -(\boldsymbol{\alpha},\ \boldsymbol{\alpha},\ \boldsymbol{\gamma})$, 故 $(\boldsymbol{\alpha},\ \boldsymbol{\alpha},\ \boldsymbol{\gamma}) = 0$.

再证 (1). 直接计算即可. 例如,

$$
\begin{aligned}
(\boldsymbol{\alpha},\ \boldsymbol{\beta},\ \boldsymbol{\gamma}_1 + \boldsymbol{\gamma}_2) &= \langle \boldsymbol{\alpha} \times \boldsymbol{\beta},\ \boldsymbol{\gamma}_1 + \boldsymbol{\gamma}_2 \rangle \\
&= \langle \boldsymbol{\alpha} \times \boldsymbol{\beta},\ \boldsymbol{\gamma}_1 \rangle + \langle \boldsymbol{\alpha} \times \boldsymbol{\beta},\ \boldsymbol{\gamma}_2 \rangle \\
&= (\boldsymbol{\alpha},\ \boldsymbol{\beta},\ \boldsymbol{\gamma}_1) + (\boldsymbol{\alpha},\ \boldsymbol{\beta},\ \boldsymbol{\gamma}_2)\ . \\
(\boldsymbol{\alpha}_1 + \boldsymbol{\alpha}_2,\ \boldsymbol{\beta},\ \boldsymbol{\gamma}) &= (\boldsymbol{\beta},\ \boldsymbol{\gamma},\ \boldsymbol{\alpha}_1 + \boldsymbol{\alpha}_2) \\
&= (\boldsymbol{\beta},\ \boldsymbol{\gamma},\ \boldsymbol{\alpha}_1) + (\boldsymbol{\beta},\ \boldsymbol{\gamma},\ \boldsymbol{\alpha}_2) \\
&= (\boldsymbol{\alpha}_1,\ \boldsymbol{\beta},\ \boldsymbol{\gamma}) + (\boldsymbol{\alpha}_2,\ \boldsymbol{\beta},\ \boldsymbol{\gamma})\ .
\end{aligned}
$$

(3) ε_1, ε_2, ε_3 共起点时决定的单位立方体的体积等于 1, 由于取的是右手系的直角坐标系, 也就是 ε_1, ε_2, ε_3 成右手系, 由引理 1.5.1 得 $(\varepsilon_1,\ \varepsilon_2,\ \varepsilon_3)=1$.

其他都可由交错性直接验证. 例如,

$(\varepsilon_3,\ \varepsilon_2,\ \varepsilon_1)$ 交换第 1 位和第 3 位, 得 $(\varepsilon_3,\ \varepsilon_2,\ \varepsilon_1)=-(\varepsilon_1,\ \varepsilon_2,\ \varepsilon_3)=-1$.

$(\varepsilon_3,\ \varepsilon_1,\ \varepsilon_2)$ 交换第 1 位和第 2 位, 得 $(\varepsilon_3,\ \varepsilon_1,\ \varepsilon_2)=-(\varepsilon_1,\ \varepsilon_3,\ \varepsilon_2)$; 再交换 $(\varepsilon_1,\ \varepsilon_3,\ \varepsilon_2)$ 中的第 2 位和第 3 位, 得 $(\varepsilon_1,\ \varepsilon_3,\ \varepsilon_2)=-(\varepsilon_1,\ \varepsilon_2,\ \varepsilon_3)$; 所以 $(\varepsilon_3,\ \varepsilon_2,\ \varepsilon_1)=(-1)(-1)(\varepsilon_1,\ \varepsilon_2,\ \varepsilon_3)=1$.

总之, $(\varepsilon_i,\ \varepsilon_j,\ \varepsilon_k)=\pm1$, 其中符号取决于可以通过多少个位置对换把排列 (i,j,k) 变为 $(1,2,3)$. 如果通过奇数个位置对换把排列 (i,j,k) 变为 $(1,2,3)$, 则 $(\varepsilon_i,\ \varepsilon_j,\ \varepsilon_k)=-1$; 否则, 可以通过偶数个位置对换把排列 (i,j,k) 变为 $(1,2,3)$, 则 $(\varepsilon_i,\ \varepsilon_j,\ \varepsilon_k)=1$. □

利用这些性质容易求得用坐标计算混合积的公式. 设

$$\boldsymbol{\alpha}_i=a_{i1}\varepsilon_1+a_{i2}\varepsilon_2+a_{i3}\varepsilon_3\ ,\quad i=1,2,3,$$

其中 ε_1, ε_2, ε_3 是三个坐标轴的单位向量, (a_{i1},a_{i2},a_{i3}) 是 $\boldsymbol{\alpha}_i(i=1,2,3)$ 的坐标. 那么

$$\begin{aligned}&(\boldsymbol{\alpha}_1,\ \boldsymbol{\alpha}_2,\ \boldsymbol{\alpha}_3)\\&=(a_{11}\varepsilon_1+a_{12}\varepsilon_2+a_{13}\varepsilon_3,\ \ a_{21}\varepsilon_1+a_{22}\varepsilon_2+a_{23}\varepsilon_3,\ \ a_{31}\varepsilon_1+a_{32}\varepsilon_2+a_{33}\varepsilon_3),\end{aligned}$$

利用多重线性把右边展开, 共得 27 项之和, 每项都是一个混合积, 形如

$$(a_{1i_1}\varepsilon_{i_1},\ a_{2i_2}\varepsilon_{i_2},\ a_{3i_3}\varepsilon_{i_3})\ ,$$

其中

(i) $a_{1i_1}\varepsilon_{i_1}$ 来自 $a_{11}\varepsilon_1+a_{12}\varepsilon_2+a_{13}\varepsilon_3$ 中的一个加项, 即 $i_1=1,2,3$;

(ii) $a_{2i_2}\varepsilon_{i_2}$ 来自 $a_{21}\varepsilon_1+a_{22}\varepsilon_2+a_{23}\varepsilon_3$ 中的一个加项, 即 $i_2=1,2,3$;

(iii) $a_{3i_3}\varepsilon_{i_3}$ 来自 $a_{31}\varepsilon_1+a_{32}\varepsilon_2+a_{33}\varepsilon_3$ 中的一个加项, 即 $i_3=1,2,3$.

记号　把这样的 27 项之和记作

$$\sum_{i_1,i_2,i_3=1}^{3}(a_{1i_1}\varepsilon_{i_1},\ a_{2i_2}\varepsilon_{i_2},\ a_{3i_3}\varepsilon_{i_3}),$$

也就是说 $\sum$ 表示 “和”, 和项带有跑动标识 i_1, i_2, i_3, $\sum$ 的下标上标表示跑动标识的跑动范围, $\sum\limits_{i_1,i_2,i_3=1}^{3}$ 表示 i_1, i_2, i_3 都从 1 跑到 3.

按这种记号, 可以把 $a_{11}\varepsilon_1+a_{12}\varepsilon_2+a_{13}\varepsilon_3$ 写作 $\sum\limits_{i_1=1}^{3}a_{1i_1}\varepsilon_{i_1}$ 等.

约定了这个常用记号后, 上述计算过程就可写为

$$(\boldsymbol{\alpha}_1,\ \boldsymbol{\alpha}_2,\ \boldsymbol{\alpha}_3)=\left(\sum_{i_1=1}^{3} a_{1i_1}\boldsymbol{\varepsilon}_{i_1},\ \sum_{i_2=1}^{3} a_{2i_2}\boldsymbol{\varepsilon}_{i_2},\ \sum_{i_3=1}^{3} a_{3i_3}\boldsymbol{\varepsilon}_{i_3}\right)$$
$$=\sum_{i_1,i_2,i_3=1}^{3}(a_{1i_1}\boldsymbol{\varepsilon}_{i_1},\ a_{2i_2}\boldsymbol{\varepsilon}_{i_2},\ a_{3i_3}\boldsymbol{\varepsilon}_{i_3}).$$

仍由多重线性, $(a_{1i_1}\boldsymbol{\varepsilon}_{i_1},\ a_{2i_2}\boldsymbol{\varepsilon}_{i_2},\ a_{3i_3}\boldsymbol{\varepsilon}_{i_3}) = a_{1i_1}a_{2i_2}a_{3i_3}\cdot(\boldsymbol{\varepsilon}_{i_1},\ \boldsymbol{\varepsilon}_{i_2},\ \boldsymbol{\varepsilon}_{i_3})$, 故

$$(\boldsymbol{\alpha}_1,\ \boldsymbol{\alpha}_2,\ \boldsymbol{\alpha}_3)=\sum_{i_1,i_2,i_3=1}^{3} a_{1i_1}a_{2i_2}a_{3i_3}\cdot(\boldsymbol{\varepsilon}_{i_1},\ \boldsymbol{\varepsilon}_{i_2},\ \boldsymbol{\varepsilon}_{i_3})\ .$$

但是, 由混合积性质命题 1.5.1 的 (3) 知, 混合积 $(\boldsymbol{\varepsilon}_{i_1},\ \boldsymbol{\varepsilon}_{i_2},\ \boldsymbol{\varepsilon}_{i_3})$ 的脚标 $i_1,\ i_2,\ i_3$ 中只要有两个相同则该混合积等于零. 去掉这些零项后, 27 项中只剩下 $i_1,\ i_2,\ i_3$ 彼此不同的项, 这时 (i_1,i_2,i_3) 就是 1,2,3 的排列, 共六项, 所以

$$(\boldsymbol{\alpha}_1,\ \boldsymbol{\alpha}_2,\ \boldsymbol{\alpha}_3)=\sum_{(i_1,i_2,i_3)} a_{1i_1}a_{2i_2}a_{3i_3}\cdot(\boldsymbol{\varepsilon}_{i_1},\ \boldsymbol{\varepsilon}_{i_2},\ \boldsymbol{\varepsilon}_{i_3})\ ,$$

其中 (i_1,i_2,i_3) 跑遍 1, 2, 3 的所有 6 个排列.

注 此和式与上面解释的记号 $\sum$ 的不同之处只在于: 它的跑动标识 (i_1,i_2,i_3) 的跑动范围无法用简单形式表达, 不能写成下标和上标, 所以只好另用文字来说明跑动标识 (i_1,i_2,i_3) 的跑动范围.

最后, 从混合积性质命题 1.5.1 的 (3) 得到

$$(\boldsymbol{\varepsilon}_{i_1},\ \boldsymbol{\varepsilon}_{i_2},\ \boldsymbol{\varepsilon}_{i_3})=\sigma(i_1,i_2,i_3)=\begin{cases} 1, & (i_1,i_2,i_3)=(1,2,3),(2,3,1),(3,1,2),\\ -1, & (i_1,i_2,i_3)=(1,3,2),(2,1,3),(3,2,1).\end{cases}$$

因此

$$(\boldsymbol{\alpha}_1,\ \boldsymbol{\alpha}_2,\ \boldsymbol{\alpha}_3)=\sum_{(i_1,i_2,i_3)}\sigma(i_1,i_2,i_3)\cdot a_{1i_1}a_{2i_2}a_{3i_3}\ ,$$

其中 (i_1,i_2,i_3) 跑遍 1, 2, 3 的所有排列.

数学中有一个记号来记这个和式

$$\begin{vmatrix} a_{11} & a_{12} & a_{13}\\ a_{21} & a_{22} & a_{23}\\ a_{31} & a_{32} & a_{33}\end{vmatrix}:=\sum_{(i_1,i_2,i_3)}\sigma(i_1,i_2,i_3)\cdot a_{1i_1}a_{2i_2}a_{3i_3}$$
$$=a_{11}a_{22}a_{33}+a_{12}a_{23}a_{31}+a_{13}a_{21}a_{32}$$
$$-a_{11}a_{23}a_{32}-a_{12}a_{21}a_{33}-a_{13}a_{22}a_{31}\ .$$

称为由 9 个数 $a_{ij}(i,j=1,2,3)$ 排成的方阵的**三阶行列式**. 关于它的情况放在本节附录中.

那么混合积的计算公式由下面的命题给出.

命题 1.5.2(混合积的计算公式) 记号如上, 则混合积

$$(\boldsymbol{\alpha}_1,\ \boldsymbol{\alpha}_2,\ \boldsymbol{\alpha}_3)=\begin{vmatrix} a_{11} & a_{12} & a_{13}\\ a_{21} & a_{22} & a_{23}\\ a_{31} & a_{32} & a_{33}\end{vmatrix}=\begin{vmatrix} a_{11} & a_{21} & a_{31}\\ a_{12} & a_{22} & a_{32}\\ a_{13} & a_{23} & a_{33}\end{vmatrix},$$

其中行列式的三行 (或者三列) 分别是三个向量的坐标. □

注 右端行列式的值也称为向量 $\boldsymbol{\alpha}_1,\boldsymbol{\alpha}_2,\boldsymbol{\alpha}_3$ 确定的有向平行六面体的**有向体积**, 见引理 1.5.1 后的注解.

命题 1.5.3(三向量共面条件) 三向量共面当且仅当它们的混合积为零, 当且仅当它们的坐标构成的行列式为零.

证 设向量 $\boldsymbol{\alpha}_i(i=1,2,3)$ 的坐标是 $(a_{i1},\ a_{i2},\ a_{i3})$, $i=1,2,3$. 此三向量共面当且仅当它们共起点时构成的平行六面体体积为零, 由引理 1.5.1, 此三向量共面当且仅当 $(\boldsymbol{\alpha}_1,\ \boldsymbol{\alpha}_2,\ \boldsymbol{\alpha}_3)=0$, 再由命题 1.5.2 知, $\boldsymbol{\alpha}_1,\ \boldsymbol{\alpha}_2,\ \boldsymbol{\alpha}_3$ 共面当且仅当

$$\begin{vmatrix} a_{11} & a_{21} & a_{31}\\ a_{12} & a_{22} & a_{32}\\ a_{13} & a_{23} & a_{33}\end{vmatrix}=0\,.$$ □

推论 1.5.1(四点共面条件) 四点 $A_1:(x_1,\ y_1,\ z_1)$, $A_2:(x_2,\ y_2,\ z_2)$, $A_3:(x_3,\ y_3,\ z_3)$, $A_4:(x_4,\ y_4,\ z_4)$ 共面当且仅当

$$\begin{vmatrix} x_1-x_4 & y_1-y_4 & z_1-z_4\\ x_2-x_4 & y_2-y_4 & z_2-z_4\\ x_3-x_4 & y_3-y_4 & z_3-z_4\end{vmatrix}=0\,.$$

证 四点 $A_1,\ A_2,\ A_3,\ A_4$ 共面当且仅当三向量 $\overrightarrow{A_4A_1},\ \overrightarrow{A_4A_2},\ \overrightarrow{A_4A_3}$ 共面, 而这三个向量的坐标分别是 $(x_i-x_4,\ y_i-y_4,\ z_i-z_4)$, $i=1,2,3$, 所以它们共面当且仅当这三个坐标构成的行列式为零, 即所求证. □

例 1(斜坐标系) 设 $\boldsymbol{\alpha}_1,\ \boldsymbol{\alpha}_2,\ \boldsymbol{\alpha}_3$ 是三个不共面的向量. 在它们构成的斜坐标系中, 对任一向量 $\boldsymbol{\xi}$ 有唯一实数组 (a_1,a_2,a_3) 使 $\boldsymbol{\xi}=a_1\boldsymbol{\alpha}_1+a_2\boldsymbol{\alpha}_2+a_3\boldsymbol{\alpha}_3$, 称 $(a_1,\ a_2,\ a_3)$ 为 $\boldsymbol{\xi}$ 在**基底**$(\boldsymbol{\alpha}_1,\ \boldsymbol{\alpha}_2,\ \boldsymbol{\alpha}_3)$ 中的坐标. 证明:

$$a_1=\frac{(\boldsymbol{\xi},\ \boldsymbol{\alpha}_2,\ \boldsymbol{\alpha}_3)}{(\boldsymbol{\alpha}_1,\ \boldsymbol{\alpha}_2,\ \boldsymbol{\alpha}_3)},\quad a_2=\frac{(\boldsymbol{\alpha}_1,\ \boldsymbol{\xi},\ \boldsymbol{\alpha}_3)}{(\boldsymbol{\alpha}_1,\ \boldsymbol{\alpha}_2,\ \boldsymbol{\alpha}_3)},\quad a_3=\frac{(\boldsymbol{\alpha}_1,\ \boldsymbol{\alpha}_2,\ \boldsymbol{\xi})}{(\boldsymbol{\alpha}_1,\ \boldsymbol{\alpha}_2,\ \boldsymbol{\alpha}_3)}\,.$$

证 由混合积的多重线性和交错性, 可得

$$\begin{aligned}(\boldsymbol{\xi},\ \boldsymbol{\alpha}_2,\ \boldsymbol{\alpha}_3)&=\big((a_1\boldsymbol{\alpha}_1+a_2\boldsymbol{\alpha}_2+a_3\boldsymbol{\alpha}_3),\ \boldsymbol{\alpha}_2,\ \boldsymbol{\alpha}_3\big)\\ &=a_1(\boldsymbol{\alpha}_1,\ \boldsymbol{\alpha}_2,\ \boldsymbol{\alpha}_3)+a_2(\boldsymbol{\alpha}_2,\ \boldsymbol{\alpha}_2,\ \boldsymbol{\alpha}_3)+a_3(\boldsymbol{\alpha}_3,\ \boldsymbol{\alpha}_2,\ \boldsymbol{\alpha}_3)\\ &=a_1(\boldsymbol{\alpha}_1,\ \boldsymbol{\alpha}_2,\ \boldsymbol{\alpha}_3)\,,\end{aligned}$$

即 $a_1 = \dfrac{(\boldsymbol{\xi},\ \boldsymbol{\alpha}_2,\ \boldsymbol{\alpha}_3)}{(\boldsymbol{\alpha}_1,\ \boldsymbol{\alpha}_2,\ \boldsymbol{\alpha}_3)}$. 同理证明另两个等式. □

注 把这个例题用坐标形式写出来, 就是三元一次线性方程组的克拉默定理, 我们把它列在本节附录中.

附录 三阶行列式

三阶行列式 是由九个数排成的 3×3 方阵确定的一个数

$$\begin{vmatrix} a_{11} & a_{12} & a_{13} \\ a_{21} & a_{22} & a_{23} \\ a_{31} & a_{32} & a_{33} \end{vmatrix} = a_{11}a_{22}a_{33} + a_{12}a_{23}a_{31} + a_{13}a_{21}a_{32} - a_{11}a_{23}a_{32} - a_{12}a_{21}a_{33} - a_{13}a_{22}a_{31}.$$

下图示意一种记忆方法: 沿主对角线 (左上到右下) 方向的三项外带 "+" 号, 沿副对角线 (右上到左下) 方向的三项外带 "−" 号.

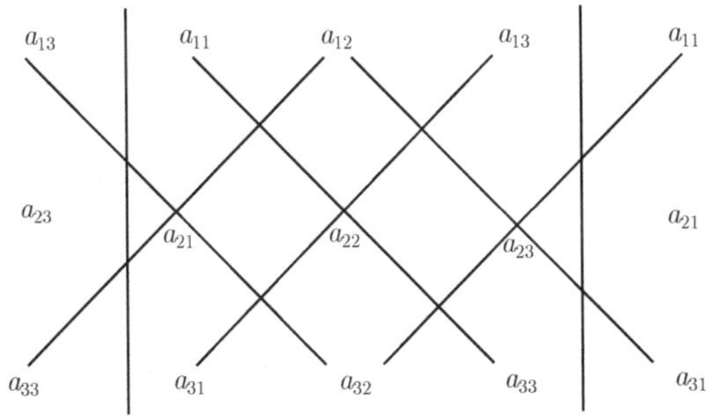

三阶行列式具有以下性质, 它们都可以从上述定义直接计算验证. 但 (D1), (D2) 也可从混合积的相应性质推出.

(三阶) 行列式性质

(D0) **对称性** 转置行列式与原行列式相等, 即

$$\begin{vmatrix} a_{11} & a_{12} & a_{13} \\ a_{21} & a_{22} & a_{23} \\ a_{31} & a_{32} & a_{33} \end{vmatrix} = \begin{vmatrix} a_{11} & a_{21} & a_{31} \\ a_{12} & a_{22} & a_{32} \\ a_{13} & a_{23} & a_{33} \end{vmatrix}.$$

(D1) **多重线性**(对应于混合积的多重线性) 如

$$\begin{vmatrix} a_{11}+a'_{11} & a_{12} & a_{13} \\ a_{21}+a'_{21} & a_{22} & a_{23} \\ a_{31}+a'_{31} & a_{32} & a_{33} \end{vmatrix} = \begin{vmatrix} a_{11} & a_{12} & a_{13} \\ a_{21} & a_{22} & a_{23} \\ a_{31} & a_{32} & a_{33} \end{vmatrix} + \begin{vmatrix} a'_{11} & a_{12} & a_{13} \\ a'_{21} & a_{22} & a_{23} \\ a'_{31} & a_{32} & a_{33} \end{vmatrix};$$

$$k\begin{vmatrix} a_{11} & a_{12} & a_{13} \\ a_{21} & a_{22} & a_{23} \\ a_{31} & a_{32} & a_{33} \end{vmatrix} = \begin{vmatrix} ka_{11} & a_{12} & a_{13} \\ ka_{21} & a_{22} & a_{23} \\ ka_{31} & a_{32} & a_{33} \end{vmatrix}.$$

(D2) **交错性** (对应于混合积的交错性)　交换行列式的任不同两行 (或任不同两列) 所得行列式与原行列式绝对值相等符号相反, 如

$$\begin{vmatrix} a_{11} & a_{12} & a_{13} \\ a_{21} & a_{22} & a_{23} \\ a_{31} & a_{32} & a_{33} \end{vmatrix} = -\begin{vmatrix} a_{21} & a_{22} & a_{23} \\ a_{11} & a_{12} & a_{13} \\ a_{31} & a_{32} & a_{33} \end{vmatrix};$$

$$\begin{vmatrix} a_{11} & a_{12} & a_{13} \\ a_{21} & a_{22} & a_{23} \\ a_{31} & a_{32} & a_{33} \end{vmatrix} = \begin{vmatrix} a_{21} & a_{22} & a_{23} \\ a_{31} & a_{32} & a_{33} \\ a_{11} & a_{12} & a_{13} \end{vmatrix}.$$

特别地, 若行列式有不同两行 (或不同两列) 完全相等则行列式为零, 如

$$\begin{vmatrix} a_{11} & a_{12} & a_{13} \\ a_{21} & a_{22} & a_{23} \\ a_{31} & a_{32} & a_{33} \end{vmatrix} = 0, \quad 若 (a_{11}, a_{12}, a_{13}) = (a_{21}, a_{22}, a_{23}).$$

(D3) **按行 (列) 展开**　如

$$\begin{vmatrix} a_{11} & a_{12} & a_{13} \\ a_{21} & a_{22} & a_{23} \\ a_{31} & a_{32} & a_{33} \end{vmatrix} = a_{11}\begin{vmatrix} a_{22} & a_{23} \\ a_{32} & a_{33} \end{vmatrix} - a_{12}\begin{vmatrix} a_{21} & a_{23} \\ a_{31} & a_{33} \end{vmatrix} + a_{13}\begin{vmatrix} a_{21} & a_{22} \\ a_{31} & a_{32} \end{vmatrix}$$

$$= -a_{21}\begin{vmatrix} a_{12} & a_{13} \\ a_{32} & a_{33} \end{vmatrix} + a_{22}\begin{vmatrix} a_{11} & a_{13} \\ a_{31} & a_{33} \end{vmatrix} - a_{23}\begin{vmatrix} a_{11} & a_{12} \\ a_{31} & a_{32} \end{vmatrix},$$

其中**二阶行列式**定义为 $\begin{vmatrix} a_{11} & a_{12} \\ a_{21} & a_{22} \end{vmatrix} = a_{11}a_{22} - a_{12}a_{21}.$

如同本节正文末的例 1 后的注解所说, 下述定理可从那里的结论推出.

克拉默定理　设关于 x_1, x_2, x_3 的线性方程组

$$\begin{cases} a_{11}x_1 + a_{12}x_2 + a_{13}x_3 = b_1, \\ a_{21}x_1 + a_{22}x_2 + a_{23}x_3 = b_2, \\ a_{31}x_1 + a_{32}x_2 + a_{33}x_3 = b_3 \end{cases}$$

的系数行列式

$$D = \begin{vmatrix} a_{11} & a_{12} & a_{13} \\ a_{21} & a_{22} & a_{23} \\ a_{31} & a_{32} & a_{33} \end{vmatrix} \neq 0,$$

则该方程组有唯一解 (其中 D_j 是把 D 的第 j 列换为 b_1, b_2, b_3 后得的行列式):

$$x_1 = \frac{D_1}{D},\quad x_2 = \frac{D_2}{D},\quad x_3 = \frac{D_3}{D}.$$

证 设 $\boldsymbol{\alpha}_1$, $\boldsymbol{\alpha}_2$, $\boldsymbol{\alpha}_3$ 是分别以系数行列式 D 的三个列为坐标的向量, 而 $\boldsymbol{\xi}$ 是以 b_1, b_2, b_3 为坐标的向量. 由于 $D \neq 0$, 故 $\boldsymbol{\alpha}_1$, $\boldsymbol{\alpha}_2$, $\boldsymbol{\alpha}_3$ 不共面. 另一方面, x_1, x_2, x_3 是该方程组的解的向量意义就是

$$x_1\boldsymbol{\alpha}_1 + x_2\boldsymbol{\alpha}_2 + x_3\boldsymbol{\alpha}_3 = \boldsymbol{\xi},$$

由例 1, 有唯一的三维数组 x_1, x_2, x_3 使此式成立, 所以本定理成立. □

用同样的方法还可以证明下述定理.

定理 关于 x_1, x_2, x_3 的齐次线性方程组

$$\begin{cases} a_{11}x_1 + a_{12}x_2 + a_{13}x_3 = 0, \\ a_{21}x_1 + a_{22}x_2 + a_{23}x_3 = 0, \\ a_{31}x_1 + a_{32}x_2 + a_{33}x_3 = 0 \end{cases}$$

有非零解的充分必要条件是它的系数行列式

$$D = \begin{vmatrix} a_{11} & a_{12} & a_{13} \\ a_{21} & a_{22} & a_{23} \\ a_{31} & a_{32} & a_{33} \end{vmatrix} = 0.$$

□

习 题 1.5

1. 下列陈述是否正确? 正确的予以证明, 否则给出反例.

(1) 若 $k\boldsymbol{\alpha} = \mathbf{0}$, 则或者 $k = 0$ 或者 $\boldsymbol{\alpha} = \mathbf{0}$;

(2) 若 $\langle\boldsymbol{\alpha}, \boldsymbol{\beta}\rangle = 0$, 则或者 $\boldsymbol{\alpha} = \mathbf{0}$ 或者 $\boldsymbol{\beta} = \mathbf{0}$;

(3) 若 $\boldsymbol{\alpha} \times \boldsymbol{\beta} = \mathbf{0}$, 则或者 $\boldsymbol{\alpha} = \mathbf{0}$ 或者 $\boldsymbol{\beta} = \mathbf{0}$;

(4) 若 $(\boldsymbol{\alpha}, \boldsymbol{\beta}, \boldsymbol{\gamma}) = 0$, 则 $\boldsymbol{\alpha}$, $\boldsymbol{\beta}$, $\boldsymbol{\gamma}$ 中至少一个为零.

2. 证明: $(\boldsymbol{\alpha} + \boldsymbol{\beta},\ \boldsymbol{\beta} + \boldsymbol{\gamma},\ \boldsymbol{\gamma} + \boldsymbol{\alpha}) = 2(\boldsymbol{\alpha},\ \boldsymbol{\beta},\ \boldsymbol{\gamma})$.

3. 求向量 $\boldsymbol{\alpha} : (5, -3, 2)$, $\boldsymbol{\beta} : (-5, 3, 2)$, $\boldsymbol{\gamma} : (-8, 6, -5)$ 的混合积, 它们构成左手系还是右手系?

4. 设空间四点 $A : (3, 4, -1)$, $B : (2, 3, 5)$, $C : (6, 0, -3)$, $D : (0, 0, 0)$, 求四面体 $ABCD$ 的体积.

5. 证明: (1) 三点 A, B, C 共线当且仅当 $\overrightarrow{AB} \times \overrightarrow{AC} = \mathbf{0}$.

(2) 三个向量共面当且仅当由它们的坐标构成的三阶行列式为零.

6. (1) 证明: $\langle\boldsymbol{\alpha} \times \boldsymbol{\beta},\ \boldsymbol{\gamma}\rangle = \langle\boldsymbol{\alpha},\ \boldsymbol{\beta} \times \boldsymbol{\gamma}\rangle$;

(2) 证明: $|(\boldsymbol{\alpha},\ \boldsymbol{\beta},\ \boldsymbol{\gamma})| \leqslant |\boldsymbol{\alpha}| \cdot |\boldsymbol{\beta}| \cdot |\boldsymbol{\gamma}|$. 问等号什么时候成立?

1.6　外积的性质

命题 1.6.1(外积的性质)　设 $\boldsymbol{\alpha}$, $\boldsymbol{\beta}$, $\boldsymbol{\gamma}$ 是任意向量, $a \in \mathbb{R}$.

(E1) $\boldsymbol{\alpha}\times\boldsymbol{\beta} = -\boldsymbol{\beta}\times\boldsymbol{\alpha}$, 特别地, $\boldsymbol{\alpha}\times\boldsymbol{\alpha} = \mathbf{0}$;

(E2) $a(\boldsymbol{\alpha}\times\boldsymbol{\beta}) = (a\boldsymbol{\alpha})\times\boldsymbol{\beta} = \boldsymbol{\alpha}\times(a\boldsymbol{\beta})$;

(E3) $(\boldsymbol{\alpha}+\boldsymbol{\beta})\times\boldsymbol{\gamma} = \boldsymbol{\alpha}\times\boldsymbol{\gamma}+\boldsymbol{\beta}\times\boldsymbol{\gamma}$, $\boldsymbol{\gamma}\times(\boldsymbol{\alpha}+\boldsymbol{\beta}) = \boldsymbol{\gamma}\times\boldsymbol{\alpha}+\boldsymbol{\gamma}\times\boldsymbol{\beta}$.

证　这三条性质都有几何的与代数的两种证法. 几何证明比较直观, 代数证明阅读起来容易. 对前两条写出几何证明, 对第三条使用代数证明.

(E1) $|\boldsymbol{\alpha}\times\boldsymbol{\beta}|$ 与 $|\boldsymbol{\beta}\times\boldsymbol{\alpha}|$ 都等于由 $\boldsymbol{\alpha}$, $\boldsymbol{\beta}$ 共起点时决定的平行四边形的面积, 故 $|\boldsymbol{\alpha}\times\boldsymbol{\beta}| = |\boldsymbol{\beta}\times\boldsymbol{\alpha}|$. $\boldsymbol{\alpha}\times\boldsymbol{\beta}$ 与 $\boldsymbol{\beta}\times\boldsymbol{\alpha}$ 都正交于由 $\boldsymbol{\alpha}$, $\boldsymbol{\beta}$ 共起点时决定的平行四边形, 但按定义 1.5.1 从 $\boldsymbol{\alpha}$ 到 $\boldsymbol{\beta}$ 的旋转方向与从 $\boldsymbol{\beta}$ 到 $\boldsymbol{\alpha}$ 的旋转方向正好相反, $\boldsymbol{\alpha}\times\boldsymbol{\beta}$ 与 $\boldsymbol{\beta}\times\boldsymbol{\alpha}$ 正好反向, 故得 $\boldsymbol{\alpha}\times\boldsymbol{\beta} = -\boldsymbol{\beta}\times\boldsymbol{\alpha}$, 见图 1.6.1.

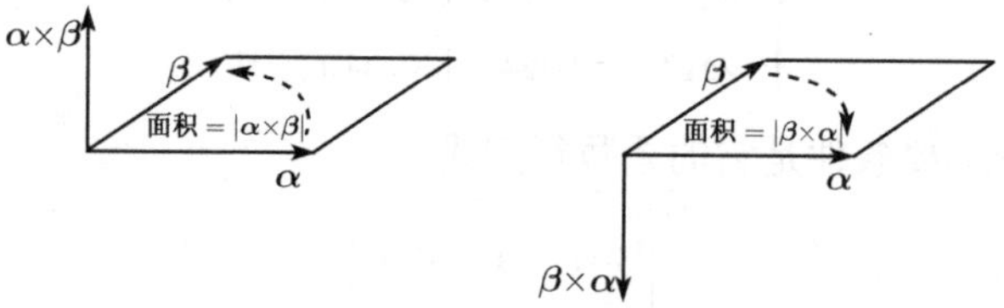

图 1.6.1

(E2) 按定义 1.5.1 计算绝对值

$$
\begin{aligned}
|a(\boldsymbol{\alpha}\times\boldsymbol{\beta})| &= |a|\cdot|\boldsymbol{\alpha}\times\boldsymbol{\beta}| = |a|\cdot|\boldsymbol{\alpha}|\cdot|\boldsymbol{\beta}|\cdot|\sin(\widehat{\boldsymbol{\alpha},\boldsymbol{\beta}})| \\
&= |a\boldsymbol{\alpha}|\cdot|\boldsymbol{\beta}|\cdot|\sin(\widehat{a\boldsymbol{\alpha},\boldsymbol{\beta}})| = |(a\boldsymbol{\alpha})\times\boldsymbol{\beta}|\,.
\end{aligned}
$$

如果 $a>0$, 则 $a(\boldsymbol{\alpha}\times\boldsymbol{\beta})$ 和 $(a\boldsymbol{\alpha})\times\boldsymbol{\beta}$ 都与 $\boldsymbol{\alpha}\times\boldsymbol{\beta}$ 的方向一致; 如果 $a<0$, 则 $a(\boldsymbol{\alpha}\times\boldsymbol{\beta})$ 与 $\boldsymbol{\alpha}\times\boldsymbol{\beta}$ 方向相反, 而 $(a\boldsymbol{\alpha})\times\boldsymbol{\beta}$ 也与 $\boldsymbol{\alpha}\times\boldsymbol{\beta}$ 方向相反 (因 $a\boldsymbol{\alpha}$ 与 $\boldsymbol{\alpha}$ 方向相反, 故 $a\boldsymbol{\alpha}$ 到 $\boldsymbol{\beta}$ 的旋转与 $\boldsymbol{\alpha}$ 到 $\boldsymbol{\beta}$ 的旋转恰好反向). 故得 $a(\boldsymbol{\alpha}\times\boldsymbol{\beta}) = (a\boldsymbol{\alpha})\times\boldsymbol{\beta}$.

同理证明另一等式.

(E3) 取 $\boldsymbol{\varepsilon}_1$, $\boldsymbol{\varepsilon}_2$, $\boldsymbol{\varepsilon}_3$ 为坐标轴的单位向量, 对 $i=1,2,3$ 有

$$
\begin{aligned}
&\langle\,(\boldsymbol{\alpha}+\boldsymbol{\beta})\times\boldsymbol{\gamma},\ \boldsymbol{\varepsilon}_i\,\rangle \\
=&(\boldsymbol{\alpha}+\boldsymbol{\beta},\ \boldsymbol{\gamma},\ \boldsymbol{\varepsilon}_i) = (\boldsymbol{\alpha},\ \boldsymbol{\gamma},\ \boldsymbol{\varepsilon}_i) + (\boldsymbol{\beta},\ \boldsymbol{\gamma},\ \boldsymbol{\varepsilon}_i) \\
=&\langle\,\boldsymbol{\alpha}\times\boldsymbol{\gamma},\ \boldsymbol{\varepsilon}_i\,\rangle + \langle\,\boldsymbol{\beta}\times\boldsymbol{\gamma},\ \boldsymbol{\varepsilon}_i\,\rangle = \langle\,\boldsymbol{\alpha}\times\boldsymbol{\gamma}+\boldsymbol{\beta}\times\boldsymbol{\gamma},\ \boldsymbol{\varepsilon}_i\,\rangle\,,
\end{aligned}
$$

由引理 1.4.1 的 (3), 得 $(\boldsymbol{\alpha}+\boldsymbol{\beta})\times\boldsymbol{\gamma} = \boldsymbol{\alpha}\times\boldsymbol{\gamma}+\boldsymbol{\beta}\times\boldsymbol{\gamma}$. 完全类似可证明另一等式. □

例 1　如果 $\boldsymbol{\alpha}+\boldsymbol{\beta}+\boldsymbol{\gamma} = \mathbf{0}$, 则 $\boldsymbol{\alpha}\times\boldsymbol{\beta} = \boldsymbol{\beta}\times\boldsymbol{\gamma} = \boldsymbol{\gamma}\times\boldsymbol{\alpha}$.

证 由 $\mathbf{0}=(\boldsymbol{\alpha}+\boldsymbol{\beta}+\boldsymbol{\gamma})\times\boldsymbol{\alpha}=\boldsymbol{\alpha}\times\boldsymbol{\alpha}+\boldsymbol{\beta}\times\boldsymbol{\alpha}+\boldsymbol{\gamma}\times\boldsymbol{\alpha}=\boldsymbol{\beta}\times\boldsymbol{\alpha}+\boldsymbol{\gamma}\times\boldsymbol{\alpha}$，得 $\boldsymbol{\alpha}\times\boldsymbol{\beta}=\boldsymbol{\gamma}\times\boldsymbol{\alpha}$. 同理得另两个等式. □

现在可容易地推出向量外积的坐标计算公式.

命题 1.6.2(外积的坐标计算公式) 设 $\boldsymbol{\varepsilon}_1$, $\boldsymbol{\varepsilon}_2$, $\boldsymbol{\varepsilon}_3$ 为坐标轴的单位向量, 设向量 $\boldsymbol{\alpha}$, $\boldsymbol{\beta}$ 的坐标分别是 (a_1,a_2,a_3), (b_1,b_2,b_3), 则

$$\boldsymbol{\alpha}\times\boldsymbol{\beta}=\begin{vmatrix} a_2 & a_3 \\ b_2 & b_3 \end{vmatrix}\cdot\boldsymbol{\varepsilon}_1+\begin{vmatrix} a_3 & a_1 \\ b_3 & b_1 \end{vmatrix}\cdot\boldsymbol{\varepsilon}_2+\begin{vmatrix} a_1 & a_2 \\ b_1 & b_2 \end{vmatrix}\cdot\boldsymbol{\varepsilon}_3 .$$

证 设 $\boldsymbol{\alpha}\times\boldsymbol{\beta}=c_1\boldsymbol{\varepsilon}_1+c_2\boldsymbol{\varepsilon}_2+c_3\boldsymbol{\varepsilon}_3$, 那么由引理 1.4.1 和命题 1.5.2 得

$$\begin{aligned} c_2&=\langle\boldsymbol{\alpha}\times\boldsymbol{\beta},\ \boldsymbol{\varepsilon}_2\rangle=(\boldsymbol{\alpha},\ \boldsymbol{\beta},\ \boldsymbol{\varepsilon}_2)\\ &=\begin{vmatrix} a_1 & a_2 & a_3 \\ b_1 & b_2 & b_3 \\ 0 & 1 & 0 \end{vmatrix}=-\begin{vmatrix} a_1 & a_3 \\ b_1 & b_3 \end{vmatrix}=\begin{vmatrix} a_3 & a_1 \\ b_3 & b_1 \end{vmatrix}. \end{aligned}$$

类似地可求得

$$c_1=\begin{vmatrix} a_2 & a_3 \\ b_2 & b_3 \end{vmatrix},\quad c_3=\begin{vmatrix} a_1 & a_2 \\ b_1 & b_2 \end{vmatrix}.$$

代入 $\boldsymbol{\alpha}\times\boldsymbol{\beta}$ 的线性组合表达式即得所求证公式. □

利用 1.5 节附录中三阶行列式的展开性质 (D3), 可把上述公式形式地写成

$$\begin{aligned} \boldsymbol{\alpha}\times\boldsymbol{\beta}&=\begin{vmatrix} a_1 & a_2 & a_3 \\ b_1 & b_2 & b_3 \\ \boldsymbol{\varepsilon}_1 & \boldsymbol{\varepsilon}_2 & \boldsymbol{\varepsilon}_3 \end{vmatrix}=\begin{vmatrix} \boldsymbol{\varepsilon}_1 & \boldsymbol{\varepsilon}_2 & \boldsymbol{\varepsilon}_3 \\ a_1 & a_2 & a_3 \\ b_1 & b_2 & b_3 \end{vmatrix}\\ &=\begin{vmatrix} \boldsymbol{\varepsilon}_1 & a_1 & b_1 \\ \boldsymbol{\varepsilon}_2 & a_2 & b_2 \\ \boldsymbol{\varepsilon}_3 & a_3 & b_3 \end{vmatrix}=\begin{vmatrix} a_1 & b_1 & \boldsymbol{\varepsilon}_1 \\ a_2 & b_2 & \boldsymbol{\varepsilon}_2 \\ a_3 & b_3 & \boldsymbol{\varepsilon}_3 \end{vmatrix}. \end{aligned}$$

例 2 求以点 $(0,1,2)$, $(1,2,0)$, $(2,0,1)$ 为顶点的三角形的面积.

解 分别以 A, B, C 记这三点, 则三角形 ABC 的面积 $=\dfrac{1}{2}|\overrightarrow{AB}\times\overrightarrow{AC}|$. 而 $\overrightarrow{AB}$, $\overrightarrow{AC}$ 的坐标分别是

$$(1,2,0)-(0,1,2)=(1,1,-2)$$

和

$$(2,0,1)-(0,1,2)=(2,-1,-1),$$

故 $\overrightarrow{AB}\times\overrightarrow{AC}$ 的坐标是

$$\left(\begin{vmatrix} 1 & -2 \\ -1 & -1 \end{vmatrix}, \begin{vmatrix} -2 & 1 \\ -1 & 2 \end{vmatrix}, \begin{vmatrix} 1 & 1 \\ 2 & -1 \end{vmatrix}\right) = (-3, -3, -3).$$

因此该三角形面积 $= \dfrac{1}{2}\sqrt{(-3)^2+(-3)^2+(-3)^2} = \dfrac{3\sqrt{3}}{2}$. □

二重外积公式　$(\boldsymbol{\alpha}\times\boldsymbol{\beta})\times\boldsymbol{\gamma} = \langle\boldsymbol{\alpha},\boldsymbol{\gamma}\rangle\boldsymbol{\beta} - \langle\boldsymbol{\beta},\boldsymbol{\gamma}\rangle\boldsymbol{\alpha}$.

证　设 $\boldsymbol{\alpha}, \boldsymbol{\beta}, \boldsymbol{\gamma}$ 的坐标分别是 $(a_1, a_2, a_3), (b_1, b_2, b_3), (c_1, c_2, c_3)$, 则 $\boldsymbol{\alpha}\times\boldsymbol{\beta}$ 的坐标是

$$(a_2b_3 - a_3b_2, \ a_3b_1 - a_1b_3, \ a_1b_2 - a_2b_1).$$

所以所求证等式的左边向量的第一坐标为

$$(a_3b_1 - a_1b_3)c_3 - (a_1b_2 - a_2b_1)c_2 = a_3b_1c_3 - a_1b_3c_3 - a_1b_2c_2 + a_2b_1c_2 ,$$

而右边向量的第一坐标为

$$(a_1c_1 + a_2c_2 + a_3c_3)b_1 - (b_1c_1 + b_2c_2 + b_3c_3)a_1 = a_2b_1c_2 + a_3b_1c_3 - a_1b_2c_2 - a_1b_3c_3 ,$$

即左边向量的第一坐标 = 右边向量的第一坐标. 同理可证左边向量与右边向量的第二、第三坐标也分别相等. □

习　题　1.6

1. 已知 $\boldsymbol{\alpha}, \boldsymbol{\beta}$ 为不共线向量. 证明下列等式并说明其几何意义:

(1) $\langle\boldsymbol{\alpha}+\boldsymbol{\beta}, \boldsymbol{\alpha}+\boldsymbol{\beta}\rangle + \langle\boldsymbol{\alpha}-\boldsymbol{\beta}, \boldsymbol{\alpha}-\boldsymbol{\beta}\rangle = 2\langle\boldsymbol{\alpha}, \boldsymbol{\alpha}\rangle + 2\langle\boldsymbol{\beta}, \boldsymbol{\beta}\rangle$;

(2) $(\boldsymbol{\alpha}-\boldsymbol{\beta})\times(\boldsymbol{\alpha}+\boldsymbol{\beta}) = 2(\boldsymbol{\alpha}\times\boldsymbol{\beta})$.

2. 设向量 $\boldsymbol{\alpha} = (2, -3, 1)$, $\boldsymbol{\beta} = (-3, 1, 2)$, $\boldsymbol{\gamma} = (1, 2, 3)$. 计算 $\boldsymbol{\alpha}\times(\boldsymbol{\beta}\times\boldsymbol{\gamma})$ 和 $(\boldsymbol{\alpha}\times\boldsymbol{\beta})\times\boldsymbol{\gamma}$, 说明对外积结合律不成立.

3. 如果 $\boldsymbol{\alpha}\times\boldsymbol{\beta} = \boldsymbol{\beta}\times\boldsymbol{\gamma} = \boldsymbol{\gamma}\times\boldsymbol{\alpha}$, 证明: 或者 $\boldsymbol{\alpha}, \boldsymbol{\beta}, \boldsymbol{\gamma}$ 两两共线或者 $\boldsymbol{\alpha}+\boldsymbol{\beta}+\boldsymbol{\gamma} = \mathbf{0}$.

4. 证明: 对任意四个向量 $\boldsymbol{\alpha}, \boldsymbol{\beta}, \boldsymbol{\gamma}, \boldsymbol{\delta}$ 有 $(\boldsymbol{\beta}, \boldsymbol{\gamma}, \boldsymbol{\delta})\boldsymbol{\alpha} - (\boldsymbol{\alpha}, \boldsymbol{\gamma}, \boldsymbol{\delta})\boldsymbol{\beta} + (\boldsymbol{\alpha}, \boldsymbol{\beta}, \boldsymbol{\delta})\boldsymbol{\gamma} - (\boldsymbol{\alpha}, \boldsymbol{\beta}, \boldsymbol{\gamma})\boldsymbol{\delta} = \mathbf{0}$.

5. 空间四点 A, B, C, D 共面当且仅当

$$(\overrightarrow{OA}, \overrightarrow{OB}, \overrightarrow{OC}) - (\overrightarrow{OB}, \overrightarrow{OC}, \overrightarrow{OD}) + (\overrightarrow{OC}, \overrightarrow{OD}, \overrightarrow{OA}) - (\overrightarrow{OD}, \overrightarrow{OA}, \overrightarrow{OB}) = \mathbf{0} .$$

6. (**雅可比恒等式**)　证明: $(\boldsymbol{\alpha}\times\boldsymbol{\beta})\times\boldsymbol{\gamma} + (\boldsymbol{\beta}\times\boldsymbol{\gamma})\times\boldsymbol{\alpha} + (\boldsymbol{\gamma}\times\boldsymbol{\alpha})\times\boldsymbol{\beta} = \mathbf{0}$.

第 1 章补充习题

1. 设 $A_1, A_2, \cdots, A_n$ 构成正 n 边形, W 是它的中心, O 为任意一点. 证明: $n\cdot\overrightarrow{OW} = \sum\limits_{i=1}^{n}\overrightarrow{OA_i}$.

2. 设 L, M, N 分别是三角形 ABC 的边 AB, BC, CA 上的点.

(1) 如果 $AL:LB=BM:MC=CN:NA$, 证明：三角形 ABC 与三角形 LMN 的重心重合;

(2) 如果 $\dfrac{AL}{LB}\cdot\dfrac{BM}{MC}\cdot\dfrac{CN}{NA}=1$, 证明：$AM$, BN, CL 三直线交于一点.

3. 三向量 $\overrightarrow{OA}$, $\overrightarrow{OB}$, $\overrightarrow{OC}$ 满足 $\overrightarrow{OB}\times\overrightarrow{OC}+\overrightarrow{OC}\times\overrightarrow{OA}+\overrightarrow{OA}\times\overrightarrow{OB}=\mathbf{0}$. 证明：

(1) $\overrightarrow{OA}$, $\overrightarrow{OB}$, $\overrightarrow{OC}$ 共面;

(2) A, B, C 三点共线.

4. 设 $(\boldsymbol{\alpha}+3\boldsymbol{\beta})\perp(7\boldsymbol{\alpha}-5\boldsymbol{\beta})$, $(\boldsymbol{\alpha}-4\boldsymbol{\beta})\perp(7\boldsymbol{\alpha}-2\boldsymbol{\beta})$. 求向量 $\boldsymbol{\alpha}$, $\boldsymbol{\beta}$ 的夹角.

5. 设 $\boldsymbol{\alpha}$, $\boldsymbol{\beta}$ 是夹角为 60° 的单位向量, 求向量 $2\boldsymbol{\alpha}+\boldsymbol{\beta}$ 与 $-3\boldsymbol{\alpha}+2\boldsymbol{\beta}$ 的夹角.

6. 设不共面的三向量 $\boldsymbol{\alpha}$, $\boldsymbol{\beta}$, $\boldsymbol{\gamma}$ 的起点重合, 证明它们的终点决定的平面垂直于向量 $\boldsymbol{\alpha}\times\boldsymbol{\beta}+\boldsymbol{\beta}\times\boldsymbol{\gamma}+\boldsymbol{\gamma}\times\boldsymbol{\alpha}$.

7. 设 $\boldsymbol{\alpha}$, $\boldsymbol{\beta}$, $\boldsymbol{\gamma}$ 是任意三向量. 证明：混合积 $(\boldsymbol{\alpha}-\boldsymbol{\beta},\ \boldsymbol{\beta}-\boldsymbol{\gamma},\ \boldsymbol{\gamma}-\boldsymbol{\alpha})=0$.

8. 在平面直角坐标系中证明：向量 $\boldsymbol{\alpha}_1:(a_{11},a_{12})$, $\boldsymbol{\alpha}_2:(a_{21},a_{22})$ 共起点时确定的平行四边形的面积等于行列式 $\begin{vmatrix} a_{11} & a_{12} \\ a_{21} & a_{22} \end{vmatrix}$ 的绝对值. 该行列式在 $\boldsymbol{\alpha}_1$, $\boldsymbol{\alpha}_2$ 构成右手系时为正, 构成左手系时为负, 在 $\boldsymbol{\alpha}_1$, $\boldsymbol{\alpha}_2$ 共线时为零 (称该行列式为向量 $\boldsymbol{\alpha}_1$, $\boldsymbol{\alpha}_2$ 确定的**有向平行四边形的有向面积**).

9. 设 $\boldsymbol{\alpha}$, $\boldsymbol{\alpha}'$, $\boldsymbol{\beta}$, $\boldsymbol{\beta}'$, $\boldsymbol{\gamma}$, $\boldsymbol{\gamma}'$ 是向量. 证明**拉格朗日等式**:

(1) $\langle\boldsymbol{\alpha}\times\boldsymbol{\alpha}',\ \boldsymbol{\beta}\times\boldsymbol{\beta}'\rangle=\begin{vmatrix} \langle\boldsymbol{\alpha},\ \boldsymbol{\beta}\rangle & \langle\boldsymbol{\alpha},\ \boldsymbol{\beta}'\rangle \\ \langle\boldsymbol{\alpha}',\ \boldsymbol{\beta}\rangle & \langle\boldsymbol{\alpha}',\ \boldsymbol{\beta}'\rangle \end{vmatrix}$;

(2) $(\boldsymbol{\alpha}\times\boldsymbol{\alpha}',\ \boldsymbol{\beta}\times\boldsymbol{\beta}',\ \boldsymbol{\gamma}\times\boldsymbol{\gamma}')=\begin{vmatrix} (\boldsymbol{\alpha},\ \boldsymbol{\beta},\ \boldsymbol{\beta}') & (\boldsymbol{\alpha},\ \boldsymbol{\gamma},\ \boldsymbol{\gamma}') \\ (\boldsymbol{\alpha}',\ \boldsymbol{\beta},\ \boldsymbol{\beta}') & (\boldsymbol{\alpha}',\ \boldsymbol{\gamma},\ \boldsymbol{\gamma}') \end{vmatrix}$.

10. (1) $\begin{vmatrix} \langle\boldsymbol{\alpha},\boldsymbol{\alpha}\rangle & \langle\boldsymbol{\alpha},\boldsymbol{\beta}\rangle \\ \langle\boldsymbol{\beta},\boldsymbol{\alpha}\rangle & \langle\boldsymbol{\beta},\boldsymbol{\beta}\rangle \end{vmatrix}=0$ 当且仅当 $\boldsymbol{\alpha}$, $\boldsymbol{\beta}$ 共线;

(2) $\begin{vmatrix} \langle\boldsymbol{\alpha},\boldsymbol{\alpha}\rangle & \langle\boldsymbol{\alpha},\boldsymbol{\beta}\rangle & \langle\boldsymbol{\alpha},\boldsymbol{\gamma}\rangle \\ \langle\boldsymbol{\beta},\boldsymbol{\alpha}\rangle & \langle\boldsymbol{\beta},\boldsymbol{\beta}\rangle & \langle\boldsymbol{\beta},\boldsymbol{\gamma}\rangle \\ \langle\boldsymbol{\gamma},\boldsymbol{\alpha}\rangle & \langle\boldsymbol{\gamma},\boldsymbol{\beta}\rangle & \langle\boldsymbol{\gamma},\boldsymbol{\gamma}\rangle \end{vmatrix}=0$ 当且仅当 $\boldsymbol{\alpha}$, $\boldsymbol{\beta}$, $\boldsymbol{\gamma}$ 共面.

第 2 章　直线与平面

本章恒取右手直角坐标系 $O\text{–}XYZ$, 恒设 ε_1, ε_2, ε_3 是三条坐标轴上的单位向量, 参看 1.3 节.

2.1　直线的方向

设 L 是空间直线. 下面来探讨决定直线 L 的数学量 (图 2.1.1).

直线 L 是两边无限延伸的, 但有确定的延伸方向.

方向向量　设 $\boldsymbol{\delta}$ 是这样一个非零向量当把它的起点放到直线 L 上时它就全部在直线 L 上了. 直观地说, 这个向量决定了这条直线 L 的方向, 所以称为直线 L 的**方向向量**.

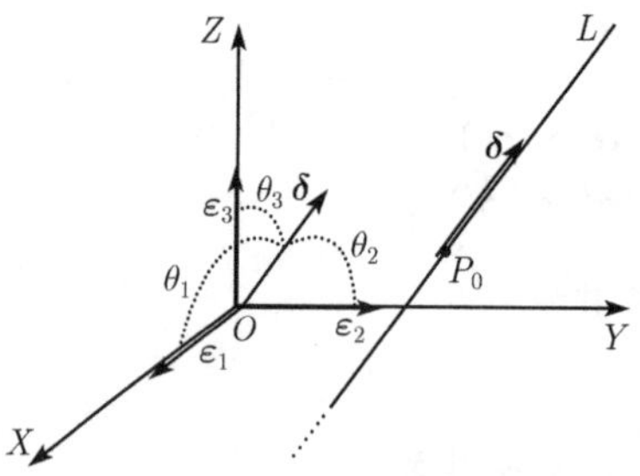

图 2.1.1

方向数　把方向向量 $\boldsymbol{\delta}$ 写成 $\boldsymbol{\delta} = l\varepsilon_1 + m\varepsilon_2 + n\varepsilon_3$, 即 $(l,\ m,\ n)$ 是 $\boldsymbol{\delta}$ 的坐标. 方向向量 $\boldsymbol{\delta}$ 的坐标 $(l,\ m,\ n)$ 也称为直线 L 的**方向数**.

方向角　方向向量 $\boldsymbol{\delta}$ 分别与 ε_1, ε_2, ε_3 所成的角 $\theta_1, \theta_2, \theta_3$ 称为直线 L 的**方向角**. 直线 L 的方向角也就是 L 与坐标轴的夹角.

方向余弦　方向角 $(\theta_1,\ \theta_2,\ \theta_3)$ 的余弦值 $(\cos\theta_1,\ \cos\theta_2,\ \cos\theta_3)$ 称为直线 L 的**方向余弦**.

从方向数容易计算方向余弦. 设方向向量 $\boldsymbol{\delta} : (l,\ m,\ n)$, 则方向向量长 $|\boldsymbol{\delta}| = \sqrt{l^2+m^2+n^2}$, 方向向量 $\boldsymbol{\delta}$ 在 OX 轴上的投影的长度为 l ($l<0$ 表示 $\pi/2 < \theta_1 < \pi$), 故 (后两项是由类似的计算得出)

$$\cos\theta_1 = \frac{l}{\sqrt{l^2+m^2+n^2}}, \quad \cos\theta_2 = \frac{m}{\sqrt{l^2+m^2+n^2}}, \quad \cos\theta_3 = \frac{n}{\sqrt{l^2+m^2+n^2}} .$$

当 $|\boldsymbol{\delta}| = 1$ 时上述表达式的分母等于 1, 可见, 方向余弦是单位长的方向向量的方向数.

注　以上表示直线方向的量都不是唯一的. 如果 $\boldsymbol{\delta} : (l, m, n)$ 是方向向量 (方向数), 则对任非零实数 k, 倍向量 $k\boldsymbol{\delta} : (kl, km, kn)$ 也是方向向量 (方向数).

方向余弦也不是唯一的, 因为直线 L 有两个单位长的方向向量: 如果 $\boldsymbol{\delta}$ 是单位长的方向向量, 则 $-\boldsymbol{\delta}$ 也是单位长的方向向量, 这两个单位长的方向向量互为负向量, 即互相反向.

通常采取如下约定.

直线 L 的正方向规定

情形一. 当 L 不平行于 O–XY 平面时 (即 $\boldsymbol{\delta}$ 与 $\boldsymbol{\varepsilon}_1$, $\boldsymbol{\varepsilon}_2$ 不共面时), 取 L 的与 Z 轴成锐角的方向为正方向, 即 $\boldsymbol{\varepsilon}_1$, $\boldsymbol{\varepsilon}_2$, $\boldsymbol{\delta}$ 成右手系的 $\boldsymbol{\delta}$ 称为 L 的正方向向量.

情形二.当 L 平行于 O–XY 平面但不平行于 X 轴时, 取 L 的与 Y 轴成锐角的方向为正方向, 即 $\boldsymbol{\varepsilon}_1$, $\boldsymbol{\delta}$, $\boldsymbol{\varepsilon}_3$ 成右手系的 $\boldsymbol{\delta}$ 称为 L 的正方向向量.

情形三.当 L 平行于 X 轴时, 取 L 的与 X 轴一致的方向为正方向, 即 $\boldsymbol{\delta}$ 与 $\boldsymbol{\varepsilon}_1$ 同向时称为 L 的正方向向量.

考虑方向向量时, 另一个不确定的因素是向量长度. 只要 $\boldsymbol{\delta}$ 是直线 L 的方向向量而实数 $k \neq 0$, 那么 $k\boldsymbol{\delta}$ 也是直线 L 的方向向量. 注意在 $k > 0$ 时方向向量 $\boldsymbol{\delta}$ 与 $k\boldsymbol{\delta}$ 的方向是一致的, 从而决定的方向角是一样的.

显然直线的方向, 也就是方向向量 $\boldsymbol{\delta}$, 不能完全确定直线 L. 在直线 L 上取定一点 P_0. 那么点 P_0 和方向向量 $\boldsymbol{\delta}$ 一起就完全确定直线了 (图 2.1.2).

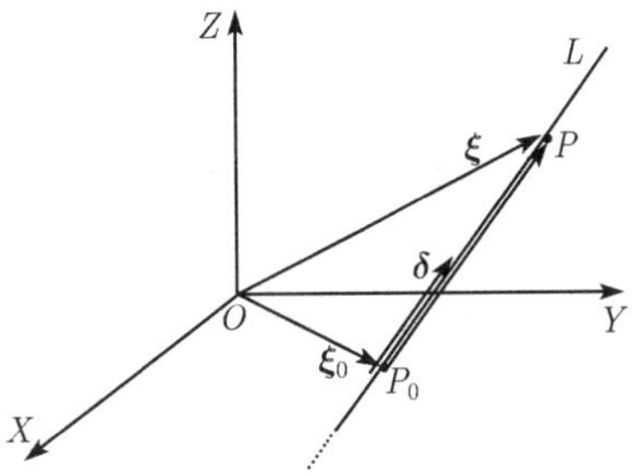

图 2.1.2

结论 直线 L 由方向向量 $\boldsymbol{\delta}$ 和定点 P_0 唯一确定, 方式如下:

令向量 $\boldsymbol{\xi}_0 := \overrightarrow{OP_0}$ 是一个固定的向量. 设动点 P 的坐标为 (x, y, z), 它对应于动向量 $\boldsymbol{\xi} = \overrightarrow{OP}$, 则点 P 在直线 L 上当且仅当向量 $\overrightarrow{P_0P}$ 与非零向量 $\boldsymbol{\delta}$ 共线, 当且仅当有 $t \in \mathbb{R}$ 使得 $\overrightarrow{P_0P} = t\boldsymbol{\delta}$, 即

$$\overrightarrow{OP} - \overrightarrow{OP_0} = t \cdot \boldsymbol{\delta}.$$

因为 $\boldsymbol{\xi} = \overrightarrow{OP}$, $\boldsymbol{\xi}_0 = \overrightarrow{OP_0}$, 就是下面的方程 (其中 t 称为参数).

方程 2.1.1(直线仿射式方程)

$$\boldsymbol{\xi} = \boldsymbol{\xi}_0 + t \cdot \boldsymbol{\delta}, \quad t \in \mathbb{R}.$$

如上所述, 直线 L 的方向向量 $\boldsymbol{\delta}$ 的坐标记为 (l, m, n), 即 l, m, n 是直线 L 的方向数, 再令 L 上的定点 P_0 的坐标是 (x_0, y_0, z_0). 上述向量方程的坐标形式就是

$$(x - x_0, y - y_0, z - z_0) = t \cdot (l, m, n)\,;$$

也就是下面的方程 (其中 t 是参数).

方程 2.1.1′(直线参数式方程)

$$\begin{cases} x = x_0 + l\,t\,, \\ y = y_0 + m\,t\,, \qquad t \in \mathbb{R}, \\ z = z_0 + n\,t\,, \end{cases}$$

即点 (x,y,z) 在过定点 $P_0:(x_0,y_0,z_0)$ 且方向数为 $l,\ m,\ n$ 的直线上当且仅当存在 $t\in\mathbb{R}$ 使方程 2.1.1′ 成立.

注　从直线上一点和直线的方向决定直线方程, 类似于平面解析几何的点斜式方程 (就是直线上一点和直线斜率决定直线方程). 不同的是空间中的方向不能由一个斜率决定而需要由两个 "斜率" 决定: 从方程 2.1.1′ 中消去参数 t, 得

$$\begin{cases} y - y_0 = \dfrac{m}{l}(x - x_0)\,, \\ z - z_0 = \dfrac{n}{l}(x - x_0)\,. \end{cases} \tag{2.1.1}$$

当然这种写法有一点局限 (平面解析几何的点斜式方程有类似的局限), 需要 $l\neq 0$. 实际上 $l=0$ 意味着直线 L 与轴 OX 垂直, 此时在 $m\neq 0$ 时从方程 2.1.1′ 中消去参数 t 得到的是

$$\begin{cases} x = x_0\,, \\ z - z_0 = \dfrac{n}{m}(y - y_0)\,. \end{cases}$$

如果还有 $m=0$, 则从方程 2.1.1′ 中消去参数 t 得到的是

$$\begin{cases} x = x_0\,, \\ y = y_0\,. \end{cases}$$

以上是类比平面解析几何的直线点斜式方程对若干特殊情形做的变形.

在空间解析几何中, 把方程 2.1.1′ 消去参数 t 后常常不写成上述点斜式, 而写成一种对称的形式, 称为**直线的对称式方程**.

方程 2.1.2(直线对称式方程)

$$\frac{x - x_0}{l} = \frac{y - y_0}{m} = \frac{z - z_0}{n}.$$

这相当于两个方程联立: $\begin{cases} \dfrac{x - x_0}{l} = \dfrac{y - y_0}{m}, \\ \dfrac{x - x_0}{l} = \dfrac{z - z_0}{n}, \end{cases}$ 也就是上面的方程组 (2.1.1).

上述对称式方程形式上同样有局限性. 例如, $l=0,\ m\neq 0,\ n\neq 0$, 则应写成

$$\begin{cases} x = x_0\,, \\ \dfrac{y - y_0}{m} = \dfrac{z - z_0}{n}\,. \end{cases} \tag{2.1.2}$$

又如, $l=0, m=0, n\neq 0$, 则应写成

$$\begin{cases} x = x_0 \ , \\ y = y_0 \ . \end{cases} \tag{2.1.3}$$

但是, 一旦作个约定: "只要方程 2.1.2 中有一个分母为零就把它的分子也等于零", 就会发现, 方程 2.1.2 可以突破局限表达一切情形. 例如, 在上面说的两个特殊情形, $l=0, m\neq 0, n\neq 0$ 时方程 2.1.2 形如

$$\frac{x-x_0}{0}=\frac{y-y_0}{m}=\frac{z-z_0}{n},$$

令 $x-x_0=0$, 就得到上面相应的方程组 (2.1.2). 又如, $l=0, m=0, n\neq 0$, 则方程 2.1.2 形如

$$\frac{x-x_0}{0}=\frac{y-y_0}{0}=\frac{z-z_0}{n},$$

令 $x-x_0=0,\ y-y_0=0$, 并且注意, 这时上式中只剩下 $\dfrac{z-z_0}{n}$ 不再构成等式, 就得到上面相应的方程组 (2.1.3).

注 由于方向向量非零, 故不可能三个方向数都为零.

例 1 已知直线 L: $\dfrac{x-1}{1}=\dfrac{2y-1}{1}=\dfrac{1-z}{3}$ 和点 $P_0:(1,-1,-1)$.

(1) 问点 P_0 是否在直线 L 上?

(2) 求通过点 P_0 平行于直线 L 的直线 L' 的对称式方程.

解 (1) 把 P_0 的坐标代入 L 的方程, 由于 $\dfrac{1-1}{1}\neq\dfrac{2(-1)-1}{1}$, 故点 P_0 不在直线 L 上.

(2) 直线 L 的对称式方程为

$$\frac{x-1}{1}=\frac{y-1/2}{1/2}=\frac{z-1}{-3},$$

所以 $1, 1/2, -3$ 是直线 L 的方向数. 直线 L' 与直线 L 平行, 所以 $1, 1/2, -3$ 也是直线 L' 的方向数, 又 L' 通过点 $P_0:(1,-1,-1)$, 故直线 L' 的对称式方程为

$$\frac{x-1}{1}=\frac{y+1}{1/2}=\frac{z+1}{-3}.$$ □

注 第一, 直线 L 的方程 $\dfrac{x-1}{1}=\dfrac{2y-1}{1}=\dfrac{1-z}{3}$ 不是对称式方程, 需要按照方程 2.1.2, 把它化为标准的对称式方程, 才能得出方向数, 对称式方程的要点是分子中的 x, y, z 的系数必须是 $+1$.

第二, 方向数不是唯一的. 一旦知道了 $(1,\ 1/2,\ -3)$ 是所求直线 L' 的方向数, 那么任意非零倍数也是方向数. 例如, 都乘以 2 后可知 $(2,\ 1,\ -6)$ 也是直线 L' 的方向数, 所以下述也是直线 L' 的对称式方程:

$$\frac{x-1}{2}=\frac{y+1}{1}=\frac{z+1}{-6}\ .$$

小结　本节讨论的要点：**一个方向向量** $\boldsymbol{\delta}:(l,m,n)$ **和一点** $P_0:(x_0,y_0,z_0)$ **决定一条直线**.

主要结果：

(1) 直线方程 2.1.1 以及方程 2.1.1′ 是同一个方程, 只不过一个是向量形式另一个是坐标形式;

(2) 直线对称式方程 2.1.2.

习　题　2.1

1$^+$. 证明：直线 L 的方向余弦 $(\cos\theta_1,\ \cos\theta_2,\ \cos\theta_3)$ 满足 $\cos^2\theta_1+\cos^2\theta_2+\cos^2\theta_3=1$.

2. 写出下列直线 L_1 和 L_2 的参数方程和对称式方程, 并求两直线间的距离：

(1) L_1 重合于 Y 轴;

(2) L_2 平行于 Y 轴且过点 $(1,0,-1)$.

3. 试求平行于直线 L 且过点 $A:(1,-1,-3)$ 的直线的参数方程：

(1) L：$\dfrac{x-1}{2}=\dfrac{y+2}{5}=\dfrac{1-z}{1}$;

(2) L：$\dfrac{x-1}{2}=\dfrac{y+2}{5}$ 且 $z+1=0$.

4. 证明：直线 $x=2t-3,\ y=3t-2,\ z=-4t+6$ 与直线 $x=t+5,\ y=-4t-1,\ z=t-4$ 相交, 并求出交点.

5. 求 O–XY 平面上过原点且与直线 $\dfrac{x-2}{3}=\dfrac{y+1}{-2}=\dfrac{z-5}{1}$ 垂直的直线的对称式方程.

6. 求通过点 $A:(-1,2,-3)$, 垂直于向量 $\boldsymbol{\alpha}$：$(6,-2,-3)$ 且与直线 $\dfrac{x-1}{3}=\dfrac{y+1}{2}=\dfrac{z-3}{-5}$ 相交的直线的方程.

2.2　点 线 关 系

本节讨论四个内容：点点关系、直线两点式方程、点线距离、线线关系.

关于点与点的关系, 首先列出两个基本公式, 它们在前面已出现过.

两点确定的向量　设点 P_1：(x_1,y_1,z_1), P_2：(x_2,y_2,z_2), 则

(1) 向量坐标 $\overrightarrow{P_1P_2}:(x_2-x_1,\ y_2-y_1,\ z_2-z_1)$;

(2) 向量长度 $|\overrightarrow{P_1P_2}|=\sqrt{(x_2-x_1)^2+(y_2-y_1)^2+(z_2-z_1)^2}$.

证　前一条见表 1.3.1. 后一条从公式 1.4.1 得出.　□

三点、四点决定的信息　设点 $P_i:(x_i,y_i,z_i)$, $i=1,2,3,4$, 则

(1) 三角形 $P_1P_2P_3$ 的面积为

$$\frac{1}{2}|\overrightarrow{P_1P_2}\times\overrightarrow{P_1P_3}|$$
$$=\frac{1}{2}\sqrt{\begin{vmatrix} y_2-y_1 & z_2-z_1 \\ y_3-y_1 & z_3-z_1 \end{vmatrix}^2+\begin{vmatrix} z_2-z_1 & x_2-x_1 \\ z_3-z_1 & x_3-x_1 \end{vmatrix}^2+\begin{vmatrix} x_2-x_1 & y_2-y_1 \\ x_3-x_1 & y_3-y_1 \end{vmatrix}^2};$$

(2) 四面体 $P_1P_2P_3P_4$ 的体积等于下述行列式的绝对值:

$$\frac{1}{6}\begin{vmatrix} x_2-x_1 & y_2-y_1 & z_2-z_1 \\ x_3-x_1 & y_3-y_1 & z_3-z_1 \\ x_4-x_1 & y_4-y_1 & z_4-z_1 \end{vmatrix}.$$

证 先看三角形 $P_1P_2P_3$ 的面积. 它等于向量 $\overrightarrow{P_1P_2}$ 与向量 $\overrightarrow{P_1P_3}$ 决定的平行四边形的面积的一半, 根据外积的定义 1.5.1, 该平行四边形的面积 $=|\overrightarrow{P_1P_2}\times\overrightarrow{P_1P_3}|$, 故三角形 $P_1P_2P_3$ 的面积 $=\frac{1}{2}|\overrightarrow{P_1P_2}\times\overrightarrow{P_1P_3}|$.

坐标 $\overrightarrow{P_1P_2}$: $(x_2-x_1,\ y_2-y_1,\ z_2-z_1)$, $\overrightarrow{P_1P_3}$: $(x_3-x_1,\ y_3-y_1,\ z_3-z_1)$, 由外积的坐标计算公式 (命题 1.6.2), $\overrightarrow{P_1P_2}\times\overrightarrow{P_1P_3}$ 的坐标为

$$\left(\begin{vmatrix} y_2-y_1 & z_2-z_1 \\ y_3-y_1 & z_3-z_1 \end{vmatrix},\ \begin{vmatrix} z_2-z_1 & x_2-x_1 \\ z_3-z_1 & x_3-x_1 \end{vmatrix},\ \begin{vmatrix} x_2-x_1 & y_2-y_1 \\ x_3-x_1 & y_3-y_1 \end{vmatrix}\right).$$

从上述向量长度公式即可计算出绝对值 $|\overrightarrow{P_1P_2}\times\overrightarrow{P_1P_3}|$, 随之得出所列三角形 $P_1P_2P_3$ 的面积公式.

再计算四面体 $P_1P_2P_3P_4$ 的体积. 它等于向量 $\overrightarrow{P_1P_2}$, $\overrightarrow{P_1P_3}$, $\overrightarrow{P_1P_4}$ 确定的平行六面体的体积的六分之一. 根据引理 1.5.1, 该平行六面体的体积等于这三个向量的混合积的绝对值. 这三个向量的坐标分别是 $(x_i-x_1,\ y_i-y_1,\ z_i-z_1)$, $i=2,3,4$, 再根据命题 1.5.2, 得该平行六面体的体积等于下述行列式的绝对值:

$$\begin{vmatrix} x_2-x_1 & y_2-y_1 & z_2-z_1 \\ x_3-x_1 & y_3-y_1 & z_3-z_1 \\ x_4-x_1 & y_4-y_1 & z_4-z_1 \end{vmatrix}.$$

所以四面体 $P_1P_2P_3P_4$ 的体积是这个行列式的绝对值的六分之一. □

欧几里得几何的常识之一是**两点决定一条直线**. 这个常识很容易转换成 2.1 节讨论的决定直线的两要素: 方向向量和一点.

设 $P_1:(x_1,y_1,z_1)$ 与 $P_2:(x_2,y_2,z_2)$ 是不同的两点, 那么通过这两点的直线 L 的方向向量是 $\boldsymbol{\delta}=\overrightarrow{P_1P_2}$, 它的坐标是

$$(x_2-x_1,\ y_2-y_1,\ z_2-z_1).$$

根据方程 2.1.2, 过点 P_1 和 P_2 的直线 L 的方程如下.

方程 2.2.1(直线两点式方程)

$$\frac{x-x_1}{x_2-x_1}=\frac{y-y_1}{y_2-y_1}=\frac{z-z_1}{z_2-z_1}.$$

但要注意, 如同方程 2.1.2 一样有特殊情形, 那里的约定一样适用于这里.

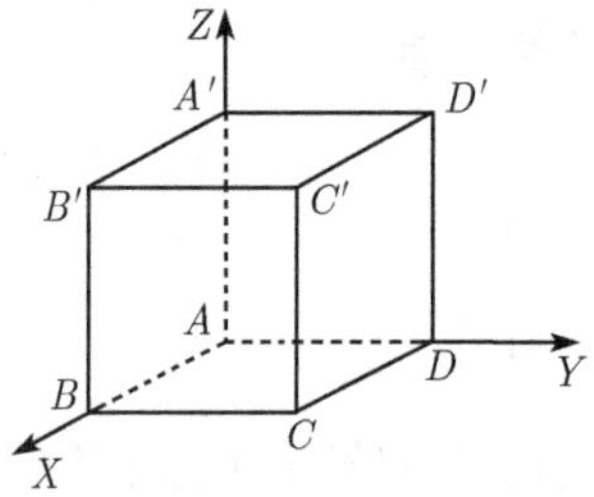

图 2.2.1

例 1　把单位 (即边长为 1 的) 正方体 $ABCD$-$A'B'C'D'$ 放在直角坐标系 O–XYZ 的第一象限 (即三个坐标均非负的点的区域) 使得顶点 A 重合于原点 O, 且使得面 $ABCD$ 在 O–XY 平面之中, 面 $ABB'A'$ 在 O–XZ 平面之中, 如图 2.2.1 所示. 求通过顶点 B, D' 的直线的对称式方程.

解　顶点 B 的坐标是 $(1,0,0)$, 顶点 D' 的坐标是 $(0,1,1)$, 所以所求直线的方向向量是 $\overrightarrow{BD'}=\overrightarrow{OD'}-\overrightarrow{OB}$ 它的坐标是 $(0,1,1)-(1,0,0)=(-1,1,1)$, 即所求直线的方向数为 $-1, 1, 1$. 又它通过点 $B:(1,0,0)$, 故所求直线的对称式方程为

$$\frac{x-1}{-1}=\frac{y}{1}=\frac{z}{1}.$$

□

注　除 "两点决定一条直线" 以外, 另一个确定直线的方式是 "**两相交平面的交线**", 这种方式要留待讨论平面方程之后再来阐述.

这里继续讨论点线关系.

命题 2.2.1(点线距离公式)　设直线 L 上一点 $P_0:(x_0,\ y_0,\ z_0)$, 方向向量 $\boldsymbol{\delta}:(l,\ m,\ n)$, 设点 $P_1:(x_1,\ y_1,\ z_1)$. 记点 P_1 到直线 L 的距离为 $d(P_1,L)$, 则

$$d(P_1,L)=\frac{|\overrightarrow{P_0P_1}\times\boldsymbol{\delta}|}{|\boldsymbol{\delta}|}$$

$$=\frac{\sqrt{\begin{vmatrix} y_1-y_0 & z_1-z_0 \\ m & n \end{vmatrix}^2+\begin{vmatrix} z_1-z_0 & x_1-x_0 \\ n & l \end{vmatrix}^2+\begin{vmatrix} x_1-x_0 & y_1-y_0 \\ l & m \end{vmatrix}^2}}{\sqrt{l^2+m^2+n^2}}.$$

证　设直线 L 上的点 W 使得 $\overrightarrow{P_0W}=\boldsymbol{\delta}$. 由外积的定义, 向量 $\overrightarrow{P_0P_1}$ 和 $\overrightarrow{P_0W}$ 决定的平行四边形面积为 $|\overrightarrow{P_0P_1}\times\overrightarrow{P_0W}|$, 见图 2.2.2.

另一方面, 该平行四边形面积也等于底边长 $|\overrightarrow{P_0W}|$ 与点 P_1 到直线 L 的距离 $d(P_1,L)$ 之积, 所以

$$d(P_1,L)=\frac{|\overrightarrow{P_0P_1}\times\overrightarrow{P_0W}|}{|\overrightarrow{P_0W}|}=\frac{|\overrightarrow{P_0P_1}\times\boldsymbol{\delta}|}{|\boldsymbol{\delta}|}.$$

而 $\overrightarrow{P_0P_1}$ 的坐标是 $(x_1-x_0,\ y_1-y_0,\ z_1-z_0)$, 所以 $\overrightarrow{P_0P_1}\times\boldsymbol{\delta}$ 的坐标是

$$\left(\begin{vmatrix} y_1-y_0 & z_1-z_0 \\ m & n \end{vmatrix},\ \begin{vmatrix} z_1-z_0 & x_1-x_0 \\ n & l \end{vmatrix},\ \begin{vmatrix} x_1-x_0 & y_1-y_0 \\ l & m \end{vmatrix}\right).$$

再由向量长度计算公式 1.4.1 就得到所求证公式. □

注 还可以利用投影向量公式计算 $d(P_1,L)$(图 2.2.2), 设点 D 是点 P_1 到直线 L 的垂足, 那么向量

$$\overrightarrow{DP_1}=\overrightarrow{P_0P_1}-\text{proj}_{\boldsymbol{\delta}}(\overrightarrow{P_0P_1})=\overrightarrow{P_0P_1}-\frac{\langle\overrightarrow{P_0P_1},\ \boldsymbol{\delta}\rangle}{\langle\boldsymbol{\delta},\boldsymbol{\delta}\rangle}\boldsymbol{\delta},$$

而向量长度 $|\overrightarrow{DP_1}|=d(P_1,L)$. 转换为坐标后得的公式仍较复杂.

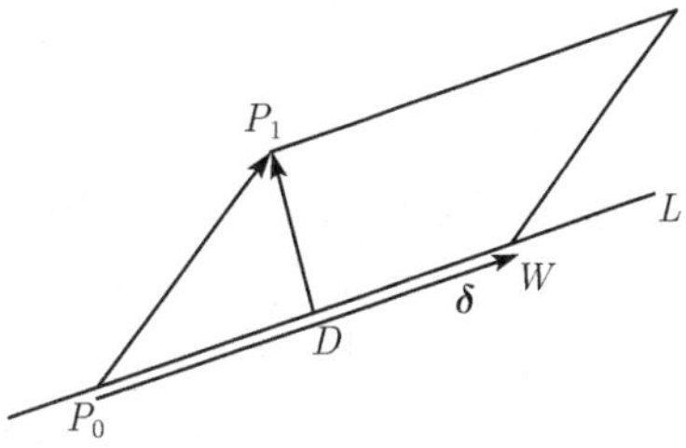

图 2.2.2

例 2 求点 $P:(x,y,z)$ 到轴 OX 的距离.

解 由于轴 OX 的特殊性, 本题可用勾股定理直接求解, 但这里演示用命题 2.2.1 的计算过程. 轴 OX 记作直线 L, 取 L 上的点 $P_0:(0,0,0)$, 即原点, 取 L 的方向数 $(1,0,0)$, 那么

$$\begin{aligned} d(P,L)&=\frac{\sqrt{\begin{vmatrix} y-0 & z-0 \\ 0 & 0 \end{vmatrix}^2+\begin{vmatrix} z-0 & x-0 \\ 0 & 1 \end{vmatrix}^2+\begin{vmatrix} x-0 & y-0 \\ 1 & 0 \end{vmatrix}^2}}{\sqrt{1^2+0^2+0^2}} \\ &=\sqrt{z^2+y^2}. \end{aligned}$$

□

最后概括一下直线与直线的各种关系.

命题 2.2.2(线线关系) 设两条直线 L_1 与 L_2 的信息如下:

直线	直线上一点	方向向量
L_1	$P_1:(x_1,y_1,z_1)$,	$\boldsymbol{\delta}_1:(l_1,m_1,n_1)$;
L_2	$P_2:(x_2,y_2,z_2)$,	$\boldsymbol{\delta}_2:(l_2,m_2,n_2)$.

(1) L_1 与 L_2 的夹角等于它们的方向向量的夹角 $\widehat{\boldsymbol{\delta}_1,\boldsymbol{\delta}_2}$, 由下述余弦决定:

$$\cos(\widehat{\boldsymbol{\delta}_1,\boldsymbol{\delta}_2})=\frac{\langle\boldsymbol{\delta}_1,\boldsymbol{\delta}_2\rangle}{|\boldsymbol{\delta}_1|\cdot|\boldsymbol{\delta}_2|}.$$

(2) $L_1\perp L_2$ 当且仅当 $\langle\boldsymbol{\delta}_1,\ \boldsymbol{\delta}_2\rangle=0$.

(3) L_1 平行于 L_2 (包括重合情形) 当且仅当 $\boldsymbol{\delta}_1$, $\boldsymbol{\delta}_2$ 共线, 有三种判断办法:

(a) 存在 $r\in\mathbb{R}$ 使得 $\boldsymbol{\delta}_1=r\boldsymbol{\delta}_2$;

(b) $\boldsymbol{\delta}_1\times\boldsymbol{\delta}_2=\mathbf{0}$;

(c) $|\langle\boldsymbol{\delta}_1,\boldsymbol{\delta}_2\rangle|=|\boldsymbol{\delta}_1|\cdot|\boldsymbol{\delta}_2|$.

(4) 假设 L_1 不平行于 L_2, 则它们的公共垂线的一个方向向量是

$$\boldsymbol{\delta}_1\times\boldsymbol{\delta}_2:\left(\begin{vmatrix} m_1 & n_1\\ m_2 & n_2\end{vmatrix},\begin{vmatrix} n_1 & l_1\\ n_2 & l_2\end{vmatrix},\begin{vmatrix} l_1 & m_1\\ l_2 & m_2\end{vmatrix}\right),$$

而直线 L_1, L_2 间的距离 (即垂足分别在两直线上的公垂线线段长度) 等于

$$\frac{|\langle\overrightarrow{P_1P_2},\ \boldsymbol{\delta}_1\times\boldsymbol{\delta}_2\rangle|}{|\boldsymbol{\delta}_1\times\boldsymbol{\delta}_2|}=\frac{|(\boldsymbol{\delta}_1,\ \boldsymbol{\delta}_2,\ \overrightarrow{P_1P_2})|}{|\boldsymbol{\delta}_1\times\boldsymbol{\delta}_2|}.$$

(5) 直线 L_1, L_2 在一个平面上当且仅当混合积 $(\boldsymbol{\delta}_1,\ \boldsymbol{\delta}_2,\ \overrightarrow{P_1P_2})=0$.

证 (1) 见定义 1.4.1 后的向量夹角公式.

(2) $L_1\perp L_2$ 当且仅当 $\boldsymbol{\delta}_1\perp\boldsymbol{\delta}_2$, 当且仅当 $\langle\boldsymbol{\delta}_1,\ \boldsymbol{\delta}_2\rangle=0$.

(3) 判断办法 (a), 见命题 1.2.1. 判断办法 (b), 见定义 1.5.1 后的注解. 判断办法 (c), 见习题 1.4 第 6 题.

(4) 因为直线 L_1 与 L_2 不平行, 所以 $\boldsymbol{\delta}_1$ 和 $\boldsymbol{\delta}_2$ 是不共线的向量, 由向量外积的定义, $\boldsymbol{\delta}_1\times\boldsymbol{\delta}_2$ 是与 $\boldsymbol{\delta}_1, \boldsymbol{\delta}_2$ 都正交的非零向量, 因此 $\boldsymbol{\delta}_1\times\boldsymbol{\delta}_2$ 是直线 L_1 与 L_2 的公垂线的方向向量.

这时, 向量 $\overrightarrow{P_1P_2}$ 在公共垂线上的投影的长度就是直线 L_1 与 L_2 之间的距离, 也就是所求距离等于向量 $\overrightarrow{P_1P_2}$ 在公垂线的方向向量 $\boldsymbol{\delta}_1\times\boldsymbol{\delta}_2$ 上的投影的长度 $\left|\mathrm{proj}_{\boldsymbol{\delta}_1\times\boldsymbol{\delta}_2}(\overrightarrow{P_1P_2})\right|$. 由投影向量计算公式 1.4.2′, 得 (4) 中的计算公式.

(5) 必要性. 设直线 L_1, L_2 共面, 那么它们或者平行或者相交. 如果平行, 根据上述 (3), $\boldsymbol{\delta}_1\times\boldsymbol{\delta}_2=\mathbf{0}$, 从而 $(\boldsymbol{\delta}_1,\ \boldsymbol{\delta}_2,\ \overrightarrow{P_1P_2})=\langle\boldsymbol{\delta}_1\times\boldsymbol{\delta}_2,\ \overrightarrow{P_1P_2}\rangle=0$; 否则直线 L_1, L_2 不平行但相交, 即它们距离为零, 由上述 (4), 得混合积 $(\boldsymbol{\delta}_1,\ \boldsymbol{\delta}_2,\ \overrightarrow{P_1P_2})=0$.

充分性. 设混合积 $(\boldsymbol{\delta}_1,\ \boldsymbol{\delta}_2,\ \overrightarrow{P_1P_2})=0$. 如果直线 L_1, L_2 平行, 它们当然共面; 否则 L_1, L_2 不平行, 由上述 (4), 它们之间距离为 0, 即它们相交, 故共面. □

注 (1) 两条直线的夹角一般有两个, 它们互补; 上述命题的结论 (1) 说的方向向量的夹角是其中的一个. 如果规定两条直线的夹角为它们互补的两个夹角中较小的一个 (即 $\leqslant\pi/2$ 的那一个), 则上述命题的结论 (1) 要作相应的小修改: 直线

$$L_1 \text{ 与 } L_2 \text{ 的夹角}=\begin{cases}\widehat{\boldsymbol{\delta}_1,\boldsymbol{\delta}_2}, & \text{若}\widehat{\boldsymbol{\delta}_1,\boldsymbol{\delta}_2}\leqslant\pi/2,\\ \pi-\widehat{\boldsymbol{\delta}_1,\boldsymbol{\delta}_2}, & \text{若}\widehat{\boldsymbol{\delta}_1,\boldsymbol{\delta}_2}>\pi/2.\end{cases}$$

(2) 对于命题 2.2.2 的 (4), 即 L_1 与 L_2 不平行的情形, 还有一个遗留问题: 如何求出它们的公垂线 (即与它们都垂直并相交的直线) 方程? 这个问题留待命题 2.5.3 解决.

习 题 2.2

1. 把单位 (即边长为 1 的) 正方体 $ABCD\text{-}A'B'C'D'$ 放在直角坐标系 $O\text{–}XYZ$ 的第一

象限 (即三个坐标均非负的点的区域) 使得 A 重合于原点 O, 且使得面 $ABCD$ 在 O–XY 平面之中, 面 $ABB'A'$ 在 O–XZ 平面之中.

(1) 求通过顶点 D, B' 的直线的对称式方程;

(2) 求通过顶点 C, D' 的直线的对称式方程;

(3) 求顶点 C 到直线 DB' 的距离;

(4) 求直线 DB' 与直线 CD' 的夹角;

(5) 求直线 DB' 与直线 CD' 之间的距离.

2. 把边长都是 1 的四棱柱 E-$ABCD$ 的底面 $ABCD$ 放在 O–XY 平面的第一象限使得 A 重合于原点 O, 使边 AB 在 OX 轴上.

(1) 求直线 AB 和直线 EC 的对称式方程;

(2) 求直线 AB 和直线 EC 的夹角.

3. 设 $P_0:(x_0, y_0, z_0)$ 不是原点. 证明: 过 P_0 的直线 L 通过原点的充要条件是 (x_0, y_0, z_0) 是直线 L 的方向数.

4. (1) 命题 2.2.2 的 (4) 中为什么要假设直线 L_1 与 L_2 不平行?

(2) 如果直线 L_1 与 L_2 平行, 如何求它们之间的距离?

5. 在下列直线 L_1, L_2, L_3 中找出相互平行的直线并求平行直线之间的距离:

L_1: $\dfrac{x-7}{3}=\dfrac{y-1}{4}=\dfrac{z-3}{2}$;

L_2: $\dfrac{x-2}{3}=\dfrac{y+1}{4}=\dfrac{3-z}{2}$;

L_3: $\dfrac{x-2}{3}=\dfrac{y+1}{4}=\dfrac{z}{2}$.

2.3 平面的法方向

2.1 节指出两个要素 "一个方向" 与 "一个点" 决定一条直线. 类似地, 本节寻求决定平面的要素. 首先将看到, 如果完全按 2.1 节的思路用平面上的向量来确定平面的 "方向", 那么需要两个向量, 然后加上一个点才能确定平面. 此后, 再转换思路, 寻求 "一个方向" 与 "一个点" 决定一个平面.

设 M 是一个平面.

可以像讨论直线一样给出平面 M 的仿射式方程, 即平面 M 上的两个向量与一点决定平面 M, 如图 2.3.1 所示:

(1) 设平面 M 上的一个点 $P_0:(x_0,y_0,z_0)$;

(2) 再设两个不共线向量 $\boldsymbol{\beta}_1:(l_1,m_1,n_1)$ 和 $\boldsymbol{\beta}_2:(l_2,m_2,n_2)$, 使得起点都置于 P_0 时就都在平面 M 上.

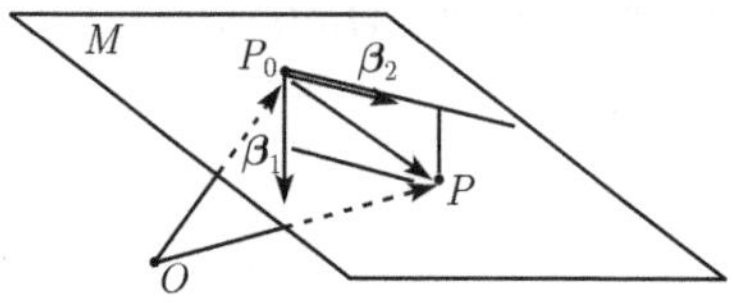

图 2.3.1

平面 M 由点 P_0 和向量 $\boldsymbol{\beta}_1$, $\boldsymbol{\beta}_2$ 完全确定如下. 记向量 $\boldsymbol{\xi}_0=\overrightarrow{OP_0}$, 动点 $P:(x,y,z)$ 对应动向量 $\boldsymbol{\xi}=\overrightarrow{OP}$, 那么点 P 在平面 M 上的充要条件是向量 $\overrightarrow{P_0P}$ 与向量 $\boldsymbol{\beta}_1$, $\boldsymbol{\beta}_2$ 共面, 由命题 1.2.2, 即存在 $s,t\in\mathbb{R}$ 使得 $\overrightarrow{P_0P}=s\boldsymbol{\beta}_1+t\boldsymbol{\beta}_2$, 但 $\overrightarrow{P_0P}=\overrightarrow{OP}-\overrightarrow{OP_0}=\boldsymbol{\xi}-\boldsymbol{\xi}_0$, 即 $\boldsymbol{\xi}-\boldsymbol{\xi}_0=s\boldsymbol{\beta}_1+t\boldsymbol{\beta}_2$, 所以平面 M 的方程可写成向量形式如下.

方程 2.3.1(平面仿射式方程)

$$\boldsymbol{\xi}=\boldsymbol{\xi}_0+s\boldsymbol{\beta}_1+t\boldsymbol{\beta}_2,\quad s,t\in\mathbb{R},$$

其中 s, t 是参变量. 它的坐标形式是

方程 2.3.1′(平面参数方程)

$$\begin{cases} x=x_0+l_1s+l_2t\,, \\ y=y_0+m_1s+m_2t\,, \\ z=z_0+n_1s+n_2t\,, \end{cases}$$

其中 s, t 是参变量. 消去参变量 s, t 可以得到一个关于 x, y, z 的平面方程:

$$(m_1n_2-m_2n_1)(x-x_0)+(n_1l_2-n_2l_1)(y-y_0)+(l_1m_2-l_2m_1)(z-z_0)=0.$$

可见, 这样确定平面的 “方向” 用了两个向量.

实际上, 对于平面来说有更简便的办法, 只需一个向量就可以确定平面的 “方向”; 而且可以看到, 其他平面方程可以通过这个办法导出.

定义 2.3.1　正交于 (垂直于) 平面 M 的直线称为平面 M 的**法线**;

法线的方向向量 $\boldsymbol{\delta}$ 称为平面 M 的**法向量**;

法向量 $\boldsymbol{\delta}$ 的坐标 (A,B,C) 称为平面 M 的**法方向数**;

法向量 $\boldsymbol{\delta}$ 的方向角 $(\theta_1,\ \theta_2,\ \theta_3)$ 称为平面 M 的**法方向角**;

法方向角的余弦 $(\cos\theta_1,\ \cos\theta_2,\ \cos\theta_3)$ 称为**法方向余弦**, 法方向余弦就是单位长法向量的坐标.

注　由法方向数 $\boldsymbol{\delta}:(A,B,C)$ 计算法方向余弦的公式作为本节习题的第 1 题. 与习题 2.1 第 1 题类似, 法方向余弦满足

$$\cos^2\theta_1+\cos^2\theta_2+\cos^2\theta_3=1\,.$$

与直线的方向类似, 这些表示平面法方向的量不是唯一的. 如果 $\boldsymbol{\delta}:(A,B,C)$ 是平面 M 的法向量 (法方向数), 则对任非零实数 k, 倍向量 $k\boldsymbol{\delta}:(kA,kB,kC)$ 也是平面 M 的法向量 (法方向数).

同样的, 法方向余弦也不是唯一的, 因为有互相反向的两个单位长的法向量.

平面 M 的法方向有两个, 如何规定**正的**法方向? 注意, 下述习惯的规定与直线正方向的规定有所不同, 只是在平面通过原点时才借用了直线正方向的规定.

平面 M 正法方向的规定

情形一. 平面 M 不过原点, 那么规定原点到平面 M 的指向为平面 M 的正法方向 (图 2.3.2(a)).

情形二. 平面 M 过原点, 那么称法线的正方向 (见 2.1 节中关于直线正方向的规定) 为平面 M 的正法方向 (图 2.3.2(b)).

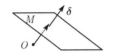

(a) 不过原点时: 原点指向平面的方向是正法方向

(b) 过原点时:法线的正方向是平面正法方向

图 2.3.2

现在容易看出: **一点与一个法方向决定一个平面.**

设平面 M 有法向量 $\boldsymbol{\delta}$, 它的坐标 (A, B, C) 就是平面 M 的一组法方向数, 设平面 M 上一点 $P_0 : (x_0, y_0, z_0)$, 设动点 $P : (x, y, z)$, 则点 P 在平面 M 上当且仅当向量 $\overrightarrow{P_0P} \perp \boldsymbol{\delta}$, 即内积 $\langle \boldsymbol{\delta}, \overrightarrow{P_0P} \rangle = 0$, 见图 2.3.3, 也就是 $\langle \boldsymbol{\delta}, \overrightarrow{OP} - \overrightarrow{OP_0} \rangle = 0$, 但 $\overrightarrow{OP} - \overrightarrow{OP_0}$ 的坐标是 $(x-x_0,\ y-y_0,\ z-z_0)$, 由内积的坐标计算公式 (命题 1.4.1), 得平面 M 的方程如下.

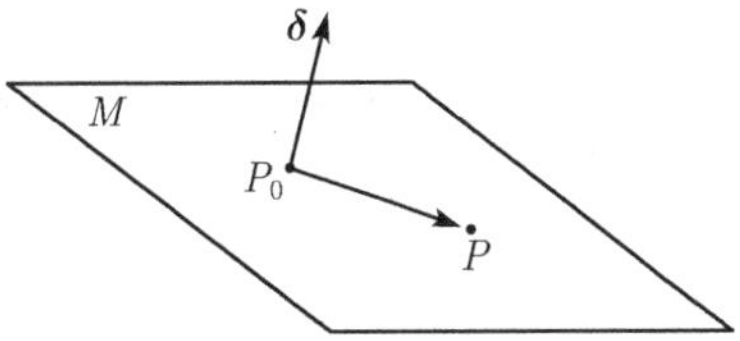

图 2.3.3

方程 2.3.2(平面点法式方程)

$$A(x - x_0) + B(y - y_0) + C(z - z_0) = 0.$$

在平面点法式方程中, 令 $D = -Ax_0 - By_0 - Cz_0$, 则方程变为如下形式.

方程 2.3.3(平面一般式方程)

$$Ax + By + Cz + D = 0,$$

其中系数 A, B, C 不全为零, 它们恰好就是该平面的法方向数.

反过来, 如果知道了平面 M 的一般式方程 2.3.3, 其中 A, B, C 不全为零, 若 $A \neq 0$ 就可以把它改写为

$$A\left(x - \left(-\frac{D}{A}\right)\right) + B(y - 0) + C(z - 0) = 0\,.$$

它是平面 M 的一个点法式方程, 其中 A,B,C 是法方向数而 $\left(-\dfrac{D}{A},\ 0,\ 0\right)$ 是平面上一点. 若 $B\neq 0$ 或 $C\neq 0$, 可作类似的改写.

可见, **平面的点法式方程与平面的一般式方程很容易相互转换.**

其他确定平面的条件也容易转换为点法式条件.

首先来看仿射式方程的条件, 也就是一点和两个向量确定一个平面.

方程 2.3.4(一点二向量式平面方程)　设平面 M 上的一点 $P_0:(x_0,y_0,z_0)$, 并设两个不共线向量 $\boldsymbol{\beta}_1:(l_1,m_1,n_1)$ 和 $\boldsymbol{\beta}_2:(l_2,m_2,n_2)$, 使得起点都置于 P_0 时它们就都在平面 M 上, 那么平面 M 的方程是

$$\begin{vmatrix} x-x_0 & y-y_0 & z-z_0 \\ l_1 & m_1 & n_1 \\ l_2 & m_2 & n_2 \end{vmatrix}=0\ .$$

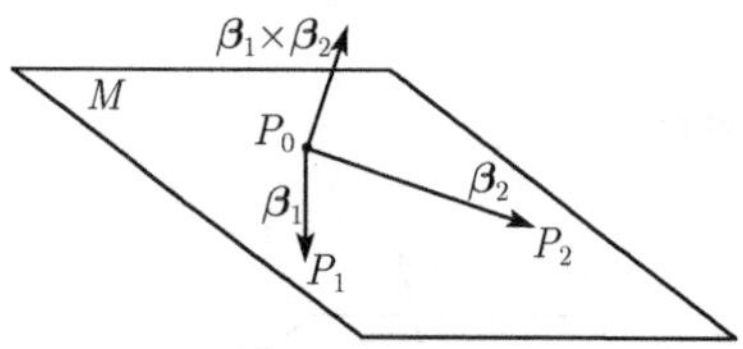

图 2.3.4

证　因为 $\boldsymbol{\beta}_1,\boldsymbol{\beta}_2$ 不共线, 故 $\boldsymbol{\beta}_1\times\boldsymbol{\beta}_2\neq\mathbf{0}$, 此非零向量与 $\boldsymbol{\beta}_1,\boldsymbol{\beta}_2$ 都正交, 所以与平面 M 正交. 因此, 非零向量 $\boldsymbol{\beta}_1\times\boldsymbol{\beta}_2$ 是平面 M 的一个法向量, 见图 2.3.4. 从外积的坐标计算公式命题 1.6.2, 就得到平面 M 的一组法方向数如下:

$$\left(\begin{vmatrix} m_1 & n_1 \\ m_2 & n_2 \end{vmatrix},\ \begin{vmatrix} n_1 & l_1 \\ n_2 & l_2 \end{vmatrix},\ \begin{vmatrix} l_1 & m_1 \\ l_2 & m_2 \end{vmatrix}\right).$$

由点法式方程 2.3.2, 得平面 M 的方程为

$$\begin{vmatrix} m_1 & n_1 \\ m_2 & n_2 \end{vmatrix}\cdot(x-x_0)+\begin{vmatrix} n_1 & l_1 \\ n_2 & l_2 \end{vmatrix}\cdot(y-y_0)+\begin{vmatrix} l_1 & m_1 \\ l_2 & m_2 \end{vmatrix}\cdot(z-z_0)=0\ .$$

(注意: 方程 2.3.1$'$ 后的方程就是这个方程.) 按照 1.5 节附录中三阶行列式性质 (D3), 方程左端换为行列式写法, 就是所求证形式. □

再看欧氏几何的常识: 不共线三点决定一个平面.

方程 2.3.5(平面三点式方程)　设平面 M 上的三点 $P_i:(x_i,y_i,z_i)(i=0,1,2)$ 不共线, 那么平面 M 的方程是

$$\begin{vmatrix} x-x_0 & y-y_0 & z-z_0 \\ x_1-x_0 & y_1-y_0 & z_1-z_0 \\ x_2-x_0 & y_2-y_0 & z_2-z_0 \end{vmatrix}=0\ .$$

证　按条件, 向量 $\overrightarrow{P_0P_1}$ 和 $\overrightarrow{P_0P_2}$ 是平面 M 中的两个向量. 因为 P_0,P_1,P_2 不共线, 所以向量 $\overrightarrow{P_0P_1}$ 和 $\overrightarrow{P_0P_2}$ 不共线, 见图 2.3.4. 而这两向量的坐标为

$$\overrightarrow{P_0P_1}\colon\ (x_1-x_0,\ y_1-y_0,\ z_1-z_0)\ ,\quad \overrightarrow{P_0P_2}\colon\ (x_2-x_0,\ y_2-y_0,\ z_2-z_0)\ ,$$

由方程 2.3.4 马上得平面 M 的方程为如上所示. □

例 1 把单位 (即边长为 1 的) 正方体 $ABCD\text{-}A'B'C'D'$ 放在直角坐标系 $O\text{–}XYZ$ 的第一象限 (即三个坐标均非负的点的区域) 使得顶点 A 重合于原点 O, 且使得面 $ABCD$ 在 $O\text{–}XY$ 平面之中, 面 $ABB'A'$ 在 $O\text{–}XZ$ 平面之中. 求

(1) 通过顶点 C, B', D' 的平面的法方向数、法方向余弦、一般式方程;

(2) 通过顶点 A, C, C' 的平面的法方向数、法方向余弦、一般式方程.

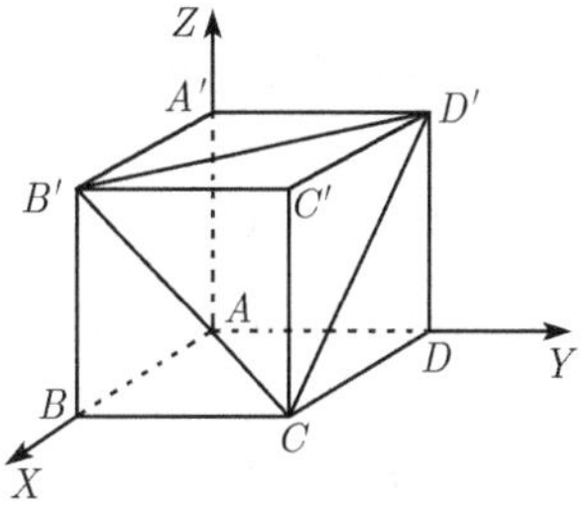

图 2.3.5

解 (1) 如图 2.3.5 所示, 点 C, B', D' 的坐标分别是 $(1,1,0)$, $(1,0,1)$, $(0,1,1)$, 所以三点 C, B', D' 确定的平面的方程是

$$\begin{vmatrix} x-1 & y-1 & z-0 \\ 1-1 & 0-1 & 1-0 \\ 0-1 & 1-1 & 1-0 \end{vmatrix}=0\ ,$$

即 $-(x-1)-(y-1)-z=0$, 也就是 $(x-1)+(y-1)+z=0$. 所以该平面的法方向数为 $(A,B,C)=(1,1,1)$, 法方向余弦 (计算公式见本节习题的第 1 题) 为

$$\frac{A}{\sqrt{A^2+B^2+C^2}}=\frac{B}{\sqrt{A^2+B^2+C^2}}=\frac{C}{\sqrt{A^2+B^2+C^2}}=\frac{1}{\sqrt{3}},$$

即法方向余弦为 $(1/\sqrt{3},\ 1/\sqrt{3},\ 1/\sqrt{3})$. 该平面的一般式方程为

$$x+y+z-2=0\ .$$

(2) 点 A, C, C' 的坐标分别是 $(0,0,0)$, $(1,1,0)$, $(1,1,1)$, 所以三点 A, C, C' 确定的平面的方程是

$$\begin{vmatrix} x-0 & y-0 & z-0 \\ 1-0 & 1-0 & 0-0 \\ 1-0 & 1-0 & 1-0 \end{vmatrix}=0\ ,$$

即 $(x-0)-(y-0)+0(z-0)=0$. 所以该平面的法方向数为 $(A,B,C)=(1,-1,0)$, 法方向余弦为

$$\frac{A}{\sqrt{A^2+B^2+C^2}}=\frac{1}{\sqrt{2}},\quad \frac{B}{\sqrt{A^2+B^2+C^2}}=-\frac{1}{\sqrt{2}},\quad \frac{C}{\sqrt{A^2+B^2+C^2}}=0,$$

即法方向余弦为 $(1/\sqrt{2},\ -1/\sqrt{2},\ 0)$. 该平面的一般式方程为

$$x-y=0\ .$$

□

小结　本节讨论的要点: **平面由一个法方向向量** $\boldsymbol{\delta}:(A,B,C)$ **和一点** $P_0:(x_0,y_0,z_0)$ **确定**.

主要结果:

(1) 平面点法式方程 2.3.2, 以及与平面一般式方程 2.3.3 的相互转化;

(2) 由点法式方程导出的其他条件确定的方程 2.3.4 和方程 2.3.5.

习　题　2.3

1. 设平面 M 的法方向数是 (A,B,C). 证明: 平面 M 的法方向余弦是

$$\left(\frac{A}{\sqrt{A^2+B^2+C^2}},\ \frac{B}{\sqrt{A^2+B^2+C^2}},\ \frac{C}{\sqrt{A^2+B^2+C^2}}\right).$$

2. 设平面 M 的一般式方程为 $Ax+By+Cz+D=0$. 在下述情形一般式方程有什么特征?

(1) M 过原点;

(2) M 过 OX 轴;

(3) M 平行于 OX 轴;

(4) M 垂直于 OX 轴;

(5) M 重合于 $O\text{–}XY$ 平面.

3. 假设同例 1. 求通过顶点 B, D, D' 的平面的法方向数、法方向余弦、一般式方程.

4. 求通过点 $P_0:(2,0,0)$ 且平行于向量 $\boldsymbol{\alpha}:(3,-1,0)$ 和 Z 轴的平面的参数方程和一般式方程.

5. 求通过原点且垂直于两平面 $2x-y+3z-1=0$ 和 $x+2y+z=0$ 的平面方程.

6. 求通过点 $P_1:(1,1,1)$ 和点 $P_2:(1,0,2)$ 且垂直于平面 $x+2y-z-6=0$ 的平面方程.

7. (平面截距式方程) 设平面 M 交三个坐标轴于点 $(a,0,0)$, $(0,b,0)$, $(0,0,c)$ 且 $abc\neq 0$, 证明: M 的方程是

$$\frac{x}{a}+\frac{y}{b}+\frac{z}{c}=1.$$

请讨论:

(1) 如果 $a=0$, 平面 M 的方程是什么?

(2) 如果平面 M 与 OX 轴不交, 与 OY 轴, OZ 轴交于点 $(0,b,0)$, $(0,0,c)$ 且 $bc\neq 0$, 平面 M 的方程可写成什么样的类似于上述方程的形状?

(3) 如果平面 M 与 OX 轴与 OY 轴都不交, 与 OZ 轴交于点 $(0,0,c)$ 且 $c\neq 0$, 平面 M 的方程可写成什么样的类似于上述方程的形状?

2.4　点 面 关 系

本节讨论点面关系. 主要结果是平面的法距式方程、点面距离和点面相互位置都可以通过法距式方程求得.

现在设 M 是一个平面, 设

(1) $\boldsymbol{\delta}$ 是平面 M 的单位长的正方向的法向量, 特别有 $\langle\boldsymbol{\delta},\boldsymbol{\delta}\rangle=1$;

(2) $\boldsymbol{\delta}$ 的坐标为 $(\cos\theta_1,\cos\theta_2,\cos\theta_3)$, 它们就是平面 M 的正法方向的余弦.

定义 2.4.1 (1) 称原点 O 到平面 M 的距离为平面 M 的**原点距离**, 记作 p.

按定义, $p\geqslant 0$, 而且, 见图 2.4.1, 其中 D 是 O 到平面 M 的垂足, 可看出向量 $\overrightarrow{OD}=p\boldsymbol{\delta}$.

(2) 对空间任意一点 $P_1:(x_1,y_1,z_1)$, 从点 P_1 到平面 M 的垂足记为 P_1', 称向量 $\overrightarrow{P_1'P_1}$ 为平面 M 到点 P_1 的**离差向量**, 并记作 $\boldsymbol{\delta}(M,P_1)$. 那么点 P_1 到平面 M 间的距离, 记作 $d(M,P_1)$, 就是离差向量的长度, 即 $d(M,P_1)=|\boldsymbol{\delta}(M,P_1)|$.

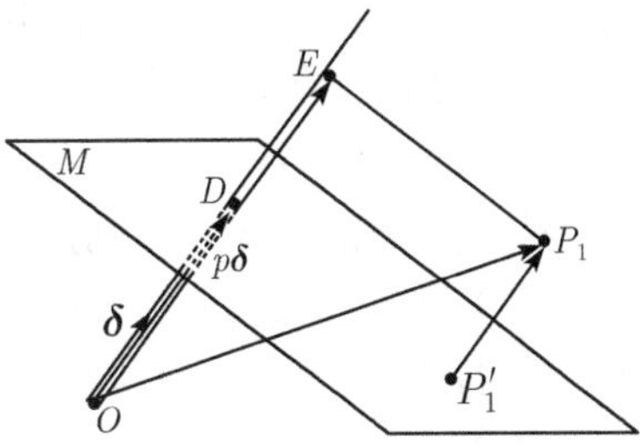

图 2.4.1

注 尽管平面 M 的法线不唯一, 但是过原点的平面 M 的法线是唯一的. 在 $p>0$ 即 $D\neq O$ 时直线 OD 就是平面 M 的过原点的法线; 在 $p=0$ 即 $D=O$ 时平面过原点, 过原点正交于 M 的直线就是平面 M 的过原点的法线. 把 P_1 在此过原点的法线上的投影点 (即垂足点) 记作 E, 见图 2.4.1. 由投影向量的计算公式 1.4.2$'$, 计算得

$$\begin{aligned}\boldsymbol{\delta}(M,P_1)&=\overrightarrow{P_1'P_1}=\overrightarrow{DE}=\overrightarrow{OE}-\overrightarrow{OD}\\&=\mathrm{proj}_{\boldsymbol{\delta}}(\overrightarrow{OP_1})-p\boldsymbol{\delta}=\frac{\langle\overrightarrow{OP_1},\boldsymbol{\delta}\rangle}{\langle\boldsymbol{\delta},\boldsymbol{\delta}\rangle}\boldsymbol{\delta}-p\boldsymbol{\delta}\\&=\left(\frac{\langle\overrightarrow{OP_1},\boldsymbol{\delta}\rangle}{\langle\boldsymbol{\delta},\boldsymbol{\delta}\rangle}-p\right)\boldsymbol{\delta}\ .\end{aligned}$$

因为 $\langle\boldsymbol{\delta},\boldsymbol{\delta}\rangle=1$, 即得到

$$\boldsymbol{\delta}(M,P_1)=(\langle\overrightarrow{OP_1},\boldsymbol{\delta}\rangle-p)\boldsymbol{\delta}=\langle\overrightarrow{OP_1},\boldsymbol{\delta}\rangle\boldsymbol{\delta}-p\boldsymbol{\delta}.$$

再由内积的坐标计算公式, $\langle\overrightarrow{OP_1},\boldsymbol{\delta}\rangle=x_1\cos\theta_1+y_1\cos\theta_2+z_1\cos\theta_3$, 故得下面的公式

公式 2.4.1(离差向量公式)

$$\boldsymbol{\delta}(M,P_1)=(x_1\cos\theta_1+y_1\cos\theta_2+z_1\cos\theta_3-p)\,\boldsymbol{\delta}\ .$$

离差向量公式中的系数 $x_1\cos\theta_1+y_1\cos\theta_2+z_1\cos\theta_3-p$ 称为平面 M 到点 P_1 的**离差**. 由于 $|\boldsymbol{\delta}|=1$, 所以离差的绝对值就是点 P_1 与平面 M 的距离.

公式 2.4.1$'$(点面距离公式)

$$d(M, P_1) = |x_1 \cos\theta_1 + y_1 \cos\theta_2 + z_1 \cos\theta_3 - p|\ .$$

注　离差的符号反映了点 P_1 与平面 M 的相对位置关系. 因为如果离差是负的就说明离差向量与正法方向向量 $\boldsymbol{\delta}$ 方向相反, 因而点 P_1 与原点 O 在平面 M 的同侧; 否则点 P_1 与原点 O 分列在平面 M 的两侧. 小结如下.

命题 2.4.1(点面位置)　符号如上. 以下三情形之一成立:

(1) 若离差 $x_1 \cos\theta_1 + y_1 \cos\theta_2 + z_1 \cos\theta_3 - p > 0$, 则点 P_1 在平面 M 的正法方向一侧, 特别地, 若 $p > 0$, 则点 P_1 与原点分列在平面 M 的两侧;

(2) 若离差 $x_1 \cos\theta_1 + y_1 \cos\theta_2 + z_1 \cos\theta_3 - p < 0$, 则点 P_1 在平面 M 的负法方向一侧, 特别地, 若 $p > 0$, 则点 P_1 与原点在平面 M 的同侧;

(3) 若离差 $x_1 \cos\theta_1 + y_1 \cos\theta_2 + z_1 \cos\theta_3 - p = 0$, 则点 P_1 在平面 M 上.　□

作为推论, 马上知道: 点 P_1 在平面 M 上当且仅当离差等于零; 也就是说, 平面 M 的方程如下:

方程 2.4.1(平面法距式方程)

$$x \cos\theta_1 + y \cos\theta_2 + z \cos\theta_3 - p = 0.$$

它也称为平面的法线式方程.

平面的法距式方程是特殊的一般式方程, 其中系数意义 (见定义 2.4.1) 如下:

(1) $(\cos\theta_1,\ \cos\theta_2,\ \cos\theta_3)$ 是平面的单位正法方向向量;

(2) p 是原点距离.

因而系数满足特定的条件, 归纳如下.

平面法距式方程系数的特征

(NE1) $\cos^2\theta_1 + \cos^2\theta_2 + \cos^2\theta_3 = 1$ (见定义 2.3.1 后的注解).

(NE2) 关于常数项以下二者之一成立:

(c1) 常数项 $-p < 0$;

(c2) 常数项 $-p = 0$, 此时平面过原点, 对应于定义 2.3.1 后平面正法方向规定中的 "情形二", 由于这时 $\cos\theta_1,\ \cos\theta_2,\ \cos\theta_3$ 就是平面法线作为直线正方向的方向余弦, 所以按照 2.1 节中直线正方向的约定, 还满足以下三者之一:

(1) 若 $\cos\theta_3 \neq 0$ (即 z 的系数非零, 对应于直线正方向规定的情形一), 则 $\cos\theta_3 > 0$;

(2) 若 $\cos\theta_3 = 0$, 但 $\cos\theta_2 \neq 0$ (即 z 的系数为零但 y 的系数非零, 对应于直线正方向规定的情形二), 则 $\cos\theta_2 > 0$;

(3) 若 $\cos\theta_3 = 0$ 且 $\cos\theta_2 = 0$ (即 z, y 的系数均为零但 x 的系数非零, 对应于直线正方向规定的情形三), 则 $\cos\theta_1 = 1$.

这些条件提供了把平面一般式方程化为法距式方程的办法.

从一般式方程到法距式方程转化规则

平面 M 的一般式方程

$$Ax+By+Cz+D=0$$

改写为法距式方程

$$\frac{A}{N}x+\frac{B}{N}y+\frac{C}{N}z+\frac{D}{N}=0,$$

其中 $N=\pm\sqrt{A^2+B^2+C^2}$ (这对应于上述特征条件 (NE1)), 确定 N 的正负号如下 (分别对应下述特征条件 (NE2) 的各情形):

(1) 若 $D\neq 0$, 则 N 与 D 反号使得 $\dfrac{D}{N}<0$ $\left(\text{因为常数项 } \dfrac{D}{N}=-p<0\right)$;

(2) 若 $D=0$ 而 $C\neq 0$, 则 N 与 C 同号使得 $\dfrac{C}{N}>0$ $\left(\text{此时 } \dfrac{C}{N}=\cos\theta_3>0\right)$;

(3) 若 $D=0$ 且 $C=0$, 但 $B\neq 0$, 则 N 与 B 同号使得 $\dfrac{B}{N}>0$ $\left(\text{此时 } \dfrac{B}{N}=\cos\theta_2>0\right)$;

(4) 若 $D=0$ 且 $C=0$ 且 $B=0$, 但 $A\neq 0$, 则 N 与 A 同号使得 $\dfrac{A}{N}=1$ $\left(\text{此时 } \dfrac{A}{N}=\cos\theta_1=1\right)$.

推论 2.4.1 设平面 M 一般式方程 $Ax+By+Cz+D=0$. 设 N 同上述, 则

(1) 平面 M 的单位正法方向数 (即正法方向余弦) 为

$$\left(\frac{A}{N},\ \frac{B}{N},\ \frac{C}{N}\right)=\frac{1}{N}(A,\ B,\ C)\ ;$$

(2) 平面 M 的原点距离是 $-\dfrac{D}{N}$;

(3) 平面 M 到任一点 (x_1,y_1,z_1) 的离差为

$$\frac{1}{N}(Ax_1+By_1+Cz_1+D)\ .$$

□

例 1 如同 2.3 节例 1, 把单位正方体 $ABCD\text{-}A'B'C'D'$ 放在直角坐标系 $O\text{–}XYZ$ 的第一象限使得顶点 A 重合于原点 O, 如图 2.4.2 所示.

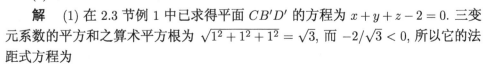

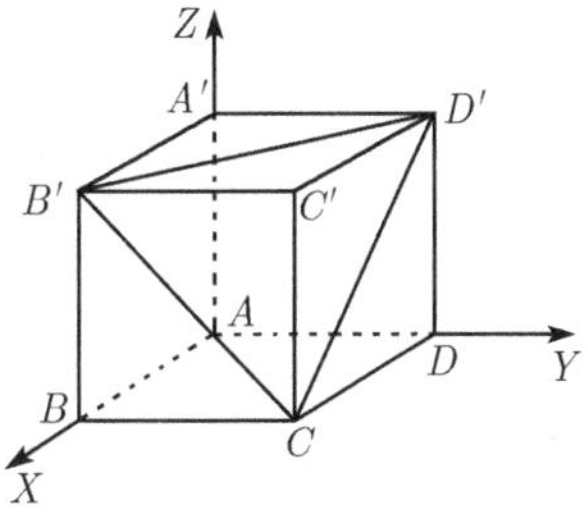

图 2.4.2

(1) 求通过顶点 C, B', D' 的平面的法距式方程;

(2) 求通过顶点 A, C, C' 的平面的法距式方程;

(3) 求点 B 到上述两平面的距离.

解 (1) 在 2.3 节例 1 中已求得平面 $CB'D'$ 的方程为 $x+y+z-2=0$. 三变元系数的平方和之算术平方根为 $\sqrt{1^2+1^2+1^2}=\sqrt{3}$, 而 $-2/\sqrt{3}<0$, 所以它的法距式方程为

$$\frac{x}{\sqrt{3}}+\frac{y}{\sqrt{3}}+\frac{z}{\sqrt{3}}-\frac{2}{\sqrt{3}}=0\ .$$

点 B 的坐标是 $(1,0,0)$, 故 B 到这个平面的距离是

$$\left|\frac{1}{\sqrt{3}}+\frac{0}{\sqrt{3}}+\frac{0}{\sqrt{3}}-\frac{2}{\sqrt{3}}\right|=\left|-\frac{1}{\sqrt{3}}\right|=\frac{1}{\sqrt{3}}\ .$$

注　从计算可知平面到点 B 的离差是负值, 故 B 在平面的负法方向一侧, 就是与原点同侧.

(2) 在 2.3 节例 1 中已求得平面 ACC' 的方程为 $x-y=0$, 变元系数平方和之算术平方根为 $\sqrt{1^2+(-1)^2+0^2}=\sqrt{2}$, 常数项与 z 的系数都为零, 所以法距式方程中 y 的系数须为正, 故它的法距式方程为

$$-\frac{x}{\sqrt{2}}+\frac{y}{\sqrt{2}}=0\ .$$

那么点 $B:(1,0,0)$ 到这个平面的距离是

$$\left|-\frac{1}{\sqrt{2}}+\frac{0}{\sqrt{2}}\right|=\left|-\frac{1}{\sqrt{2}}\right|=\frac{1}{\sqrt{2}}\ .$$

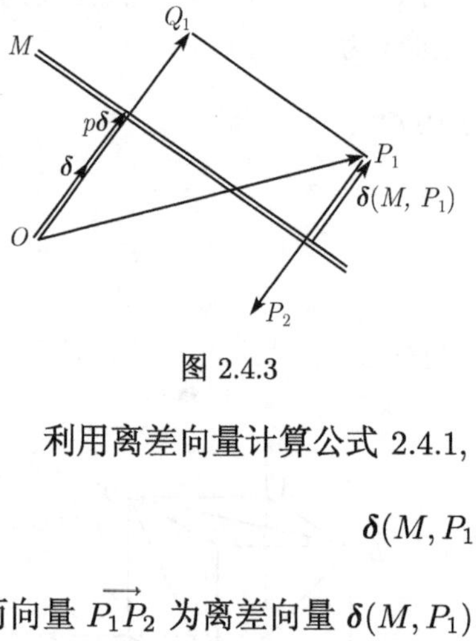

图 2.4.3

注　从计算可知该平面到点 B 的离差是负值, 故 B 在该平面的负法方向一侧.　□

例 2　求点 P_1: (x_1,y_1,z_1) 关于平面 M : $Ax+By+Cz+D=0$ 的对称点.

解　设所求对称点为 P_2, 设该平面的单位正法向量为 $\boldsymbol{\delta}$, 如图 2.4.3(为简单图中平面用两紧靠拢平行线表示) 所示.

利用离差向量计算公式 2.4.1, 离差向量

$$\boldsymbol{\delta}(M,P_1)=(\langle\overrightarrow{OP_1},\ \boldsymbol{\delta}\rangle-p)\boldsymbol{\delta}\ .$$

而向量 $\overrightarrow{P_1P_2}$ 为离差向量 $\boldsymbol{\delta}(M,P_1)$ 的 -2 倍, 所以

$$\overrightarrow{P_1P_2}=-2(\langle\overrightarrow{OP_1},\ \boldsymbol{\delta}\rangle-p)\boldsymbol{\delta}\ .$$

因此向量

$$\overrightarrow{OP_2}=\overrightarrow{OP_1}+\overrightarrow{P_1P_2}=\overrightarrow{OP_1}\ -2(\langle\overrightarrow{OP_1},\ \boldsymbol{\delta}\rangle-p)\boldsymbol{\delta}\ .$$

设 $N=\pm\sqrt{A^2+B^2+C^2}$ 使得 $\frac{1}{N}(Ax+By+Cz+D)=0$是平面 M 的法距式方程, 那么 $-p=\frac{D}{N}$, 向量 $\boldsymbol{\delta}$ 坐标是 $\frac{1}{N}(A,\ B,\ C)$, 内积 $\langle\overrightarrow{OP_1},\ \boldsymbol{\delta}\rangle=\frac{1}{N}\big(Ax_1+By_1+Cz_1\big)$,

则点 P_2 的坐标是

$$(x_2,\ y_2,\ z_2)=(x_1,\ y_1,\ z_1)-2\left(\frac{1}{N}(Ax_1+By_1+Cz_1)+\frac{D}{N}\right)\cdot\frac{1}{N}(A,\ B,\ C)$$
$$=(x_1,\ y_1,\ z_1)-\frac{2(Ax_1+By_1+Cz_1+D)}{A^2+B^2+C^2}\cdot(A,\ B,\ C)\,. \qquad \square$$

习 题 2.4

1. 将平面截距式方程 $\frac{x}{a}+\frac{y}{b}+\frac{z}{c}=1$, $abc\neq 0$, 化为法距式方程.

2. 假设同例 1. 求通过顶点 B, D, D' 的平面的法距式方程, 并求这个平面到原点、到点 C' 的离差.

3. 设两平面 M 和 M' 的法距式方程分别为

$$x\cos\theta_1+y\cos\theta_2+z\cos\theta_3-p=0\,,$$
$$x\cos\theta_1'+y\cos\theta_2'+z\cos\theta_3'-p'=0\,.$$

(1) 证明: M 平行于 M' 当且仅当下列二者之一成立:

$$(\cos\theta_1,\ \cos\theta_2,\ \cos\theta_3)=(\cos\theta_1',\ \cos\theta_2',\ \cos\theta_3')\,,$$
$$(\cos\theta_1,\ \cos\theta_2,\ \cos\theta_3)=-(\cos\theta_1',\ \cos\theta_2',\ \cos\theta_3');$$

(2) 在上述两种情形之下平面 M 和 M' 之间的距离分别为 $|p-p'|$ 和 $p+p'$.

4. 在 Z 轴上求一点使得它到点 $P:(1,-2,0)$ 与平面 $3x-2y+6z-9=0$ 的距离相等.

5. 问点 $(1,2,3)$ 和原点在平面 $5x-6y+z-5=0$ 的同侧还是异侧?

6. 求通过点 $P_1:(x_1,y_1,z_1)$ 和点 $P_2:(x_2,y_2,z_2)$ 且垂直于 O–XY 平面的平面方程.

7. 求点 $(1,3,-4)$ 关于平面 $3x+y-2z=0$ 对称的点.

2.5 线 面 关 系

本节主要内容: 线面关系、面面关系以及面面相交时产生的直线一般式方程.

先看直线与平面的关系. 设直线 L 和平面 M 的信息如下:

直线 L: $\dfrac{x-x_0}{l}=\dfrac{y-y_0}{m}=\dfrac{z-z_0}{n}$, 方向向量 $\boldsymbol{\delta}_L:(l,\ m,\ n)$;

平面 M: $Ax+By+Cz+D=0$, 法向量 $\boldsymbol{\delta}_M:(A,\ B,\ C)$.

直线 L 与平面 M 的夹角可以由向量 $\boldsymbol{\delta}_L$ 与 $\boldsymbol{\delta}_M$ 的夹角 $\widehat{\boldsymbol{\delta}_L,\boldsymbol{\delta}_M}$ 来决定, 而角 $\widehat{\boldsymbol{\delta}_L,\boldsymbol{\delta}_M}$ 可由其余弦值求出:

$$\cos(\widehat{\boldsymbol{\delta}_L,\boldsymbol{\delta}_M})=\frac{\langle\boldsymbol{\delta}_L,\boldsymbol{\delta}_M\rangle}{|\boldsymbol{\delta}_L|\cdot|\boldsymbol{\delta}_M|}=\frac{lA+mB+nC}{\sqrt{(l^2+m^2+n^2)(A^2+B^2+C^2)}}\,.$$

如图 2.5.1 所示, 讨论线面关系如下 (略去显然的证明).

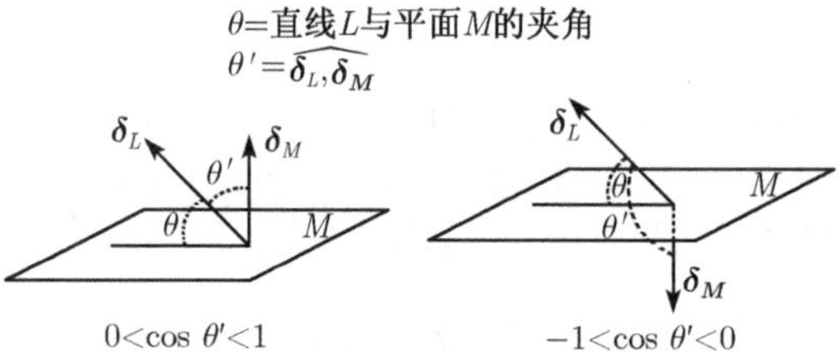

图 2.5.1

命题 2.5.1(线面关系)　符号如上.

(1) 如果 $0<\cos(\widehat{\boldsymbol{\delta}_L,\boldsymbol{\delta}_M})<1$, 此时 $\widehat{\boldsymbol{\delta}_L,\boldsymbol{\delta}_M}$ 是锐角, 则

$$\text{直线 } L \text{ 与平面 } M \text{ 的夹角} = \frac{\pi}{2}-\widehat{\boldsymbol{\delta}_L,\boldsymbol{\delta}_M}\ .$$

(2) 如果 $-1<\cos(\widehat{\boldsymbol{\delta}_L,\boldsymbol{\delta}_M})<0$, 此时 $\widehat{\boldsymbol{\delta}_L,\boldsymbol{\delta}_M}$ 是钝角, 则

$$\text{直线 } L \text{ 与平面 } M \text{ 的夹角} = \widehat{\boldsymbol{\delta}_L,\boldsymbol{\delta}_M}-\frac{\pi}{2}\ .$$

(3) 如果 $\cos(\widehat{\boldsymbol{\delta}_L,\boldsymbol{\delta}_M})=0$, 即 $\langle\boldsymbol{\delta}_L,\boldsymbol{\delta}_M\rangle=0$, 此时 $\widehat{\boldsymbol{\delta}_L,\boldsymbol{\delta}_M}$ 是直角, 则直线 L 与平面 M 平行 (包括情形直线 L 在平面 M 上).

(4) 如果 $\cos(\widehat{\boldsymbol{\delta}_L,\boldsymbol{\delta}_M})=\pm1$, 即 $\boldsymbol{\delta}_L$, $\boldsymbol{\delta}_M$ 共线 (还可参看命题 2.2.2(3) 阐述的向量共线判别方法), 则直线 L 与平面 M 垂直. □

注　如果直线 L 与平面 M 平行, 则它们之间的距离可以用点面距离公式来计算, 即取直线 L 上一点 P_0 计算距离 $d(M,P_0)$ 即可.

如果直线 L 与平面 M 不平行则它们恰交于一点, 交点可以通过它们的方程联立求解得出 (注意直线的对称式方程实际上是两个方程联立):

$$\begin{cases}\dfrac{x-x_0}{l}=\dfrac{y-y_0}{m}\ ,\\[2mm] \dfrac{y-y_0}{m}=\dfrac{z-z_0}{n}\ ,\\[2mm] Ax+By+Cz+D=0\ .\end{cases}$$

例 1　如同 2.4 节例 1, 把单位正方体 $ABCD$-$A'B'C'D'$ 放在直角坐标系 O-XYZ 的第一象限使得顶点 A 重合于原点 O.

(1) 求直线 AC' 与平面 $CB'D'$ 的夹角;

(2) 求直线 CC' 与平面 $CB'D'$ 的夹角.

解　参看 2.4 节例 1 的图 2.4.2. 在 2.4 节例 1 中已求得平面 $CB'D'$ 的法方向向量 $\boldsymbol{\delta}_M$ 坐标为 $\boldsymbol{\delta}_M:(1,1,1)$.

(1) 向量 $\overrightarrow{AC'}$ 的坐标是 $(1,1,1)$, 就是直线 AC' 的方向数, 由于平面 $CB'D'$ 的方向向量也是直线 AC' 的方向向量, 所以直线 AC' 垂直于平面 $CB'D'$.

(2) 坐标 $C:(1,1,0)$, $C':(1,1,1)$, 所以直线 CC' 的方向向量 $\boldsymbol{\delta}_L=\overrightarrow{CC'}$ 的坐标是 $(0,0,1)$, 那么

$$\cos(\widehat{\boldsymbol{\delta}_L,\boldsymbol{\delta}_M})=\frac{\langle\boldsymbol{\delta}_L,\boldsymbol{\delta}_M\rangle}{|\boldsymbol{\delta}_L|\cdot|\boldsymbol{\delta}_M|}=\frac{0\cdot1+0\cdot1+1\cdot1}{\sqrt{0^2+0^2+1^2}\cdot\sqrt{1^2+1^2+1^2}}=\frac{1}{\sqrt{3}}\,,$$

故直线 CC' 与平面 $CB'D'$ 的夹角为

$$\frac{\pi}{2}-\arccos\frac{1}{\sqrt{3}}=\arcsin\frac{1}{\sqrt{3}}\,.$$ □

再看平面与平面的关系. 设平面 M_1 和平面 M_2 的信息如下:

$$M_1: A_1x+B_1y+C_1z+D_1=0\,,\text{法向量}\,\boldsymbol{\delta}_1\,:\,(A_1,\,B_1,\,C_1)\,;$$
$$M_2: A_2x+B_2y+C_2z+D_2=0\,,\text{法向量}\,\boldsymbol{\delta}_2\,:\,(A_2,\,B_2,\,C_2)\,.$$

与前面讨论类似, 平面 M_1 与平面 M_2 的夹角可以由向量 $\boldsymbol{\delta}_1$ 与 $\boldsymbol{\delta}_2$ 的夹角 $\widehat{\boldsymbol{\delta}_1,\boldsymbol{\delta}_2}$ 来决定, 而角 $\widehat{\boldsymbol{\delta}_1,\boldsymbol{\delta}_2}$ 可由其余弦值求出:

$$\cos(\widehat{\boldsymbol{\delta}_1,\boldsymbol{\delta}_2})=\frac{\langle\boldsymbol{\delta}_1,\boldsymbol{\delta}_2\rangle}{|\boldsymbol{\delta}_1|\cdot|\boldsymbol{\delta}_2|}=\frac{A_1A_2+B_1B_2+C_1C_2}{\sqrt{(A_1^2+B_1^2+C_1^2)(A_2^2+B_2^2+C_2^2)}}\,.$$

具体结论如下 (略去显然的证明).

命题 2.5.2(面面关系) 符号如上.

(1) 如果 $0<\cos(\widehat{\boldsymbol{\delta}_1,\boldsymbol{\delta}_2})<1$, 此时 $\widehat{\boldsymbol{\delta}_1,\boldsymbol{\delta}_2}$ 是锐角, 则

$$\text{平面 } M_1 \text{ 与平面 } M_2 \text{ 的夹角}=\widehat{\boldsymbol{\delta}_1,\boldsymbol{\delta}_2}\,.$$

(2) 如果 $-1<\cos(\widehat{\boldsymbol{\delta}_1,\boldsymbol{\delta}_2})<0$, 此时 $\widehat{\boldsymbol{\delta}_1,\boldsymbol{\delta}_2}$ 是钝角, 则

$$\text{平面 } M_1 \text{ 与平面 } M_2 \text{ 的夹角}=\pi-\widehat{\boldsymbol{\delta}_1,\boldsymbol{\delta}_2}\,.$$

(3) 如果 $\cos(\widehat{\boldsymbol{\delta}_1,\boldsymbol{\delta}_2})=0$, 即 $\langle\boldsymbol{\delta}_1,\boldsymbol{\delta}_2\rangle=0$, 此时 $\widehat{\boldsymbol{\delta}_1,\boldsymbol{\delta}_2}$ 是直角, 则平面 M_1 与平面 M_2 垂直.

(4) 如果 $\cos(\widehat{\boldsymbol{\delta}_1,\boldsymbol{\delta}_2})=\pm1$, 即 $\boldsymbol{\delta}_1$, $\boldsymbol{\delta}_2$ 共线 (同样可参看命题 2.2.2(3) 阐述的向量共线判别方法), 则平面 M_1 与平面 M_2 平行 (包括重合情形). □

注 如果平面 M_1 与平面 M_2 平行, 它们之间的距离当然也可以用点面距离公式来计算, 但是更简便地, 还可以由它们的法距式 (法线式) 方程中的 "原点距离" 来计算, 见 2.4 节习题 3.

如果平面 M_1 不平行于平面 M_2, 这时它们的法向量不共线, 也就是 $\boldsymbol{\delta}_1\times\boldsymbol{\delta}_2\neq\mathbf{0}$, 那么它们相交于一条直线 L, 直线 L 的方程就可表达为联立方程组.

方程 2.5.1(直线一般式方程)

$$\begin{cases} A_1x+B_1y+C_1z+D_1=0\,, \\ A_2x+B_2y+C_2z+D_2=0\,, \end{cases}$$

这称为直线 L 的**一般式方程**. 此时直线 L 的方向向量既与 $\boldsymbol{\delta}_1$ 正交也与 $\boldsymbol{\delta}_2$ 正交, 而按向量外积的定义, $\boldsymbol{\delta}_1\times\boldsymbol{\delta}_2$ 就是这样的一个非零向量, 所以得到直线一般式方程 2.5.1 表达的直线 L 的信息如下：

方向向量：$\boldsymbol{\delta}_L=\boldsymbol{\delta}_1\times\boldsymbol{\delta}_2\neq\mathbf{0}$,

方向数：$\left(\begin{vmatrix} B_1 & C_1 \\ B_2 & C_2 \end{vmatrix}, \begin{vmatrix} C_1 & A_1 \\ C_2 & A_2 \end{vmatrix}, \begin{vmatrix} A_1 & B_1 \\ A_2 & B_2 \end{vmatrix}\right)\neq(0,0,0)$.

注 直线的对称式方程 $\dfrac{x-x_0}{l}=\dfrac{y-y_0}{m}=\dfrac{z-z_0}{n}$ 是一种特殊的一般式方程, 因为它实际上是两个方程联立：

$$\begin{cases} \dfrac{x-x_0}{l}=\dfrac{y-y_0}{m}\,, \\ \dfrac{y-y_0}{m}=\dfrac{z-z_0}{n}\,, \end{cases} \quad \text{即} \quad \begin{cases} mx+(-l)y+0z+(ly_0-mx_0)=0\,, \\ 0x+ny+(-m)z+(mz_0-ny_0)=0\,. \end{cases}$$

反过来, 上面已指出从直线 L 一般式方程 2.5.1 计算 L 的方向数的公式, 然后只要求出 L 上一点 (即方程 2.5.1 的一组解), 就可写成 L 的对称式方程.

例 2 设直线 L 的一般式方程为

$$\begin{cases} x+y+z=0, \\ x+2y+3z+4=0, \end{cases}$$

求 L 的对称式方程.

解 直线 L 的一般式方程中两个平面方程的法方向数分别是 $(1,1,1)$ 和 $(1,2,3)$, 它们的外积就是直线 L 的方向数

$$\left(\begin{vmatrix} 1 & 1 \\ 2 & 3 \end{vmatrix}, \begin{vmatrix} 1 & 1 \\ 3 & 1 \end{vmatrix}, \begin{vmatrix} 1 & 1 \\ 1 & 2 \end{vmatrix}\right)=(1,-2,1)\,.$$

再令 $z=0$, 解联立方程组

$$\begin{cases} x+y=0, \\ x+2y+4=0 \end{cases}$$

得 $x=4$ 和 $y=-4$, 即知 $(4,-4,0)$ 是直线 L 上一点, 所以直线 L 的对称式方程为

$$\frac{x-4}{1}=\frac{y+4}{-2}=\frac{z}{1}\,.$$ □

在某些场合, 直线很容易由两个平面相交构成, 所以便于用一般式方程表达.

命题 2.5.3(异面直线的公垂线) 设直线

$$L_1: \frac{x-x_1}{l_1}=\frac{y-y_1}{m_1}=\frac{z-z_1}{n_1}, \quad L_2: \frac{x-x_2}{l_2}=\frac{y-y_2}{m_2}=\frac{z-z_2}{n_2},$$

彼此不平行, 令

$$(l, m, n)=(l_1, m_1, n_1)\times(l_2, m_2, n_2),$$

那么直线 L_1 和 L_2 的公垂线 (即与两直线都垂直都相交的直线) 方程为

$$\begin{cases} \begin{vmatrix} x-x_1 & y-y_1 & z-z_1 \\ l_1 & m_1 & n_1 \\ l & m & n \end{vmatrix}=0, \\ \begin{vmatrix} x-x_2 & y-y_2 & z-z_2 \\ l_2 & m_2 & n_2 \\ l & m & n \end{vmatrix}=0. \end{cases}$$

证 设 L 是公垂线. 由假设, 点 $P_i:(x_i,y_i,z_i)(i=1,2)$ 在直线 L_i 上, 向量 $\boldsymbol{\delta}_i:(l_i,m_i,n_i)(i=1,2)$ 是直线 L_i 的方向向量. 由于 L_1 与 L_2 不平行, 所以 $\boldsymbol{\delta}=\boldsymbol{\delta}_1\times\boldsymbol{\delta}_2$ 是非零向量且与 $\boldsymbol{\delta}_1$, $\boldsymbol{\delta}_2$ 都正交, 因此它是 L 的方向向量, $\boldsymbol{\delta}$ 的坐标是 (l,m,n).

设 M_1 是通过直线 L_1 和公垂线 L 的平面. 由于 $\boldsymbol{\delta}_1$, $\boldsymbol{\delta}$ 不共线, 平面 M_1 由点 P_1 和两个向量 $\boldsymbol{\delta}_1$, $\boldsymbol{\delta}$ 确定. 由方程 2.3.4, 平面 M_1 的方程是

$$\begin{vmatrix} x-x_1 & y-y_1 & z-z_1 \\ l_1 & m_1 & n_1 \\ l & m & n \end{vmatrix}=0. \tag{2.5.1}$$

同理, 通过直线 L_2 和公垂线 L 的平面 M_2 由点 P_2 和向量 $\boldsymbol{\delta}_2$, $\boldsymbol{\delta}$ 确定, 方程是

$$\begin{vmatrix} x-x_2 & y-y_2 & z-z_2 \\ l_2 & m_2 & n_2 \\ l & m & n \end{vmatrix}=0. \tag{2.5.2}$$

而 L 是平面 M_1 与 M_2 的交线, 即 L 的一般式方程就是方程 (2.5.1) 和方程 (2.5.2) 的联立方程. 这就是要证的结论. □

例 3 如同 2.2 节例 1, 把单位正方体 $ABCD$-$A'B'C'D'$ 放在直角坐标系 O-XYZ 的第一卦限 (即三个坐标均非负的点的区域) 使得顶点 A 重合于原点 O. 求直线 $B'D$ 与直线 CD' 的公垂线方程 (图 2.5.2).

解 点 B' 和 D 的坐标分别为 $B':(1,0,1)$ 和 $D:(0,1,0)$, 由直线的两点式方程 2.2.1, 得直线 $B'D$ 的方程为

$$\frac{x-0}{1-0}=\frac{y-1}{0-1}=\frac{z-0}{1-0}, \quad 即 \quad \frac{x-0}{1}=\frac{y-1}{-1}=\frac{z-0}{1}.$$

类似地, 从点坐标 $C:(1,1,0)$ 和 $D':(0,1,1)$, 得直线 CD' 的方程为

$$\frac{x-0}{1-0}=\frac{y-1}{1-1}=\frac{z-1}{0-1},\quad 即\quad \frac{x-0}{1}=\frac{y-1}{0}=\frac{z-1}{-1}.$$

两条直线的方向向量分别为 $(1,-1,1)$ 和 $(1,0,-1)$, 它们的外积为

$$\left(\begin{vmatrix}-1 & 1\\ 0 & -1\end{vmatrix},\begin{vmatrix}1 & 1\\ -1 & 1\end{vmatrix},\begin{vmatrix}1 & -1\\ 1 & 0\end{vmatrix}\right)=(1,2,1),$$

所以这两条异面直线的公垂线方程为

$$\left\{\begin{array}{l}\begin{vmatrix}x-0 & y-1 & z-0\\ 1 & -1 & 1\\ 1 & 2 & 1\end{vmatrix}=0,\\ \begin{vmatrix}x-0 & y-1 & z-1\\ 1 & 0 & -1\\ 1 & 2 & 1\end{vmatrix}=0,\end{array}\right.$$

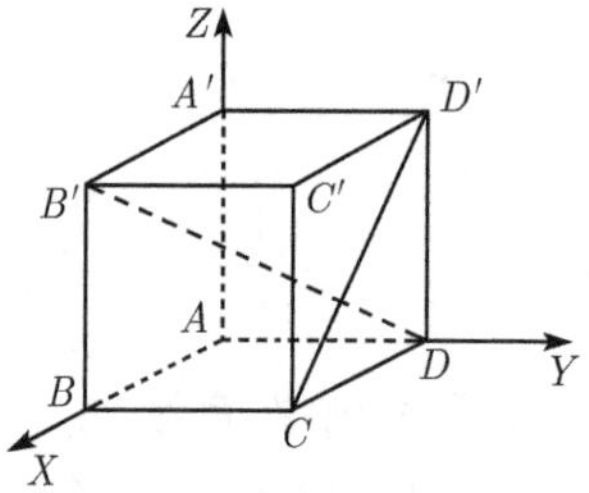

图 2.5.2

即所求公垂线方程为

$$\left\{\begin{array}{l}-x+z=0,\\ x-y+z=0.\end{array}\right.$$

□

命题 2.5.4(平面束)　设直线 L 的一般式方程为

$$\left\{\begin{array}{l}A_1x+B_1y+C_1z+D_1=0\,,\\ A_2x+B_2y+C_2z+D_2=0\,,\end{array}\right.$$

那么, 通过直线 L 的所有平面的方程是 (其中 k_1,k_2 是不全为零的实数)

$$k_1(A_1x+B_1y+C_1z+D_1)+k_2(A_2x+B_2y+C_2z+D_2)=0\,. \tag{2.5.3}$$

证　令 L 的一般式方程的方程组中的两个方程分别表示平面 M_1 和 M_2. 先证明: 对任不全为零的实数 k_1, k_2, 方程 (2.5.3) 是一个通过 L 的平面. 首先它是一个平面方程, 这是因为它就是

$$(k_1A_1+k_2A_2)x+(k_1B_1+k_2B_2)y+(k_1C_1+k_2C_2)z+(k_1D_1+k_2D_2)=0\,,$$

而且系数不全为零, 否则

$$k_1A_1+k_2A_2=k_1B_1+k_2B_2=k_1C_1+k_2C_2=0\,,$$

也就是

$$k_1(A_1,\ B_1,\ C_1)+k_2(A_2,\ B_2,\ C_2)=0\,,$$

其中 k_1, k_2 不全为零, 由推论 1.2.1, 两个平面 M_1, M_2 的法向量共线, 所以平面 M_1, M_2 彼此平行, 故不能交为直线 L, 与命题条件矛盾, 所以方程 (2.5.3) 是一个平面. 凡满足直线 L 的一般式方程的点的坐标显然满足方程 (2.5.3), 所以方程 (2.5.3) 是一个通过直线 L 的平面.

反过来, 设平面 M 通过直线 L, 令 M 的方程是

$$Ax+By+Cz+D=0\,.$$

因为 M, M_1, M_2 都通过直线 L, 所以它们的法向量都与 L 垂直, 那么这三个法向量共面, 但 M_1, M_2 的法向量不共线 (否则 M_1, M_2 平行), 由命题 1.2.2, 有实数 k_1, k_2 使得

$$(A,\ B,\ C)=k_1(A_1,\ B_1,\ C_1)+k_2(A_2,\ B_2,\ C_2)\,.$$

因为 $(A,B,C)\neq(0,0,0)$, 所以 k_1, k_2 不全为零, 那么

$$A=k_1A_1+k_2A_2\,,\quad B=k_1B_1+k_2B_2\,,\quad C=k_1C_1+k_2C_2\,.$$

任取 L 上的点 (x_0,y_0,z_0), 其坐标满足这三个平面方程

$$\begin{cases} A_1x_0+B_1y_0+C_1z_0+D_1=0\,,\\ A_2x_0+B_2y_0+C_2z_0+D_2=0\,,\\ Ax_0+By_0+Cz_0+D=0\,. \end{cases}$$

在此三等式两边分别乘以 k_1, k_2 和 -1, 将所得等式相加, 得 $k_1D_1+k_2D_2-D=0$, 即 $D=k_1D_1+k_2D_2$, 所以平面 M 的方程是

$$k_1(A_1x+B_1y+C_1z+D_1)+k_2(A_2x+B_2y+C_2z+D_2)=0\,. \qquad \square$$

习 题 2.5

1. 设直线 L 过点 (x_0,y_0,z_0), 方向数为 $l,\ m,\ n$; 平面 M 方程是 $Ax+By+Cz+D=0$. 证明: $L\subseteq M$ 当且仅当 $Al+Bm+Cn=0$ 且 $Ax_0+By_0+Cz_0+D=0$.

2. 求两个平面 $2x-3y-4z-3=0$ 和 $4x-3y-2z-3=0$ 所构成的锐二面角的角平分平面.

3. 已知直线的一般式方程为

$$\begin{cases} x-2y+z+3=0,\\ 2x-3y+3z-9=0, \end{cases}$$

求它的对称式方程和参数式方程.

4. 求过点 $A:(2,3,-5)$ 且与下述直线平行的直线方程:

$$\begin{cases} 3x-y+2z-7=0,\\ x+3y-2z+3=0. \end{cases}$$

5. D 取何值时下述直线与 Z 轴相交?

$$\begin{cases} 3x - y + 2z - 6 = 0, \\ x + 4y - z + D = 0. \end{cases}$$

6. (1) 求通过一点 (a, b, c) 的所有平面 (平面丛) 的方程;

(2) 求通过一点 (a, b, c) 的所有直线 (直线丛) 的方程.

7. 求异面直线 L_1 : $\dfrac{x-3}{4} = \dfrac{y-3}{1} = \dfrac{z+1}{-1}$ 和 L_2 : $\dfrac{x}{2} = \dfrac{y}{0} = \dfrac{z+2}{-1}$ 之间的距离和公垂线方程.

第 2 章补充习题

1. 在直线方程

$$\begin{cases} A_1x + B_1y + C_1z + D_1 = 0, \\ A_2x + B_2y + C_2z + D_2 = 0 \end{cases}$$

中, 系数满足什么条件, 能使直线具有下列性质:

(1) 通过原点;

(2) 与 X 轴平行但不重合;

(3) 与 Y 轴相交;

(4) 重合于 Z 轴.

2. 在 XOY 平面上求一条通过原点且垂直于直线 $\dfrac{x-2}{3} = \dfrac{y+1}{-2} = \dfrac{z-5}{1}$ 的直线.

3. 求过点 $(-1, 2, 3)$, 垂直于直线 $\dfrac{x}{4} = \dfrac{y-1}{5} = \dfrac{z+2}{6}$ 且平行于平面 $7x+8y+9z+10=0$ 的直线的方程.

4. 已知两平面 M_1 : $2x - y + z + 1 = 0$ 和 M_2 : $x - 3y + 2z + 4 = 0$ 相交, 求交线在平面 M : $2x + 3y - 6 = 0$ 上的投影直线的方程.

5. 求以平面 $\dfrac{x}{a} + \dfrac{y}{b} + \dfrac{z}{c} = 1$ 与三条坐标轴的三个交点为顶点的三角形的面积.

6. 如果一平面的法向量的三个方向角彼此相等, 且平面通过点 P : (a, b, c), 求此平面的方程.

7. 在平面 $Ax + By + Cz + D = 0$ 上求一点 $P_0 : (x_0, y_0, z_0)$ 使得向量 $\overrightarrow{OP_0}$ 的方向角分别是 $\theta_1, \theta_2, \theta_3$.

8. 证明: 点 P : (a, b, c) 关于平面 $x\cos\theta_1 + y\cos\theta_2 + z\cos\theta_3 - p = 0$ 的对称点 P' 的坐标是

$$x_0 = a - 2\cos\theta_1(a\cos\theta_1 + b\cos\theta_2 + c\cos\theta_3 - p)\ ,$$

$$y_0 = b - 2\cos\theta_2(a\cos\theta_1 + b\cos\theta_2 + c\cos\theta_3 - p)\ ,$$

$$z_0 = c - 2\cos\theta_3(a\cos\theta_1 + b\cos\theta_2 + c\cos\theta_3 - p)\ .$$

9. 求过点 P: $(0, 0, -2)$ 与平面 $3x - y + 2z - 1 = 0$ 平行, 且与直线 $\dfrac{x-1}{4} = \dfrac{y-3}{-2} = \dfrac{z}{1}$ 相交的直线的方程.

10. 证明: 直线 $lx + my + nz = mx + ny + lz = nx + ly + mz$ 的三个方向角彼此相等.

第3章 行 列 式

从分析二阶、三阶行列式的结构和性质开始, 介绍任意阶行列式的概念和性质, 并给出多元线性方程组的克拉默定理.

本章中的数为任意数. n 总表示一个正整数.

3.1 行列式的概念

在复习二阶、三阶行列式 (参看 1.5 节的附录) 后引入 n 阶行列式的概念.

$$\begin{vmatrix} a_{11} & a_{12} \\ a_{21} & a_{22} \end{vmatrix} = a_{11}a_{22} - a_{12}a_{21}.$$

$$\begin{vmatrix} a_{11} & a_{12} & a_{13} \\ a_{21} & a_{22} & a_{23} \\ a_{31} & a_{32} & a_{33} \end{vmatrix} = a_{11}a_{22}a_{33} + a_{12}a_{23}a_{31} + a_{13}a_{21}a_{32}$$
$$- a_{11}a_{23}a_{32} - a_{12}a_{21}a_{33} - a_{13}a_{22}a_{31}.$$

三阶行列式是 6 项之和, 它的特点可归为如下两条:

(1) 和式加项确定规则. 和式的每个加项是来自 3×3 的方阵的 9 个数中的三个之积外带上一个符号 ± 1 (之所以说是外带符号是因为它不一定是该项的真正的符号, 如 $-a_{13}a_{22}a_{31}$ 不一定就是负值). 这三个数分布在不同的三行也分布在不同的三列, 那么这三个数的三个行标号恰为 1,2,3, 三个列标号也恰为 1,2,3. 把每项的三个数的行号按自然顺序 $1, 2, 3$ 排好, 则它们的列号就是 $1, 2, 3$ 的一个排列 $(j_1j_2j_3)$. 这种排列共有 $3! = 6$ 个, 给出三阶行列式和式的六项.

(2) 外带符号确定规则. 按 1.5 节中三阶行列式的几何来源, 每项的外带符号取决于对应的列标号排列 $(j_1j_2j_3)$ 与自然顺序排列 $(1\,2\,3)$ 的关系: 若可以通过偶数个对换把 $(j_1j_2j_3)$ 变为 $(1\,2\,3)$, 则该项外带符号 $+1$; 否则外带符号 -1. 把这个符号记作 $\sigma(j_1j_2j_3) = \pm 1$.

三阶行列式可写成

$$\begin{vmatrix} a_{11} & a_{12} & a_{13} \\ a_{21} & a_{22} & a_{23} \\ a_{31} & a_{32} & a_{33} \end{vmatrix} = \sum_{(j_1j_2j_3)} \sigma(j_1j_2j_3) \cdot a_{1j_1}a_{2j_2}a_{3j_3},$$

其中 $(j_1j_2j_3)$ 跑遍 1, 2, 3 的所有排列.

关于带下标 $(j_1j_2j_3)$ 的 $\sum$ 符号, 它表示跑动标识为 $(j_1j_2j_3)$ 的 "和", 和式的每个加项都形如 $\sigma(j_1j_2j_3)\cdot a_{1j_1}a_{2j_2}a_{3j_3}$, 其中 j_1, j_2, j_3 由跑动标识 $(j_1j_2j_3)$ 决定, 这里跑动标识 $(j_1j_2j_3)$ 的跑动范围不能由简单记号标定, 所以另用语言 "其中 ……" 叙述跑动范围于 $\sum$ 之后, 即上式右端表示 $(j_1j_2j_3)$ 跑遍 1, 2, 3 的所有六个排列时 $\sum$ 后的六项之和. 参看命题 1.5.2 混合积计算公式之前的说明.

把一个排列通过对换变为自然顺序排列 (1 2 3) 所用的对换个数并不确定, 如

$$(3,2,1) \rightarrow (1,2,3)\,;$$

$$(3,2,1) \rightarrow (2,3,1) \rightarrow (2,1,3) \rightarrow (1,2,3).$$

下面将用另一个数量来确定这个符号 $\sigma(j_1j_2j_3)$.

在 $(j_1j_2j_3)$ 中任取两个文字构成有序偶对, 共三对: $(j_1j_2), (j_1j_3), (j_2j_3)$. 考察每一对, 如 $(j_1\,j_2)$, 如果 $j_1 < j_2$ 就说 $(j_1\,j_2)$ 是顺序对 (因为与 (1 2 3) 中的 j_1, j_2 的前后顺序一致); 否则就称 $(j_1\,j_2)$ 是**逆序对**. 排列 $(j_1j_2j_3)$ 中的逆序对的总个数称为排列 $(j_1j_2j_3)$ 的**逆序数**, 记作 $\tau(j_1j_2j_3)$. 把三阶行列式的六项的有关情况陈列如下, 从中可以看出 $\sigma(j_1j_2j_3) = (-1)^{\tau(j_1j_2j_3)}$.

排列 $(j_1j_2j_3)$	逆序对	逆序数 $\tau(j_1j_2j_3)$	外带符号 $\sigma(j_1j_2j_3)$
(123)	无	0	1
(231)	(21), (31)	2	1
(312)	(31), (32)	2	1
(132)	(32)	1	−1
(321)	(32), (31), (21)	3	−1
(213)	(21)	1	−1

在 1.5 节附录中谈到: 三阶行列式具有对称性、交错性、多重线性、按行按列展开等性质. 三个方程的三元线性方程组的系数行列式非零时有唯一解并可通过三阶行列式求这个解.

沿着这些思路引进任意 n 阶行列式概念. 其实它们有着类似于 1.5 节所述的 "三阶行列式是平行六面体的有向体积" 那样的几何意义, 但这里不可能描述了.

定义 3.1.1　设 $(j_1\,j_2\,\cdots\,j_n)$ 是 $1, 2, \cdots, n$ 的一个排列, 即每个 $j(1 \leqslant j \leqslant n)$ 在其中恰好出现一次. 任取该排列中的两个位置的文字就构成一个偶对 $(j_k\,j_l)(k < l)$, 共有 $n(n-1)/2$ 个偶对. 如果 $j_k > j_l$ 就称 $(j_k\,j_l)$ 是一个**逆序对**; 否则称 $(j_k\,j_l)$ 是一个**顺序对**. 用 $\tau(j_1\,j_2\,\cdots\,j_n)$ 记排列 $(j_1\,j_2\,\cdots\,j_n)$ 中的逆序对的总个数, 称为该

排列的**逆序数**. 如果逆序数为偶数就称 $(j_1 j_2 \cdots j_n)$ 为**偶排列**; 否则称 $(j_1 j_2 \cdots j_n)$ 为**奇排列**.

例 1 设 $n=6$. 已知 $(1\,5\,i\,j\,4\,2)$ 是偶排列, 求 i, j.

解 显然 i, j 是 3, 6, 只是需要确定 i, j 的具体值. 该排列的所有偶对有三种.

(1) 偶对文字不含 i, j, 即仅由 $1,5,4,2$ 构成. 这种偶对中的逆序对与 i, j 的具体值无关, 有 $(5,4)$, $(5,2)$, $(4,2)$, 共三个.

(2) 偶对文字中恰含 i, j 中的一个, 即由 $1,5,4,2$ 中的一个与 i, j 中的一个构成. 又有两种子情形.

(i) i, j 中的一个在右边, 这样的逆序对有 $(5,3)$.

(ii) i, j 中的一个在左边, 这样的逆序对有 $(3,2)$, $(6,4)$, $(6,2)$.

可见, 这种偶对中的逆序对个数也与 i, j 的具体值无关, 共有四个.

(3) 偶对 (i,j). 它是顺序对还是逆序对就与 i, j 的具体值有关了.

因为前两种逆序对共有 $3+4=7$ 个, 而该排列是偶排列, 所以 (i,j) 必须是逆序对, 故得 $i=6$, $j=3$. □

思考 这个题目说明: 如果把排列 $(1\,5\,\underline{6\,3}\,4\,2)$ 中的相邻的文字 6, 3 对换, 得到的排列 $(1\,5\,\underline{\mathbf{3\,6}}\,4\,2)$ 恰好改变奇偶性. 这显然是一般结论: 把 $1, 2, \cdots, n$ 的排列 $(\cdots\ i\ j\ \cdots)$ 中的相邻的文字 i, j 对换得到的排列 $(\cdots\ j\ i\ \cdots)$ 的逆序数恰好改变一个. 这是因为: 正如上述例题解答分析的, i, j 互换位置对于第一类偶对是否为逆序毫无关系, 对于第二类偶对是否为逆序也毫无关系, 即不影响它们与其左边文字构成的偶对是否为逆序, 也不影响它们与其右边文字构成的偶对是否为逆序, 故

$$\tau(\cdots\ i\ j\ \cdots)=\begin{cases}\tau(\cdots\ j\ i\ \cdots)-1, & i<j,\\ \tau(\cdots\ j\ i\ \cdots)+1, & i>j.\end{cases}$$

更一般地, 有下述结论.

引理 3.1.1 把 $1, 2, \cdots, n$ 的排列 $(\cdots\ i\ \cdots\ j\ \cdots)$ 中的任意两位置的文字 i, j 对换, 得到的排列 $(\cdots\ j\ \cdots\ i\ \cdots)$ 的奇偶性恰好改变.

证 如果 i, j 处于相邻位置, 则已证明如上. 设它们不相邻, 相隔 m 个位置:

$$\cdots,\ i,\ a_1,\ a_2,\ \cdots,\ a_m,\ j,\ \cdots$$

可以通过连续的相邻对换把 i 换到 j 之后:

(1) 把 i 与右邻 a_1 对换后, i 与 a_1, a_2 左右相邻, $\cdots$, a_1, i, a_2, $\cdots$;

(2) 再把 i 与右邻 a_2 对换后, i 与 a_2, a_3 左右相邻, $\cdots$, a_1, a_2, i, $\cdots$;

……

依次进行, 经过 $m+1$ 个相邻对换后, i 到了 j 之后而其他的文字顺序没有改变:

$$\cdots,\ a_1,\ a_2,\ \cdots,\ a_m,\ j,\ i,\ \cdots$$

类似地, 再把 j 连续地与左边的邻居对换, 经过 m 个对换后, j 调换到了 a_1 左边, 得到的结果即是把原来的 i 与 j 对换了位置:

$$\cdots,\ j,\ a_1,\ a_2,\ \cdots,\ a_m,\ i,\ \cdots$$

这样共用了 $(m+1)+m=2m+1$ 个相邻对换, 即奇数个相邻对换, 而每次相邻对换恰改变排列的奇偶性, 所以经过奇数个相邻对换得到的排列 $(\cdots\ j\ \cdots\ i\ \cdots)$ 与原排列 $(\cdots\ i\ \cdots\ j\ \cdots)$ 的奇偶性不相同. □

注 这样, 如果选定两个位置 $k, l(k<l)$, 那么可以把 1, 2, $\cdots$, n 的所有 $n!$ 个排列按如下方式两个两个地分成 $n!/2$ 组. 任取排列 $(\cdots\ i\ \cdots\ j\ \cdots)$, 其中 k 位置是文字 i, 而 l 位置是文字 j, 把 k, l 位置文字对换得到的排列 $(\cdots\ j\ \cdots\ i\ \cdots)$ 与 $(\cdots\ i\ \cdots\ j\ \cdots)$ 归为一组:

$$\{(\cdots\ i\ \cdots\ j\ \cdots),\quad (\cdots\ j\ \cdots\ i\ \cdots)\}.$$

在剩下的排列中再取一个排列, 对换 k, l 位置文字得另一排列, 这两个排列又是一组. 依次进行, 直至把所有 $n!$ 个排列划分成 $n!/2$ 个组. 由上述引理, 每组的两个排列恰好是一个奇排列一个偶排列. 例如, $n=3$, 取 $k=1$, $l=2$, 则分组情形为

$$\{(123),\ (213)\};\quad \{(231),\ (321)\};\quad \{(312),\ (132)\}.$$

如果对两个排列 $(k_1k_2\cdots k_n)$ 与 $(j_1j_2\cdots j_n)$ 同时进行第 k 位与第 l 位两个位置文字对换, 会有什么结果? 为了表述这种同时对换, 把这两个排列对齐排成 $2\times n$ 矩形阵列 $\begin{pmatrix} k_1 & k_2 & \cdots & k_n \\ j_1 & j_2 & \cdots & j_n \end{pmatrix}$, 就是把这个矩形阵列的第 k 列与第 l 列对换, 简称为这个矩阵的列对换.

引理 3.1.2 设 $2\times n$ 矩形阵列 $\begin{pmatrix} k_1 & k_2 & \cdots & k_n \\ j_1 & j_2 & \cdots & j_n \end{pmatrix}$ 的两行都是 $1, 2, \cdots, n$ 的排列. 设使用有限个列对换把它变成了 $2\times n$ 矩形阵列 $\begin{pmatrix} \bar{k}_1 & \bar{k}_2 & \cdots & \bar{k}_n \\ \bar{j}_1 & \bar{j}_2 & \cdots & \bar{j}_n \end{pmatrix}$, 则

$$(-1)^{\tau(\bar{k}_1\bar{k}_2\cdots\bar{k}_n)+\tau(\bar{j}_1\bar{j}_2\cdots\bar{j}_n)}=(-1)^{\tau(k_1k_2\cdots k_n)+\tau(j_1j_2\cdots j_n)}.$$

证 如果把 $2\times n$ 矩形 $\begin{pmatrix} k_1 & k_2 & \cdots & k_n \\ j_1 & j_2 & \cdots & j_n \end{pmatrix}$ 的不同两列对换后得到 $2\times n$ 矩形 $\begin{pmatrix} k_1' & k_2' & \cdots & k_n' \\ j_1' & j_2' & \cdots & j_n' \end{pmatrix}$, 由上述引理知

$$(-1)^{\tau(k_1'k_2'\cdots k_n')} = -(-1)^{\tau(k_1k_2\cdots k_n)},$$

$$(-1)^{\tau(j_1'j_2'\cdots j_n')} = -(-1)^{\tau(j_1j_2\cdots j_n)},$$

两式两边对应相乘得

$$(-1)^{\tau(k_1'k_2'\cdots k_n')+\tau(j_1'j_2'\cdots j_n')} = (-1)^{\tau(k_1k_2\cdots k_n)+\tau(j_1j_2\cdots j_n)}.$$

再设把 $\begin{pmatrix} k_1' & k_2' & \cdots & k_n' \\ j_1' & j_2' & \cdots & j_n' \end{pmatrix}$ 的不同两列对换后得 $\begin{pmatrix} k_1'' & k_2'' & \cdots & k_n'' \\ j_1'' & j_2'' & \cdots & j_n'' \end{pmatrix}$, 有

$$\begin{aligned}(-1)^{\tau(k_1''k_2''\cdots k_n'')+\tau(j_1''j_2''\cdots j_n'')} &= (-1)^{\tau(k_1'k_2'\cdots k_n')+\tau(j_1'j_2'\cdots j_n')} \\ &= (-1)^{\tau(k_1k_2\cdots k_n)+\tau(j_1j_2\cdots j_n)}.\end{aligned}$$

依此类推. 作有限个列对换后得

$$(-1)^{\tau(\bar{k}_1\bar{k}_2\cdots\bar{k}_n)+\tau(\bar{j}_1\bar{j}_2\cdots\bar{j}_n)} = (-1)^{\tau(k_1k_2\cdots k_n)+\tau(j_1j_2\cdots j_n)}. \qquad \square$$

推论 3.1.1 设 $(k_1k_2\cdots k_n)$ 是 $1, 2, \cdots, n$ 的一个排列, 把它与自然顺序排列对齐排成 $2\times n$ 矩形 $\begin{pmatrix} k_1 & k_2 & \cdots & k_n \\ 1 & 2 & \cdots & n \end{pmatrix}$. 使用列对换把第 1 行变为自然顺序 $(12\cdots n)$ 后设第 2 行变为 $(j_1j_2\cdots j_n)$, 即得到 $2\times n$ 矩形 $\begin{pmatrix} 1 & 2 & \cdots & n \\ j_1 & j_2 & \cdots & j_n \end{pmatrix}$, 则排列 $(j_1j_2\cdots j_n)$ 与 $(k_1k_2\cdots k_n)$ 的奇偶性相同.

证 由引理 3.1.2 知

$$(-1)^{\tau(k_1k_2\cdots k_n)+\tau(1\,2\cdots n)} = (-1)^{\tau(1\,2\cdots n)+\tau(j_1j_2\cdots j_n)},$$

但 $\tau(1\,2\cdots n)=0$, 即得

$$(-1)^{\tau(k_1k_2\cdots k_n)} = (-1)^{\tau(j_1j_2\cdots j_n)},$$

也就是, $(j_1j_2\cdots j_n)$ 与 $(k_1k_2\cdots k_n)$ 的奇偶性相同. $\square$

定义 3.1.2　如下由 n^2 个数 $a_{ij}(1 \leqslant i,j \leqslant n)$ 排成的 $n \times n$ 矩形阵列决定的和式 $\sum$ 表达的数称为 n 阶**行列式**, 其中 $(j_1j_2\cdots j_n)$ 跑遍 1, 2, $\cdots$, n 的所有排列:

$$\begin{vmatrix} a_{11} & a_{12} & \cdots & a_{1n} \\ a_{21} & a_{22} & \cdots & a_{2n} \\ \vdots & \vdots & & \vdots \\ a_{n1} & a_{n2} & \cdots & a_{nn} \end{vmatrix} = \sum_{(j_1j_2\cdots j_n)} (-1)^{\tau(j_1j_2\cdots j_n)} a_{1j_1}a_{2j_2}\cdots a_{nj_n}.$$

注　要点有两条:

(1) 和式加项确定规则. n 阶行列式的和式的每个加项是来自该方阵的 n 个数之积外带上一个符号 ±1, 这 n 个数分布在不同的 n 行也分布在不同的 n 列. 把每项的 n 个数的行标号按自然顺序 $1,2,\cdots,n$ 排好, 则它们的列标号就是 $1,2,\cdots,n$ 的一个排列, 即该项形如 $\pm a_{1j_1}a_{2j_2}\cdots a_{nj_n}$. 文字 $1,2,\cdots,n$ 的排列共有 $n!$ 个, 所以和式共有 $n!$ 项.

(2) 外带符号确定规则. 把每项的 n 个数的行标号按自然顺序 $1,2,\cdots,n$ 排好时它们的列标号构成的排列 $(j_1j_2\cdots j_n)$ 若为偶排列则外带 $+1$, 否则外带 -1.

记号约定　(1) 由 $a_{ij}(1 \leqslant i,j \leqslant n)$ 决定的 n 阶行列式有时简记为 $|a_{ij}|_{n\times n}$ 或 $\det(a_{ij})_{n\times n}$, 其中的 a_{ij} 称为该行列式的 (i,j) 位置的元素.

(2) 为书写简便, n 阶行列式中空白位置一般默认为 0. 如下例的第 (1) 小题中, 除 $(1,1)$ 位置, $(2,2)$ 位置,$\cdots$, (n,n) 位置外其他位置上的元素均为零. 由于 $(1,1)$ 位置, $(2,2)$ 位置, $\cdots$, (n,n) 位置构成的一条从左上角到右下角的线称为行列式的**主对角线**, 所以称它为对角行列式.

例 2　证明:

(1) **对角行列式**

$$\begin{vmatrix} a_{11} & & & \\ & a_{22} & & \\ & & \ddots & \\ & & & a_{nn} \end{vmatrix} = a_{11}a_{22}\cdots a_{nn};$$

(2) **副对角行列式**

$$\begin{vmatrix} & & & a_{1n} \\ & & a_{2,n-1} & \\ & \iddots & & \\ a_{n1} & & & \end{vmatrix} = (-1)^{\frac{n(n-1)}{2}} a_{1n}a_{2,n-1}\cdots a_{n1}.$$

证　(1) 除了由 $(1,1)$ 位置, $(2,2)$ 位置, $\cdots$, (n,n) 位置决定的乘积项 $a_{11}a_{22}\cdots a_{nn}$ 外其他的乘积项肯定都是零, 而这一项 $a_{11}a_{22}\cdots a_{nn}$ 的列脚标排列 $(12\cdots n)$ 的逆序数为 0, 故外带符号 $+$, 即该行列式值为 $a_{11}a_{22}\cdots a_{nn}$.

(2) 同上知除 $a_{1n}a_{2,n-1}\cdots a_{n1}$ 外其他乘积项肯定是零, 这一项的列脚标排列 $(n,n-1,\cdots,1)$ 的逆序数为 $n(n-1)/2$, 故外带符号 $(-1)^{\frac{n(n-1)}{2}}$, 即得所求证. □

例 3(三角行列式) 证明:

(1) **上三角行列式** $\begin{vmatrix} a_{11} & a_{12} & \cdots & a_{1n} \\ & a_{22} & \cdots & a_{2n} \\ & & \ddots & \vdots \\ & & & a_{nn} \end{vmatrix} = a_{11}a_{22}\cdots a_{nn};$

(2) **下三角行列式** $\begin{vmatrix} a_{11} & & & \\ a_{21} & a_{22} & & \\ \vdots & \vdots & \ddots & \\ a_{n1} & a_{n2} & \cdots & a_{nn} \end{vmatrix} = a_{11}a_{22}\cdots a_{nn}.$

证 (1) 每个乘积项的 n 个因子恰好分布在每行一个每列一个, 第 n 行只有 a_{nn} 可能不为零, 取了它以后第 $n-1$ 行中的 $a_{n-1,n}$ 与 a_{nn} 同列, 故不能再取, 只剩下 $a_{n-1,n-1}$ 可能不为零, 依此递推直至第 1 行, 得知只有 $a_{11}a_{22}\cdots a_{nn}$ 可能为非零加项, 这一项的列脚标排列 $(12\cdots n)$ 的逆序数为 0, 故外带 + 号, 即该行列式值为 $a_{11}a_{22}\cdots a_{nn}$.

(2) 同样证明. □

习 题 3.1

1. (1) 证明: 逆序数 $\tau(n,n-1,\cdots,2,1)=n(n-1)/2$;

(2) 设 $\tau(j_1j_2\cdots j_{n-1}j_n)=t$, 求 $\tau(j_nj_{n-1}\cdots j_2j_1)$.

2. (1) 如果 $(1274\,k\,56\,l\,9)$ 为偶排列, 求 k, l;

(2) 如果 $(1\,k\,25\,l\,4897)$ 为奇排列, 求 k, l.

3. 设 $0\leqslant t\leqslant n(n-1)/2$. 证明: 存在 1, 2, $\cdots$, n 的一个排列其逆序数为 t.

4. 设 $n>1$. 证明: 1, 2, $\cdots$, n 的所有奇排列和所有偶排列个数相等.

5. 设 $(k_1k_2\cdots k_n)$ 与 $(j_1j_2\cdots j_n)$ 是 1, 2, $\cdots$, n 的两个排列, 把它们对齐排成 $2\times n$ 阵形 $\begin{pmatrix} k_1 & k_2 & \cdots & k_n \\ j_1 & j_2 & \cdots & j_n \end{pmatrix}$. 假设使用列对换把第 1 行变为自然顺序 $(12\cdots n)$ 后第 2 行变为排列 $(j_1'j_2'\cdots j_n')$, 即 $\begin{pmatrix} k_1 & k_2 & \cdots & k_n \\ j_1 & j_2 & \cdots & j_n \end{pmatrix} \xrightarrow{\text{列对换}} \begin{pmatrix} 1 & 2 & \cdots & n \\ j_1' & j_2' & \cdots & j_n' \end{pmatrix}$. 证明: $(-1)^{\tau(j_1j_2\cdots j_n)+\tau(k_1k_2\cdots k_n)}=(-1)^{\tau(j_1'j_2'\cdots j_n')}$.

6. 写出四阶行列式 $|a_{ij}|_{4\times 4}$ 中所有外带负号并包含 $a_{11}a_{23}$ 的项.

7. 以下乘积项是否是六阶行列式 $|a_{ij}|_{6\times 6}$ 的展开式中的项:

(1) $-a_{23}a_{31}a_{42}a_{56}a_{14}a_{65}$;

(2) $-a_{32}a_{43}a_{14}a_{51}a_{66}a_{25}$.

8. 按定义计算行列式:

(1) $\begin{vmatrix} 0 & 1 & & & \\ & 0 & 2 & & \\ & & \ddots & \ddots & \\ & & & 0 & n-1 \\ n & & & & 0 \end{vmatrix}$;　　(2) $\begin{vmatrix} a_{11} & a_{12} & a_{13} & a_{14} & a_{15} \\ a_{21} & a_{22} & a_{23} & a_{24} & a_{25} \\ a_{31} & a_{32} & 0 & 0 & 0 \\ a_{41} & a_{42} & 0 & 0 & 0 \\ a_{51} & a_{52} & 0 & 0 & 0 \end{vmatrix}$.

9. (1) 证明: 如果一个行列式有一行或者一列全为零, 则行列式为零;

(2) 证明: 如果一个 n 阶行列式中非零元个数少于 n 个, 则行列式为零.

10. 证明: $\begin{vmatrix} a_{11} & \cdots & a_{1,n-1} & a_{1n} \\ a_{21} & \cdots & a_{2,n-1} & \\ \vdots & \iddots & & \\ a_{n1} & & & \end{vmatrix} = (-1)^{n(n-1)/2}a_{1n}a_{2,n-1}\cdots a_{n1}$.

11. 行列式 $|a_{ij}|_{n\times n}$ 中每个元 a_{ij} 分别乘以 b^{i-j}, 这里 $b\neq 0$, 证明: 所得行列式与原行列式相等.

12. 设 $f(x)=\begin{vmatrix} x & -1 & 0 & x \\ 2 & 2 & 2 & x \\ -7 & 10 & 4 & 3 \\ 1 & -7 & 1 & 0 \end{vmatrix}$. 求 $f(x)$ 的 x^2 的系数.

3.2 行列式的性质

把 n 阶行列式 D 的第 1 行作为第 1 列, 第 2 行作为第 2 列, $\cdots$, 第 n 行作为第 n 列, 构造出的新行列式称为原行列式 D 的 **转置行列式** , 记作 D^{T}. 转置行列式的直观意义是: 把行列式按主对角线作对称反射后得到的行列式, 即如下所示:

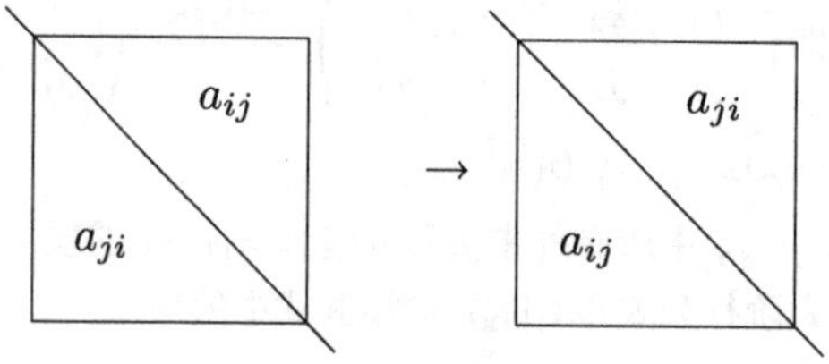

$$D=\begin{vmatrix} a_{11} & a_{12} & \cdots & a_{1n} \\ a_{21} & a_{22} & \cdots & a_{2n} \\ \vdots & \vdots & & \vdots \\ a_{n1} & a_{n2} & \cdots & a_{nn} \end{vmatrix} \quad \to \quad \begin{vmatrix} a_{11} & a_{21} & \cdots & a_{n1} \\ a_{12} & a_{22} & \cdots & a_{n2} \\ \vdots & \vdots & & \vdots \\ a_{1n} & a_{2n} & \cdots & a_{nn} \end{vmatrix} = D^{\mathrm{T}}.$$

命题 3.2.1(行列式的对称性) 转置行列式与原行列式相等.

证 令 D, D^{T} 如上所示. 在行列式 D^{T} 中元素 a_{ij} 的第二下标为该元素的行标号, 而第一下标为该元素的列标号. 由行列式的定义得

$$D^{\mathrm{T}} = \sum_{(k_1 k_2 \cdots k_n)} (-1)^{\tau(k_1 k_2 \cdots k_n)} a_{k_1,1} a_{k_2,2} \cdots a_{k_n,n},$$

其中 $(k_1 k_2 \cdots k_n)$ 跑遍 $1, 2, \cdots, n$ 的排列. 与行列式的定义 3.1.2 中的 D 的和式表达式比较, 上述 D^{T} 表达式中的 “加项” 与定义 3.1.2 中的 D 的 “加项” 完全一样: n 个元素每行一个每列一个, 只不过元素乘积的顺序在定义 3.1.2 中按第一下标顺序排列, 这里则按第二下标顺序排列

$$a_{k_1,1}\, a_{k_2,2} \, \cdots \, a_{k_n,n},$$

由于数的乘法满足交换律, 乘积因子顺序可以任意调整. 通过位置对换, 可以把它们变为按第一下标顺序排列, 也就是通过对换把排列 $(k_1 k_2 \cdots k_n)$ 变为自然顺序排列 $(1\,2 \cdots n)$, 把第二下标变成的排列记为 $(j_1 j_2 \cdots j_n)$, 即

$$\begin{pmatrix} k_1 & k_2 & \cdots & k_n \\ 1 & 2 & \cdots & n \end{pmatrix} \xrightarrow{\text{列对换}} \begin{pmatrix} 1 & 2 & \cdots & n \\ j_1 & j_2 & \cdots & j_n \end{pmatrix},$$

那么

$$a_{k_1,1}\, a_{k_2,2} \, \cdots \, a_{k_n,n} = a_{1,j_1}\, a_{2,j_2} \, \cdots \, a_{n,j_n}.$$

由推论 3.1.1 知道 $(-1)^{\tau(k_1 k_2 \cdots k_n)} = (-1)^{\tau(j_1 j_2 \cdots j_n)}$, 因此

$$\begin{aligned}(-1)^{\tau(k_1 k_2 \cdots k_n)} a_{k_1,1} a_{k_2,2} \cdots a_{k_n,n} &= (-1)^{\tau(k_1 k_2 \cdots k_n)} a_{1j_1} a_{2j_2} \cdots a_{nj_n} \\ &= (-1)^{\tau(j_1 j_2 \cdots j_n)} a_{1j_1} a_{2j_2} \cdots a_{nj_n},\end{aligned}$$

这就是说 D^{T} 的各项恰好一一对应等于 D 的各项, 所以

$$\begin{aligned}D^{\mathrm{T}} &= \sum_{(k_1 k_2 \cdots k_n)} (-1)^{\tau(k_1 k_2 \cdots k_n)} a_{k_1,1} a_{k_2,2} \cdots a_{k_n,n} \\ &= \sum_{(j_1 j_2 \cdots j_n)} (-1)^{\tau(j_1 j_2 \cdots j_n)} a_{1j_1} a_{2j_2} \cdots a_{nj_n} = D,\end{aligned}$$

即 $D^{\mathrm{T}} = D$. □

推论 3.2.1
$$\begin{vmatrix} a_{11} & a_{12} & \cdots & a_{1n} \\ a_{21} & a_{22} & \cdots & a_{2n} \\ \vdots & \vdots & & \vdots \\ a_{n1} & a_{n2} & \cdots & a_{nn} \end{vmatrix} = \sum_{(k_1k_2\cdots k_n)} (-1)^{\tau(k_1k_2\cdots k_n)} a_{k_1,1}a_{k_2,2}\cdots a_{k_n,n},$$

其中 $(k_1k_2\cdots k_n)$ 跑遍 $1, 2, \cdots, n$ 的排列.

证　上述证明中的最后等式. □

注　对称性说明: 行列式的任何关于 "行" 成立的结论关于 "列" 同样成立; 同样的, 任何关于 "列" 成立的结论关于 "行" 同样成立. 也就是说, 行列式的任何性质都有 "行" 的与 "列" 的两种表达形式. 下面对任一性质都只陈述并证明一种形式, 读者可以把相应的另一形式叙述出来.

复习 1.3 节引入的实数向量记号用于行列式, 并且予以扩展: 第一, 本章及以后都不仅限于实数; 第二, 写法上将有横写与竖写. n 阶行列式的每行可写成数的序列 $(a_{i1}, a_{i2}, \cdots, a_{in})$, 称为**行向量**; 每列也是数的序列, 但是相应于它们在行列式中的位置, 就竖着写 $\begin{pmatrix} a_{1j} \\ a_{2j} \\ \vdots \\ a_{nj} \end{pmatrix}$, 称为**列向量**. 所有位置为零的向量称为**零向量**. 称两个行向量 (或两个列向量) 相等如果它们所有的对应位置的元素相等. 规定运算 (其中 c 为任意数):

$$c\,(a_{i1}, a_{i2}, \cdots, a_{in}) = (ca_{i1}, ca_{i2}, \cdots, ca_{in}),$$

$$(a_{i1}, a_{i2}, \cdots, a_{in}) + (\tilde{a}_{i1}, \tilde{a}_{i2}, \cdots, \tilde{a}_{in}) = (a_{i1} + \tilde{a}_{i1}, a_{i2} + \tilde{a}_{i2}, \cdots, a_{in} + \tilde{a}_{in}).$$

对列向量就是

$$c\begin{pmatrix} a_{1j} \\ a_{2j} \\ \vdots \\ a_{nj} \end{pmatrix} = \begin{pmatrix} ca_{1j} \\ ca_{2j} \\ \vdots \\ ca_{nj} \end{pmatrix}, \quad \begin{pmatrix} a_{1j} \\ a_{2j} \\ \vdots \\ a_{nj} \end{pmatrix} + \begin{pmatrix} \tilde{a}_{1j} \\ \tilde{a}_{2j} \\ \vdots \\ \tilde{a}_{nj} \end{pmatrix} = \begin{pmatrix} a_{1j} + \tilde{a}_{1j} \\ a_{2j} + \tilde{a}_{2j} \\ \vdots \\ a_{nj} + \tilde{a}_{nj} \end{pmatrix}.$$

利用这些记号, 一个行列式 $|a_{ij}|_{n\times n}$ 可写作

$$\begin{vmatrix} \boldsymbol{\beta}_1 \\ \boldsymbol{\beta}_2 \\ \vdots \\ \boldsymbol{\beta}_n \end{vmatrix}, \quad 其中\ \boldsymbol{\beta}_i = (a_{i1},\ a_{i2},\ \cdots,\ a_{in}),\ \ i = 1, 2, \cdots, n.$$

也可写作

$$|\boldsymbol{\alpha}_1,\ \boldsymbol{\alpha}_2,\ \cdots,\ \boldsymbol{\alpha}_n|,\quad 其中\ \boldsymbol{\alpha}_j=\begin{pmatrix}a_{1j}\\a_{2j}\\\vdots\\a_{nj}\end{pmatrix},\quad j=1,2,\cdots,n.$$

这个记号很方便, 如

$$\begin{vmatrix}a_{11}&\cdots&a_{1k}+\tilde{a}_{1k}&\cdots&a_{1n}\\a_{21}&\cdots&a_{2k}+\tilde{a}_{2k}&\cdots&a_{2n}\\\vdots&&\vdots&&\vdots\\a_{n1}&\cdots&a_{nk}+\tilde{a}_{nk}&\cdots&a_{nn}\end{vmatrix}=|\boldsymbol{\alpha}_1,\ \cdots,\ \boldsymbol{\alpha}_k+\tilde{\boldsymbol{\alpha}}_k,\ \cdots,\ \boldsymbol{\alpha}_n|,$$

其中

$$\boldsymbol{\alpha}_k=\begin{pmatrix}a_{1k}\\a_{2k}\\\vdots\\a_{nk}\end{pmatrix},\quad \tilde{\boldsymbol{\alpha}}_k=\begin{pmatrix}\tilde{a}_{1k}\\\tilde{a}_{2k}\\\vdots\\\tilde{a}_{nk}\end{pmatrix}.$$

对行向量之和则是

$$\begin{vmatrix}a_{11}&\cdots&a_{1j}&\cdots&a_{1n}\\\vdots&&\vdots&&\vdots\\a_{k1}+\tilde{a}_{k1}&\cdots&a_{kj}+\tilde{a}_{kj}&\cdots&a_{kn}+\tilde{a}_{kn}\\\vdots&&\vdots&&\vdots\\a_{n1}&\cdots&a_{nj}&\cdots&a_{nn}\end{vmatrix}=\begin{vmatrix}\boldsymbol{\beta}_1\\\vdots\\\boldsymbol{\beta}_k+\tilde{\boldsymbol{\beta}}_k\\\vdots\\\boldsymbol{\beta}_n\end{vmatrix},$$

其中

$$\boldsymbol{\beta}_k=(a_{k1},\cdots,a_{kj},\cdots,a_{kn}),\quad \tilde{\boldsymbol{\beta}}_k=(\tilde{a}_{k1},\ \cdots,\ \tilde{a}_{kj},\ \cdots,\ \tilde{a}_{kn}).$$

命题 3.2.2(行列式的多重线性) (1) 如果行列式的一行可写成两个行向量之和, 则它等于两个行列式之和, 这两个行列式的其他行与原行列式相同, 而这一行分别为此两个行向量, 即

$$\begin{vmatrix}\boldsymbol{\beta}_1\\\vdots\\\boldsymbol{\beta}_k+\tilde{\boldsymbol{\beta}}_k\\\vdots\\\boldsymbol{\beta}_n\end{vmatrix}=\begin{vmatrix}\boldsymbol{\beta}_1\\\vdots\\\boldsymbol{\beta}_k\\\vdots\\\boldsymbol{\beta}_n\end{vmatrix}+\begin{vmatrix}\boldsymbol{\beta}_1\\\vdots\\\tilde{\boldsymbol{\beta}}_k\\\vdots\\\boldsymbol{\beta}_n\end{vmatrix};$$

(2) 把行列式的一行乘以数 c, 所得行列式为原行列式的 c 倍, 即

$$\begin{vmatrix} \boldsymbol{\beta}_1 \\ \vdots \\ c\boldsymbol{\beta}_k \\ \vdots \\ \boldsymbol{\beta}_n \end{vmatrix} = c \begin{vmatrix} \boldsymbol{\beta}_1 \\ \vdots \\ \boldsymbol{\beta}_k \\ \vdots \\ \boldsymbol{\beta}_n \end{vmatrix}.$$

证　(1) 使用上面注解中的记号

$$\begin{vmatrix} \boldsymbol{\beta}_1 \\ \vdots \\ \boldsymbol{\beta}_k + \tilde{\boldsymbol{\beta}}_k \\ \vdots \\ \boldsymbol{\beta}_n \end{vmatrix} = \begin{vmatrix} a_{11} & \cdots & a_{1j} & \cdots & a_{1n} \\ \vdots & & \vdots & & \vdots \\ a_{k1}+\tilde{a}_{k1} & \cdots & a_{kj}+\tilde{a}_{kj} & \cdots & a_{kn}+\tilde{a}_{kn} \\ \vdots & & \vdots & & \vdots \\ a_{n1} & \cdots & a_{nj} & \cdots & a_{nn} \end{vmatrix}$$

$$= \sum_{(j_1\cdots j_n)} (-1)^{\tau(j_1\cdots j_n)} a_{1j_1}\cdots(a_{kj_k}+\tilde{a}_{kj_k})\cdots a_{nj_n}$$

$$= \sum_{(j_1\cdots j_n)} (-1)^{\tau(j_1\cdots j_n)} a_{1j_1}\cdots a_{kj_k}\cdots a_{nj_n} + \sum_{(j_1\cdots j_n)} (-1)^{\tau(j_1\cdots j_n)} a_{1j_1}\cdots \tilde{a}_{kj_k}\cdots a_{nj_n}$$

$$= \begin{vmatrix} a_{11} & \cdots & a_{1j} & \cdots & a_{1n} \\ \vdots & & \vdots & & \vdots \\ a_{k1} & \cdots & a_{kj} & \cdots & a_{kn} \\ \vdots & & \vdots & & \vdots \\ a_{n1} & \cdots & a_{nj} & \cdots & a_{nn} \end{vmatrix} + \begin{vmatrix} a_{11} & \cdots & \tilde{a}_{1j} & \cdots & a_{1n} \\ \vdots & & \vdots & & \vdots \\ \tilde{a}_{k1} & \cdots & \tilde{a}_{kj} & \cdots & \tilde{a}_{kn} \\ \vdots & & \vdots & & \vdots \\ a_{n1} & \cdots & \tilde{a}_{nj} & \cdots & a_{nn} \end{vmatrix} = \begin{vmatrix} \boldsymbol{\beta}_1 \\ \vdots \\ \boldsymbol{\beta}_k \\ \vdots \\ \boldsymbol{\beta}_n \end{vmatrix} + \begin{vmatrix} \boldsymbol{\beta}_1 \\ \vdots \\ \tilde{\boldsymbol{\beta}}_k \\ \vdots \\ \boldsymbol{\beta}_n \end{vmatrix}.$$

(2) 同上证明. □

命题 3.2.3(行列式的交错性)　(1) 如果行列式中有不同两行元素对应相等, 则行列式为零, 即

$$\begin{vmatrix} \vdots \\ \boldsymbol{\beta}_k \\ \vdots \\ \boldsymbol{\beta}_l \\ \vdots \end{vmatrix} = 0, \quad 如果\ \boldsymbol{\beta}_k = \boldsymbol{\beta}_l,\ k < l;$$

(2) 对换行列式中的不同两行, 所得行列式与原行列式绝对值相等符号相反, 即

$$\begin{vmatrix} \vdots \\ \boldsymbol{\beta}_k \\ \vdots \\ \boldsymbol{\beta}_l \\ \vdots \end{vmatrix} = -\begin{vmatrix} \vdots \\ \boldsymbol{\beta}_l \\ \vdots \\ \boldsymbol{\beta}_k \\ \vdots \end{vmatrix}, \quad 1 \leqslant k \neq l \leqslant n.$$

证 (1) 设行列式

$$D = \begin{vmatrix} \vdots & & \vdots & & \vdots \\ a_{k1} & \cdots & a_{kj} & \cdots & a_{kn} \\ \vdots & & \vdots & & \vdots \\ a_{l1} & \cdots & a_{lj} & \cdots & a_{ln} \\ \vdots & & \vdots & & \vdots \end{vmatrix}$$

中 $\boldsymbol{\beta}_k = \boldsymbol{\beta}_l$, $1 \leqslant k < l \leqslant n$, 即 $a_{kj} = a_{lj}$, $j = 1, \cdots, n$. 在行列式的计算公式中

$$D = \sum_{(j_1 \cdots j_k \cdots j_l \cdots j_n)} (-1)^{\tau(j_1 \cdots j_k \cdots j_l \cdots j_n)} a_{1j_1} \cdots a_{kj_k} \cdots a_{lj_l} \cdots a_{nj_n},$$

所有的项由 1, 2, $\cdots$, n 的排列标识, 把所有 $n!$ 个排列每两个一组地划分为 $n!/2$ 个组, 下述两个排列为一组:

$$(\cdots\ p\ \cdots\ q\ \cdots),$$
$$(\cdots\ q\ \cdots\ p\ \cdots),$$

它们恰好是通过 k 位置, l 位置文字 p, q 对换从一个得到另一个, 参看引理 3.1.1 后的注解. 相应的, 下述两项为一组:

$$(-1)^{\tau(\cdots p \cdots q \cdots)}(\cdots\ a_{kp}\ \cdots\ a_{lq}\ \cdots),$$
$$(-1)^{\tau(\cdots q \cdots p \cdots)}(\cdots\ a_{kq}\ \cdots\ a_{lp}\ \cdots).$$

分别比较这两项对应的乘积部分和对应的外带符号部分. 由条件, 乘积部分中有两个元素交叉对应相等 $a_{kp} = a_{lp}$, $a_{lq} = a_{kq}$, 其余元素则对应相同, 所以这两项的后面的乘积部分是相等的, 但是根据引理 3.1.1, 它们外带符号正好相反:

$$(-1)^{\tau(\cdots p \cdots q \cdots)} = -(-1)^{\tau(\cdots q \cdots p \cdots)},$$

所以上述同一组的两项和为零, 即行列式 D 的和式中的所有的加项恰好两两分组, 每组之和为零, 因此 $D=0$.

(2) 由上面已经证明了的 (1),

$$\begin{vmatrix} \vdots \\ \boldsymbol{\beta}_k+\boldsymbol{\beta}_l \\ \vdots \\ \boldsymbol{\beta}_k+\boldsymbol{\beta}_l \\ \vdots \end{vmatrix}=0, \quad 1 \leqslant k \neq l \leqslant n.$$

再根据行列式的多重线性, 左边可如下变形, 并利用结论 (1), 得

$$0=\begin{vmatrix} \vdots \\ \boldsymbol{\beta}_k+\boldsymbol{\beta}_l \\ \vdots \\ \boldsymbol{\beta}_k+\boldsymbol{\beta}_l \\ \vdots \end{vmatrix}=\begin{vmatrix} \vdots \\ \boldsymbol{\beta}_k \\ \vdots \\ \boldsymbol{\beta}_k \\ \vdots \end{vmatrix}+\begin{vmatrix} \vdots \\ \boldsymbol{\beta}_k \\ \vdots \\ \boldsymbol{\beta}_l \\ \vdots \end{vmatrix}+\begin{vmatrix} \vdots \\ \boldsymbol{\beta}_l \\ \vdots \\ \boldsymbol{\beta}_k \\ \vdots \end{vmatrix}+\begin{vmatrix} \vdots \\ \boldsymbol{\beta}_l \\ \vdots \\ \boldsymbol{\beta}_l \\ \vdots \end{vmatrix}=\begin{vmatrix} \vdots \\ \boldsymbol{\beta}_k \\ \vdots \\ \boldsymbol{\beta}_l \\ \vdots \end{vmatrix}+\begin{vmatrix} \vdots \\ \boldsymbol{\beta}_l \\ \vdots \\ \boldsymbol{\beta}_k \\ \vdots \end{vmatrix}.$$

这就是 (2) 的结论. □

注　关于行列式的交错性的证明, 也可以先证明 (2), 再用 (2) 推出 (1).

以下是交错性和多重线性的推论, 但是换为 "列" 形式陈述, 见命题 3.2.1 后的注解.

推论 3.2.2　如果行列式有一列是另一列的倍向量, 则行列式为零. 特别地, 如果行列式有一列全为零, 则行列式为零.

证　$|\cdots, \boldsymbol{\gamma}, \cdots, c\boldsymbol{\gamma}, \cdots| = c\,|\cdots, \boldsymbol{\gamma}, \cdots, \boldsymbol{\gamma}, \cdots| = 0.$ □

注　以后会给出一个比这更一般的结论, 但需要用向量的线性相关性来叙述, 而且与其他重要概念相联系, 见定理 4.10.1.

推论 3.2.3(行列式的初等变换性质)　把行列式的一列的 c 倍加到另一列所得行列式与原行列式相等.

证　设把第 k 列 $\boldsymbol{\alpha}_k$ 的 c 倍 $c\boldsymbol{\alpha}_k$ 加到了第 l 列 $\boldsymbol{\alpha}_l$ 得第 l 列为 $c\boldsymbol{\alpha}_k+\boldsymbol{\alpha}_l$, 那么

$$\begin{aligned}
&|\cdots, \boldsymbol{\alpha}_k, \cdots, c\boldsymbol{\alpha}_k+\boldsymbol{\alpha}_l, \cdots| \\
=&|\cdots, \boldsymbol{\alpha}_k, \cdots, c\boldsymbol{\alpha}_k, \cdots| + |\cdots, \boldsymbol{\alpha}_k, \cdots, \boldsymbol{\alpha}_l, \cdots| \\
=&c\,|\cdots, \boldsymbol{\alpha}_k, \cdots, \boldsymbol{\alpha}_k, \cdots| + |\cdots, \boldsymbol{\alpha}_k, \cdots, \boldsymbol{\alpha}_l, \cdots| \\
=&0 + |\cdots, \boldsymbol{\alpha}_k, \cdots, \boldsymbol{\alpha}_l, \cdots|
\end{aligned}$$

$$=|\cdots, \boldsymbol{\alpha}_k, \cdots, \boldsymbol{\alpha}_l, \cdots|.$$ □

这些性质提供了计算行列式的基本方法, 通过例子来说明.

例 1 计算 $D=\begin{vmatrix}1&2&0&1\\1&2&3&4\\0&1&2&4\\2&3&5&6\end{vmatrix}$.

解 第一步: 把第 1 行的 (−1) 倍加到第 2 行, 可把第 2 行的第 1 位置变为零 (把这个操作简记为 $-1\cdot r_1+r_2$, 这里 r_1 表示第 1 行, c_1 表示第 1 列等). 再作操作 $-2\cdot r_1+r_4$ 就把第 4 行的第 1 位置也变为零, 当然其他各位置有相应变化

$$D=\begin{vmatrix}1&2&0&1\\0&0&3&3\\0&1&2&4\\0&-1&5&4\end{vmatrix}. \qquad \left(\text{操作}\ \begin{matrix}-1\cdot r_1+r_2\\-2\cdot r_1+r_4\end{matrix}\right)$$

第二步: 用类似的方法变换第 2 列, 由于第 3 行的第 2 位置是 1, 比较好利用, 所以先通过第 2, 第 3 两行对换, 把它换到第 2 行 (把这个操作简记为 (r_2,r_3).). 如此进行

$$D=-\begin{vmatrix}1&2&0&1\\0&1&2&4\\0&0&3&3\\0&-1&5&4\end{vmatrix}=-\begin{vmatrix}1&2&0&1\\0&1&2&4\\0&0&3&3\\0&0&7&8\end{vmatrix} \qquad \left(\text{操作}\ \begin{matrix}(r_2,r_3)\\1\cdot r_3+r_4\end{matrix}\right)$$

$$=-3\begin{vmatrix}1&2&0&1\\0&1&2&4\\0&0&1&1\\0&0&7&8\end{vmatrix}=-3\begin{vmatrix}1&2&0&1\\0&1&2&4\\0&0&1&1\\0&0&0&1\end{vmatrix} \qquad \left(\text{操作}\ \begin{matrix}\text{第 3 行提因子 3}\\-7\cdot r_3+r_4\end{matrix}\right)$$

$$=-3.$$ □

显然, 这是一个可以机器执行的计算行列式的算法.

初等变换 通过三类操作 (统称**初等变换**) 把行列式变换为三角行列式 (实际上可变换为对角行列式):

(1) **消法变换** 把一行 (或一列) 的倍向量加到另一行 (或另一列);

(2) **倍法变换** 从一行 (或一列) 提取公因子 (相当于在一行或一列乘以非零数);

(3) **对换** 对换两行 (或两列).

为了讲解方法, 上面的例题解答写得详细一点. 以下将把解答写得简洁些.

例 2　计算 $\begin{vmatrix} x & a & \cdots & a \\ a & x & \ddots & \vdots \\ \vdots & \ddots & \ddots & a \\ a & \cdots & a & x \end{vmatrix}_{n\times n}$.

先作一点观察思考: 把所有行加到第 1 行, 第 1 行所有元素变为 $x+(n-1)a$, 提取这个公因子后第 1 行所有元素变为 1, 再作消法变换可以达到三角行列式.

解　把所有行加到第 1 行, 再继续作变换, 得

$$\text{原式} = \begin{vmatrix} x+(n-1)a & x+(n-1)a & x+(n-1)a & \cdots & x+(n-1)a \\ a & x & a & \cdots & a \\ a & a & x & \ddots & \vdots \\ \vdots & \vdots & \ddots & \ddots & a \\ a & a & \cdots & a & x \end{vmatrix}$$

$$= \big(x+(n-1)a\big) \begin{vmatrix} 1 & 1 & 1 & \cdots & 1 \\ a & x & a & \cdots & a \\ a & a & x & \ddots & \vdots \\ \vdots & \vdots & \ddots & \ddots & a \\ a & a & \cdots & a & x \end{vmatrix} \quad (\text{第 1 行提取公因子})$$

$$= \big(x+(n-1)a\big) \begin{vmatrix} 1 & 1 & 1 & \cdots & 1 \\ 0 & x-a & 0 & \cdots & 0 \\ 0 & 0 & x-a & \ddots & \vdots \\ \vdots & \vdots & \ddots & \ddots & 0 \\ 0 & 0 & \cdots & 0 & x-a \end{vmatrix} \quad \begin{pmatrix} \text{第 1 行 } -a \text{ 倍} \\ \text{加到以下各行} \end{pmatrix}$$

$$= \big(x+(n-1)a\big)(x-a)^{n-1}.$$

□

例 3　已知三阶行列式 $|\boldsymbol{\alpha}_1,\ \boldsymbol{\alpha}_2,\ \boldsymbol{\alpha}_3| = 2$, 求行列式 $|\boldsymbol{\alpha}_1+2\boldsymbol{\alpha}_2,\ \boldsymbol{\alpha}_3,\ \boldsymbol{\alpha}_1+\boldsymbol{\alpha}_2|$.

解　按行列式的多重线性, 所求行列式可以写成四个行列式之和

$$\begin{aligned} & |\boldsymbol{\alpha}_1+2\boldsymbol{\alpha}_2,\ \boldsymbol{\alpha}_3,\ \boldsymbol{\alpha}_1+\boldsymbol{\alpha}_2| \\ =\ & |\boldsymbol{\alpha}_1,\ \boldsymbol{\alpha}_3,\ \boldsymbol{\alpha}_1| + |\boldsymbol{\alpha}_1,\ \boldsymbol{\alpha}_3,\ \boldsymbol{\alpha}_2| + |2\boldsymbol{\alpha}_2,\ \boldsymbol{\alpha}_3,\ \boldsymbol{\alpha}_1| + |2\boldsymbol{\alpha}_2,\ \boldsymbol{\alpha}_3,\ \boldsymbol{\alpha}_2| \\ =\ & |\boldsymbol{\alpha}_1,\ \boldsymbol{\alpha}_3,\ \boldsymbol{\alpha}_2| + 2\cdot|\boldsymbol{\alpha}_2,\ \boldsymbol{\alpha}_3,\ \boldsymbol{\alpha}_1| \\ =\ & -|\boldsymbol{\alpha}_1,\ \boldsymbol{\alpha}_2,\ \boldsymbol{\alpha}_3| + 2\cdot|\boldsymbol{\alpha}_1,\ \boldsymbol{\alpha}_2,\ \boldsymbol{\alpha}_3| = |\boldsymbol{\alpha}_1,\ \boldsymbol{\alpha}_2,\ \boldsymbol{\alpha}_3| \\ =\ & 2. \end{aligned}$$

□

习 题 3.2

1. 计算行列式:

(1) $\begin{vmatrix} 1 & 1 & 0 & 1 \\ 0 & 0 & -1 & 3 \\ 1 & 2 & 3 & 0 \\ 1 & 2 & 3 & 4 \end{vmatrix}$; (2) $\begin{vmatrix} a-b-c & 2a & 2a \\ 2b & b-a-c & 2b \\ 2c & 2c & c-a-b \end{vmatrix}$;

(3) $\begin{vmatrix} a_0 & a_1 & a_2 & \cdots & a_n \\ a_0 & x & a_2 & \cdots & a_n \\ a_0 & a_1 & x & \cdots & a_n \\ \vdots & \vdots & \vdots & & \vdots \\ a_0 & a_1 & a_2 & \cdots & x \end{vmatrix}$; (4) $\begin{vmatrix} 1 & 2 & 3 & \cdots & n-1 & n \\ 1 & 3 & 3 & \cdots & n-1 & n \\ 1 & 2 & 5 & \cdots & n-1 & n \\ \vdots & \vdots & \vdots & & \vdots & \vdots \\ 1 & 2 & 3 & \cdots & 2n-3 & n \\ 1 & 2 & 3 & \cdots & n-1 & 2n-1 \end{vmatrix}$.

2. 计算行列式:

(1) $\begin{vmatrix} 1+a_1 & 1 & 1 & 1 \\ 1 & 1+a_2 & 1 & 1 \\ 1 & 1 & 1+a_3 & 1 \\ 1 & 1 & 1 & 1+a_4 \end{vmatrix}$; (2) $\begin{vmatrix} a_1+b_1 & a_1+b_2 & a_1+b_3 & a_1+b_4 \\ a_2+b_1 & a_2+b_2 & a_2+b_3 & a_2+b_4 \\ a_3+b_1 & a_3+b_2 & a_3+b_3 & a_3+b_4 \\ a_4+b_1 & a_4+b_2 & a_4+b_3 & a_4+b_4 \end{vmatrix}$.

3. 证明: $\begin{vmatrix} by+az & bz+ax & bx+ay \\ bx+ay & by+az & bz+ax \\ bz+ax & bx+ay & by+az \end{vmatrix} = (a^3+b^3)\begin{vmatrix} x & y & z \\ z & x & y \\ y & z & x \end{vmatrix}$.

4. 解关于 x 的方程: $\begin{vmatrix} a_1 & a_2 & a_3 & a_4+x \\ a_1 & a_2 & a_3+x & a_4 \\ a_1 & a_2+x & a_3 & a_4 \\ a_1+x & a_2 & a_3 & a_4 \end{vmatrix} = 0$.

5. 已知 1326, 2743, 5005, 3874 都是 13 的倍数, 不计算 $\begin{vmatrix} 1 & 3 & 2 & 6 \\ 2 & 7 & 4 & 3 \\ 5 & 0 & 0 & 5 \\ 3 & 8 & 7 & 4 \end{vmatrix}$ 直接证明它是 13 的倍数.

6. 已知 $\begin{vmatrix} a_{11} & a_{12} & \cdots & a_{1n} \\ a_{21} & a_{22} & \cdots & a_{2n} \\ \vdots & \vdots & & \vdots \\ a_{n1} & a_{n2} & \cdots & a_{nn} \end{vmatrix} = D$, 问 $\begin{vmatrix} a_{n1} & a_{n2} & \cdots & a_{nn} \\ a_{11} & a_{12} & \cdots & a_{1n} \\ \vdots & \vdots & & \vdots \\ a_{n-1,1} & a_{n-1,2} & \cdots & a_{n-1,n} \end{vmatrix}$ 等于多少?

7. 设三阶行列式 $|\boldsymbol{\alpha},\ \boldsymbol{\gamma},\ \boldsymbol{\delta}|=4,\ |\boldsymbol{\alpha}+\boldsymbol{\beta},\ 2\boldsymbol{\delta},\ 3\boldsymbol{\gamma}|=-30$, 求三阶行列式 $|\boldsymbol{\beta},\ \boldsymbol{\gamma},\ \boldsymbol{\delta}|$.

8. n 阶行列式 $|a_{ij}|_{n\times n}$ 称为对称行列式, 如果 $a_{ij}=a_{ji}$ 对任意脚标 $1\leqslant i,j\leqslant n$; 称为反对称行列式, 如果 $a_{ij}=-a_{ji}$ 对任意脚标 $1\leqslant i,j\leqslant n$. 证明:

(1) 反对称行列式的对角线元等于零;

(2) 奇数阶的反对称行列式等于零;

(3) 偶数阶的反对称行列式不必等于零.

9. 设 n 阶行列式 $|a_{ij}|_{n\times n}$ 中 $a_{ij}=\bar{a}_{ji}$ 对所有 $1\leqslant i,j\leqslant n$, 这里 $\bar{a}_{ji}$ 表示复共轭, 证明: $|a_{ij}|_{n\times n}$ 是个实数.

3.3 行列式按行按列展开

三阶行列式的按第一行的展开式 (见 1.5 节附录) 可以如下推导:

$$
\begin{aligned}
&\begin{vmatrix} a_{11} & a_{12} & a_{13}\\ a_{21} & a_{22} & a_{23}\\ a_{31} & a_{32} & a_{33}\end{vmatrix}\\
&=a_{11}a_{22}a_{33}-a_{11}a_{23}a_{32}+a_{12}a_{23}a_{31}-a_{12}a_{21}a_{33}+a_{13}a_{21}a_{32}-a_{13}a_{22}a_{31}\\
&=a_{11}(a_{22}a_{33}-a_{23}a_{32})-a_{12}(a_{21}a_{33}-a_{23}a_{31})+a_{13}(a_{21}a_{32}-a_{22}a_{31})\\
&=a_{11}\begin{vmatrix} a_{22} & a_{23}\\ a_{32} & a_{33}\end{vmatrix}-a_{12}\begin{vmatrix} a_{21} & a_{23}\\ a_{31} & a_{33}\end{vmatrix}+a_{13}\begin{vmatrix} a_{21} & a_{22}\\ a_{31} & a_{32}\end{vmatrix},
\end{aligned}
$$

其中三个二阶行列式是把有关位置的行与列删去后余下的行列式, 图示如下:

$$
\begin{vmatrix} a_{11} & a_{12} & a_{13}\\ a_{21} & a_{22} & a_{23}\\ a_{31} & a_{32} & a_{33}\end{vmatrix}\qquad
\begin{vmatrix} a_{11} & a_{12} & a_{13}\\ a_{21} & a_{22} & a_{23}\\ a_{31} & a_{32} & a_{33}\end{vmatrix}\qquad
\begin{vmatrix} a_{11} & a_{12} & a_{13}\\ a_{21} & a_{22} & a_{23}\\ a_{31} & a_{32} & a_{33}\end{vmatrix}
$$

对一般 n 阶行列式, 引入如下名词.

定义 3.3.1 在 n 阶行列式 $D=|a_{ij}|_{n\times n}$ 中, 去掉 (i,j) 位置 a_{ij} 所在的行和所在的列, 所得的 $n-1$ 阶行列式记作 D_{ij}, 称为行列式 D 的 (i,j)**余子式**, 把 $A_{ij}=(-1)^{i+j}D_{ij}$ 称为行列式 D 的 (i,j)**代数余子式**. 图示如下:

$$
D_{ij}=\begin{vmatrix} a_{11} & \cdots & a_{1j} & \cdots & a_{1n}\\ \vdots & & \vdots & & \vdots\\ a_{i1} & \cdots & a_{ij} & \cdots & a_{in}\\ \vdots & & \vdots & & \vdots\\ a_{n1} & \cdots & a_{nj} & \cdots & a_{nn}\end{vmatrix},\quad
A_{ij}=(-1)^{i+j}\begin{vmatrix} a_{11} & \cdots & a_{1j} & \cdots & a_{1n}\\ \vdots & & \vdots & & \vdots\\ a_{i1} & \cdots & a_{ij} & \cdots & a_{in}\\ \vdots & & \vdots & & \vdots\\ a_{n1} & \cdots & a_{nj} & \cdots & a_{nn}\end{vmatrix}.
$$

对 n 阶行列式 D, 可以类似于对三阶行列式作展开一样地进行推导.

$$\begin{aligned} D &= \sum_{(j_1j_2\cdots j_n)} (-1)^{\tau(j_1j_2\cdots j_n)} a_{1j_1}a_{2j_2}\cdots a_{nj_n} \\ &= \sum_{j_1=1}^{n} a_{1j_1} \sum_{(j_2\cdots j_n)} (-1)^{\tau(j_1j_2\cdots j_n)} a_{2j_2}\cdots a_{nj_n}, \end{aligned} \tag{3.3.1}$$

其中第一个 $\sum$ 是让标号 j_1 跑动求其后的表达式之和, 其后的表达式中含有的第二个 $\sum$ 则是对任意给定标号 j_1 让 $(j_2\cdots j_n)$ 跑遍指标 $1,\cdots,j_1-1,\ j_1+1,\cdots,n$ (即从 $1,2,\cdots,n$ 中去掉 j_1 后的指标集) 的排列.

注 这里插入一个说明然后继续推导. 关于多重 $\sum$ 的阅读规则:

(1) 如果有括号则按括号阅读. 例如, $\left(\sum\limits_{i=1}^{m}a_i\right)\left(\sum\limits_{j=1}^{n}b_j\right)$ 是两个和式之值的乘积.

(2) 没加括号则从左往右阅读. 例如, $\sum\limits_{i=1}^{m}a_i\sum\limits_{j=1}^{n}b_j$, 从左往右首先读到 $\sum\limits_{i=1}^{m}$, 它的意思是: 当 i 从 1 跑到 m 时, 每给定的 i 决定一个数 $a_i\sum\limits_{j=1}^{n}b_j$, 再作这 m 个数之和.

因为有分配律, 所以 $\sum\limits_{i=1}^{m}a_i\sum\limits_{j=1}^{n}b_j=\sum\limits_{i=1}^{m}\sum\limits_{j=1}^{n}a_ib_j$, 按阅读规则它的意思是: 让 i 从 1 跑到 m, 得到的 m 个数 $\sum\limits_{j=1}^{n}a_ib_j$ 之和, 但是因为加法满足结合律和交换律, 它就是所有 a_ib_j 的和; 这些数的和也可以交换次序重新结合写作 $\sum\limits_{j=1}^{n}\sum\limits_{i=1}^{m}a_ib_j$, 也就是任意给定 j 后把 m 个数加起来 $\sum\limits_{i=1}^{m}a_ib_j$, 再让 j 从 1 跑到 n 把这 n 个和加起来, 所以

$$\sum_{i=1}^{m}\sum_{j=1}^{n}a_ib_j=\sum_{j=1}^{n}\sum_{i=1}^{m}a_ib_j,$$

这称为多重 $\sum$ 可交换规则.

以下继续 n 阶行列式的按行展开推导.

在排列 $(j_1j_2\cdots j_n)$ 中, 形如 (j_1k) 的逆序对中 $k<j_1$, 这样的 k 有 j_1-1 个, 故形如 (j_1k) 的逆序对共有 j_1-1 个, 所以有以下等式:

$$\tau(j_1j_2\cdots j_n)=j_1-1+\tau(j_2\cdots j_n).$$

因此, 继续式 (3.3.1) 推导得

$$\begin{aligned}D &= \sum_{j_1=1}^{n} a_{1j_1}\cdot(-1)^{j_1-1}\sum_{(j_2\cdots j_n)}(-1)^{\tau(j_2\cdots j_n)}a_{2j_2}\cdots a_{nj_n}\\ &= \sum_{j_1=1}^{n} a_{1j_1}\cdot(-1)^{j_1-1}D_{1j_1} = \sum_{j_1=1}^{n} a_{1j_1}\cdot(-1)^{1+j_1}D_{1j_1}\\ &= \sum_{j_1=1}^{n} a_{1j_1}\cdot A_{1j_1}.\end{aligned}$$

这就是行列式 D 按第 1 行的展开式

$$D=\sum_{j=1}^{n} a_{1j}\ A_{1j}.$$

对 n 阶行列式 D 的第 k 行, $k>1$, 把该行依次与上一行对换, 经 $k-1$ 次对换后, 该行换到了第 1 行, 而其他行的次序并未改变, 记所得行列式为 E, 则

$$E=(-1)^{k-1}D\,;$$

而 E 的第 1 行的任一余子式 E_{1j} 与 D 的第 k 行的对应余子式 D_{kj} 相同, 即

$$E_{1j}=D_{kj},\quad j=1,\cdots,n.$$

把行列式 E 按第 1 行展开, 记住该行为行列式 D 的第 k 行, 得

$$\begin{aligned}D &= (-1)^{k-1}\ E=(-1)^{k-1}\sum_{j=1}^{n} a_{kj}\cdot(-1)^{1+j}E_{1j}\\ &= \sum_{j=1}^{n} a_{kj}\cdot(-1)^{k+j}D_{kj}\\ &= \sum_{j=1}^{n} a_{kj}\ A_{kj}.\end{aligned}$$

总之, n 阶行列式 D 可以按它的任意一行 (设为第 k 行) 展开为

$$D=\sum_{j=1}^{n} a_{kj}\ A_{kj}, \tag{3.3.2}$$

读作: “行列式的任意一行的各元素与其代数余子式乘积之和等于该行列式的值”.

这种展开给了我们一种灵活性: 如果把行列式

$$D=\begin{vmatrix} a_{11} & \cdots & a_{1j} & \cdots & a_{1n} \\ \vdots & & \vdots & & \vdots \\ a_{k1} & \cdots & a_{kj} & \cdots & a_{kn} \\ \vdots & & \vdots & & \vdots \\ a_{n1} & \cdots & a_{nj} & \cdots & a_{nn} \end{vmatrix}$$

的第 k 行换为任意行向量 $(b_1,\cdots,b_n)$, 得到的新行列式可由这新的一行与原行列式 D 的第 k 行的代数余子式 A_{kj} 来计算

$$\text{第 } k \text{ 行}\quad \begin{vmatrix} a_{11} & \cdots & a_{1j} & \cdots & a_{1n} \\ \vdots & & \vdots & & \vdots \\ b_1 & \cdots & b_j & \cdots & b_n \\ \vdots & & \vdots & & \vdots \\ a_{n1} & \cdots & a_{nj} & \cdots & a_{nn} \end{vmatrix} = \sum_{j=1}^{n} b_j A_{kj}. \tag{3.3.3}$$

特别地, 若 $l \neq k$, 取其中的 $(b_1,\cdots,b_n)=(a_{l1},\cdots,a_{ln})$ 就是第 l 行, 那么这时得到的新行列式有两不同行相等, 故为零 (下式左等号), 可是这个新行列式可表达为第 l 行元素与第 k 行相应代数余子式乘积之和 (下式右等号)

$$0 = \begin{matrix} \\ \\ \text{第 } k \text{ 行} \\ \\ \text{第 } l \text{ 行} \\ \\ \\ \end{matrix} \begin{vmatrix} a_{11} & \cdots & a_{1j} & \cdots & a_{1n} \\ \vdots & & \vdots & & \vdots \\ a_{l1} & \cdots & a_{lj} & \cdots & a_{ln} \\ \vdots & & \vdots & & \vdots \\ a_{l1} & \cdots & a_{lj} & \cdots & a_{ln} \\ \vdots & & \vdots & & \vdots \\ a_{n1} & \cdots & a_{nj} & \cdots & a_{nn} \end{vmatrix} = \sum_{j=1}^{n} a_{lj} A_{kj},$$

读作 “行列式的任意一行的各元素与另一行的相应代数余子式乘积之和等于 0”.

再注意行列式的对称性, 参看推论 3.2.1 后的注, 对行列式的 “行” 证明的性质对 “列” 同样成立. 总结为如下定理.

定理 3.3.1(行列式按行按列展开) 记号同上. 对任意 $1 \leqslant k, l \leqslant n$ 有

$$\sum_{j=1}^{n} a_{lj} A_{kj} = \begin{cases} D, & k=l, \\ 0, & k \neq l; \end{cases} \qquad \text{(按行展开)}$$

$$\sum_{i=1}^{n} a_{il} A_{ik} = \begin{cases} D, & k=l, \\ 0, & k \neq l. \end{cases} \qquad \text{(按列展开)}$$

作为一个应用, 证明下面重要的范德蒙德行列式.

命题 3.3.1(范德蒙德行列式) 设 $n>1$, 那么

$$V(x_1,\cdots,x_n)=\begin{vmatrix}1 & 1 & 1 & \cdots & 1\\ x_1 & x_2 & x_3 & \cdots & x_n\\ x_1^2 & x_2^2 & x_3^2 & \cdots & x_n^2\\ \vdots & \vdots & \vdots & & \vdots\\ x_1^{n-1} & x_2^{n-1} & x_3^{n-1} & \cdots & x_n^{n-1}\end{vmatrix}=\prod_{1\leqslant i<j\leqslant n}(x_j-x_i).$$

注 (1) $\prod\limits_{1\leqslant i<j\leqslant n}(x_j-x_i)$ 表示所有 x_j-x_i 之积, 其中跑动标号 i,j 跑遍所有满足 $1\leqslant i<j\leqslant n$ 的选取, 即一共是 $n(n-1)/2$ 个因子之积.

(2) 范德蒙德行列式常记作 V_n, 这里记 $V(x_1,\cdots,x_n)$ 是为标明 n 个字母.

(3) 还有几种形式范德蒙德行列式, 都可由本例变形而得到, 作为习题.

证 当 $n=2$ 时, $\begin{vmatrix}1 & 1\\ x_1 & x_2\end{vmatrix}=x_2-x_1$, 结论成立.

设结论对 $n-1$ 阶范德蒙德行列式成立. 对 n 阶范德蒙德行列式, 把它的第 $n-1$ 行的 $(-x_1)$ 倍加到第 n 行, 再把第 $n-2$ 行的 $(-x_1)$ 倍加到第 $n-1$ 行, 依次而行, 直至把第 1 行的 $(-x_1)$ 倍加到第 2 行, 得

$$\begin{aligned}&V(x_1,x_2,\cdots,x_n)\\ =&\begin{vmatrix}1 & 1 & 1 & \cdots & 1\\ 0 & x_2-x_1 & x_3-x_1 & \cdots & x_n-x_1\\ 0 & x_2(x_2-x_1) & x_3(x_3-x_1) & \cdots & x_n(x_n-x_1)\\ \vdots & \vdots & \vdots & & \vdots\\ 0 & x_2^{n-2}(x_2-x_1) & x_3^{n-2}(x_3-x_1) & \cdots & x_n^{n-2}(x_n-x_1)\end{vmatrix}\\ =&(x_2-x_1)(x_3-x_1)\cdots(x_n-x_1)\begin{vmatrix}1 & 1 & \cdots & 1\\ x_2 & x_3 & \cdots & x_n\\ \vdots & \vdots & & \vdots\\ x_2^{n-2} & x_3^{n-2} & \cdots & x_n^{n-2}\end{vmatrix}\\ &\qquad\qquad\text{(各行提取公因式)}\\ =&(x_2-x_1)(x_3-x_1)\cdots(x_n-x_1)\cdot V(x_2,\cdots,x_n)\\ =&(x_2-x_1)(x_3-x_1)\cdots(x_n-x_1)\cdot\prod_{2\leqslant i<j\leqslant n}(x_j-x_i)\qquad\text{(归纳假设)}\end{aligned}$$

$$= \prod_{1 \leqslant i < j \leqslant n} (x_j - x_i). \qquad \square$$

最后介绍拉普拉斯展开定理, 它推广了行列式的按行按列展开定理.

定义 3.3.2 设 $D = |a_{ij}|_{n\times n}$ 是 n 阶行列式, 且 $1 \leqslant i_1 < \cdots < i_k \leqslant n$, $1 \leqslant j_1 < \cdots < j_k \leqslant n$. 由行列式 D 的第 i_1 行, $\cdots$, 第 i_k 行与第 j_1 列, $\cdots$, 第 j_k 列交叉位置元素构成的 k 阶行列式记作 $D\begin{pmatrix} i_1 \cdots i_k \\ j_1 \cdots j_k \end{pmatrix}$, 称为行列式 D 的 $\begin{pmatrix} i_1 \cdots i_k \\ j_1 \cdots j_k \end{pmatrix}$ 子式; 去掉行列式 D 的第 i_1 行, $\cdots$, 第 i_k 行, 再去掉第 j_1 列, $\cdots$, 第 j_k 列, 所得的 $n-k$ 阶行列式记作 $D^{\mathrm{c}}\begin{pmatrix} i_1 \cdots i_k \\ j_1 \cdots j_k \end{pmatrix}$, 称为行列式 D 的 $\begin{pmatrix} i_1 \cdots i_k \\ j_1 \cdots j_k \end{pmatrix}$ 余子式, 而 $D^{\mathrm{A}}\begin{pmatrix} i_1 \cdots i_k \\ j_1 \cdots j_k \end{pmatrix} := (-1)^{i_1+\cdots+i_k+j_1+\cdots+j_k} \cdot D^{\mathrm{c}}\begin{pmatrix} i_1 \cdots i_k \\ j_1 \cdots j_k \end{pmatrix}$ 则称为 D 的 $\begin{pmatrix} i_1 \cdots i_k \\ j_1 \cdots j_k \end{pmatrix}$ **代数余子式**.

定理 3.3.2(拉普拉斯展开) 记号如上. 任给定 k 个行号 $1 \leqslant i_1 < \cdots < i_k \leqslant n$.

$$D = \sum_{1 \leqslant j_1 < \cdots < j_k \leqslant n} D\begin{pmatrix} i_1 \cdots i_k \\ j_1 \cdots j_k \end{pmatrix} \cdot D^{\mathrm{A}}\begin{pmatrix} i_1 \cdots i_k \\ j_1 \cdots j_k \end{pmatrix},$$

即行列式等于它的给定 k 行中所有 k 阶子式与其相应代数余子式的乘积之和.

证 先设给定前 k 个行号 $1, \cdots, k$.

$$\begin{aligned} D &= \sum_{(j_1 \cdots j_k\, j_{k+1} \cdots j_n)} (-1)^{\tau(j_1 \cdots j_k\, j_{k+1} \cdots j_n)} a_{1j_1} \cdots a_{kj_k} a_{k+1,j_{k+1}} \cdots a_{nj_n} \\ &= \sum_{(j_1 \cdots j_k)} a_{1j_1} \cdots a_{kj_k} \sum_{(j_{k+1} \cdots j_n)} (-1)^{\tau(j_1 \cdots j_k\, j_{k+1} \cdots j_n)} a_{k+1,j_{k+1}} \cdots a_{nj_n}, \end{aligned}$$

其中 $(j_1 \cdots j_k)$ 跑遍指标 $1, 2, \cdots, n$ 的无重复序列, 而 $(j_{k+1} \cdots j_n)$ 跑遍指标差集 $\{1, 2, \cdots, n\} - \{j_1, \cdots, j_k\}$ 的排列. 对 $(j_1 \cdots j_k)$ 可以这样处理: 先任取 $\{1, 2, \cdots, n\}$ 中 k 个指标 $1 \leqslant l_1 < l_2 < \cdots < l_k \leqslant n$, 再让 $(j_1 \cdots j_k)$ 跑遍 $l_1, \cdots, l_k$ 的排列, 这样 $(j_{k+1} \cdots j_n)$ 就跑遍指标差集 $\{1, 2, \cdots, n\} - \{l_1, \cdots, l_k\}$ 的排列, 所以

$$D = \sum_{1 \leqslant l_1 < \cdots < l_k \leqslant n} \left(\sum_{(j_1 \cdots j_k)} a_{1j_1} \cdots a_{kj_k} \sum_{(j_{k+1} \cdots j_n)} (-1)^{\tau(j_1 \cdots j_k\, j_{k+1} \cdots j_n)} a_{k+1,j_{k+1}} \cdots a_{nj_n} \right),$$

其中括号中的第一个 $\sum$ 的跑动标识 $(j_1 \cdots j_k)$ 跑遍 $l_1, \cdots, l_k$ 的排列, 第二个 $\sum$ 的跑动标识 $(j_{k+1} \cdots j_n)$ 则跑遍指标差集 $\{1, 2, \cdots, n\} - \{l_1, \cdots, l_k\}$ 的排列.

把 $(j_1\cdots j_k\,j_{k+1}\cdots j_n)$ 中的逆序对分为以下三类:

(1) $(j_1\cdots j_k)$ 中的逆序对, 总个数当然是 $\tau(j_1\cdots j_k)$;

(2) $(j_{k+1}\cdots j_n)$ 中的逆序对, 总个数当然是 $\tau(j_{k+1}\cdots j_n)$;

(3) 形如 (lm) 的逆序对, 其中 $l\in\{j_1,\cdots,j_k\}=\{l_1,\cdots,l_k\}$, 而 $m\in\{j_{k+1},\cdots,j_n\}$, 那么可设 $l=l_i$. 比 l_i 小的文字有 l_i-1 个, 其中 $i-1$ 个在 $\{l_1,\cdots,l_k\}$ 之中, 所以形如 (l_im) 的逆序对 $(m\in\{j_{k+1},\cdots,j_n\})$ 共有 $l_i-1-(i-1)=l_i-i$ 个. 让 i 跑遍 $1,\cdots,k$, 得出这第三类逆序对总数为

$$(l_1-1)+(l_2-2)\cdots+(l_k-k)=(l_1+\cdots+l_k)-(1+\cdots+k).$$

总结 $(j_1\cdots j_k\,j_{k+1}\cdots j_n)$ 中上述三类逆序对, 得

$$\tau(j_1\cdots j_k\,j_{k+1}\cdots j_n)=(l_1+\cdots+l_k)-(1+\cdots+k)+\tau(j_1\cdots j_k)+\tau(j_{k+1}\cdots j_n).$$

而 $(-1)^{(l_1+\cdots+l_k)-(1+\cdots+k)}=(-1)^{(l_1+\cdots+l_k)+(1+\cdots+k)}$, 得

$$(-1)^{\tau(j_1\cdots j_k\,j_{k+1}\cdots j_n)}=(-1)^{(l_1+\cdots+l_k)+(1+\cdots+k)}(-1)^{\tau(j_1\cdots j_k)}(-1)^{\tau(j_{k+1}\cdots j_n)}.$$

所以上述 D 的三个 $\sum$ 表达式中的括号中的两个 $\sum\sum$ 为

$$\begin{aligned}&\sum_{\substack{(j_1\cdots j_k)\text{为}\\ l_1,\cdots,l_k\text{的排列}}} a_{1j_1}\cdots a_{kj_k}\cdot\sum_{(j_{k+1}\cdots j_n)}(-1)^{\tau(j_1\cdots j_k\,j_{k+1}\cdots j_n)}a_{k+1,j_{k+1}}\cdots a_{nj_n}\\ =&\sum_{\substack{(j_1\cdots j_k)\text{为}\\ l_1,\cdots,l_k\text{的排列}}}(-1)^{\tau(j_1\cdots j_k)}a_{1j_1}\cdots a_{kj_k}\\ &\times(-1)^{(l_1+\cdots+l_k)+(1+\cdots+k)}\sum_{(j_{k+1}\cdots j_n)}(-1)^{\tau(j_{k+1}\cdots j_n)}a_{k+1,j_{k+1}}\cdots a_{nj_n},\end{aligned}$$

它就等于 $D\begin{pmatrix}1\cdots k\\ l_1\cdots l_k\end{pmatrix}\cdot D^{\mathrm{A}}\begin{pmatrix}1\cdots k\\ l_1\cdots l_k\end{pmatrix}$. 因此上述 D 的三个 $\sum$ 表达式就是

$$D=\sum_{1\leqslant l_1<\cdots<l_k\leqslant n}D\begin{pmatrix}1\cdots k\\ l_1\cdots l_k\end{pmatrix}\cdot D^{\mathrm{A}}\begin{pmatrix}1\cdots k\\ l_1\cdots l_k\end{pmatrix}.$$

定理对行列式的前 k 行成立.

对行列式的任意 k 行, 可用证明定理 3.3.1 同样的办法通过相邻列对换把所取的 k 行调整到前 k 行来完成证明. □

推论 3.3.1 分块三角行列式是对角块行列式之积, 即

$$\begin{vmatrix} a_{11} & \cdots & a_{1k} & a_{1,k+1} & \cdots & a_{1n} \\ \vdots & & \vdots & \vdots & & \vdots \\ a_{k1} & \cdots & a_{kk} & a_{k,k+1} & \cdots & a_{kn} \\ & & & a_{k+1,k+1} & \cdots & a_{k+1,n} \\ & & & \vdots & & \vdots \\ & & & a_{n,k+1} & \cdots & a_{nn} \end{vmatrix} = \begin{vmatrix} a_{11} & \cdots & a_{1k} \\ \vdots & & \vdots \\ a_{k1} & \cdots & a_{kk} \end{vmatrix} \cdot \begin{vmatrix} a_{k+1,k+1} & \cdots & a_{k+1,n} \\ \vdots & & \vdots \\ a_{n,k+1} & \cdots & a_{nn} \end{vmatrix}.$$

证 应用拉普拉斯展开定理, 按前 k 列展开, 而前 k 列中除了一个 k 阶子式 $D\begin{pmatrix} 1\cdots k \\ 1\cdots k \end{pmatrix}$ 外其他都为零, 故得本推论. □

习 题 3.3

1. 证明: (1) $\begin{vmatrix} 1 & x_1 & \cdots & x_1^{n-1} \\ 1 & x_2 & \cdots & x_2^{n-1} \\ \vdots & \vdots & & \vdots \\ 1 & x_n & \cdots & x_n^{n-1} \end{vmatrix} = \prod\limits_{1\leqslant i<j\leqslant n}(x_j - x_i)$;

(2) $\begin{vmatrix} x_1^{n-1} & x_2^{n-1} & \cdots & x_n^{n-1} \\ \vdots & \vdots & & \vdots \\ x_1 & x_2 & \cdots & x_n \\ 1 & 1 & \cdots & 1 \end{vmatrix} = \prod\limits_{1\leqslant i<j\leqslant n}(x_i - x_j)$.

2. 计算行列式: $\begin{vmatrix} 1 & 1 & \cdots & 1 \\ 1 & x_1 & \cdots & x_1^n \\ \vdots & \vdots & & \vdots \\ 1 & x_n & \cdots & x_n^n \end{vmatrix}$.

3. 计算行列式:

(1) $\begin{vmatrix} 1 & 3 & 2 & 6 \\ 2 & 7 & 4 & 3 \\ 5 & 0 & 0 & 5 \\ 3 & 8 & 4 & 4 \end{vmatrix}$; (2) $\begin{vmatrix} a^n & (a-1)^n & \cdots & (a-n)^n \\ \vdots & \vdots & & \vdots \\ a & a-1 & \cdots & a-n \\ 1 & 1 & \cdots & 1 \end{vmatrix}$; (3) $\begin{vmatrix} a & b & & \\ & a & \ddots & \\ & & \ddots & b \\ b & & & a \end{vmatrix}$.

4. 计算行列式：$\begin{vmatrix} \lambda & a & a & \cdots & a \\ b & x & y & \cdots & y \\ b & y & x & \ddots & \vdots \\ \vdots & \vdots & \ddots & \ddots & y \\ b & y & \cdots & y & x \end{vmatrix}$.

5. 计算 n 阶行列式：$\begin{vmatrix} a_1 & & & b_1 & & & \\ & \ddots & & \vdots & & & \\ & & a_{i-1} & b_{i-1} & & & \\ & & & a_i & & & \\ & & & b_{i+1} & a_{i+1} & & \\ & & & \vdots & & \ddots & \\ & & & b_n & & & a_n \end{vmatrix}$.

6. 计算 $2n$ 阶行列式：$D_n = \begin{vmatrix} a_1 & & & & & b_1 \\ & \ddots & & & \iddots & \\ & & a_n & b_n & & \\ & & c_n & d_n & & \\ & \iddots & & & \ddots & \\ c_1 & & & & & d_1 \end{vmatrix}$.

7. 如果 n 阶行列式 D 的每行各元素之和为零, 每列各元素之和也为零, 证明：行列式 D 的所有代数余子式彼此相等.

3.4 克拉默定理

定理 3.3.1 中的行列式 $D = |a_{ij}|_{n\times n}$ 的按列展开形式

$$\sum_{i=1}^{n} a_{il}\, A_{ik} = \begin{cases} D, & k = l, \\ 0, & k \neq l \end{cases}$$

提供了解线性方程组的一种消去法.

定理 3.4.1(克拉默定理)　如果关于未知元 $x_1, x_2, \cdots, x_n$ 的一次方程组

$$\begin{cases} a_{11}x_1 + a_{12}x_2 + \cdots + a_{1n}x_n = b_1, \\ a_{21}x_1 + a_{22}x_2 + \cdots + a_{2n}x_n = b_2, \\ \cdots\cdots \\ a_{n1}x_1 + a_{n2}x_2 + \cdots + a_{nn}x_n = b_n \end{cases}$$

的系数行列式 $D=\begin{vmatrix} a_{11} & a_{12} & \cdots & a_{1n} \\ \vdots & \vdots & & \vdots \\ a_{n1} & a_{n2} & \cdots & a_{nn} \end{vmatrix} \neq 0$, 则它有唯一解

$$x_j=\frac{D_j}{D}, \quad j=1,2,\cdots,n,$$

其中 D_j是把系数行列式 D 的第 j 列换为 $\begin{pmatrix} b_1 \\ \vdots \\ b_n \end{pmatrix}$ 所得的行列式.

证 如果 $x_j=c_j(j=1,2,\cdots,n)$ 是该方程组的解, 则

$$\begin{cases} a_{11}c_1+a_{12}c_2+\cdots+a_{1n}c_n=b_1, \\ a_{21}c_1+a_{22}c_2+\cdots+a_{2n}c_n=b_2, \\ \cdots\cdots \\ a_{n1}c_1+a_{n2}c_2+\cdots+a_{nn}c_n=b_n. \end{cases}$$

把第 1 个等式两边同乘以 A_{11}, 第 2 个等式两边同乘以 A_{21}, 等, 第 n 个等式两边同乘以 A_{n1}, 再把所得的 n 个等式全加起来, 得

$$\left(\sum_{i=1}^{n} a_{i1}A_{i1}\right)c_1+\left(\sum_{i=1}^{n} a_{i2}A_{i1}\right)c_2+\cdots+\left(\sum_{i=1}^{n} a_{in}A_{i1}\right)c_n=\sum_{i=1}^{n} b_iA_{i1},$$

由定理 3.3.1 按列展开形式, 其中 x_1 的系数 $\sum\limits_{i=1}^{n} a_{i1}A_{i1}=D$, 而其他 x_j 的系数 $\sum\limits_{i=1}^{n} a_{ij}A_{i1}=0$, $j\neq 1$, 等号右边的 $\sum\limits_{i=1}^{n} b_iA_{i1}=D_1$ (见定理 3.3.1 前面推导中的式 (3.3.3)), 即 $c_1=D_1\,/\,D$.

同理求得 $c_j=D_j\,/\,D$, $j=2,\cdots,n$.

反过来, 把 $x_j=D_j\,/\,D(j=1,2,\cdots,n)$ 代入该方程组, 第 i 个方程的情况是

$$\begin{aligned} \text{左边}&=\sum_{j=1}^{n} a_{ij}\frac{D_j}{D}=\frac{1}{D}\sum_{j=1}^{n} a_{ij}\sum_{k=1}^{n} b_k A_{kj} \\ &=\frac{1}{D}\sum_{j=1}^{n}\sum_{k=1}^{n} a_{ij}b_k A_{kj}=\frac{1}{D}\sum_{k=1}^{n} b_k\sum_{j=1}^{n} a_{ij}A_{kj}, \end{aligned}$$

但由定理 3.3.1 有

$$\sum_{j=1}^{n} a_{ij}A_{kj}=\begin{cases} D, & k=i, \\ 0, & \text{否则}, \end{cases}$$

所以第 i 个方程的情况是

$$\text{左边}=\frac{1}{D}(b_i\cdot D)=b_i,$$

其中 $i=1,\cdots,n$, 故 $x_j=D_j/D(j=1,\cdots,n)$ 确为该方程组的解. □

注 定理 3.4.1 说明, 一次方程组的系数行列式非零是该方程组有唯一解的充分条件. 以后将看到, 这个条件也是必要的, 即如果定理 3.4.1 中的一次方程组的系数行列式为零, 则该方程组要么没解要么有无数组解, 见定理 4.13.1.

例 1 三维空间中 4 点 $A_i:(x_i,y_i,z_i)(i=1,2,3,4)$, 构成的四面体的体积等于下列数值的绝对值

$$\frac{1}{6}\cdot\begin{vmatrix}1&x_1&y_1&z_1\\1&x_2&y_2&z_2\\1&x_3&y_3&z_3\\1&x_4&y_4&z_4\end{vmatrix}.$$

证 把这个行列式的第 1 行的 -1 倍加到以下三行, 再按第 1 列展开得

$$\begin{vmatrix}1&x_1&y_1&z_1\\1&x_2&y_2&z_2\\1&x_3&y_3&z_3\\1&x_4&y_4&z_4\end{vmatrix}=\begin{vmatrix}1&x_1&y_1&z_1\\0&x_2-x_1&y_2-y_1&z_2-z_1\\0&x_3-x_1&y_3-y_1&z_3-z_1\\0&x_4-x_1&y_4-y_1&z_4-z_1\end{vmatrix}$$
$$=\begin{vmatrix}x_2-x_1&y_2-y_1&z_2-z_1\\x_3-x_1&y_3-y_1&z_3-z_1\\x_4-x_1&y_4-y_1&z_4-z_1\end{vmatrix},$$

它的绝对值是向量 $\overrightarrow{A_1A_2}$, $\overrightarrow{A_1A_3}$, 和 $\overrightarrow{A_1A_4}$ 构成的平行六面体的体积, 而四点 A_1,A_2, A_3,A_4 构成的四面体的体积是这个平行六面体的体积的六分之一. □

例 2 三维空间中 4 点 $A_i:(x_i,y_i,z_i)(i=1,2,3,4)$ 共面的充要条件是

$$\begin{vmatrix}x_1&y_1&z_1&1\\x_2&y_2&z_2&1\\x_3&y_3&z_3&1\\x_4&y_4&z_4&1\end{vmatrix}=0.$$

证 点 A_1, A_2, A_3, A_4 共面当且仅当它们构成的四面体体积为零, 由例 1, 该四面体体积为本题等式左边行列式绝对值的六分之一, 即该四点共面当且仅当本题等式成立. □

实际上, 不引用第 1 章的结论只用行列式的性质也可证明本题. 因为, 更一般地, 可给出不共线三点决定的平面的方程.

例 3 设 $A_i:(x_i,y_i,z_i)(i=1,2,3)$ 是不共线三点. 证明: 过 A_1,A_2,A_3 三点的平面方程是

$$\begin{vmatrix} x & y & z & 1 \\ x_1 & y_1 & z_1 & 1 \\ x_2 & y_2 & z_2 & 1 \\ x_3 & y_3 & z_3 & 1 \end{vmatrix}=0.$$

证 把左边的行列式按第 1 行展开就知道这是一个一次方程, 故为一个平面方程. 由行列式的交错性质知道 A_1,A_2,A_3 三点坐标带入方程时都使等式成立, 即这三点都在此平面上, 所以这是过 A_1,A_2,A_3 三点的平面的方程. □

例 4 设 $a_1,a_2,\cdots,a_n$ 是两两不等的 n 个数, 设 $b_1,b_2,\cdots,b_n$ 是任意 n 个数. 证明: 存在唯一一个次数小于 n 的多项式 $f(x)$ 使得 $f(a_i)=b_i,\ i=1,2,\cdots,n$.

证 设 $f(x)=c_{n-1}x^{n-1}+c_{n-2}x^{n-2}+\cdots+c_1x+c_0$. 本题就是要证明: 存在唯一一组数 $c_0,c_1,\cdots,c_{n-1}$ 使得 $f(a_i)=b_i,\ i=1,2,\cdots,n$, 即

$$\begin{cases} c_0+a_1c_1+\cdots+a_1^{n-1}c_{n-1}=b_1, \\ c_0+a_2c_1+\cdots+a_2^{n-1}c_{n-1}=b_2, \\ \cdots\cdots \\ c_0+a_nc_1+\cdots+a_n^{n-1}c_{n-1}=b_n. \end{cases}$$

由于 $a_1,a_2,\cdots,a_n$ 两两不等, 计算系数行列式得

$$\begin{vmatrix} 1 & a_1 & \cdots & a_1^{n-1} \\ 1 & a_2 & \cdots & a_2^{n-1} \\ \vdots & \vdots & & \vdots \\ 1 & a_n & \cdots & a_n^{n-1} \end{vmatrix}=\prod_{1\leqslant i<j\leqslant n}(a_j-a_i)\neq 0,$$

所以上述关于 $c_0,c_1,\cdots,c_{n-1}$ 的线性方程组有唯一解. □

注 显然多项式 $l(x)=\sum\limits_{j=1}^{n}b_j\prod\limits_{i\neq j}\dfrac{x-a_i}{a_j-a_i}$ 满足要求, 称为拉格朗日插值多项式, 但本题给出了这种多项式的唯一性.

习 题 3.4

1. 利用克拉默定理解线性方程组 $\left(\text{其中 } \omega=\dfrac{-1+\sqrt{-3}}{2},\ a,\ b,\ c \text{ 是互不相等的数}\right)$:

(1) $\begin{cases} x\tan\theta_1+y=\sin(\theta_1+\theta_2), \\ x-y\tan\theta_1=\cos(\theta_1+\theta_2); \end{cases}$

(2) $\begin{cases} x+y+z=1, \\ x+\omega y+\omega^2z=\omega, \\ x+\omega^2y+\omega z=\omega^2; \end{cases}$

(3) $\begin{cases} x+y+z=a+b+c, \\ ax+by+cz=a^2+b^2+c^2, \\ bcx+cay+abz=3abc; \end{cases}$　　(4) $\begin{cases} x+ay+a^2z=a^3, \\ x+by+b^2z=b^3, \\ x+cy+c^2z=c^3. \end{cases}$

2. 求一个二次多项式 $f(x)$ 使得 $f(1)=-1$, $f(-1)=9$, $f(2)=-2$.

3. 利用克拉默定理证明: n 次多项式最多有 n 个互不相同的根.

4. 在平面直角坐标系中证明:

(1) 通过两个不同点 (x_1,y_1), (x_2,y_2) 的直线方程是 $\begin{vmatrix} x & y & 1 \\ x_1 & y_1 & 1 \\ x_2 & y_2 & 1 \end{vmatrix}=0$;

(2) 通过不共线三点 $(x_i,y_i)(i=1,2,3)$ 的圆的方程是 $\begin{vmatrix} x^2+y^2 & x & y & 1 \\ x_1^2+y_1^2 & x_1 & y_1 & 1 \\ x_2^2+y_2^2 & x_2 & y_2 & 1 \\ x_3^2+y_3^2 & x_3 & y_3 & 1 \end{vmatrix}=0.$

5. 空间三个互异平面 $A_ix+B_iy+C_iz+D_i=0\ (i=1,2,3)$ 交于一点的充要条件是

$$\begin{vmatrix} A_1 & B_1 & C_1 \\ A_2 & B_2 & C_2 \\ A_3 & B_3 & C_3 \end{vmatrix} \neq 0.$$

3.5　行列式的计算

通过例题演示几种常见计算办法. 总的想法是通过初等变换, 按行列展开, 以及一些衍生出来的技巧把行列式化为已知形式, 如

(1) 对角、三角行列式, 见 3.1 节例 2、例 3;

(2) 有两列 (或两行) 对应成比例的行列式为零, 见推论 3.2.1,

还有范德蒙德行列式、爪形行列式等较常用.

1. 用初等变换化三角行列式

这是最基本的方法, 在 3.2 节例 1 后的说明中已介绍. 这里再举一例.

例 1(爪形行列式)　证明:

$$\begin{vmatrix} a_1 & b_2 & \cdots & b_n \\ c_2 & a_2 & & \\ \vdots & & \ddots & \\ c_n & & & a_n \end{vmatrix}=a_1a_2\cdots a_n-(b_2c_2a_3\cdots a_n+a_2b_3c_3a_4\cdots a_n+a_2\cdots a_{n-1}b_nc_n).$$

解 记该行列式值为 D. 如果对任意 $i>1$ 有 $a_i\neq 0$, 那么可把第 i 列的 c_i/a_i 倍加到第 1 列, 这里 $i=2,\cdots,n$, 得到三角行列式

$$D=\begin{vmatrix} a_1-\dfrac{b_2c_2}{a_2}-\cdots-\dfrac{b_nc_n}{a_n} & b_2 & \cdots & b_n \\ 0 & a_2 & & \\ \vdots & & \ddots & \\ 0 & & & a_n \end{vmatrix} =\left(a_1-\frac{b_2c_2}{a_2}-\cdots-\frac{b_nc_n}{a_n}\right)a_2\cdots a_n;$$

不然就存在 $a_i=0,\ i>1$. 把行列式按第 i 列展开得 $n-1$ 阶行列式, 它是一个分块三角行列式 (参看推论 3.3.1)

$$\begin{aligned} D&=(-1)^{i+1}b_i\cdot\begin{vmatrix} c_2 & a_2 & & & & & \\ \vdots & & \ddots & & & & \\ c_{i-1} & & & a_{i-1} & 0 & & \\ c_i & & & 0 & 0 & & \\ c_{i+1} & & & 0 & a_{i+1} & & \\ \vdots & & & & & \ddots & \\ c_n & & & & & & a_n \end{vmatrix}\\ &=(-1)^{i+1}b_i\cdot\begin{vmatrix} c_2 & a_2 & & \\ \vdots & & \ddots & \\ c_{i-1} & & & a_{i-1} \\ c_i & & & 0 \end{vmatrix}\cdot\begin{vmatrix} a_{i+1} & & \\ & \ddots & \\ & & a_n \end{vmatrix}\\ &=(-1)^{i+1}b_i\cdot\Big((-1)^i a_2\cdots a_{i-1}c_i\Big)\cdot\Big(a_{i+1}\cdots a_n\Big)\\ &=-a_2\cdots a_{i-1}b_ic_ia_{i+1}\cdots a_n. \end{aligned}$$

总之恒有

$$D=a_1a_2\cdots a_n-(b_2c_2a_3\cdots a_n+a_2b_3c_3a_4\cdots a_n+a_2\cdots a_{n-1}b_nc_n). \qquad \square$$

2. 降阶

基本想法是把一行或者一列中变出尽量多的 0, 再按这一行 (列) 展开得到的行列式的阶数就变小了. 具体做法往往也是初等变换. 下面的例子本身也具有典型性.

例 2(有理形行列式)　证明:

$$\begin{vmatrix} x & & & & a_n \\ -1 & x & & & a_{n-1} \\ & -1 & \ddots & & \vdots \\ & & \ddots & x & a_2 \\ & & & -1 & x+a_1 \end{vmatrix} = x^n + a_1x^{n-1} + \cdots + a_{n-1}x + a_n.$$

解　把行列式的第 2 行的 x 倍加到第 1 行, 此时第 1 行的第 1 元成了 0 但第 2 元成了 x^2; 再把第 3 行的 x^2 倍加到第 1 行, 第 1 行的第 2 元成了 0 但第 3 元成了 x^3; 如此继续, 直至把第 n 行的 x^{n-1} 倍加到第 1 行, 得到的行列式可以按第 1 行展开, 即

$$\text{原行列式} = \begin{vmatrix} 0 & & & & a_n + a_{n-1}x + \cdots + a_1x^{n-1} + x^n \\ -1 & x & & & a_{n-1} \\ & -1 & \ddots & & \vdots \\ & & \ddots & x & a_2 \\ & & & -1 & x+a_1 \end{vmatrix}$$

$$= (-1)^{n+1}(a_n + a_{n-1}x + \cdots + a_1x^{n-1} + x^n) \begin{vmatrix} -1 & x & & \\ & -1 & \ddots & \\ & & \ddots & x \\ & & & -1 \end{vmatrix}$$

$$= x^n + a_1x^{n-1} + \cdots + a_{n-1}x + a_n.$$ □

某些特殊情况有些特殊处理办法.

1) 逐行逐列处理

在命题 3.3.1 和例 2 的做法都有这种风格. 再举一例.

例 3　求 $D = \begin{vmatrix} 1 & 2 & 3 & \cdots & n-1 & n \\ 1 & 1 & 2 & \cdots & n-2 & n-1 \\ 1 & x & 1 & \cdots & n-3 & n-2 \\ \vdots & \vdots & \vdots & & \vdots & \vdots \\ 1 & x & x & \cdots & 1 & 2 \\ 1 & x & x & \cdots & x & 1 \end{vmatrix}$.

解 从第 n 行减去第 $n-1$ 行, 从第 $n-1$ 行减去第 $n-2$ 行 …… 直至从第 2 行减去第 1 行, 得到

$$D=\begin{vmatrix}1&2&3&\cdots&n-1&n\\0&-1&-1&\cdots&-1&-1\\0&x-1&-1&\cdots&-1&-1\\\vdots&\vdots&\vdots&&\vdots&\vdots\\0&0&0&\cdots&-1&-1\\0&0&0&\cdots&x-1&-1\end{vmatrix}=\begin{vmatrix}-1&-1&\cdots&-1&-1\\x-1&-1&\cdots&-1&-1\\\vdots&\vdots&&\vdots&\vdots\\0&0&\cdots&-1&-1\\0&0&\cdots&x-1&-1\end{vmatrix}_{(n-1)\times(n-1)},$$

再从第 n 列减去第 $n-1$ 列, 从第 $n-1$ 列减去第 $n-2$ 列 …… 直至从第 2 列减去第 1 列, 得到

$$D=\begin{vmatrix}-1&0&\cdots&0&0\\x-1&-x&\cdots&0&0\\\vdots&\vdots&&\vdots&\vdots\\0&0&\cdots&-x&0\\0&0&\cdots&x-1&-x\end{vmatrix}_{(n-1)\times(n-1)}$$

$$=-\begin{vmatrix}-x&0&\cdots&0&0\\x-1&-x&\cdots&0&0\\\vdots&\vdots&&\vdots&\vdots\\0&0&\cdots&-x&0\\0&0&\cdots&x-1&-x\end{vmatrix}_{(n-2)\times(n-2)}$$

$$=(-1)^{n-1}x^{n-2}.$$ □

2) 把一行或者一列变成全相等的元

3.2 节例 2 就是这样做的.

3) 降阶后形成递推

命题 3.3.1 已提供了一个递推计算的范例. 再举一例.

例 4 计算 $D_n=\begin{vmatrix}x_1&a&\cdots&a\\b&x_2&\cdots&a\\\vdots&\vdots&&\vdots\\b&b&\cdots&x_n\end{vmatrix}$, 其中 $a\neq b$.

解 把第 1 行写成两个行向量的和 $(x_1-a,0,\cdots,0)+(a,a,\cdots,a)$, 该行列式

就可写成两行列式之和

$$D_n = \begin{vmatrix} x_1 - a & 0 & \cdots & 0 \\ b & x_2 & \cdots & a \\ \vdots & \vdots & & \vdots \\ b & b & \cdots & x_n \end{vmatrix} + \begin{vmatrix} a & a & \cdots & a \\ b & x_2 & \cdots & a \\ \vdots & \vdots & & \vdots \\ b & b & \cdots & x_n \end{vmatrix},$$

其中第 1 个行列式显然是 $(x_1 - a)D_{n-1}$, 对第 2 个行列式, 从第 n 列减去第 $n-1$ 列, 从第 $n-1$ 列减去第 $n-2$ 列等, 就得到

$$\begin{vmatrix} a & a & a & \cdots & a \\ b & x_2 & a & \cdots & a \\ b & b & x_3 & \cdots & a \\ \vdots & \vdots & \vdots & & \vdots \\ b & b & b & \cdots & x_n \end{vmatrix} = \begin{vmatrix} a & 0 & 0 & \cdots & 0 \\ b & x_2 - b & a - x_2 & \ddots & \vdots \\ b & 0 & x_3 - b & \ddots & 0 \\ \vdots & \vdots & \vdots & \ddots & a - x_{n-1} \\ b & 0 & 0 & \cdots & x_n - b \end{vmatrix} = a\prod_{i=2}^{n}(x_i - b),$$

所以

$$D_n = (x_1 - a)D_{n-1} + a\prod_{i=2}^{n}(x_i - b).$$

把第 1 列写成两个列向量的和, 同样的计算就得到 (即是 a 与 b 的地位互换)

$$D_n = (x_1 - b)D_{n-1} + b\prod_{i=2}^{n}(x_i - a).$$

因为 $a \neq b$, 上两等式分别乘以 $(x_1 - b)$ 和 $(x_1 - a)$, 再相减就可以消去 D_{n-1} 得到

$$D_n = \frac{a\prod_{i=1}^{n}(x_i - b) - b\prod_{i=1}^{n}(x_i - a)}{a - b}. \qquad \square$$

注　在 $a = b$ 时上面的解法不可用, 此时, 当 $a = 0$ 时它是三角行列式直接计算; 当 $a \neq 0$ 时, 把第 1 行的 -1 倍加到其他行将得到一个爪形行列式.

3. 加边

有时候, 适当地加行加列, 虽然把行列式的阶变大了, 但反而更容易实施某些常用算法或者变成某些熟悉的行列式来解决问题. 下面是一个典型例子.

例 5　求证:
$$\begin{vmatrix} 1 & 1 & 1 & 1 \\ a & b & c & d \\ a^2 & b^2 & c^2 & d^2 \\ a^4 & b^4 & c^4 & d^4 \end{vmatrix} = (a+b+c+d)\begin{vmatrix} 1 & 1 & 1 & 1 \\ a & b & c & d \\ a^2 & b^2 & c^2 & d^2 \\ a^3 & b^3 & c^3 & d^3 \end{vmatrix}.$$

观察 右边是范德蒙德行列式, 左边很像范德蒙德行列式但是缺一行.

证 把所求证等式左边的行列式记作 D, 右边的行列式记作 D_4. 把下述行列式按最后一列展开得到一个关于 x 的多项式, 而 $-D$ 是这个多项式的 x^3 的系数:

$$f(x)=\begin{vmatrix} 1 & 1 & 1 & 1 & 1 \\ a & b & c & d & x \\ a^2 & b^2 & c^2 & d^2 & x^2 \\ a^3 & b^3 & c^3 & d^3 & x^3 \\ a^4 & b^4 & c^4 & d^4 & x^4 \end{vmatrix}=a_4x^4-Dx^3+\cdots+a_0.$$

这个行列式是范德蒙德行列式, 即

$$f(x)=(x-a)(x-b)(x-c)(x-d)\cdot(d-a)(d-b)(d-c)(c-a)(c-b)(b-a),$$

仍按范德蒙德行列式的结果知道

$$(d-a)(d-b)(d-c)(c-a)(c-b)(b-a)=\begin{vmatrix} 1 & 1 & 1 & 1 \\ a & b & c & d \\ a^2 & b^2 & c^2 & d^2 \\ a^3 & b^3 & c^3 & d^3 \end{vmatrix}=D_4,$$

所以 $f(x)=(x-a)(x-b)(x-c)(x-d)\cdot D_4$, 它的 x^3 的系数是 $-(a+b+c+d)D_4$, 故 $D=(a+b+c+d)D_4$, 此即所求证. □

例 6 计算$D=\begin{vmatrix} x_1 & a_2 & \cdots & a_n \\ a_1 & x_2 & \cdots & a_n \\ \vdots & \vdots & & \vdots \\ a_1 & a_2 & \cdots & x_n \end{vmatrix}$.

观察 由于每列除 x_i 外都是相同的数, 如第 1 列都是 a_1, 第 2 列都是 a_2, 等, 加一行使得第 j 个为 a_j.

解 把下述行列式按第 1 列展开得到等式:

$$D=\begin{vmatrix} 1 & a_1 & a_2 & \cdots & a_n \\ 0 & x_1 & a_2 & \cdots & a_n \\ 0 & a_1 & x_2 & \cdots & a_n \\ \vdots & \vdots & \vdots & & \vdots \\ 0 & a_1 & a_2 & \cdots & x_n \end{vmatrix},$$

再把等式右边的行列式的第 1 行的 (-1) 倍加到其他各行得到一个爪形行列式

$$D=\begin{vmatrix} 1 & a_1 & a_2 & \cdots & a_n \\ -1 & x_1-a_1 & 0 & \cdots & 0 \\ -1 & 0 & x_2-a_2 & \cdots & 0 \\ \vdots & \vdots & \vdots & & \vdots \\ -1 & 0 & 0 & \cdots & x_n-a_n \end{vmatrix}$$

$$=\begin{vmatrix} 1+\dfrac{a_1}{x_1-a_1}+\cdots+\dfrac{a_n}{x_n-a_n} & a_1 & a_2 & \cdots & a_n \\ 0 & x_1-a_1 & 0 & \cdots & 0 \\ 0 & 0 & x_2-a_2 & \cdots & 0 \\ \vdots & \vdots & \vdots & & \vdots \\ 0 & 0 & 0 & \cdots & x_n-a_n \end{vmatrix}$$

$$=\left(1+\frac{a_1}{x_1-a_1}+\cdots+\frac{a_n}{x_n-a_n}\right)(x_1-a_1)\cdots(x_n-a_n). \qquad \square$$

4. 拆行 (列)

如果行列式的行或者列是有规则的行向量 (列向量) 之和, 可以利用行列式的多重线性把行列式拆分成若干个行列式之和.

例 7 计算: $D=\begin{vmatrix} 1+x_1y_1 & 1+x_1y_2 & \cdots & 1+x_1y_n \\ 1+x_2y_1 & 1+x_2y_2 & \cdots & 1+x_2y_n \\ \vdots & \vdots & & \vdots \\ 1+x_ny_1 & 1+x_ny_2 & \cdots & 1+x_ny_n \end{vmatrix}$.

观察 按照行列式性质 2(多重线性) 这个行列式可以按列拆分成 2^n 个行列式之和, 其中每个行列式的第 j 列为原行列式 D 的第 j 列的两个列向量之一. 由于有两列成比例的行列式是 0, 所以不难看出当 $n>2$ 时, 所有这些拆分成的行列式都是 0. 书写可以更简单, 因为按第 1 列拆分成两个行列式之后, 每个拆分出的行列式都可以利用第 1 列来化简了.

解 把原行列式按第 1 列拆分成两个行列式之和

$$D=\begin{vmatrix} 1 & 1+x_1y_2 & \cdots & 1+x_1y_n \\ 1 & 1+x_2y_2 & \cdots & 1+x_2y_n \\ \vdots & \vdots & & \vdots \\ 1 & 1+x_ny_2 & \cdots & 1+x_ny_n \end{vmatrix}+y_1\begin{vmatrix} x_1 & 1+x_1y_2 & \cdots & 1+x_1y_n \\ x_2 & 1+x_2y_2 & \cdots & 1+x_2y_n \\ \vdots & \vdots & & \vdots \\ x_n & 1+x_ny_2 & \cdots & 1+x_ny_n \end{vmatrix},$$

对第一个行列式把其第 1 列的 (-1) 倍加到其他列后再提取各列的公因子, 对第二个行列式则把其第 1 列的 $(-y_j)$ 倍加到第 j 列, 就得到

$$\text{原行列式} = y_2\cdots y_n\begin{vmatrix} 1 & x_1 & \cdots & x_1 \\ 1 & x_2 & \cdots & x_2 \\ \vdots & \vdots & & \vdots \\ 1 & x_n & \cdots & x_n \end{vmatrix} + y_1\begin{vmatrix} x_1 & 1 & \cdots & 1 \\ x_2 & 1 & \cdots & 1 \\ \vdots & \vdots & & \vdots \\ x_n & 1 & \cdots & 1 \end{vmatrix},$$

所以

$$\text{原行列式} = \begin{cases} 1 + x_1y_1, & n = 1, \\ (x_2 - x_1)(y_2 - y_1), & n = 2, \\ 0, & n > 2. \end{cases}$$ □

例 8 计算 $\begin{vmatrix} 1+x_1^2 & x_1x_2 & \cdots & x_1x_n \\ x_2x_1 & 1+x_2^2 & \cdots & x_2x_n \\ \vdots & \vdots & & \vdots \\ x_nx_1 & x_nx_2 & \cdots & 1+x_n^2 \end{vmatrix}$.

解 行列式的第 j 列可以写作两个列向量之和 $\begin{pmatrix} 0 \\ \vdots \\ 1 \\ \vdots \\ 0 \end{pmatrix} + \begin{pmatrix} x_1x_j \\ \vdots \\ x_jx_j \\ \vdots \\ x_nx_j \end{pmatrix}$, 所以该行列式按列拆分成 2^n 个行列式之和, 每个行列式的第 j 列是这两个列向量之一, 但如果有两列都形如后一个向量, 则这个拆分出的行列式为 0, 所以除了 $n+1$ 个外其他都为零, 即

$$\begin{aligned} \text{原行列式} &= \begin{vmatrix} 1 & & & \\ & 1 & & \\ & & \ddots & \\ & & & 1 \end{vmatrix} + \begin{vmatrix} x_1^2 & & & \\ x_2x_1 & 1 & & \\ \vdots & & \ddots & \\ x_nx_1 & & & 1 \end{vmatrix} \\ &\quad + \begin{vmatrix} 1 & x_1x_2 & & \\ & x_2^2 & & \\ & \vdots & \ddots & \\ & x_nx_2 & & 1 \end{vmatrix} + \cdots + \begin{vmatrix} 1 & & & x_1x_n \\ & 1 & & x_2x_n \\ & & \ddots & \vdots \\ & & & x_n^2 \end{vmatrix} \\ &= 1 + x_1^2 + x_2^2 + \cdots + x_n^2. \end{aligned}$$ □

5. 利用多项式性质

多项式的基本性质将在第 5 章讲述. 这里主要需要其中两个性质.

命题 3.5.1(多项式性质) (1) 如果两两不等的数 $a_1, \cdots, a_k$ 是多项式 $f(x)$ 的根, 那么 $(x-a_1)\cdots(x-a_k)$ 是 $f(x)$ 的因式, 即 $f(x)=(x-a_1)\cdots(x-a_k)g(x)$ (见推论 5.4.2).

(2) 一个次数 $\leqslant n$ 的多项式至多有 n 个根. 一个常用推论是: 如果两个次数不超过 n 的多项式在多于 n 个数上取值相等, 那么它们就是恒等的, 即它们所有的对应系数相等 (见命题 5.4.1 和推论 5.4.1). □

利用这些性质有时可以确定出行列式的因子形式, 然后用待定系数法确定系数, 这个方法称为**因子法**.

重要的范德蒙德行列式命题 3.3.1 就可用因子法计算. 把范德蒙德行列式

$$D_n=\begin{vmatrix} 1 & 1 & \cdots & 1 \\ x_1 & x_2 & \cdots & x_n \\ \vdots & \vdots & & \vdots \\ x_1^{n-1} & x_2^{n-1} & \cdots & x_n^{n-1} \end{vmatrix}$$

看作 x_n 的多项式 $D_n=f_n(x_n)$, 它的次数 $\leqslant n-1$. 如果 $x_1, \cdots, x_{n-1}$ 中有两个彼此相等, 则由命题 3.2.3 知 $D_n=0$. 设 $x_1, \cdots, x_{n-1}$ 两两不等, 仍由命题 3.2.3, $f_n(x_i)=0, i=1,\cdots,n-1$, 所以 $f_n(x_n)=a_n(x_n-x_1)\cdots(x_n-x_{n-1})$, 其中 a_n 是待定系数, 它也是 $f_n(x_n)$ 的 x_n^{n-1} 的系数. 把行列式 D_n 按最后一列展开, 就知道 x_n^{n-1} 的系数就是 D_n 的 (n,n) 位置代数余子式, 也就是 D_n 的 (n,n) 位置余子式, 即是 $n-1$ 阶的范德蒙德行列式 D_{n-1}. 因此 $D_n=(x_n-x_1)\cdots(x_n-x_{n-1})D_{n-1}$. 对 D_{n-1} 递推即可得

$$D_n=(x_n-x_1)\cdots(x_n-x_{n-1})D_{n-1}=\cdots=\prod_{1\leqslant i<j\leqslant n}(x_j-x_i).$$

再举两个例子.

例 9 计算: $\begin{vmatrix} 1 & 1 & 1 & 1 \\ a_1 & x & a_2 & a_2 \\ a_2 & a_2 & x & a_3 \\ a_3 & a_3 & a_3 & x \end{vmatrix}$, 其中 a_1, a_2, a_3 两两不等.

解 按行列式的定义知道该行列式是关于 x 的次数 $\leqslant 3$ 的多项式 $f(x)$. 由命题 3.2.3, $f(a_i)=0, i=1,2,3$, 所以 $f(x)=a(x-a_1)(x-a_2)(x-a_3)$, 其中 a 是待定系数, 它是 $f(x)$ 的 x^3 的系数. 由行列式的定义, 该行列式的展开式中含 x^3 的项只一项 $1\cdot x^3$, 故 $a=1$, 即原行列式 $=(x-a_1)(x-a_2)(x-a_3)$. □

例 10 设 $n>2$, 设 $f_1(x),\cdots,f_n(x)$ 都是次数至多为 $n-2$ 的多项式, 而 $a_1,\cdots,a_n$ 是 n 个数. 证明:

$$\begin{vmatrix} f_1(a_1) & f_1(a_2) & \cdots & f_1(a_n) \\ f_2(a_1) & f_2(a_2) & \cdots & f_2(a_n) \\ \vdots & \vdots & & \vdots \\ f_n(a_1) & f_n(a_2) & \cdots & f_n(a_n) \end{vmatrix}=0.$$

证 如果有 $1\leqslant i\neq j\leqslant n$ 使得 $a_i=a_j$, 则左边的行列式有不同两列彼此相同, 那么由命题 3.2.3, 该行列式为 0. 再设 $a_1,\cdots,a_n$ 两两不等, 考虑关于 x 的多项式

$$f(x)=\begin{vmatrix} f_1(a_1) & \cdots & f_1(a_{n-1}) & f_1(x) \\ f_2(a_1) & \cdots & f_2(a_{n-1}) & f_2(x) \\ \vdots & & \vdots & \vdots \\ f_n(a_1) & \cdots & f_n(a_{n-1}) & f_n(x) \end{vmatrix},$$

把行列式按最后一列展开就知道这是一个次数 $\leqslant n-2$ 的多项式, 但是由命题 3.2.3, 在 $n-1$ 个不同的点 $x=a_1,\cdots,a_{n-1}$ 上这多项式都取值 0, 所以 $f(x)$ 是零多项式. 因此 $f(a_n)=0$. □

说明 本题还可用定理 4.10.1 来证明, 这是后话.

习 题 3.5

1. 设 $n\geqslant 2$. 证明 (其中 $(k_1k_2\cdots k_n)$ 跑遍 $1,2,\cdots,n$ 的所有排列):

$$\sum_{(k_1k_2\cdots k_n)}\begin{vmatrix} a_{1k_1} & a_{1k_2} & \cdots & a_{1k_n} \\ a_{2k_1} & a_{2k_2} & \cdots & a_{2k_n} \\ \vdots & \vdots & & \vdots \\ a_{nk_1} & a_{nk_2} & \cdots & a_{nk_n} \end{vmatrix}=0.$$

2. 按定义展开 $\begin{vmatrix} a_1 & & & b_1 \\ c_1 & a_2 & & \vdots \\ & \ddots & \ddots & b_{n-1} \\ & & c_{n-1} & a_n \end{vmatrix}$ 的和式中最多能有多少个非零项?

3. 证明: $f(x)=\begin{vmatrix} x-a_{11} & -a_{12} & \cdots & -a_{1n} \\ -a_{21} & x-a_{22} & \cdots & -a_{2n} \\ \vdots & \vdots & & \vdots \\ -a_{n1} & -a_{n2} & \cdots & x-a_{nn} \end{vmatrix}$ 是 x 的 n 次多项式, 并求 $f(x)$ 中

x^n, x^{n-1} 的系数和常数项.

4. 计算 n 阶行列式 $\begin{vmatrix} x & a & \cdots & a \\ -a & x & \ddots & \vdots \\ \vdots & \ddots & \ddots & a \\ -a & \cdots & -a & x \end{vmatrix}$.

5. 计算 n 阶行列式 $\begin{vmatrix} 1 & 1 & 1 & \cdots & 1 \\ 1 & \binom{2}{1} & \binom{3}{1} & \cdots & \binom{n}{1} \\ 1 & \binom{3}{2} & \binom{4}{2} & \cdots & \binom{n+1}{2} \\ \vdots & \vdots & \vdots & & \vdots \\ 1 & \binom{n}{n-1} & \binom{n+1}{n-1} & \cdots & \binom{2n-2}{n-1} \end{vmatrix}$, 其中 $\binom{a}{b} = \dfrac{a!}{b!(a-b)!}$.

6. 证明下述关于 n 阶行列式的等式:

(1) $\begin{vmatrix} a+b & ab & & \\ 1 & a+b & \ddots & \\ & \ddots & \ddots & ab \\ & & 1 & a+b \end{vmatrix} = \dfrac{a^{n+1}-b^{n+1}}{a-b}$, 其中 $a \neq b$;

(2) $\begin{vmatrix} 2\cos\theta & 1 & & \\ 1 & 2\cos\theta & \ddots & \\ & \ddots & \ddots & 1 \\ & & 1 & 2\cos\theta \end{vmatrix} = \dfrac{\sin(n+1)\theta}{\sin\theta}$, 其中 $\theta \neq k\pi$.

7. 计算 n 阶斐波那契行列式 $F_n = \begin{vmatrix} 1 & 1 & & \\ -1 & 1 & \ddots & \\ & \ddots & \ddots & 1 \\ & & -1 & 1 \end{vmatrix}$.

8. 计算下列 n 阶行列式:

(1) $A_n = \begin{vmatrix} 1 & x_1 & x_1^2 & \cdots & x_1^{n-2} & x_1^n \\ 1 & x_2 & x_2^2 & \cdots & x_2^{n-2} & x_2^n \\ \vdots & \vdots & \vdots & & \vdots & \vdots \\ 1 & x_n & x_n^2 & \cdots & x_n^{n-2} & x_n^n \end{vmatrix}$; (2) $B_n = \begin{vmatrix} 1 & x_1^2 & x_1^3 & \cdots & x_1^{n-1} & x_1^n \\ 1 & x_2^2 & x_2^3 & \cdots & x_2^{n-1} & x_2^n \\ \vdots & \vdots & \vdots & & \vdots & \vdots \\ 1 & x_n^2 & x_n^3 & \cdots & x_n^{n-1} & x_n^n \end{vmatrix}$.

9. 计算行列式 $D = \begin{vmatrix} 1+x_1 & 1+x_1^2 & \cdots & 1+x_1^n \\ 1+x_2 & 1+x_2^2 & \cdots & 1+x_2^n \\ \vdots & \vdots & & \vdots \\ 1+x_n & 1+x_n^2 & \cdots & 1+x_n^n \end{vmatrix}$.

10. 设 $A = |a_{ij}|_{n\times n}$, 设 A_{ij} 是行列式 A 的元 a_{ij} 的代数余子式. 证明:

$$\begin{vmatrix} a_{11} & \cdots & a_{1n} & x_1 \\ \vdots & & \vdots & \vdots \\ a_{n1} & \cdots & a_{nn} & x_n \\ y_1 & \cdots & y_n & z \end{vmatrix} = Az - \sum_{1\leqslant i,j\leqslant n} A_{ij}x_iy_j.$$

11. 证明: $\begin{vmatrix} a & b & c & d \\ b & a & d & c \\ c & d & a & b \\ d & c & b & a \end{vmatrix} = (a+b+c+d)(a+b-c-d)(a+c-b-d)(a+d-b-c).$

12. 计算行列式 $\begin{vmatrix} \dfrac{1}{a_1+b_1} & \cdots & \dfrac{1}{a_1+b_n} \\ \vdots & & \vdots \\ \dfrac{1}{a_n+b_1} & \cdots & \dfrac{1}{a_n+b_n} \end{vmatrix}$.

13. 证明: $\begin{vmatrix} a_1 & b_1 & & \\ c_1 & a_2 & \ddots & \\ & \ddots & \ddots & b_{n-1} \\ & & c_{n-1} & a_n \end{vmatrix} = \begin{vmatrix} a_1 & b_1c_1 & & \\ 1 & a_2 & \ddots & \\ & \ddots & \ddots & b_{n-1}c_{n-1} \\ & & 1 & a_n \end{vmatrix}$.

14. 利用克拉默定理解方程组 (其中 $(a-b)(a+(n-1)b) \neq 0$):

$$\begin{cases} ax_1 + bx_2 + \cdots + bx_n = c_1, \\ bx_1 + ax_2 + \cdots + bx_n = c_2, \\ \quad \cdots\cdots \\ bx_1 + bx_2 + \cdots + ax_n = c_n. \end{cases}$$

15. 设 $f_1(x), \cdots, f_{n-1}(x)$ 是 $n-1$ 个多项式, 这里 $n>1$. 如果多项式 $1+x+\cdots+x^{n-1}$ 整除多项式 $f_1(x^n)+xf_2(x^n)+\cdots+x^{n-2}f_{n-1}(x^n)$, 证明: 每个 $f_i(x)(i=1,\cdots,n-1)$ 的系数之和为零.

第 4 章　矩阵与向量

线性代数的代数形式是矩阵论. 矩阵与向量是很多学科的常用工具.

本章从线性方程组问题开始, 主要讨论矩阵与向量的概念、性质和基本操作, 最后完成线性方程组理论和方法. 全章分三个阶段.

4.1~4.6 节从分析线性方程组开始, 展开矩阵运算和向量线性关系.

4.7~4.10 节为主要思想方法和结果.

4.11~4.13 节为矩阵的等价标准形、线性方程组理论和方法.

最后, 4.14 节以一个经济模型作为应用实例.

4.1　从线性方程组到矩阵

从分析线性方程组、变量的线性变换, 导入向量及其运算、矩阵及其运算.

克拉默定理只能解未知数个数与方程个数相同而且系数行列式非零的线性方程组. 一般的关于未知数 x_1, x_2, $\cdots$, x_n 的由 m 个方程构成的**线性方程组**如下:

$$\begin{cases} a_{11}x_1 + a_{12}x_2 + \cdots + a_{1n}x_n = b_1, \\ a_{21}x_1 + a_{22}x_2 + \cdots + a_{2n}x_n = b_2, \\ \cdots\cdots \\ a_{m1}x_1 + a_{m2}x_2 + \cdots + a_{mn}x_n = b_m. \end{cases} \tag{4.1.1}$$

特别地, 当 $b_1 = b_2 = \cdots = b_m = 0$ 时, 称为**齐次线性方程组**, 即

$$\begin{cases} a_{11}x_1 + a_{12}x_2 + \cdots + a_{1n}x_n = 0, \\ a_{21}x_1 + a_{22}x_2 + \cdots + a_{2n}x_n = 0, \\ \cdots\cdots \\ a_{m1}x_1 + a_{m2}x_2 + \cdots + a_{mn}x_n = 0. \end{cases} \tag{4.1.2}$$

怎样才算是彻底解决了线性方程组的问题? 应该

(1) 寻求线性方程组的一般的切实可行的解法;

(2) 由于一个线性方程组可能有无数解, 需要有全面掌握控制所有解的有效办法, 也就是需要明晰解的结构.

更一般地, 考虑齐次线性函数组, 即变量的线性代换 (也称**线性变换**) 如下:

$$
\begin{cases}
y_1 = a_{11}x_1 + a_{12}x_2 + \cdots + a_{1n}x_n, \\
y_2 = a_{21}x_1 + a_{22}x_2 + \cdots + a_{2n}x_n, \\
\cdots\cdots \\
y_m = a_{m1}x_1 + a_{m2}x_2 + \cdots + a_{mn}x_n.
\end{cases}
\tag{4.1.3}
$$

解线性方程组 (4.1.1) 就是求此线性变换什么时候取值 $y_1 = b_1$, $y_2 = b_2$, $\cdots$, $y_m = b_m$. 解齐次线性方程组 (4.1.2) 则是问此线性映射什么时候全部取值为零.

例如, 平面解析几何的坐标变换公式

$$
\begin{cases}
x = x'\cos\theta - y'\sin\theta, \\
y = x'\sin\theta + y'\cos\theta
\end{cases}
$$

是从变量 x', y' 到 x, y 的线性变换.

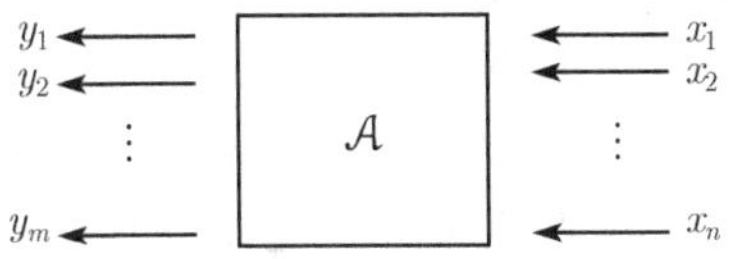

图 4.1.1

有很多系统, 如彩色电视机的矩阵电路, 国民经济的投入产出线性模型等, 都可描述为有 n 个输入端、m 个输出端的**线性处理系统** $\mathcal{A}$, 如图 4.1.1 所示, 其中每个 y_i 是输入信号 $x_1, x_2, \cdots$, x_n 的齐次线性函数.

线性变换 (4.1.3) 是线性处理系统的数学表达, 每个表达式 $y_i = a_{i1}x_1 + \cdots + a_{in}x_n$ 是多变量 $x_1, \cdots, x_n$ 的函数. 从总体上看, 正如上述线性处理系统所描述的, 输入和输出都是变量的序列. 变量具体取值以后, 就是数的序列, 也就是说表达式 (4.1.3) 是一个定义在数的 n 维序列的集合上, 取值在数的 m 维序列的集合中的映射. 以下研究这个映射的定义域和值域, 然后研究它的对应法则.

首先需要明确一个要点: 任何问题都是在一定范围内讨论展开. 例如, 第 1 章、第 2 章讨论空间向量是在实数范围内讨论问题.

在讨论范围内要作加减乘除运算, 所以引进如下概念.

定义 4.1.1 一些复数的集合 $\mathbb{F}$ 称为一个 **数域** , 如果以下两条满足:

(1) $0, 1 \in \mathbb{F}$;

(2) 只要 $a, b \in \mathbb{F}$, 就有 $a - b \in \mathbb{F}$ 和 $ab \in \mathbb{F}$, 而且在 $a \neq 0$ 时有 $a^{-1} \in \mathbb{F}$.

全体有理数的集合 $\mathbb{Q}$、全体实数的集合 $\mathbb{R}$、全体复数的集合 $\mathbb{C}$ 都是数域, 分别称为 **有理数域** 、**实数域** 、**复数域** .

除此之外确有其他数域, 如不难验证下述集合是一个数域:

$$
\mathbb{Q}(\sqrt{-1}) = \{\, a + b\sqrt{-1} \mid a, b \in \mathbb{Q} \,\}\,.
$$

第 1 章、第 2 章中的空间几何向量的坐标是三维实数向量, 它们完全如同几何向量一样有各种运算并满足一系列运算性质, 见 1.3 节.

现在把这些推广到任意数域的任意 n 维向量, n 可以是任意自然数. 不局限于实数域, 就可以对各种数域进行统一处理.

定义 4.1.2 设 $\mathbb{F}$ 是一个数域, n 是自然数. 一个长为 n 取值在 $\mathbb{F}$ 中的序列 $(a_1, a_2, \cdots, a_n)$ $(a_i \in \mathbb{F})$, 称为 $\mathbb{F}$ 上的一个 n **维向量**, 或称 n 维 $\mathbb{F}$ 向量, a_i 称为该向量的第 i 分量. 所有分量皆为零的 n 维向量 $(0, 0, \cdots, 0)$ 称为**零向量**, 也记作 $\mathbf{0}$. 所有 n 维 $\mathbb{F}$ 向量的集合记作

$$\mathbb{F}^n = \{ (a_1, a_2, \cdots, a_n) \,|\, a_i \in \mathbb{F},\ 1 \leqslant i \leqslant n \}.$$

对任意 $(a_1, \cdots, a_n)$, $(b_1, \cdots, b_n) \in \mathbb{F}^n$ 和 $k \in \mathbb{F}$, 规定

(1) **向量加法** $(a_1, \cdots, a_n) + (b_1, \cdots, b_n) = (a_1 + b_1, \cdots, a_n + b_n)$;

(2) **数乘向量** $k \cdot (a_1, \cdots, a_n) = (ka_1, \cdots, ka_n)$.

集合 $\mathbb{F}^n$ 连同上述向量加法和数乘向量运算, 称为 $\mathbb{F}$ 上的 n 维 **向量空间**, 也简称 n 维 $\mathbb{F}$ 向量空间.

本书一般用小写希腊字母 $\boldsymbol{\alpha}$, $\boldsymbol{\beta}$ 等表示向量.

按照定义容易直接验证以下八条基本性质 (与 1.1 节的向量线性运算基本性质对照), 以下只对其中 (V1) 叙述了证明, 其他验证作为练习.

向量运算基本性质 对所有 $\boldsymbol{\alpha}, \boldsymbol{\beta}, \boldsymbol{\gamma} \in \mathbb{F}^n$ 和所有 $k, l \in \mathbb{F}$ 有

(V1) 加法交换律 $\boldsymbol{\alpha} + \boldsymbol{\beta} = \boldsymbol{\beta} + \boldsymbol{\alpha}$.

证 设 $\boldsymbol{\alpha} = (a_1, \cdots, a_n)$, $\boldsymbol{\beta} = (b_1, \cdots, b_n)$, 则

$$\begin{aligned}\boldsymbol{\alpha} + \boldsymbol{\beta} &= (a_1, \cdots, a_n) + (b_1, \cdots, b_n) = (a_1 + b_1, \cdots, a_n + b_n) \\ &= (b_1 + a_1, \cdots, b_n + a_n) = (b_1, \cdots, b_n) + (a_1, \cdots, a_n) \\ &= \boldsymbol{\beta} + \boldsymbol{\alpha}.\end{aligned}$$

(V2) 加法结合律 $(\boldsymbol{\alpha} + \boldsymbol{\beta}) + \boldsymbol{\gamma} = \boldsymbol{\alpha} + (\boldsymbol{\beta} + \boldsymbol{\gamma})$.

(V3) 零向量特征 $\mathbf{0} + \boldsymbol{\alpha} = \boldsymbol{\alpha} = \boldsymbol{\alpha} + \mathbf{0}$.

(V4) 负向量存在 对任意向量 $\boldsymbol{\alpha}$, 存在向量 $\tilde{\boldsymbol{\alpha}}$, 使得 $\boldsymbol{\alpha} + \tilde{\boldsymbol{\alpha}} = \mathbf{0} = \tilde{\boldsymbol{\alpha}} + \boldsymbol{\alpha}$.

显然, 这个 $\tilde{\boldsymbol{\alpha}}$ 就是 $(-1)\boldsymbol{\alpha} = (-a_1, \cdots, -a_n)$, 把它记作 $-\boldsymbol{\alpha}$, 即 $-\boldsymbol{\alpha} = (-1)\boldsymbol{\alpha}$.

(V5) 数乘结合律 $(kl)\boldsymbol{\alpha} = k(l\boldsymbol{\alpha})$.

(V6) 数乘对向量加法分配律 $k(\boldsymbol{\alpha} + \boldsymbol{\beta}) = k\boldsymbol{\alpha} + k\boldsymbol{\beta}$.

(V7) 数乘对数的加法分配律 $(k + l)\boldsymbol{\alpha} = k\boldsymbol{\alpha} + l\boldsymbol{\alpha}$.

(V8) 数乘幺模律 $1\boldsymbol{\alpha} = \boldsymbol{\alpha}$.

向量的**减法**定义为 $\boldsymbol{\alpha} - \boldsymbol{\beta} = \boldsymbol{\alpha} + (-\boldsymbol{\beta})$, 这与数的减法定义类似, 可读作 "减去一个向量等于加上它的相反的向量".

以下导出性质的验证作为练习.

(V9) 数乘消去律 $k\boldsymbol{\alpha} = \mathbf{0} \Leftrightarrow k = 0$ 或者 $\boldsymbol{\alpha} = \mathbf{0}$.

(V10) 符号法则 $-(-\boldsymbol{\alpha})=\boldsymbol{\alpha}$,

$$(-k)\boldsymbol{\alpha}=-k\boldsymbol{\alpha}=k(-\boldsymbol{\alpha}),\quad \text{特别地}, (-1)\boldsymbol{\alpha}=-\boldsymbol{\alpha}.$$

(V11) 减法符号法则 $\boldsymbol{\alpha}-(\boldsymbol{\beta}+\boldsymbol{\gamma})=\boldsymbol{\alpha}-\boldsymbol{\beta}-\boldsymbol{\gamma}$,

$$\boldsymbol{\alpha}-(\boldsymbol{\beta}-\boldsymbol{\gamma})=\boldsymbol{\alpha}-\boldsymbol{\beta}+\boldsymbol{\gamma}.$$

注 回顾：从集合 S 到集合 T 的一个映射 f 是一个对应法则, 使得对任意 $s\in S$ 存在唯一 $t\in T$ 与 s 对应, 称这个 t 为 s 的象, 记作 $t=f(s)$, 常用表达方式：

$$f:S\longrightarrow T,\quad s\mapsto f(s),$$

其中带小竖线的箭头 "$\mapsto$" 表示元素 "映射到" 的象.

回顾本节开头的变量的线性变换, 那么, 给定数域 $\mathbb{F}$ 上的一个线性变换 (4.1.3), 就是从向量空间 $\mathbb{F}^n$ 到向量空间 $\mathbb{F}^m$ 的一个映射

$$\mathcal{A}:\mathbb{F}^n\longrightarrow\mathbb{F}^m,\quad \begin{pmatrix}x_1\\ \vdots\\ x_n\end{pmatrix}\mapsto\begin{pmatrix}y_1\\ \vdots\\ y_m\end{pmatrix},\tag{4.1.4}$$

其中 $\begin{pmatrix}x_1\\ \vdots\\ x_n\end{pmatrix}$ 的象 $\begin{pmatrix}y_1\\ \vdots\\ y_m\end{pmatrix}$ 由变换 (4.1.4) 确定, 这个映射的对应法则是由按一定位置规则排列的 $m\times n$ 个系数 $a_{ij}(1\leqslant i\leqslant m,\ 1\leqslant j\leqslant n)$ 来确定的.

定义 4.1.3 由 $m\times n$ 个数 a_{ij} 排成的 m 行 n 列的矩形阵列

$$\boldsymbol{A}=\begin{pmatrix}a_{11}&a_{12}&\cdots&a_{1n}\\ a_{21}&a_{22}&\cdots&a_{2n}\\ \vdots&\vdots&&\vdots\\ a_{m1}&a_{m2}&\cdots&a_{mn}\end{pmatrix}$$

称为一个 $m\times n$ **矩阵**, $m\times n$ 称为矩阵 $\boldsymbol{A}$ 的 **尺码**, 或称 **矩阵的型**, a_{ij} 称为 $\boldsymbol{A}$ 的 (i,j) 元素. 若所有 a_{ij} 在数域 $\mathbb{F}$ 中, 则称 $\boldsymbol{A}$ 为 $\mathbb{F}$ 上的矩阵, 简称 $\mathbb{F}$ 矩阵. 特别地, 当 $\mathbb{F}=\mathbb{Q}$ (或 $\mathbb{R}$ 或 $\mathbb{C}$) 时称为 **有理矩阵** (或 **实矩阵** 或 **复矩阵**). 为方便, 有时简记 $\boldsymbol{A}=(a_{ij})_{m\times n}$. 当 $m=n$ 时称 $\boldsymbol{A}$ 为 $\boldsymbol{n}$ **阶矩阵**, 也称 $\boldsymbol{n}$ **阶方阵**.

所有元素为零的矩阵称为 **零矩阵**, 零矩阵也记为 $\boldsymbol{O}$, 在为了说明尺码时也可写为 $\boldsymbol{O}_{m\times n}$.

如果矩阵 $\boldsymbol{A}=(a_{ij})_{m\times n}$ 和 $\boldsymbol{B}=(b_{ij})_{m\times n}$ 尺码相同且所有对应位置元素相等 (即 $a_{ij}=b_{ij},\ 1\leqslant i\leqslant m,\ 1\leqslant j\leqslant n$), 则称矩阵 $\boldsymbol{A}$ 与 $\boldsymbol{B}$ 相等, 记作 $\boldsymbol{A}=\boldsymbol{B}$.

注 n 维向量 $\boldsymbol{\alpha}=(a_1,\cdots,a_n)$ 也可看作一个矩阵, 但有两种方式：横写时

$(a_1, \cdots, a_n)$ 是 $1 \times n$ 矩阵, 竖写时 $\begin{pmatrix} a_1 \\ \vdots \\ a_n \end{pmatrix}$ 是 $n \times 1$ 矩阵, 它们作为矩阵是不相同的矩阵, 因为尺码不同.

矩阵 $\boldsymbol{A} = (a_{ij})_{m\times n}$ 的每列是 m 维向量, 每行是 n 维向量, 分别称为矩阵 $\boldsymbol{A}$ 的 **列向量** 和 **行向量** .

定义 4.1.2 中向量的两种运算可自然地推广到矩阵.

定义 4.1.4(矩阵加法)　如果 $\boldsymbol{A} = (a_{ij})_{m\times n}$ 和 $\boldsymbol{B} = (b_{ij})_{m\times n}$ 是同型 (即同尺码) 矩阵, 定义 $\boldsymbol{A} + \boldsymbol{B} = (a_{ij} + b_{ij})_{m\times n}$, 也是同型矩阵, 其 (i,j) 元素为 $\boldsymbol{A}$ 的 (i,j) 元素与 $\boldsymbol{B}$ 的 (i,j) 元素之和, 称为矩阵 $\boldsymbol{A}$ 与 $\boldsymbol{B}$ **之和**.

注　(1) 尺码不同的矩阵不能相加.

(2) **矩阵减法**　对 $\boldsymbol{A} = (a_{ij})_{m\times n}$ 和 $\boldsymbol{B} = (b_{ij})_{m\times n}$, 定义 $\boldsymbol{A} - \boldsymbol{B} = \boldsymbol{A} + (-1)\boldsymbol{B} = (a_{ij} - b_{ij})_{m\times n}$. 当然, 也只有同型矩阵才能相减.

定义 4.1.5(数乘矩阵)　设 $\boldsymbol{A} = (a_{ij})_{m\times n}$, k 是数. 定义 $k\boldsymbol{A} = (ka_{ij})_{m\times n}$, 它的 (i,j) 元素为 k 与 $\boldsymbol{A}$ 的 (i,j) 元素之积, 称为数 k 与矩阵 $\boldsymbol{A}$ 的**纯量积**,**或数积**.

在一定条件下矩阵还可以作乘法.

定义 4.1.6(矩阵乘法)　设 $\boldsymbol{A} = (a_{ij})_{m\times n}$, $\boldsymbol{B} = (b_{ij})_{n\times l}$, 定义 $\boldsymbol{AB} = (c_{ij})_{m\times l}$, 其中 $c_{ij} = a_{i1}b_{1j} + a_{i2}b_{2j} + \cdots + a_{in}b_{nj}$, 称为矩阵 $\boldsymbol{A}$ 与矩阵 $\boldsymbol{B}$ 的**乘积**, 即

$$\begin{pmatrix} a_{11} & a_{12} & \cdots & a_{1n} \\ a_{21} & a_{22} & \cdots & a_{2n} \\ \vdots & \vdots & & \vdots \\ a_{m1} & a_{n2} & \cdots & a_{mn} \end{pmatrix} \begin{pmatrix} b_{11} & b_{12} & \cdots & b_{1l} \\ b_{21} & b_{22} & \cdots & b_{2l} \\ \vdots & \vdots & & \vdots \\ b_{n1} & b_{n2} & \cdots & b_{nl} \end{pmatrix} = \begin{pmatrix} c_{11} & c_{12} & \cdots & c_{1l} \\ c_{21} & c_{22} & \cdots & c_{2l} \\ \vdots & \vdots & & \vdots \\ c_{m1} & c_{m2} & \cdots & c_{ml} \end{pmatrix},$$

其中 $c_{ij} = \sum\limits_{k=1}^{n} a_{ik}b_{kj}$ 为 $\boldsymbol{A}$ 的第 i 行与 $\boldsymbol{B}$ 的第 j 列对应元素乘积之和, 简示如下:

$$\text{第 } i \text{ 行} \begin{pmatrix} \cdots & \cdots & \cdots & \cdots \\ a_{i1} & a_{i2} & \cdots & a_{in} \\ \cdots & \cdots & \cdots & \cdots \end{pmatrix}_{m\times n} \overset{\text{第 } j \text{ 列}}{\begin{pmatrix} \vdots & b_{1j} & \vdots \\ \vdots & b_{2j} & \vdots \\ \vdots & \vdots & \vdots \\ \vdots & b_{nj} & \vdots \end{pmatrix}_{n\times l}}$$

$$
= \begin{pmatrix} \cdots & \cdots & \cdots \\ \cdots & \sum\limits_{k=1}^{n} a_{ik}b_{kj} & \cdots \\ \cdots & \cdots & \cdots \end{pmatrix}_{m\times l} \quad \text{第 } i \text{ 行}.
$$

第 j 列

注 矩阵乘法受尺码约束, 但约束条件与矩阵加法不一样：必须左边矩阵的列数与右边矩阵的行数相同才能相乘. 乘积矩阵的尺码则继承左边矩阵的行数和右边矩阵的列数, 其 (i,j) 元素是左边矩阵的第 i 行与右边矩阵的第 j 列的对应位置元素乘积之和, 可口语化地简单说成 "第 i 行乘以第 j 列", 即 "行乘列".

例 1 设 $\boldsymbol{A}=\begin{pmatrix} 1 & 0 \\ 1 & 0 \end{pmatrix}$, $\boldsymbol{B}=\begin{pmatrix} 0 & 0 \\ 1 & 1 \end{pmatrix}$. 计算 $\boldsymbol{A}+\boldsymbol{B}$, $2\boldsymbol{A}-3\boldsymbol{B}$, $\boldsymbol{AB}$, $\boldsymbol{BA}$.

解

$$
\boldsymbol{A}+\boldsymbol{B} = \begin{pmatrix} 1 & 0 \\ 2 & 1 \end{pmatrix},
$$

$$
2\boldsymbol{A}-3\boldsymbol{B} = \begin{pmatrix} 2 & 0 \\ 2 & 0 \end{pmatrix} - \begin{pmatrix} 0 & 0 \\ 3 & 3 \end{pmatrix} = \begin{pmatrix} 2 & 0 \\ -1 & -3 \end{pmatrix},
$$

$$
\boldsymbol{AB} = \begin{pmatrix} 1 & 0 \\ 1 & 0 \end{pmatrix}\begin{pmatrix} 0 & 0 \\ 1 & 1 \end{pmatrix} = \begin{pmatrix} 0 & 0 \\ 0 & 0 \end{pmatrix} = \boldsymbol{O},
$$

$$
\boldsymbol{BA} = \begin{pmatrix} 0 & 0 \\ 1 & 1 \end{pmatrix}\begin{pmatrix} 1 & 0 \\ 1 & 0 \end{pmatrix} = \begin{pmatrix} 0 & 0 \\ 2 & 0 \end{pmatrix}.
$$

□

注 例 1 中 $\boldsymbol{AB}=\boldsymbol{O}$ 说明两个非零矩阵之积可以为零, 故乘法消去律不成立, 又 $\boldsymbol{BA}\neq\boldsymbol{O}$, 从而 $\boldsymbol{AB}\neq\boldsymbol{BA}$, 故乘法交换律不成立, 所以数字运算规律不能照搬到矩阵运算, 必须重新逐一检验. 4.2 节做此事.

本节开头的变量线性变换 (4.1.3) 和线性方程组 (4.1.1) 用矩阵形式就简写为

$$
\boldsymbol{Y}=\boldsymbol{AX}, \tag{4.1.5}
$$

$$
\boldsymbol{AX}=\boldsymbol{B}, \tag{4.1.6}
$$

其中

$$
\boldsymbol{Y}=\begin{pmatrix} y_1 \\ \vdots \\ y_m \end{pmatrix}, \quad \boldsymbol{A}=\begin{pmatrix} a_{11} & \cdots & a_{1n} \\ \vdots & & \vdots \\ a_{m1} & \cdots & a_{mn} \end{pmatrix}, \quad \boldsymbol{X}=\begin{pmatrix} x_1 \\ \vdots \\ x_n \end{pmatrix}, \quad \boldsymbol{B}=\begin{pmatrix} b_1 \\ \vdots \\ b_m \end{pmatrix},
$$

称 $\boldsymbol{A}$ 为线性变换 $\boldsymbol{Y}=\boldsymbol{AX}$ 的 **系数矩阵** , 是线性方程组 $\boldsymbol{AX}=\boldsymbol{B}$ 的 **系数矩阵** .

定义 4.1.7(方阵的行列式) 对 n 阶矩阵 $\boldsymbol{A}=(a_{ij})_{n\times n}$, 按行列式的定义 3.1.2, 这 n^2 个数的方阵决定了一个数 $|a_{ij}|_{n\times n}$, 称为**矩阵 $\boldsymbol{A}$ 的行列式,** 记作 $\det\boldsymbol{A}$.

如果 $\det \boldsymbol{A}=0$, 则称方阵 $\boldsymbol{A}$ 是**退化方阵**, 否则称 $\boldsymbol{A}$ **非退化.**

克拉默定理 3.4.1 可重述如下 (后面推论 4.10.3 将把它表达得更准确).

命题 4.1.1(克拉默定理)　如果 $\boldsymbol{A}$ 为非退化方阵, 则线性方程组 $\boldsymbol{AX}=\boldsymbol{B}$ 有唯一解. 特别地, 齐次线性方程组 $\boldsymbol{AX}=\boldsymbol{0}$ 只有零解.

证　由定理 3.4.1, $\boldsymbol{AX}=\boldsymbol{B}$ 有唯一解. 因 $\boldsymbol{A0}=\boldsymbol{0}$ (这里的 $\boldsymbol{0}=\boldsymbol{0}_{n\times 1}$), 故 $\boldsymbol{0}$ 是齐次线性方程组 $\boldsymbol{AX}=\boldsymbol{0}$ 的解, 但它的解是唯一的, 所以 $\boldsymbol{AX}=\boldsymbol{0}$ 只有零解. □

如同在定义 4.1.1 前说到的, 总是在一个数域 $\mathbb{F}$ 中讨论问题. (4.1.5) 表达一个从 n 维向量空间 $\mathbb{F}^n$ 到 m 维向量空间 $\mathbb{F}^m$ 的由 $\mathbb{F}$ 矩阵 $\boldsymbol{A}$ 决定对应法则的映射:

$$\mathcal{A}:\mathbb{F}^n\longrightarrow\mathbb{F}^m,\quad \boldsymbol{X}\mapsto\boldsymbol{AX}, \tag{4.1.7}$$

即对任意 $\boldsymbol{X}\in\mathbb{F}^n$, 它的像 $\mathcal{A}(\boldsymbol{X})=\boldsymbol{AX}$, 这明确表达了这个映射的对应法则.

注　一般地, 如果一个集合映射的定义域和值域相同 $f:S\to S$, 则称 f 为集合 S 的一个变换. 因此, 如果上述 $\mathcal{A}$ 的定义域和值域是同一个向量空间 $\mathbb{F}^n$ (即 $m=n$), 那么 $\mathcal{A}$ 也称为 $\mathbb{F}^n$ 的**线性变换**.

矩阵表达的映射 (4.1.7) 的优越之处在于: 4.2 节将很容易导出这个映射的性质.

附录　矩阵运算定义背景

矩阵运算都有来源背景. 用线性处理系统解释如下.

矩阵加法定义 4.1.4 来自线性处理系统的相加. 设有两个输入完全相同、输出向量维数相同的线性处理系统, 如图 4.1.2 所示, 把它们的输出叠加起来.

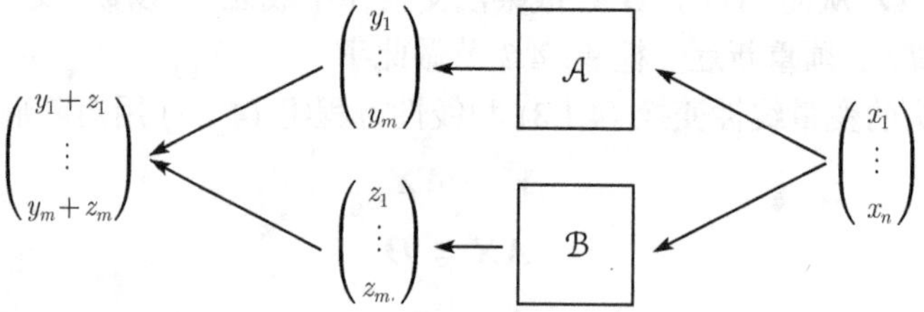

图 4.1.2

设线性处理系统 $\mathcal{A}$ 的矩阵为 $\boldsymbol{A}=(a_{ij})_{m\times n}$, 即

$$\begin{cases} y_1=a_{11}x_1+a_{12}x_2+\cdots+a_{1n}x_n,\\ y_2=a_{21}x_1+a_{22}x_2+\cdots+a_{2n}x_n,\\ \cdots\cdots\\ y_m=a_{m1}x_1+a_{m2}x_2+\cdots+a_{mn}x_n. \end{cases}$$

另一个线性处理系统 $\mathcal{B}$ 的矩阵为 $\boldsymbol{B}=(b_{ij})_{m\times n}$, 即

$$\begin{cases} z_1 = b_{11}x_1 + b_{12}x_2 + \cdots + b_{1n}x_n, \\ z_2 = b_{21}x_1 + b_{22}x_2 + \cdots + b_{2n}x_n, \\ \cdots\cdots \\ z_m = b_{m1}x_1 + b_{m2}x_2 + \cdots + b_{mn}x_n. \end{cases}$$

把这两个线性处理系统的输出结果叠加就得

$$\begin{cases} y_1 + z_1 = (a_{11}+b_{11})x_1 + (a_{12}+b_{12})x_2 + \cdots + (a_{1n}+b_{1n})x_n, \\ y_2 + z_2 = (a_{21}+b_{21})x_1 + (a_{22}+b_{22})x_2 + \cdots + (a_{2n}+b_{2n})x_n, \\ \cdots\cdots \\ y_m + z_m = (a_{m1}+b_{m1})x_1 + (a_{m2}+b_{m2})x_2 + \cdots + (a_{mn}+b_{mn})x_n, \end{cases}$$

对应的矩阵就是 $\boldsymbol{A}+\boldsymbol{B}=(a_{ij}+b_{ij})_{m\times n}$.

数乘矩阵的定义 4.1.5 从线性处理系统的角度来说, 就是把输出按比例缩放.

矩阵乘法定义 4.1.6 则来自线性处理系统的合成施行, 如图 4.1.3 所示.

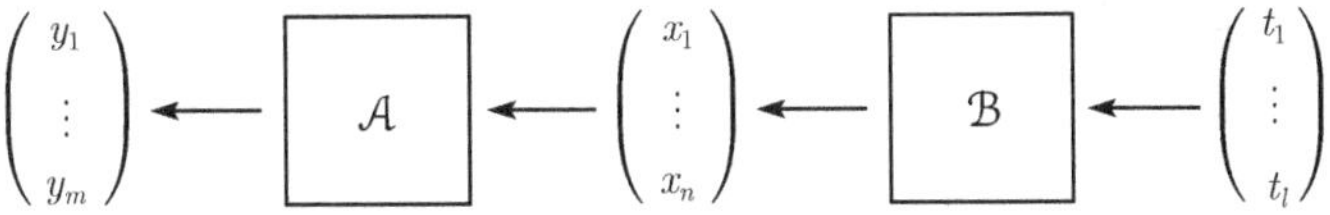

图 4.1.3

设左边的线性处理系统 $\mathcal{A}$ 数学表达为

$$\begin{cases} y_1 = a_{11}x_1 + a_{12}x_2 + \cdots + a_{1n}x_n, \\ y_2 = a_{21}x_1 + a_{22}x_2 + \cdots + a_{2n}x_n, \\ \cdots\cdots \\ y_m = a_{m1}x_1 + a_{m2}x_2 + \cdots + a_{mn}x_n, \end{cases}$$

它的矩阵为

$$\boldsymbol{A} = \begin{pmatrix} a_{11} & a_{12} & \cdots & a_{1n} \\ a_{21} & a_{22} & \cdots & a_{2n} \\ \vdots & \vdots & & \vdots \\ a_{m1} & a_{m2} & \cdots & a_{mn} \end{pmatrix},$$

即 $y_i = \sum\limits_{k=1}^{n} a_{ik}x_k$. 右边的线性处理系统 $\mathcal{B}$ 数学表达示为

$$\begin{cases} x_1 = b_{11}t_1 + b_{12}t_2 + \cdots + b_{1l}t_l, \\ x_2 = b_{21}t_1 + b_{22}t_2 + \cdots + b_{2l}t_l, \\ \cdots\cdots \\ x_n = b_{n1}t_1 + b_{n2}t_2 + \cdots + b_{nl}t_l, \end{cases}$$

矩阵为

$$B=\begin{pmatrix} b_{11} & b_{12} & \cdots & b_{1l} \\ b_{21} & b_{22} & \cdots & b_{2l} \\ \vdots & \vdots & & \vdots \\ b_{n1} & b_{n2} & \cdots & b_{nl} \end{pmatrix},$$

即 $x_k=\sum\limits_{j=1}^{l} b_{kj}t_j$. 那么合成的从输入 $(t_1, \cdots, t_l)$ 到 $(y_1, \cdots, y_m)$ 的输出为

$$\begin{aligned} y_i &= \sum_{k=1}^{n} a_{ik}x_k = \sum_{k=1}^{n} a_{ik}\sum_{j=1}^{l} b_{kj}t_j = \sum_{k=1}^{n}\sum_{j=1}^{l} a_{ik}b_{kj}t_j \\ &= \sum_{j=1}^{l}\sum_{k=1}^{n} a_{ik}b_{kj}t_j = \sum_{j=1}^{l}\left(\sum_{k=1}^{n} a_{ik}b_{kj}\right)t_j . \end{aligned}$$

因此, 令 $c_{ij}=\sum\limits_{k=1}^{n} a_{ik}b_{kj}$, 就有

$$\begin{cases} y_1 = c_{11}t_1 + c_{12}t_2 + \cdots + c_{1l}t_l, \\ y_2 = c_{21}t_1 + c_{22}t_2 + \cdots + c_{2l}t_l, \\ \cdots\cdots \\ y_m = c_{m1}t_1 + c_{m2}t_2 + \cdots + c_{ml}t_l, \end{cases}$$

这个线性处理系统对应的矩阵为

$$C=\begin{pmatrix} c_{11} & c_{12} & \cdots & c_{1l} \\ c_{21} & c_{22} & \cdots & c_{2l} \\ \vdots & \vdots & & \vdots \\ c_{m1} & c_{m2} & \cdots & c_{ml} \end{pmatrix}.$$

这就是矩阵乘法定义的来源.

习 题 4.1

1. (1) 证明: $\mathbb{Q}(\sqrt{2}) := \{a+b\sqrt{2} \mid a,b\in\mathbb{Q}\}$ 是一个数域;

(2) 设 $\omega=\cos\dfrac{2\pi}{3}+\sqrt{-1}\sin\dfrac{2\pi}{3}$. 证明: $\mathbb{Q}(\omega)=\{a+b\omega \mid a,b\in\mathbb{Q}\}$ 是一个数域.

2. 设 $\mathbb{F}$ 是由复数构成的至少含两个元的集合. 证明 $\mathbb{F}$ 是数域如果下述两条成立:

(i) 只要 $a,b\in\mathbb{F}$ 就有 $a-b\in\mathbb{F}$; (ii) 只要 $a,b\in\mathbb{F}$ 且 $b\neq 0$ 就有 $ab^{-1}\in\mathbb{F}$.

3. 设 $\mathbb{F}$ 是数域, $\boldsymbol{X}_0\in\mathbb{F}^n$ 具有性质: 对任意 $\boldsymbol{X}\in\mathbb{F}^n$ 有 $\boldsymbol{X}+\boldsymbol{X}_0=\boldsymbol{X}$. 证明: $\boldsymbol{X}_0=\boldsymbol{0}$.

4. 计算:

(1) $3\cdot\begin{pmatrix}2&4&7\\1&3&1\end{pmatrix}-\begin{pmatrix}6&10&15\\0&8&3\end{pmatrix}$; (2) $(x_1, x_2, x_3)\begin{pmatrix}a_{11}&a_{12}&a_{13}\\a_{21}&a_{22}&a_{23}\\a_{31}&a_{32}&a_{33}\end{pmatrix}\begin{pmatrix}x_1\\x_2\\x_3\end{pmatrix}$.

5. 证明: $(x_1,x_2,\cdots,x_n)\begin{pmatrix}a_{11}&a_{12}&\cdots&a_{1n}\\a_{21}&a_{22}&\cdots&a_{2n}\\\vdots&\vdots&&\vdots\\a_{n1}&a_{n2}&\cdots&a_{nn}\end{pmatrix}\begin{pmatrix}x_1\\x_2\\\vdots\\x_n\end{pmatrix}=\sum_{i,j=1}^{n}a_{ij}x_ix_j$.

6. 若 $\boldsymbol{A}=\begin{pmatrix}1&-2\\-1&2\end{pmatrix}$, $\boldsymbol{B}=\begin{pmatrix}2&0\\1&0\end{pmatrix}$, 计算 $\boldsymbol{AB}$ 和 $\boldsymbol{BA}$.

7. 设 $\boldsymbol{A}=\begin{pmatrix}1&1\\0&1\end{pmatrix}$. 求所有与 $\boldsymbol{A}$ 相乘可交换的实矩阵 $\boldsymbol{B}$(即满足 $\boldsymbol{AB}=\boldsymbol{BA}$ 的实矩阵 $\boldsymbol{B}$).

8. 设 $\boldsymbol{A}=\begin{pmatrix}-1&1&1&-1\\1&-1&-1&1\\1&-1&-1&1\\-1&1&1&-1\end{pmatrix}$. 计算 $\boldsymbol{A}^6$ (即 6 个 $\boldsymbol{A}$ 相乘).

9. 设 n 为正整数, 对指标 $1\leqslant i,j\leqslant n$, 记 $\boldsymbol{E}_{ij}$ 是 (i,j) 位置为 1 其他位置均为 0 的 n 阶矩阵 (称为**典型基矩阵**). 证明:

$$\boldsymbol{E}_{ij}\boldsymbol{E}_{kl}=\begin{cases}\boldsymbol{E}_{il}, & j=k,\\ \boldsymbol{O}, & j\neq k,\end{cases}\qquad 1\leqslant i,j,k,l\leqslant n.$$

10. n 阶矩阵的 $(1,1)$ 位置,$(2,2)$ 位置,$\cdots$, (n,n) 位置称为对角线. 对角线以外元素都为零 (按惯例表示为对角线以外空白) 的矩阵称为**对角矩阵.** 证明:

$$\begin{pmatrix}a_1&&&\\&a_2&&\\&&\ddots&\\&&&a_n\end{pmatrix}\begin{pmatrix}b_1&&&\\&b_2&&\\&&\ddots&\\&&&b_n\end{pmatrix}=\begin{pmatrix}a_1b_1&&&\\&a_2b_2&&\\&&\ddots&\\&&&a_nb_n\end{pmatrix}.$$

4.2 矩 阵 运 算

约定 小写英文字母 a,b,c 等表示数, 大写英文字母 $\boldsymbol{A},\boldsymbol{B},\boldsymbol{C}$ 等表示矩阵.

由于受尺码约束, 任两矩阵不一定能进行运算. 为叙述方便, 约定: 在未声明时表达式中的运算能够进行.

n 阶方阵的 $(1,1)$ 位置, $(2,2)$ 位置, $\cdots$, (n,n) 位置称为对角线. 对角线以外元素都为零的方阵称为**对角矩阵.**

写矩阵的惯例: 空白位置皆表示 0, 有时用 "$*$" 表示可能非零的元, 但注意不同位置的 "$*$" 可以是不同的数 (即 "$*$" 相当于计算机命令中的通配符). 可用以下节约空间的书写方式表示对角矩阵：

$$\operatorname{diag}(*,\cdots,*) := \begin{pmatrix} * & & \\ & \ddots & \\ & & * \end{pmatrix}_{n\times n}.$$

对角线元素均为 1 的对角矩阵称为 **单位矩阵**，记作 $\boldsymbol{E}$, 即 $\boldsymbol{E}=\operatorname{diag}(1,\cdots,1)$, 若需注明尺码则可写为 $\boldsymbol{E}_{n\times n}$. 对角线元均为 a 的对角矩阵就是 $a\boldsymbol{E}=\operatorname{diag}(a,\cdots,a)$, 称为 **纯量矩阵** 或 **数量矩阵** .

本节的主要内容有：检验矩阵运算律、用典型基矩阵帮助运算、介绍矩阵分块乘法.

4.2.1 检验矩阵运算规律

矩阵基本运算律

基本运算律 (A1)~(A12) 如下; 前 8 条与向量运算律一致, 证明也完全类似.

(A1) 加法交换律 $\boldsymbol{A}+\boldsymbol{B}=\boldsymbol{B}+\boldsymbol{A}$.

(A2) 加法结合律 $(\boldsymbol{A}+\boldsymbol{B})+\boldsymbol{C}=\boldsymbol{A}+(\boldsymbol{B}+\boldsymbol{C})$.

(A3) 零矩阵性质 $\boldsymbol{O}+\boldsymbol{A}=\boldsymbol{A}=\boldsymbol{A}+\boldsymbol{O}$.

(A4) 负矩阵存在 对任意矩阵 $\boldsymbol{A}$, 存在矩阵 $\tilde{\boldsymbol{A}}$, 使得 $\boldsymbol{A}+\tilde{\boldsymbol{A}}=\boldsymbol{O}=\tilde{\boldsymbol{A}}+\boldsymbol{A}$. 显然, 对 $\boldsymbol{A}=(a_{ij})_{m\times n}$, 有 $\tilde{\boldsymbol{A}}=(-1)\boldsymbol{A}=(-a_{ij})_{m\times n}$, 记它为 $-\boldsymbol{A}$, 即 $-\boldsymbol{A}=(-1)\boldsymbol{A}$.

(A5) 数乘结合律 $(ab)\boldsymbol{A}=a(b\boldsymbol{A})$.

(A6) 数乘对矩阵加法分配律 $a(\boldsymbol{A}+\boldsymbol{B})=a\boldsymbol{A}+a\boldsymbol{B}$.

(A7) 数乘对系数加法分配律 $(a+b)\boldsymbol{A}=a\boldsymbol{A}+b\boldsymbol{A}$.

(A8) 数乘幺模性 $1\boldsymbol{A}=\boldsymbol{A}$.

(A9) 乘法结合律 $(\boldsymbol{AB})\boldsymbol{C}=\boldsymbol{A}(\boldsymbol{BC})$.

证 下面只对 (A9) 进行证明. 设 $\boldsymbol{A}=(a_{ij})_{m\times n}$, $\boldsymbol{B}=(b_{ij})_{n\times p}$, $\boldsymbol{C}=(c_{ij})_{p\times q}$, 则 $\boldsymbol{AB}$ 的 (i,k) 元素为 $d_{ik}=\sum\limits_{t=1}^{n}a_{it}b_{tk}$, 故 $(\boldsymbol{AB})\boldsymbol{C}$ 的 (i,j) 元素为

$$\sum_{k=1}^{p}d_{ik}c_{kj}=\sum_{k=1}^{p}\left(\sum_{t=1}^{n}a_{it}b_{tk}\right)c_{kj}=\sum_{k=1}^{p}\sum_{t=1}^{n}a_{it}b_{tk}c_{kj}.$$

类似地计算 $\boldsymbol{A}(\boldsymbol{BC})$ 的 (i,j) 元素为

$$\sum_{t=1}^{n}a_{it}\Big(\sum_{k=1}^{p}b_{tk}c_{kj}\Big)=\sum_{t=1}^{n}\sum_{k=1}^{p}a_{it}b_{tk}c_{kj}=\sum_{k=1}^{p}\sum_{t=1}^{n}a_{it}b_{tk}c_{kj},$$

即 $(\boldsymbol{AB})\boldsymbol{C}$ 的 (i,j) 元素与 $\boldsymbol{A}(\boldsymbol{BC})$ 的 (i,j) 元素相等, 所以 $(\boldsymbol{AB})\boldsymbol{C}=\boldsymbol{A}(\boldsymbol{BC})$. □

由于有结合律, 可用 $\boldsymbol{ABC}$ 来表示 $(\boldsymbol{AB})\boldsymbol{C}$ 和 $\boldsymbol{A}(\boldsymbol{BC})$, 因为它们相等. 更一般地, 可写矩阵的连乘积 $\boldsymbol{ABCD}$ 等, 因为可任意加括号运算而不影响运算结果.

以下 (A10)~(A12) 的证明类似于 (A9) 的证明, 故证明从略.

(A10) 矩阵乘法对矩阵加法的左、右分配律:

$$\boldsymbol{A}(\boldsymbol{B}+\boldsymbol{C})=\boldsymbol{AB}+\boldsymbol{AC}\ ,$$
$$(\boldsymbol{B}+\boldsymbol{C})\boldsymbol{A}=\boldsymbol{BA}+\boldsymbol{CA}\ .$$

(A11) 单位矩阵性质　$\boldsymbol{EA}=\boldsymbol{A},\ \boldsymbol{BE}=\boldsymbol{B}$.

(A12) 数乘交换律　$a(\boldsymbol{AB})=(a\boldsymbol{A})\boldsymbol{B}=\boldsymbol{A}(a\boldsymbol{B})$.

因为有 (A12), 有时可把 $a\boldsymbol{A}$ 写为 $\boldsymbol{A}a$.

最后, 向量运算性质 (V9)~(V11), 对矩阵运算也成立, 见本节习题 2, 是几条熟悉的运算律. **特别指出**: 矩阵乘法消去律不成立, 但数乘矩阵的消去律却成立.

从矩阵运算律, 容易推出 4.1 节末的映射 (4.1.7) 的若干性质.

例 1　设 $\boldsymbol{A}=(a_{ij})_{m\times n}$. 线性映射 $\mathcal{A}$: $\mathbb{F}^n\to\mathbb{F}^m$, $\boldsymbol{X}\mapsto\boldsymbol{AX}$ 满足以下两条:

(L1) $\mathcal{A}(\boldsymbol{X}_1+\boldsymbol{X}_2)=\mathcal{A}(\boldsymbol{X}_1)+\mathcal{A}(\boldsymbol{X}_2),\ \forall\ \boldsymbol{X}_1,\boldsymbol{X}_2\in\mathbb{F}^n$;

(L2) $\mathcal{A}(c\boldsymbol{X})=c\mathcal{A}(\boldsymbol{X}),\ \forall\ \boldsymbol{X}\in\mathbb{F}^n$ 和 $c\in\mathbb{F}$.

证　利用矩阵乘法对加法的分配律, 得

$$\mathcal{A}(\boldsymbol{X}_1+\boldsymbol{X}_2)=\boldsymbol{A}(\boldsymbol{X}_1+\boldsymbol{X}_2)=\boldsymbol{AX}_1+\boldsymbol{AX}_2=\mathcal{A}(\boldsymbol{X}_1)+\mathcal{A}(\boldsymbol{X}_2),$$

这就是 (L1). 同样证明 (L2) 成立. □

4.2.2 矩阵按典型基矩阵展开

习题 4.1 中提到了两类特殊矩阵: 对角矩阵和典型基矩阵. 对角矩阵已在本节开头再次提到, 特殊情形之一是纯量矩阵. 对角矩阵的运算实际上都在对角线上像数字运算一样进行, 见习题 4.1 第 10 题.

n 阶**典型基矩阵** $\boldsymbol{E}_{ij}$ 是 (i,j) 元素为 1, 其他元素均为 0 的矩阵, 共有 n^2 个. 习题 4.1 第 9 题已指出 (按定义运算即可验证它) 其乘法规则.

典型基矩阵乘法规则　$\boldsymbol{E}_{ij}\boldsymbol{E}_{kl}=\delta_{jk}\boldsymbol{E}_{il}$ 对所有可能的标号 i,j,k,l 都成立, 其中 $\delta_{ij}:=\begin{cases}1, & 若\ i=j,\\ 0, & 若\ i\neq j\end{cases}$ 称为 **克罗内克符号** .

按照矩阵运算, 任何 n 阶矩阵都可写成如下形式:

$$\begin{pmatrix} a_{11} & a_{12} & \cdots & a_{1n}\\ a_{21} & a_{22} & \cdots & a_{2n}\\ \vdots & \vdots & & \vdots\\ a_{n1} & a_{n2} & \cdots & a_{nn}\end{pmatrix}=\sum_{i=1}^{n}\sum_{j=1}^{n}a_{ij}\boldsymbol{E}_{ij}\ , \tag{4.2.1}$$

其中双重和号 $\sum\limits_{i=1}^{n}\sum\limits_{j=1}^{n}$ 也可以写成 $\sum\limits_{i,j=1}^{n}$ 或 $\sum\limits_{1\leqslant i,j\leqslant n}$, 都是等价的写法. 式 (4.2.1) 称

为矩阵**按典型基矩阵展开**.

例 2 n 阶方阵 $\boldsymbol{A}$ 为纯量矩阵当且仅当对任意 n 阶方阵 $\boldsymbol{B}$ 有 $\boldsymbol{AB}=\boldsymbol{BA}$.

证 必要性. 若 $\boldsymbol{A}=a\boldsymbol{E}$ 是纯量矩阵, 对任意 n 阶方阵 $\boldsymbol{B}$ 就有

$$\boldsymbol{AB}=(a\boldsymbol{E})\boldsymbol{B}=a(\boldsymbol{EB})=a\boldsymbol{B}=(a\boldsymbol{B})\boldsymbol{E}=\boldsymbol{B}(a\boldsymbol{E})=\boldsymbol{BA}\,.$$

充分性. 设 $\boldsymbol{A}=(a_{ij})_{n\times n}$ 与所有 n 阶方阵相乘可交换, 那么与典型基矩阵 $\boldsymbol{E}_{pq}$ 相乘可交换, 其中 $1\leqslant p,q\leqslant n$, 即 $\boldsymbol{AE}_{pq}=\boldsymbol{E}_{pq}\boldsymbol{A}$. 写 $\boldsymbol{A}=\sum\limits_{i,j=1}^{n}a_{ij}\boldsymbol{E}_{ij}$, 就是

$$\Big(\sum_{i,j=1}^{n}a_{ij}\boldsymbol{E}_{ij}\Big)\boldsymbol{E}_{pq}=\boldsymbol{E}_{pq}\Big(\sum_{i,j=1}^{n}a_{ij}\boldsymbol{E}_{ij}\Big)\,.$$

根据典型基矩阵乘法规则, 得

$$\sum_{i=1}^{n}a_{ip}\boldsymbol{E}_{iq}=\sum_{j=1}^{n}a_{qj}\boldsymbol{E}_{pj}\,.$$

当 $i\neq p$ 时, 左边矩阵的 (i,q) 元素是 a_{ip}, 而右边矩阵的 (i,q) 元素是 0, 因 $\boldsymbol{E}_{iq}$ 不在右边的和式中出现, 按矩阵相等的定义得 $a_{ip}=0$. 当 $i=p$ 时, 左边 (p,q) 元素是 a_{pp}, 而右边 (p,q) 元素是 a_{qq}, 所以 $a_{pp}=a_{qq}$. 而这里 i, p, q 都可取 $1,\cdots,n$ 任意值, 故得 $a_{ij}=0$ 只要 $i\neq j$, 而 $a_{pp}=a_{qq}$ 对任意 $1\leqslant p,q\leqslant n$, 即 $\boldsymbol{A}$ 是数量矩阵. □

4.2.3 矩阵的分块乘法

有时把矩阵按适当的尺度分块后按"块元素"作乘法运算有助于运算或论证. 把 $m\times n$ 矩阵 $\boldsymbol{A}$ 分成 $p\times t$ 个块, 把 $n\times l$ 矩阵 $\boldsymbol{B}$ 分成 $t\times q$ 个块如下:

$$\boldsymbol{A}=\left(\begin{array}{c|c|c}\boldsymbol{A}_{11}&\cdots&\boldsymbol{A}_{1t}\\\hline\vdots&&\vdots\\\hline\boldsymbol{A}_{p1}&\cdots&\boldsymbol{A}_{pt}\end{array}\right)\begin{array}{l}m_1\text{ 行}\\\vdots\\m_p\text{ 行}\end{array},\quad \boldsymbol{B}=\left(\begin{array}{c|c|c}\boldsymbol{B}_{11}&\cdots&\boldsymbol{B}_{1q}\\\hline\vdots&&\vdots\\\hline\boldsymbol{B}_{t1}&\cdots&\boldsymbol{B}_{tq}\end{array}\right)\begin{array}{l}l_1\text{ 行}\\\vdots\\l_t\text{ 行}\end{array},$$

$$\begin{array}{ccc}l_1\text{ 列}&\cdots&l_t\text{ 列}\end{array}\qquad\qquad\begin{array}{ccc}n_1\text{ 列}&\cdots&n_q\text{ 列}\end{array}$$

其中 (i,k) 块 $\boldsymbol{A}_{ik}$ 为 $m_i\times l_k$ 小矩阵, 而 (k,j) 块 $\boldsymbol{B}_{kj}$ 为 $l_k\times n_j$ 小矩阵, 即 $\boldsymbol{A}_{ik}\boldsymbol{B}_{kj}$ 可以相乘.

命题 4.2.1 记号如上, 则 $\boldsymbol{AB}=\begin{pmatrix}\boldsymbol{C}_{11}&\cdots&\boldsymbol{C}_{1q}\\\vdots&&\vdots\\\boldsymbol{C}_{p1}&\cdots&\boldsymbol{C}_{pq}\end{pmatrix}$, 其中 $\boldsymbol{C}_{ij}=\sum\limits_{k=1}^{t}\boldsymbol{A}_{ik}\boldsymbol{B}_{kj}$.

证 直接按矩阵乘法定义验证两边对应位置元素相等. 验证过程如下:

对应于 $\boldsymbol{C}_{ij}$ 中的 (f,g) 位置在大矩阵中的行号是 $u=f+\sum\limits_{\alpha=1}^{i-1}m_\alpha$, 列号是

$v = g + \sum_{\beta=1}^{j-1} n_\beta$. $\boldsymbol{A}$ 的第 u 行

$$\Big(\overbrace{a_{u1},\ \cdots,\ a_{ul_1}}^{\boldsymbol{A}_{i1}\text{ 的第 } f \text{ 行}},\ \cdots,\ \overbrace{a_{u,\,l_1+\cdots+l_{t-1}+1},\cdots,a_{un}}^{\boldsymbol{A}_{it}\text{ 的第 } f \text{ 行}}\Big).$$

$\boldsymbol{B}$ 的第 v 列 (注意: 横写转置后为竖写)

$$\Big(\overbrace{b_{1v},\ \cdots,\ b_{l_1 v}}^{\boldsymbol{B}_{1j}\text{ 的第 } g \text{ 列的转置}},\ \cdots,\ \overbrace{b_{l_1+\cdots+l_{t-1}+1,\,v},\cdots,b_{nv}}^{\boldsymbol{B}_{tj}\text{ 的第 } g \text{ 列的转置}}\Big)^{\mathrm{T}}.$$

$\boldsymbol{A}$ 的第 u 行与 $\boldsymbol{B}$ 的第 v 列对应位置元素乘积之和为

$$\begin{aligned}&(a_{u1}b_{1v}+\cdots+a_{ul_1}b_{l_1v})+\cdots+(a_{u,\,l_1+\cdots+l_{t-1}+1}b_{l_1+\cdots+l_{t-1}+1,\,v}+\cdots+a_{un}b_{nv})\\ =&\Big(\boldsymbol{A}_{i1}\boldsymbol{B}_{1j}\text{ 的 }(f,g)\text{ 元素}\Big)+\cdots+\Big(\boldsymbol{A}_{it}\boldsymbol{B}_{tj}\text{ 的 }(f,g)\text{ 元素}\Big)\\ =&\,\boldsymbol{C}_{ij}\text{ 的 }(f,g)\text{ 元素}.\end{aligned}$$ □

注 矩阵分块相乘时以下两个尺码要求**都必须**满足:

(1) 前一矩阵的"块"列数等于后一矩阵的"块"行数, 以块为元素可以相乘;

(2) 以块为元素相乘时各对应小块矩阵也可以相乘.

举例如下:

$$\begin{pmatrix}0&1&4\\2&3&5\end{pmatrix}\begin{pmatrix}4&3&9&0\\1&2&4&5\\2&7&1&1\end{pmatrix}=\left(\begin{array}{cc|c}0&1&4\\2&3&5\end{array}\right)\left(\begin{array}{cc|cc}4&3&9&0\\1&2&4&5\\\hline 2&7&1&1\end{array}\right)$$

$$=\left(\begin{pmatrix}0&1\\2&3\end{pmatrix}\begin{pmatrix}4&3\\1&2\end{pmatrix}+\begin{pmatrix}4\\5\end{pmatrix}\begin{pmatrix}2&7\end{pmatrix}\ \middle|\ \begin{pmatrix}0&1\\2&3\end{pmatrix}\begin{pmatrix}9&0\\4&5\end{pmatrix}+\begin{pmatrix}4\\5\end{pmatrix}\begin{pmatrix}1&1\end{pmatrix}\right)$$

$$=\left(\begin{pmatrix}1&2\\11&12\end{pmatrix}+\begin{pmatrix}8&28\\10&35\end{pmatrix}\ \middle|\ \begin{pmatrix}4&5\\30&15\end{pmatrix}+\begin{pmatrix}4&4\\5&5\end{pmatrix}\right)$$

$$=\left(\begin{pmatrix}9&30\\21&47\end{pmatrix}\ \middle|\ \begin{pmatrix}8&9\\35&20\end{pmatrix}\right)=\begin{pmatrix}9&30&8&9\\21&47&35&20\end{pmatrix}.$$

注 比较常见的矩阵分块乘法方式有两种.

一种是**按行按列分块.**

设 $\boldsymbol{A}$ 是 $m\times n$ 矩阵, $\boldsymbol{B}$ 是 $n\times l$ 矩阵. 将 $\boldsymbol{B}$ 按列分块写成 $\boldsymbol{B}=(\boldsymbol{B}_1, \boldsymbol{B}_2, \cdots, \boldsymbol{B}_l)$, 则 $\boldsymbol{AB}=\boldsymbol{A}(\boldsymbol{B}_1, \boldsymbol{B}_2, \cdots, \boldsymbol{B}_l)=(\boldsymbol{AB}_1, \boldsymbol{AB}_2, \cdots, \boldsymbol{AB}_l)$.

还可以把 $\boldsymbol{A}$ 按列分块写成 $\boldsymbol{A}=(\boldsymbol{A}_1, \boldsymbol{A}_2, \cdots, \boldsymbol{A}_n)$, 再把 $\boldsymbol{B}$ 按行分块写成

$\boldsymbol{B} = \begin{pmatrix} \boldsymbol{B}_1 \\ \boldsymbol{B}_2 \\ \vdots \\ \boldsymbol{B}_n \end{pmatrix}$, 则 $\boldsymbol{AB} = (\boldsymbol{A}_1, \boldsymbol{A}_2, \cdots, \boldsymbol{A}_n)\begin{pmatrix} \boldsymbol{B}_1 \\ \boldsymbol{B}_2 \\ \vdots \\ \boldsymbol{B}_n \end{pmatrix} = \boldsymbol{A}_1\boldsymbol{B}_1 + \boldsymbol{A}_2\boldsymbol{B}_2 + \cdots + \boldsymbol{A}_n\boldsymbol{B}_n$. 例如, 4.1 节的线性方程组 (4.1.6), $\boldsymbol{AX} = \boldsymbol{B}$, 把系数矩阵按列分块写成 $\boldsymbol{A} = (\boldsymbol{A}_1, \boldsymbol{A}_2, \cdots, \boldsymbol{A}_n)$, 变向量 $\boldsymbol{X}$ 按行分块 $\boldsymbol{X} = \begin{pmatrix} x_1 \\ \vdots \\ x_n \end{pmatrix}$ 每块就是 1×1 矩阵 (x_j), 则 $\boldsymbol{AX}$ 按分块乘法计算就是 $\boldsymbol{AX} = \boldsymbol{A}_1(x_1) + \cdots + \boldsymbol{A}_n(x_n)$, 其中

$$\boldsymbol{A}_j(x_j) = \begin{pmatrix} a_{1j} \\ \vdots \\ a_{nj} \end{pmatrix}(x_j) = \begin{pmatrix} a_{1j}x_j \\ \vdots \\ a_{nj}x_j \end{pmatrix} = \begin{pmatrix} x_j a_{1j} \\ \vdots \\ x_j a_{nj} \end{pmatrix} = x_j \begin{pmatrix} a_{1j} \\ \vdots \\ a_{nj} \end{pmatrix} = x_j \boldsymbol{A}_j,$$

即

$$\boldsymbol{AX} = x_1\boldsymbol{A}_1 + \cdots + x_n\boldsymbol{A}_n \ . \tag{4.2.2}$$

线性方程组 $\boldsymbol{AX} = \boldsymbol{B}$ 就写成了 $x_1\boldsymbol{A}_1 + \cdots + x_n\boldsymbol{A}_n = \boldsymbol{B}$, 这种变形将常用到, 如见后面引理 4.5.1、定理 4.13.1 的论证.

另一种是**对角方形分块.**

如果 $\boldsymbol{A}$, $\boldsymbol{B}$ 都是 n 阶方阵, 把它们都分成 $p \times p$ 个块, 使得对角线上都是方形块, 并且对角线上的块的尺码都对应相等, 那么这种分块就可以作分块乘法. 例如, $p = 2$ 时是如下情形 (其中 $\boldsymbol{A}_{11}$ 与 $\boldsymbol{B}_{11}$ 是同型方阵, 而 $\boldsymbol{A}_{22}$ 与 $\boldsymbol{B}_{22}$ 是同型方阵):

$$\begin{aligned} &\begin{pmatrix} \boldsymbol{A}_{11} & \boldsymbol{A}_{12} \\ \boldsymbol{A}_{21} & \boldsymbol{A}_{22} \end{pmatrix}\begin{pmatrix} \boldsymbol{B}_{11} & \boldsymbol{B}_{12} \\ \boldsymbol{B}_{21} & \boldsymbol{B}_{22} \end{pmatrix} \\ =&\begin{pmatrix} \boldsymbol{A}_{11}\boldsymbol{B}_{11} + \boldsymbol{A}_{12}\boldsymbol{B}_{21} & \boldsymbol{A}_{11}\boldsymbol{B}_{12} + \boldsymbol{A}_{12}\boldsymbol{B}_{22} \\ \boldsymbol{A}_{21}\boldsymbol{B}_{11} + \boldsymbol{A}_{22}\boldsymbol{B}_{21} & \boldsymbol{A}_{21}\boldsymbol{B}_{12} + \boldsymbol{A}_{22}\boldsymbol{B}_{22} \end{pmatrix}. \end{aligned}$$

4.3 节例 4 的证明中就用到了这种分块乘法形式.

习 题 4.2

1. 证明: 矩阵乘法对加法的分配律.

2. 证明以下矩阵运算律:

(1) 数乘消去律　$a\boldsymbol{A} = \boldsymbol{O} \Leftrightarrow$ 或者 $a = 0$ 或者 $\boldsymbol{A} = \boldsymbol{O}$;

(2) 符号法则　$-(-\boldsymbol{A}) = \boldsymbol{A}$,

$(-a)\boldsymbol{A} = -a\boldsymbol{A} = a(-\boldsymbol{A})$,　特别地, $(-1)\boldsymbol{A} = -\boldsymbol{A}$;

(3) 减法符号法则 $\boldsymbol{A}-(\boldsymbol{B}+\boldsymbol{C})=\boldsymbol{A}-\boldsymbol{B}-\boldsymbol{C}$,

$\boldsymbol{A}-(\boldsymbol{B}-\boldsymbol{C})=\boldsymbol{A}-\boldsymbol{B}+\boldsymbol{C}$.

3. 举例说明矩阵乘法的消去律不成立, 即从 $\boldsymbol{AB}=\boldsymbol{AC}$ 和 $\boldsymbol{A}\neq\boldsymbol{O}$ 一般不能推出 $\boldsymbol{B}=\boldsymbol{C}$.

4. 设 $\boldsymbol{A}=\begin{pmatrix}\lambda & 1 & \\ & \lambda & 1\\ & & \lambda\end{pmatrix}$. 求 $\boldsymbol{A}^2:=\boldsymbol{AA}$ 和 $\boldsymbol{A}^3:=\boldsymbol{AAA}$. 进一步, 求 $\boldsymbol{A}^k:=\overbrace{\boldsymbol{A}\cdots\boldsymbol{A}}^{k}$, 其中 k 为正整数.

5. 若 $\boldsymbol{A}=\operatorname{diag}(a_1,a_2,\cdots,a_n)$ 中 $a_1,a_2,\cdots,a_n$ 两两不等. 证明: n 阶方阵 $\boldsymbol{B}$ 与 $\boldsymbol{A}$ 相乘可交换当且仅当 $\boldsymbol{B}$ 是对角矩阵.

6. 设 $\boldsymbol{A}=\begin{pmatrix}\boldsymbol{A}_1 & & \\ & \ddots & \\ & & \boldsymbol{A}_t\end{pmatrix}$, $\boldsymbol{B}=\begin{pmatrix}\boldsymbol{B}_1 & & \\ & \ddots & \\ & & \boldsymbol{B}_t\end{pmatrix}$, 其中每个 $\boldsymbol{A}_i$ 与 $\boldsymbol{B}_i$ 为同阶方阵. 证明: $\boldsymbol{AB}=\begin{pmatrix}\boldsymbol{A}_1\boldsymbol{B}_1 & & \\ & \ddots & \\ & & \boldsymbol{A}_t\boldsymbol{B}_t\end{pmatrix}$.

7. 设 $\boldsymbol{A}=(a_{ij})_{n\times n}$ 是一个方阵, 称 $\boldsymbol{A}$ 的主对角线元素之和为 $\boldsymbol{A}$ 的**迹**, 记作 $\operatorname{tr}\boldsymbol{A}$, 即 $\operatorname{tr}\boldsymbol{A}=\sum\limits_{i=1}^{n}a_{ii}$. 证明:

(1) $\operatorname{tr}(a\boldsymbol{A}+b\boldsymbol{B})=a\cdot\operatorname{tr}\boldsymbol{A}+b\cdot\operatorname{tr}\boldsymbol{B}$; (2) $\operatorname{tr}(\boldsymbol{AB})=\operatorname{tr}(\boldsymbol{BA})$; (3) $\operatorname{tr}(\boldsymbol{AB}-\boldsymbol{BA})=0$.

8. 证明: 不存在方阵 $\boldsymbol{A}$, $\boldsymbol{B}$ 使得 $\boldsymbol{AB}-\boldsymbol{BA}=\boldsymbol{E}$.

4.3 矩阵的幂 矩阵转置

对于方阵 $\boldsymbol{A}$ 可定义其非负整数 k 次幂为

$$\boldsymbol{A}^k=\begin{cases}\boldsymbol{E}, & k=0,\\ \boldsymbol{A}\cdots\boldsymbol{A}(k\text{ 个 }\boldsymbol{A}\text{ 之积}), & k>0,\end{cases}$$

但是对负整数 $-k(k>0)$ 次幂却不能对任意方阵加以定义.

定义 4.3.1 设 $\boldsymbol{A}$ 为 n 阶方阵. 如果存在 n 阶方阵 $\boldsymbol{B}$ 使得 $\boldsymbol{AB}=\boldsymbol{E}=\boldsymbol{BA}$, 则称 $\boldsymbol{A}$ 为 **可逆矩阵** , 称 $\boldsymbol{B}$ 为 $\boldsymbol{A}$ 的 **逆矩阵** , 记作 $\boldsymbol{A}^{-1}$.

注 如果 $\boldsymbol{A}$ 是可逆矩阵, 它的逆矩阵是唯一的, 因为如果 $\boldsymbol{B}$ 和 $\boldsymbol{C}$ 都是 $\boldsymbol{A}$ 的逆矩阵, 则 $\boldsymbol{C}=\boldsymbol{EC}=(\boldsymbol{BA})\boldsymbol{C}=\boldsymbol{B}(\boldsymbol{AC})=\boldsymbol{BE}=\boldsymbol{B}$.

非零方阵不一定可逆. 例如, 如果 n 阶矩阵 $\boldsymbol{A}$ 有一行为零, 则对任 n 阶矩阵 $\boldsymbol{B}$, 按矩阵乘法定义, 乘积 $\boldsymbol{AB}$ 也至少有一行为零, 因而不可能等于单位矩阵 $\boldsymbol{E}$, 即 $\boldsymbol{A}$ 不是可逆矩阵. 同理, 如果 n 阶矩阵 $\boldsymbol{A}$ 有一列为零, 则 $\boldsymbol{A}$ 不是可逆矩阵.

另一方面, 也易举出可逆矩阵的例子, 如

$$\begin{pmatrix} \cos\theta & \sin\theta \\ -\sin\theta & \cos\theta \end{pmatrix}\begin{pmatrix} \cos\theta & -\sin\theta \\ \sin\theta & \cos\theta \end{pmatrix} = \begin{pmatrix} 1 & 0 \\ 0 & 1 \end{pmatrix} = \boldsymbol{E},$$

$$\begin{pmatrix} \cos\theta & -\sin\theta \\ \sin\theta & \cos\theta \end{pmatrix}\begin{pmatrix} \cos\theta & \sin\theta \\ -\sin\theta & \cos\theta \end{pmatrix} = \begin{pmatrix} 1 & 0 \\ 0 & 1 \end{pmatrix} = \boldsymbol{E},$$

所以 $\begin{pmatrix} \cos\theta & \sin\theta \\ -\sin\theta & \cos\theta \end{pmatrix}$ 是可逆矩阵, 它的逆矩阵是 $\begin{pmatrix} \cos\theta & -\sin\theta \\ \sin\theta & \cos\theta \end{pmatrix}$.

逆矩阵性质 (1) 如果 $\boldsymbol{A}$ 是可逆矩阵, 则 $\boldsymbol{A}^{-1}$ 可逆且 $(\boldsymbol{A}^{-1})^{-1} = \boldsymbol{A}$.

(2) 如果 $\boldsymbol{A}_1, \boldsymbol{A}_2, \cdots, \boldsymbol{A}_k$ 都是同阶的可逆矩阵, 则 $\boldsymbol{A}_1\boldsymbol{A}_2\cdots\boldsymbol{A}_k$ 可逆且

$$(\boldsymbol{A}_1\boldsymbol{A}_2\cdots\boldsymbol{A}_k)^{-1} = \boldsymbol{A}_k^{-1}\cdots\boldsymbol{A}_2^{-1}\boldsymbol{A}_1^{-1}.$$

证 (1) 按定义 $\boldsymbol{A}\boldsymbol{A}^{-1} = \boldsymbol{E} = \boldsymbol{A}^{-1}\boldsymbol{A}$, 那么仍按定义知 $\boldsymbol{A}$ 是 $\boldsymbol{A}^{-1}$ 的逆矩阵, 即 $(\boldsymbol{A}^{-1})^{-1} = \boldsymbol{A}$.

(2) $(\boldsymbol{A}_2^{-1}\boldsymbol{A}_1^{-1})(\boldsymbol{A}_1\boldsymbol{A}_2) = \boldsymbol{A}_2^{-1}(\boldsymbol{A}_1^{-1}\boldsymbol{A}_1)\boldsymbol{A}_2 = \boldsymbol{A}_2^{-1}E\boldsymbol{A}_2 = \boldsymbol{A}_2^{-1}\boldsymbol{A}_2 = \boldsymbol{E}$, 同理得 $(\boldsymbol{A}_1\boldsymbol{A}_2)(\boldsymbol{A}_2^{-1}\boldsymbol{A}_1^{-1}) = \boldsymbol{E}$, 即 $(\boldsymbol{A}_1\boldsymbol{A}_2)^{-1} = \boldsymbol{A}_2^{-1}\boldsymbol{A}_1^{-1}$, 故 $k=2$ 时获证. 再对 k 归纳得

$$(\boldsymbol{A}_1\boldsymbol{A}_2\cdots\boldsymbol{A}_k)^{-1} = (\boldsymbol{A}_2\cdots\boldsymbol{A}_k)^{-1}\boldsymbol{A}_1^{-1} = \boldsymbol{A}_k^{-1}\cdots\boldsymbol{A}_2^{-1}\boldsymbol{A}_1^{-1}. \qquad \square$$

对可逆矩阵 $\boldsymbol{A}$, 定义负整数 $-k(k>0)$ 次幂如下:

$$\boldsymbol{A}^{-k} = (\boldsymbol{A}^{-1})^k = \boldsymbol{A}^{-1}\cdots\boldsymbol{A}^{-1} \quad (k \text{ 个 } \boldsymbol{A}^{-1} \text{ 之积}).$$

不难验证以下幂运算公式.

矩阵幂运算公式

$$\boldsymbol{A}^k\boldsymbol{A}^l = \boldsymbol{A}^{k+l}, \quad (\boldsymbol{A}^k)^l = \boldsymbol{A}^{kl}$$

对于任何非负整数 k, l 成立, 当 $\boldsymbol{A}$ 是可逆矩阵时对任何整数 k, l 成立.

证 对 $k = -k'$ 为负整数 (即 k' 是正整数), l 为正整数, 上述第一式验证如下:

$$\begin{aligned}\boldsymbol{A}^{-k'}\boldsymbol{A}^l &= (\underbrace{\boldsymbol{A}^{-1}\cdots\boldsymbol{A}^{-1}}_{k'})(\underbrace{\boldsymbol{A}\cdots\boldsymbol{A}}_{l}) = \underbrace{\boldsymbol{A}^{-1}\cdots\boldsymbol{A}^{-1}}_{k'-1}(\boldsymbol{A}^{-1}\boldsymbol{A})\underbrace{\boldsymbol{A}\cdots\boldsymbol{A}}_{l-1} \\ &= \underbrace{\boldsymbol{A}^{-1}\cdots\boldsymbol{A}^{-1}}_{k'-1}\boldsymbol{E}\underbrace{\boldsymbol{A}\cdots\boldsymbol{A}}_{l-1} = \underbrace{\boldsymbol{A}^{-1}\cdots\boldsymbol{A}^{-1}}_{k'-1}\underbrace{\boldsymbol{A}\cdots\boldsymbol{A}}_{l-1},\end{aligned}$$

即只要算式中出现 $\boldsymbol{A}^{-1}\boldsymbol{A}$ 就可以消去它. 如此继续. 因此, 若 $k'>l$, 则

$$\boldsymbol{A}^{-k'}\boldsymbol{A}^l = (\boldsymbol{A}^{-1})^{k'-l} = \boldsymbol{A}^{-(k'-l)} = \boldsymbol{A}^{-k'+l} = \boldsymbol{A}^{k+l},$$

不然 $k' \leqslant l$, 从而

$$\boldsymbol{A}^{-k'}\boldsymbol{A}^l = \boldsymbol{A}^{l-k'} = \boldsymbol{A}^{-k'+l} = \boldsymbol{A}^{k+l}.$$

总之, 该公式成立. 其他情形的验证作为习题 (见本节习题 1). □

注 对方阵有了幂运算, 那么对方阵的 "多项式运算" 也就有了: 如果 $f(\lambda)=a_k\lambda^k+a_{k-1}\lambda^{k-1}+\cdots+a_1\lambda+a_0$ 是一个关于变元 λ 的多项式 (讨论与矩阵有关的多项式时变元常用 λ 表示), $\boldsymbol{A}$ 是一个方阵, 那么 $f(\boldsymbol{A})=a_k\boldsymbol{A}^k+a_{k-1}\boldsymbol{A}^{k-1}+\cdots+a_1\boldsymbol{A}+a_0\boldsymbol{E}$ 是一个与 $\boldsymbol{A}$ 同阶的方阵, 而且对任意多项式 $f(\lambda)$ 和 $g(\lambda)$, 方阵 $f(\boldsymbol{A})$ 与 $g(\boldsymbol{A})$ 相乘可交换, 即 $f(\boldsymbol{A})g(\boldsymbol{A})=g(\boldsymbol{A})f(\boldsymbol{A})$. 又当 $\boldsymbol{A}$ 可逆时, $f(\boldsymbol{A}^{-1})$ 也可类似计算, 它是与 $\boldsymbol{A}$ 同阶的方阵, 而且, 因为 $\boldsymbol{A}$ 与 $\boldsymbol{A}^{-1}$ 相乘可交换 (按定义 $\boldsymbol{A}\boldsymbol{A}^{-1}=\boldsymbol{A}^{-1}\boldsymbol{A}=\boldsymbol{E}$), 所以 $f(\boldsymbol{A})g(\boldsymbol{A}^{-1})=g(\boldsymbol{A}^{-1})f(\boldsymbol{A})$. 见本节习题 2.

例 1 令 $\boldsymbol{\alpha}=\begin{pmatrix}1\\3\\9\end{pmatrix}, \boldsymbol{\beta}=\left(1,\dfrac{1}{3},\dfrac{1}{9}\right)$. 设方阵 $\boldsymbol{A}=\boldsymbol{\alpha}\boldsymbol{\beta}$, 设 $k>0$. 求 $\boldsymbol{A}^k$.

观察 按矩阵乘法规则 $\boldsymbol{A}=\boldsymbol{\alpha}\boldsymbol{\beta}$ 是一个三阶矩阵, 在 $\boldsymbol{A}^k=\boldsymbol{\alpha}\boldsymbol{\beta}\boldsymbol{\alpha}\boldsymbol{\beta}\cdots\boldsymbol{\alpha}\boldsymbol{\beta}$ 中撇开首尾外是 $\boldsymbol{\beta}\boldsymbol{\alpha}$ 重复 $k-1$ 次, 而 $\boldsymbol{\beta}\boldsymbol{\alpha}$ 是 1 阶矩阵对它的计算相当于数的计算.

解 注意到 $\left(1,\dfrac{1}{3},\dfrac{1}{9}\right)\begin{pmatrix}1\\3\\9\end{pmatrix}=(3)$, 计算如下:

$$\begin{aligned}\boldsymbol{A}^k&=\overbrace{(\boldsymbol{\alpha}\boldsymbol{\beta})\cdot(\boldsymbol{\alpha}\boldsymbol{\beta})\cdots(\boldsymbol{\alpha}\boldsymbol{\beta})}^{k}=\boldsymbol{\alpha}\cdot\overbrace{(\boldsymbol{\beta}\boldsymbol{\alpha})\cdots(\boldsymbol{\beta}\boldsymbol{\alpha})}^{k-1}\cdot\boldsymbol{\beta}\\&=\begin{pmatrix}1\\3\\9\end{pmatrix}\cdot(3)^{k-1}\cdot\left(1,\ \frac{1}{3},\ \frac{1}{9}\right)=3^{k-1}\cdot\begin{pmatrix}1\\3\\9\end{pmatrix}\left(1,\ \frac{1}{3},\ \frac{1}{9}\right)\\&=3^{k-1}\cdot\begin{pmatrix}1&\frac{1}{3}&\frac{1}{9}\\3&1&\frac{1}{3}\\9&3&1\end{pmatrix}=\begin{pmatrix}3^{k-1}&3^{k-2}&3^{k-3}\\3^k&3^{k-1}&3^{k-2}\\3^{k+1}&3^k&3^{k-1}\end{pmatrix}.\end{aligned}$$

□

如果有正整数 k 使 $\boldsymbol{A}^k=\boldsymbol{O}$, 则称 $\boldsymbol{A}$ 是 **幂零矩阵** . 幂零矩阵的重要例子如下.

例 2 设 $\boldsymbol{N}=\begin{pmatrix}0&1&&&\\&0&1&&\\&&\ddots&\ddots&\\&&&0&1\\&&&&0\end{pmatrix}_{n\times n}$, 设 k 为正整数, 那么, 在 $k\geqslant n$

时有 $\boldsymbol{N}^k=\boldsymbol{O}$; 而 $k<n$ 时 $\boldsymbol{N}^k=\begin{pmatrix} \overbrace{0\ \cdots\ 0}^{k} & 1 & & & \\ & \ddots & \ddots & \ddots & \\ & & \ddots & \ddots & 1 \\ & & & & 0 \\ & & & \ddots & \vdots \\ & & & & 0 \end{pmatrix}_{n\times n}$.

证　$\boldsymbol{N}$ 的第 1 行仅在第 2 位有非零的 1, 而 $\boldsymbol{N}$ 的列中只有第 3 列的第 2 位是非零元 1, 所以 $\boldsymbol{N}\boldsymbol{N}$ 中第 1 行只有第 3 位为非零元 $1\cdot 1=1$, 即 $\boldsymbol{N}^2$ 的第 1 行是 $(0,0,1,0,\cdots,0)$. 类似地计算其他各行, 得

$$\boldsymbol{N}^2=\begin{pmatrix} 0 & 0 & 1 & & \\ & \ddots & \ddots & \ddots & \\ & & \ddots & \ddots & 1 \\ & & & \ddots & 0 \\ & & & & 0 \end{pmatrix}_{n\times n}.$$

再作

$$\boldsymbol{N}^3=\boldsymbol{N}\cdot\boldsymbol{N}^2=\begin{pmatrix} 0 & 1 & & & \\ & 0 & 1 & & \\ & & \ddots & \ddots & \\ & & & 0 & 1 \\ & & & & 0 \end{pmatrix}_{n\times n}\begin{pmatrix} 0 & 0 & 1 & & \\ & \ddots & \ddots & \ddots & \\ & & \ddots & \ddots & 1 \\ & & & \ddots & 0 \\ & & & & 0 \end{pmatrix}_{n\times n},$$

右边的 $\boldsymbol{N}^2$ 只有第 4 列的第 2 位有非零元 1, 所以得 $\boldsymbol{N}^3$ 的第 1 行只在第 4 个位置是 1, 其他为 0. 类似地计算其他行, 得

$$\boldsymbol{N}^3=\begin{pmatrix} 0 & 0 & 0 & 1 & \\ & \ddots & \ddots & \ddots & \ddots \\ & & \ddots & \ddots & 1 \\ & & & \ddots & 0 \\ & & & \ddots & 0 \\ & & & & 0 \end{pmatrix}_{n\times n}.$$

以此类推. $k=n-1$ 时,

$$N^{n-1}=\begin{pmatrix}0&\cdots&0&1\\&0&\cdots&0\\&&\ddots&\vdots\\&&&0\end{pmatrix}_{n\times n},$$

从而 $N^n=N\cdot N^{n-1}=O$. 因而对任意 $k\geqslant n$ 都有 $N^k=N^nN^{k-n}=O$. □

再介绍矩阵的转置运算.

定义 4.3.2 以 $m\times n$ 矩阵 $A=\begin{pmatrix}a_{11}&\cdots&a_{1n}\\\vdots&&\vdots\\a_{m1}&\cdots&a_{mn}\end{pmatrix}$ 的第 1 行为第 1 列, 以 A 的第 2 行为第 2 列, $\cdots$, 以 A 的第 m 行为第 m 列, 得到的 $n\times m$ 矩阵称为 A 的 **转置矩阵**, 记作 A^{T}, 即 $A^{\mathrm{T}}=\begin{pmatrix}a_{11}&\cdots&a_{m1}\\\vdots&&\vdots\\a_{1n}&\cdots&a_{mn}\end{pmatrix}$.

又若 $A^{\mathrm{T}}=A$, 则称 A 为 **对称矩阵**; 若 $A^{\mathrm{T}}=-A$, 则称 A 为 **反对称矩阵**.

注 利用转置符号, 可以把列向量记作 $(a_1,\cdots,a_m)^{\mathrm{T}}$, 因为行向量的转置就是列向量. 例如, 上面例 1 的 α 可写成 $\alpha=(1,3,9)^{\mathrm{T}}$, 这样可节省书页篇幅.

列出以下性质, 每组之中证明一条, 其余留作习题.

矩阵转置的性质

(1) $(A^{\mathrm{T}})^{\mathrm{T}}=A$.

(2) $(A+B)^{\mathrm{T}}=A^{\mathrm{T}}+B^{\mathrm{T}}$.

(3) $(aA)^{\mathrm{T}}=aA^{\mathrm{T}}$.

(4) $(AB)^{\mathrm{T}}=B^{\mathrm{T}}A^{\mathrm{T}}$ (可推广为 $(A_1A_2\cdots A_k)^{\mathrm{T}}=A_k^{\mathrm{T}}\cdots A_2^{\mathrm{T}}A_1^{\mathrm{T}}$).

(5) 若 A 可逆, 则 A^{T} 可逆且 $(A^{\mathrm{T}})^{-1}=(A^{-1})^{\mathrm{T}}$.

下面给出 (4) 的证明: 设 $A=(a_{ij})_{m\times n}$, $B=(b_{ij})_{n\times l}$, 则 AB 的 (i,j) 元素是 $\sum\limits_{k=1}^{n}a_{ik}b_{kj}$, 它是 $(AB)^{\mathrm{T}}$ 的 (j,i) 元素; 另一方面, 注意 B^{T} 的第 j 行是 B 的第 j 列, A^{T} 的第 i 列是 A 的第 i 行, 那么 $B^{\mathrm{T}}A^{\mathrm{T}}$ 的 (j,i) 元素为 $\sum\limits_{k=1}^{n}b_{kj}a_{ik}$, 所以 AB 的 (i,j) 元素等于 $B^{\mathrm{T}}A^{\mathrm{T}}$ 的 (j,i) 元素, 即 $(AB)^{\mathrm{T}}=B^{\mathrm{T}}A^{\mathrm{T}}$.

对称矩阵的性质

(1) 对称矩阵的逆矩阵是对称矩阵;

(2) 对称矩阵之和是对称矩阵;

(3) 若 A 是对称矩阵, 则 BAB^{T} 是对称矩阵;

(4) 同阶对称矩阵 A, B 之积是对称矩阵当且仅当 $AB=BA$.

给出 (4) 的证明: $(\boldsymbol{AB})^{\mathrm{T}}=\boldsymbol{AB}$ 当且仅当 $\boldsymbol{B}^{\mathrm{T}}\boldsymbol{A}^{\mathrm{T}}=\boldsymbol{AB}$, 由于 $\boldsymbol{A}, \boldsymbol{B}$ 都是对称的, 这就是 $\boldsymbol{BA}=\boldsymbol{AB}$.

例 3　证明: 任何方阵可以表示为一个对称方阵和一个反对称方阵之和.

证　设 $\boldsymbol{A}$ 为 n 阶方阵. 因为

$$\left(\frac{1}{2}(\boldsymbol{A}+\boldsymbol{A}^{\mathrm{T}})\right)^{\mathrm{T}}=\frac{1}{2}(\boldsymbol{A}^{\mathrm{T}}+(\boldsymbol{A}^{\mathrm{T}})^{\mathrm{T}})=\frac{1}{2}(\boldsymbol{A}^{\mathrm{T}}+\boldsymbol{A})=\frac{1}{2}(\boldsymbol{A}+\boldsymbol{A}^{\mathrm{T}}),$$

所以 $\frac{1}{2}(\boldsymbol{A}+\boldsymbol{A}^{\mathrm{T}})$ 是对称矩阵. 又

$$\left(\frac{1}{2}(\boldsymbol{A}-\boldsymbol{A}^{\mathrm{T}})\right)^{\mathrm{T}}=\frac{1}{2}(\boldsymbol{A}^{\mathrm{T}}-(\boldsymbol{A}^{\mathrm{T}})^{\mathrm{T}})=\frac{1}{2}(\boldsymbol{A}^{\mathrm{T}}-\boldsymbol{A})=-\frac{1}{2}(\boldsymbol{A}-\boldsymbol{A}^{\mathrm{T}}),$$

所以 $\frac{1}{2}(\boldsymbol{A}-\boldsymbol{A}^{\mathrm{T}})$ 是反对称矩阵, 从而

$$\boldsymbol{A}=\frac{1}{2}(\boldsymbol{A}+\boldsymbol{A}^{\mathrm{T}})+\frac{1}{2}(\boldsymbol{A}-\boldsymbol{A}^{\mathrm{T}})$$

就是一个对称方阵和一个反对称方阵之和. □

再介绍一类特殊矩阵. 对角线以下 (以上) 元素全为 0 的方阵称为 **上三角矩阵** (**下三角矩阵**), 即

$$\textbf{上三角矩阵}\begin{pmatrix} a_{11} & a_{12} & \cdots & a_{1n} \\ & a_{22} & \cdots & a_{2n} \\ & & \ddots & \vdots \\ & & & a_{nn} \end{pmatrix};\quad \textbf{下三角矩阵}\begin{pmatrix} a_{11} & & & \\ a_{21} & a_{22} & & \\ \vdots & \vdots & \ddots & \\ a_{n1} & a_{n2} & \cdots & a_{nn} \end{pmatrix}.$$

例 4　证明:

(1) 两个同阶上三角矩阵之积仍为上三角矩阵, 而且对角线元素就是对应的对角线元素之积.

(2) 上三角矩阵若可逆, 则它的对角线元均非零, 逆矩阵仍为上三角矩阵, 其对角线元素就是对应的对角线元素之逆.

证　(1) 直接按定义计算矩阵乘法

$$\boldsymbol{AB}=\begin{pmatrix} a_{11} & a_{12} & \cdots & a_{1n} \\ & a_{22} & \cdots & a_{2n} \\ & & \ddots & \vdots \\ & & & a_{nn} \end{pmatrix}\begin{pmatrix} b_{11} & b_{12} & \cdots & b_{1n} \\ & b_{22} & \cdots & b_{2n} \\ & & \ddots & \vdots \\ & & & b_{nn} \end{pmatrix},$$

它的 (i,j) 元素为 $\sum\limits_{k=1}^{n} a_{ik}b_{kj}$. 设 $i>j$, 即考虑主对角线以下的元素, 看和式 $\sum$ 中的各项 $a_{ik}b_{kj}$, 在 $k>j$ 时 $b_{kj}=0$, 否则 $k\leqslant j<i$, 此时 $a_{ik}=0$, 所以 $\boldsymbol{AB}$ 的 (i,j) 元素是零, 即 $\boldsymbol{AB}$ 是上三角矩阵.

类似地, $i=j$ 时, $\sum_{k=1}^{n} a_{ik}b_{kj}$ 中各项除 $a_{ii}b_{ii}$ 外都是零, 所以 $\boldsymbol{AB}$ 的对角线 (i,i) 元素是 $a_{ii}b_{ii}$. 即得

$$\boldsymbol{AB}=\begin{pmatrix} a_{11}b_{11} & * & \cdots & * \\ & a_{22}b_{22} & \cdots & * \\ & & \ddots & \vdots \\ & & & a_{nn}b_{nn} \end{pmatrix}.$$

(2) 设 $\boldsymbol{A}=\begin{pmatrix} a_{11} & a_{12} & \cdots & a_{1n} \\ & a_{22} & \cdots & a_{2n} \\ & & \ddots & \vdots \\ & & & a_{nn} \end{pmatrix}$ 可逆, 并设 $\boldsymbol{A}^{-1}=(b_{ij})_{n\times n}$, 那么

$$\begin{pmatrix} 1 & & & \\ & 1 & & \\ & & \ddots & \\ & & & 1 \end{pmatrix}=\boldsymbol{AA}^{-1}$$

$$=\begin{pmatrix} a_{11} & \cdots & a_{1,n-1} & a_{1n} \\ & \ddots & \vdots & \vdots \\ & & a_{n-1,n-1} & a_{n-1,n} \\ & & & a_{nn} \end{pmatrix}\begin{pmatrix} b_{11} & \cdots & b_{1,n-1} & b_{1n} \\ \vdots & & \vdots & \vdots \\ b_{n-1,1} & \cdots & b_{n-1,n-1} & b_{n-1,n} \\ b_{n1} & \cdots & b_{n,n-1} & b_{nn} \end{pmatrix},$$

比较两边 (n,n) 元素得 $a_{nn}b_{nn}=1$, 即 $a_{nn}\neq 0$ 且 $b_{nn}=a_{nn}^{-1}$. 再对 $j<n$ 比较两边 (n,j) 元素得 $a_{nn}b_{nj}=0$, 但 $a_{nn}\neq 0$, 所以 $b_{nj}=0$, 即

$$\boldsymbol{B}=\begin{pmatrix} b_{11} & \cdots & b_{1,n-1} & b_{1n} \\ \vdots & & \vdots & \vdots \\ b_{n-1,1} & \cdots & b_{n-1,n-1} & b_{n-1,n} \\ & & & a_{nn}^{-1} \end{pmatrix}=\begin{pmatrix} \tilde{\boldsymbol{B}} & * \\ & a_{nn}^{-1} \end{pmatrix}$$

是一个对角分块上三角矩阵, 其中 $\tilde{\boldsymbol{B}}$ 是 $\boldsymbol{B}$ 的左上角 $(n-1)\times(n-1)$ 块. 回头再计算 $\boldsymbol{AB}$, 由 4.2 节末的对角方形分块乘法, 它的左上角 $(n-1)\times(n-1)$ 块为

$$\begin{pmatrix} a_{11} & \cdots & a_{1,n-1} \\ & \ddots & \vdots \\ & & a_{n-1,n-1} \end{pmatrix}\begin{pmatrix} b_{11} & \cdots & b_{1,n-1} \\ \vdots & & \vdots \\ b_{n-1,1} & \cdots & b_{n-1,n-1} \end{pmatrix}=\begin{pmatrix} 1 & & \\ & \ddots & \\ & & 1 \end{pmatrix}.$$

重复上述证明过程 (或者按对矩阵的阶的数学归纳法), 可知

$$\begin{pmatrix} b_{11} & \cdots & b_{1,n-1} \\ \vdots & & \vdots \\ b_{n-1,1} & \cdots & b_{n-1,n-1} \end{pmatrix} = \begin{pmatrix} a_{11}^{-1} & \cdots & b_{1,n-1} \\ & \ddots & \vdots \\ & & a_{n-1,n-1}^{-1} \end{pmatrix}$$

为上三角矩阵. 因此 $\boldsymbol{A}$ 的逆矩阵 $\boldsymbol{B}$ 是如下形式的上三角矩阵:

$$\boldsymbol{B} = \begin{pmatrix} a_{11}^{-1} & \cdots & b_{1,n-1} & b_{1n} \\ & \ddots & \vdots & \vdots \\ & & a_{n-1,n-1}^{-1} & b_{n-1,n} \\ & & & a_{nn}^{-1} \end{pmatrix}. \qquad \square$$

习　题　4.3

1. 证明矩阵幂运算公式.

2. 设 $\boldsymbol{A}$, $\boldsymbol{B}$ 是 n 阶矩阵且 $\boldsymbol{AB} = \boldsymbol{BA}$, k 是正整数. 证明:

(1) $(\boldsymbol{AB})^k = \boldsymbol{A}^k\boldsymbol{B}^k$;

(2) $(\boldsymbol{A}+\boldsymbol{B})^k = \sum\limits_{i=0}^{k}\begin{pmatrix} k \\ i \end{pmatrix}\boldsymbol{A}^{k-i}\boldsymbol{B}^i$, 其中 $\begin{pmatrix} k \\ i \end{pmatrix} = \dfrac{k!}{i!(k-i)!}$ 表示二项式系数;

(3) 设 $f(\lambda)$, $g(\lambda)$ 是多项式, 则 $f(\boldsymbol{A})g(\boldsymbol{B}) = g(\boldsymbol{B})f(\boldsymbol{A})$;

(4) 举例说明 $(\boldsymbol{A}+\boldsymbol{B})^{-1} = \boldsymbol{A}^{-1}+\boldsymbol{B}^{-1}$ 一般不成立;

(5) 举例说明 (1),(2) 与 (3) 中条件 $\boldsymbol{AB} = \boldsymbol{BA}$ 是必要的.

3. 设 $\boldsymbol{D} = \begin{pmatrix} 0 & 1 & & & \\ & 0 & 2 & & \\ & & \ddots & \ddots & \\ & & & 0 & n-1 \\ & & & & 0 \end{pmatrix}$. 求 $\boldsymbol{D}^2$, $\boldsymbol{D}^3$, $\boldsymbol{D}^n$, $\boldsymbol{D}^{n+1}$.

4. 如果 $\boldsymbol{A}^2 = \boldsymbol{A}$, k 为正整数, 证明: $(\boldsymbol{A}+\boldsymbol{E})^k = (2^k-1)\boldsymbol{A}+\boldsymbol{E}$.

5. (1) 已知 $\boldsymbol{A}^2+\boldsymbol{A}+\boldsymbol{E} = \boldsymbol{O}$. 求证: $\boldsymbol{A}^{-1} = -\boldsymbol{A}-\boldsymbol{E}$;

(2) 已知 $\boldsymbol{A}^k = \boldsymbol{O}$. 求 $(\boldsymbol{E}-\boldsymbol{A})^{-1}$.

6. 设 $\boldsymbol{A} = \begin{pmatrix} 1 & -1 & 1 \\ 1 & 1 & 0 \\ 2 & 1 & 1 \end{pmatrix}$. 求 $(\boldsymbol{A}+2\boldsymbol{E})^{-1}(\boldsymbol{A}^2-4\boldsymbol{E})$.

7. 设 $\boldsymbol{A} = \mathrm{diag}\left(\dfrac{1}{3}, \dfrac{1}{4}, \dfrac{1}{7}\right)$, 而 $\boldsymbol{B}$ 为三阶矩阵满足 $\boldsymbol{A}^{-1}\boldsymbol{BA} = 6\boldsymbol{A}+\boldsymbol{BA}$. 求 $\boldsymbol{B}$.

8. 证明矩阵转置性质和对称矩阵性质.

9. 若实方阵 $\boldsymbol{A}$ 满足 $\boldsymbol{A}^{\mathrm{T}}\boldsymbol{A}=\boldsymbol{O}$, 则 $\boldsymbol{A}=\boldsymbol{O}$. 对复方阵结论成立吗? 如何修改条件使之成立?

10. 设 $\boldsymbol{A}$ 是 n 阶反对称矩阵, $\boldsymbol{B}$ 是 n 阶对称矩阵. 证明:

(1) $\boldsymbol{AB}-\boldsymbol{BA}$ 是对称矩阵;　　(2) $\boldsymbol{AB}$ 是 n 阶反对称矩阵当且仅当 $\boldsymbol{AB}=\boldsymbol{BA}$.

11. 设 $\boldsymbol{\alpha}=(1,\ 2,\ 3)$, $\boldsymbol{\beta}=\left(1,\ \frac{1}{2},\ \frac{1}{3}\right)$, $\boldsymbol{A}=\boldsymbol{\alpha}^{\mathrm{T}}\boldsymbol{\beta}$. 求 $\boldsymbol{A}^k$.

12. 设 $\boldsymbol{A}+a\boldsymbol{B}=\begin{pmatrix}3&3\\2&4\end{pmatrix}$, $\boldsymbol{A}+\boldsymbol{B}=\boldsymbol{E}$, $\boldsymbol{AB}=\boldsymbol{O}$.

(1) 求数 a 和矩阵 $\boldsymbol{A}$, $\boldsymbol{B}$;

(2) 证明: $(\boldsymbol{A}+a\boldsymbol{B})^k=\boldsymbol{A}+a^k\boldsymbol{B}$.

13. 设 $\boldsymbol{A}=\begin{pmatrix}\boldsymbol{A}_1&&\\&\ddots&\\&&\boldsymbol{A}_t\end{pmatrix}$ 为对角分块矩阵. 证明:

(1) 若 $\boldsymbol{A}_1,\cdots,\boldsymbol{A}_t$ 均可逆, 则 $\boldsymbol{A}$ 可逆且 $\boldsymbol{A}^{-1}=\begin{pmatrix}\boldsymbol{A}_1^{-1}&&\\&\ddots&\\&&\boldsymbol{A}_t^{-1}\end{pmatrix}$;

(2) 若 $\boldsymbol{A}_1,\cdots,\boldsymbol{A}_t$ 均可逆, 则 $\begin{pmatrix}&&&\boldsymbol{A}_1\\&&\boldsymbol{A}_2&\\&\iddots&&\\\boldsymbol{A}_t&&&\end{pmatrix}^{-1}=\begin{pmatrix}&&&\boldsymbol{A}_t^{-1}\\&&\iddots&\\&\boldsymbol{A}_2^{-1}&&\\\boldsymbol{A}_1^{-1}&&&\end{pmatrix}$.

14. 设 $\boldsymbol{M}=\begin{pmatrix}\boldsymbol{A}&\boldsymbol{B}\\\boldsymbol{C}&\boldsymbol{D}\end{pmatrix}$ 为分块矩阵. 证明: $\boldsymbol{M}^{\mathrm{T}}=\begin{pmatrix}\boldsymbol{A}^{\mathrm{T}}&\boldsymbol{C}^{\mathrm{T}}\\\boldsymbol{B}^{\mathrm{T}}&\boldsymbol{D}^{\mathrm{T}}\end{pmatrix}$. 特别地, $\begin{pmatrix}\boldsymbol{A}&\\&\boldsymbol{D}\end{pmatrix}$ 为对称矩阵当且仅当 $\boldsymbol{A}$ 与 $\boldsymbol{D}$ 都为对称矩阵.

15. 求 $\begin{pmatrix}0&0&\cdots&0&a_1\\a_2&0&\cdots&0&0\\0&a_3&\cdots&0&0\\\vdots&\vdots&&\vdots&\vdots\\0&0&\cdots&a_n&0\end{pmatrix}^{-1}$, 其中 $a_i\neq 0$, $i=1,2,\cdots,n$.

4.4　向量的线性关系

约定　恒设 $\mathbb{F}$ 是一个数域, $V=\mathbb{F}^n$ 是 $\mathbb{F}$ 上的 n 维向量空间, $\boldsymbol{\alpha}$, $\boldsymbol{\beta}$, $\boldsymbol{\gamma}$ 等表示 V 中向量, a, b, c 等表示 $\mathbb{F}$ 中的数.

注　V 中的向量 $\boldsymbol{\alpha}$ 是 $\mathbb{F}$ 上长为 n 的序列, 但必要时作为矩阵参与运算, 则有横写 (即行向量) 和竖写 (即列向量) 的差别, 参看定义 4.1.3 后的注解.

先介绍向量的线性关系重要概念, 再证明线性关系的基本性质及其推论.

向量 $c_1\boldsymbol{\alpha}_1+\cdots+c_k\boldsymbol{\alpha}_k(c_i\in\mathbb{F},\ \boldsymbol{\alpha}_i\in V)$ 称为向量 $\boldsymbol{\alpha}_1,\ \cdots,\ \boldsymbol{\alpha}_k$ 的 **线性组合** , 其中 $c_1,\ \cdots,\ c_k$ 称为**组合系数**. 参看命题 1.2.2 后的注解.

定义 4.4.1 设 $\boldsymbol{\alpha}_1,\cdots,\boldsymbol{\alpha}_k\in V$. 如果存在不全为零的 $c_1,\cdots,c_k\in\mathbb{F}$, 使得线性组合 $c_1\boldsymbol{\alpha}_1+\cdots+c_k\boldsymbol{\alpha}_k=\mathbf{0}$, 就称向量组 $\boldsymbol{\alpha}_1,\cdots,\boldsymbol{\alpha}_k$ 在 $\mathbb{F}$ 上 **线性相关** , 简称线性相关; 否则 (即这样的不全为零的 $c_1,\cdots,c_k\in\mathbb{F}$ 不存在), 就称向量组 $\boldsymbol{\alpha}_1,\cdots,\boldsymbol{\alpha}_k$ 在 $\mathbb{F}$ 上 **线性无关** , 简称线性无关.

换言之, 如果从 $c_1\boldsymbol{\alpha}_1+\cdots+c_k\boldsymbol{\alpha}_k=\mathbf{0}$ 恒可推出系数全为零 $c_1=\cdots=c_k=0$, 那么向量组 $\boldsymbol{\alpha}_1,\cdots,\boldsymbol{\alpha}_k$ 线性无关, 这是处理线性无关问题的**基本方式.**

例如, 在 $\mathbb{R}^3$ 中, 推论 1.2.1 表明两向量线性无关就是说它们不共线. 而推论 1.2.2 表明三向量线性无关就是说它们不共面.

又例如, 在 $\mathbb{F}^2$ 中, 因为 $2\cdot\begin{pmatrix}1\\-1\end{pmatrix}+1\cdot\begin{pmatrix}-2\\2\end{pmatrix}=\mathbf{0}$, 其中系数 2, 1 不全为零, 所以 $\begin{pmatrix}1\\-1\end{pmatrix}$, $\begin{pmatrix}-2\\2\end{pmatrix}$ 线性相关. 但是 $\begin{pmatrix}1\\-1\end{pmatrix}$, $\begin{pmatrix}0\\2\end{pmatrix}$ 线性无关. 因为若 $a\cdot\begin{pmatrix}1\\-1\end{pmatrix}+b\cdot\begin{pmatrix}0\\2\end{pmatrix}=\mathbf{0}$, 就是 $\begin{pmatrix}a+0b\\-a+2b\end{pmatrix}=\mathbf{0}$, 那么 $\begin{cases}a+0b=0,\\-a+2b=0,\end{cases}$ 解得 $a=b=0$. 故 $\begin{pmatrix}1\\-1\end{pmatrix}$, $\begin{pmatrix}0\\2\end{pmatrix}$ 线性无关.

以下介绍向量线性关系的性质. 保持本节开头的约定.

性质 4.4.1 一个向量 $\boldsymbol{\alpha}$ 线性相关当且仅当 $\boldsymbol{\alpha}=\mathbf{0}$. (等价命题: $\boldsymbol{\alpha}$ 线性无关当且仅当 $\boldsymbol{\alpha}\neq\mathbf{0}$.)

证 若 $\boldsymbol{\alpha}=\mathbf{0}$, 则 $1\cdot\boldsymbol{\alpha}=\mathbf{0}$, 而 $1\neq 0$, 所以 $\boldsymbol{\alpha}$ 线性相关.

反过来, 若 $\boldsymbol{\alpha}$ 线性相关, 则有不为零的 $c\in\mathbb{F}$ 使得 $c\boldsymbol{\alpha}=\mathbf{0}$, 因为 $c\neq 0$, 由 4.1 节向量运算基本性质 (V9), 得 $\boldsymbol{\alpha}=\mathbf{0}$. □

性质 4.4.2 设 $k>1$. 向量组 $\boldsymbol{\alpha}_1,\cdots,\boldsymbol{\alpha}_k$ 线性相关当且仅当存在 $1\leqslant t\leqslant k$ 使得 $\boldsymbol{\alpha}_t$ 是其他向量 $\boldsymbol{\alpha}_1,\cdots,\boldsymbol{\alpha}_{t-1},\boldsymbol{\alpha}_{t+1},\cdots,\boldsymbol{\alpha}_k$ 的线性组合. (等价命题: 设 $k>1$. 向量组 $\boldsymbol{\alpha}_1,\cdots,\boldsymbol{\alpha}_k$ 线性无关当且仅当它们中的任何一个都不是其他向量的线性组合.)

证 如果向量组 $\boldsymbol{\alpha}_1,\cdots,\boldsymbol{\alpha}_k$ 线性相关, 则有不全为零的 $c_1,\cdots,c_k\in\mathbb{F}$ 使得 $c_1\boldsymbol{\alpha}_1+\cdots+c_k\boldsymbol{\alpha}_k=\mathbf{0}$, 那么至少有一个 $c_t\neq 0$, $1\leqslant t\leqslant k$, 于是

$$\boldsymbol{\alpha}_t=\Big(-\frac{c_1}{c_t}\Big)\boldsymbol{\alpha}_1+\cdots+\Big(-\frac{c_{t-1}}{c_t}\Big)\boldsymbol{\alpha}_{t-1}+\Big(-\frac{c_{t+1}}{c_t}\Big)\boldsymbol{\alpha}_{t+1}+\cdots+\Big(-\frac{c_k}{c_t}\Big)\boldsymbol{\alpha}_k\ .$$

反过来, 如果 $\boldsymbol{\alpha}_t = b_1\boldsymbol{\alpha}_1 + \cdots + b_{t-1}\boldsymbol{\alpha}_{t-1} + b_{t+1}\boldsymbol{\alpha}_{t+1} + \cdots + b_k\boldsymbol{\alpha}_k$, 则

$$b_1\boldsymbol{\alpha}_1 + \cdots + b_{t-1}\boldsymbol{\alpha}_{t-1} + (-1)\boldsymbol{\alpha}_t + b_{t+1}\boldsymbol{\alpha}_{t+1} + \cdots + b_k\boldsymbol{\alpha}_k = \mathbf{0}\,,$$

而其中至少有一系数 $-1 \neq 0$, 故 $\boldsymbol{\alpha}_1, \cdots, \boldsymbol{\alpha}_k$ 线性相关. □

重要说明 说某些东西的 "组", 与说某些东西的 "集", 含义很不一样. 当说 "向量组 $\boldsymbol{\alpha}_1, \cdots, \boldsymbol{\alpha}_k$" 时, 不排除其中有相同的向量, 即容许有重复成员; 而一个集合的成员是明确相互区别的, 如 $\boldsymbol{\alpha}, \boldsymbol{\alpha}, \boldsymbol{\beta}(\boldsymbol{\beta} \neq \boldsymbol{\alpha})$ 构成集合时为 $\{\boldsymbol{\alpha}, \boldsymbol{\beta}\}$, 但说它们是向量组时, 就认为有两个 $\boldsymbol{\alpha}$.

同样, 以后在说向量组的 "合并组" 时也是这个容许重复的意思. 例如, 向量组 $\boldsymbol{\alpha}, \boldsymbol{\beta}$ 与向量组 $\boldsymbol{\beta}, \boldsymbol{\gamma}$ 的合并组是 $\boldsymbol{\alpha}, \boldsymbol{\beta}, \boldsymbol{\beta}, \boldsymbol{\gamma}$, 而不是 $\boldsymbol{\alpha}, \boldsymbol{\beta}, \boldsymbol{\gamma}$.

由上述性质马上知道: 一旦向量组中有重复成员该向量组必线性相关, 如 $\boldsymbol{\alpha}, \boldsymbol{\alpha}, \boldsymbol{\beta}$ 线性相关, 因为 $\boldsymbol{\alpha} = \boldsymbol{\alpha} + 0\boldsymbol{\beta}$ 为其他成员的线性组合.

性质 4.4.3 若向量组 $\boldsymbol{\alpha}_1, \cdots, \boldsymbol{\alpha}_k$ 线性相关, 则任何包含这组向量的向量组 $\boldsymbol{\alpha}_1, \cdots, \boldsymbol{\alpha}_k, \cdots, \boldsymbol{\alpha}_m$ 线性相关. (等价命题: 线性无关向量组 $\boldsymbol{\alpha}_1, \cdots, \boldsymbol{\alpha}_k$ 的任意一部分向量也线性无关.)

证 因为向量组 $\boldsymbol{\alpha}_1, \cdots, \boldsymbol{\alpha}_k$ 线性相关, 所以有不全为零的 $c_1, \cdots, c_k \in \mathbb{F}$ 使得 $c_1\boldsymbol{\alpha}_1 + \cdots + c_k\boldsymbol{\alpha}_k = \mathbf{0}$, 那么 $c_1\boldsymbol{\alpha}_1 + \cdots + c_k\boldsymbol{\alpha}_k + 0\boldsymbol{\alpha}_{k+1} + \cdots + 0\boldsymbol{\alpha}_m = \mathbf{0}$, 而且系数 $c_1, \cdots, c_k, 0, \cdots, 0$ 不全为零, 所以 $\boldsymbol{\alpha}_1, \cdots, \boldsymbol{\alpha}_k, \cdots, \boldsymbol{\alpha}_m$ 线性相关. □

性质 4.4.4 设向量 $\boldsymbol{\gamma}$ 是向量 $\boldsymbol{\alpha}_1, \cdots, \boldsymbol{\alpha}_k$ 的线性组合, 而每个 $\boldsymbol{\alpha}_i$ 是 $\boldsymbol{\beta}_1, \cdots, \boldsymbol{\beta}_m$ 的线性组合, 则 $\boldsymbol{\gamma}$ 是 $\boldsymbol{\beta}_1, \cdots, \boldsymbol{\beta}_m$ 的线性组合.

证 由条件, $\boldsymbol{\gamma} = \sum_{i=1}^{k} c_i\boldsymbol{\alpha}_i$, $\boldsymbol{\alpha}_i = \sum_{j=1}^{m} a_{ij}\boldsymbol{\beta}_j$, $i = 1, 2, \cdots, k$, 所以

$$\boldsymbol{\gamma} = \sum_{i=1}^{k} c_i \sum_{j=1}^{m} a_{ij}\boldsymbol{\beta}_j = \sum_{i=1}^{k}\sum_{j=1}^{m} c_i a_{ij}\boldsymbol{\beta}_j = \sum_{j=1}^{m}\left(\sum_{i=1}^{k} c_i a_{ij}\right)\boldsymbol{\beta}_j\,.$$ □

性质 4.4.5 设 $\boldsymbol{\alpha}_1, \cdots, \boldsymbol{\alpha}_k$ 线性无关. 若 $\boldsymbol{\alpha}_{k+1}$ 不能表为 $\boldsymbol{\alpha}_1, \cdots, \boldsymbol{\alpha}_k$ 的线性组合, 则 $\boldsymbol{\alpha}_1, \cdots, \boldsymbol{\alpha}_k, \boldsymbol{\alpha}_{k+1}$ 线性无关. (等价命题 : 设 $\boldsymbol{\alpha}_1, \cdots, \boldsymbol{\alpha}_k$ 线性无关. 若 $\boldsymbol{\alpha}_1, \cdots, \boldsymbol{\alpha}_k, \boldsymbol{\alpha}_{k+1}$ 线性相关, 则 $\boldsymbol{\alpha}_{k+1}$ 是 $\boldsymbol{\alpha}_1, \cdots, \boldsymbol{\alpha}_k$ 的线性组合.)

证 由 $\boldsymbol{\alpha}_1, \cdots, \boldsymbol{\alpha}_k, \boldsymbol{\alpha}_{k+1}$ 线性相关, 有不全为零的 $c_1, \cdots, c_k, c_{k+1} \in \mathbb{F}$ 使得 $c_{k+1}\boldsymbol{\alpha}_{k+1} + \sum_{i=1}^{k} c_i\boldsymbol{\alpha}_i = \mathbf{0}$. 若 $c_{k+1} = 0$, 则 $c_1, \cdots, c_k$ 不全为零且 $\sum_{i=1}^{k} c_i\boldsymbol{\alpha}_i = \mathbf{0}$, 这与假设 "$\boldsymbol{\alpha}_1, \cdots, \boldsymbol{\alpha}_k$ 线性无关" 矛盾, 故 $c_{k+1} \neq 0$, 得 $\boldsymbol{\alpha}_{k+1} = \sum_{i=1}^{k}(-c_i/c_{k+1})\boldsymbol{\alpha}_i$. □

定义 4.4.2 如果向量组 $\boldsymbol{\alpha}_1, \cdots, \boldsymbol{\alpha}_k$ 中的每一个都是 $\boldsymbol{\beta}_1, \cdots, \boldsymbol{\beta}_m$ 的线性组合, 而向量组 $\boldsymbol{\beta}_1, \cdots, \boldsymbol{\beta}_m$ 中的每一个也都是 $\boldsymbol{\alpha}_1, \cdots, \boldsymbol{\alpha}_k$ 的线性组合, 则称向量组

$\boldsymbol{\alpha}_1,\cdots,\boldsymbol{\alpha}_k$ 与向量组 $\boldsymbol{\beta}_1,\cdots,\boldsymbol{\beta}_m$ **线性等价**，简称两向量组**等价**.

易证：若向量组 $\boldsymbol{\alpha}_1,\cdots,\boldsymbol{\alpha}_k$ 与 $\boldsymbol{\beta}_1,\cdots,\boldsymbol{\beta}_m$ 等价，而向量组 $\boldsymbol{\beta}_1,\cdots,\boldsymbol{\beta}_m$ 与 $\boldsymbol{\gamma}_1,\cdots,\boldsymbol{\gamma}_l$ 等价，则向量组 $\boldsymbol{\alpha}_1,\cdots,\boldsymbol{\alpha}_k$ 与 $\boldsymbol{\gamma}_1,\cdots,\boldsymbol{\gamma}_l$ 等价 (见本节习题 7).

性质 4.4.6(替换引理)　如果 $\boldsymbol{\alpha}_1,\cdots,\boldsymbol{\alpha}_k$ 线性无关且每个 $\boldsymbol{\alpha}_i$ 可由 $\boldsymbol{\beta}_1,\cdots,\boldsymbol{\beta}_m$ 线性表示，那么 $k\leqslant m$，并且可从 $\boldsymbol{\beta}_1,\cdots,\boldsymbol{\beta}_m$ 中取出 k 个，重新编号后可认为是前 k 个 $\boldsymbol{\beta}_1,\cdots,\boldsymbol{\beta}_k$，分别由 $\boldsymbol{\alpha}_1,\cdots,\boldsymbol{\alpha}_k$ 替换后所得向量组

$$\boldsymbol{\alpha}_1,\ \cdots,\ \boldsymbol{\alpha}_k,\ \boldsymbol{\beta}_{k+1},\ \cdots,\ \boldsymbol{\beta}_m$$

与原向量组 $\boldsymbol{\beta}_1,\ \cdots,\ \boldsymbol{\beta}_k,\ \boldsymbol{\beta}_{k+1},\ \cdots,\ \boldsymbol{\beta}_m$ 等价.

证　对 k 进行归纳. $k=1$ 时，由性质 4.4.1 知 $\boldsymbol{\alpha}_1\neq\boldsymbol{0}$，而 $\boldsymbol{\alpha}_1=\sum\limits_{i=1}^{m}a_i\boldsymbol{\beta}_i$，$a_i\in\mathbb{F}$，那么至少有一个 $a_i\neq 0$，所以就有 $m\geqslant 1$ 即 $k\leqslant m$，重新编号后可认为 $a_1\neq 0$，那么

$$\begin{aligned}\boldsymbol{\alpha}_1&=a_1\boldsymbol{\beta}_1+a_2\boldsymbol{\beta}_2+\cdots+a_m\boldsymbol{\beta}_m\,,\\ \boldsymbol{\beta}_1&=\Big(\frac{1}{a_1}\Big)\boldsymbol{\alpha}_1+\Big(-\frac{a_2}{a_1}\Big)\boldsymbol{\beta}_2+\cdots+\Big(-\frac{a_m}{a_1}\Big)\boldsymbol{\beta}_m\,,\end{aligned}$$

而对 $2\leqslant j\leqslant m$，则有

$$\begin{aligned}\boldsymbol{\beta}_j=&0\cdot\boldsymbol{\alpha}_1+0\cdot\boldsymbol{\beta}_2+\cdots+0\cdot\boldsymbol{\beta}_{j-1}+1\cdot\boldsymbol{\beta}_j+0\cdot\boldsymbol{\beta}_{j+1}+\cdots+0\cdot\boldsymbol{\beta}_m\\ =&0\cdot\boldsymbol{\beta}_1+0\cdot\boldsymbol{\beta}_2+\cdots+0\cdot\boldsymbol{\beta}_{j-1}+1\cdot\boldsymbol{\beta}_j+0\cdot\boldsymbol{\beta}_{j+1}+\cdots+0\cdot\boldsymbol{\beta}_m\,,\end{aligned}$$

所以向量组 $\boldsymbol{\alpha}_1,\boldsymbol{\beta}_2,\cdots,\boldsymbol{\beta}_m$ 与向量组 $\boldsymbol{\beta}_1,\boldsymbol{\beta}_2,\cdots,\boldsymbol{\beta}_m$ 等价.

设 $k>1$，并设结论对 $k-1$ 正确，那么 $k-1\leqslant m$ 且可设下述两向量组等价：

$$\begin{aligned}&\boldsymbol{\beta}_1,\ \cdots,\ \boldsymbol{\beta}_{k-1},\ \boldsymbol{\beta}_k,\ \cdots,\ \boldsymbol{\beta}_m\,;\\ &\boldsymbol{\alpha}_1,\ \cdots,\ \boldsymbol{\alpha}_{k-1},\ \boldsymbol{\beta}_k,\ \cdots,\ \boldsymbol{\beta}_m\,.\end{aligned}\tag{4.4.1}$$

因为 $\boldsymbol{\alpha}_k$ 可由前一组向量线性表示，由性质 4.4.4，$\boldsymbol{\alpha}_k$ 可由后一组向量线性表示，即

$$\boldsymbol{\alpha}_k=c_1\boldsymbol{\alpha}_1+\cdots+c_{k-1}\boldsymbol{\alpha}_{k-1}+c_k\boldsymbol{\beta}_k+\cdots+c_m\boldsymbol{\beta}_m\,.$$

若 $c_k=c_{k+1}=\cdots=c_m=0$，则按性质 4.4.2，$\boldsymbol{\alpha}_1,\cdots,\boldsymbol{\alpha}_{k-1},\boldsymbol{\alpha}_k$ 线性相关，这不对，故至少有一个 $c_j\neq 0,\ k\leqslant j\leqslant m$，即得 $k\leqslant m$，且重编号可设 $c_k\neq 0$，得

$$\boldsymbol{\beta}_k=\left(-\frac{c_1}{c_k}\right)\boldsymbol{\alpha}_1+\cdots+\left(-\frac{c_{k-1}}{c_k}\right)\boldsymbol{\alpha}_{k-1}+\frac{1}{c_k}\boldsymbol{\alpha}_k+\cdots+\left(-\frac{c_m}{c_k}\right)\boldsymbol{\beta}_m\,,$$

那么同上段推理得到以下两向量组等价：

$$\begin{aligned}&\boldsymbol{\alpha}_1,\cdots,\boldsymbol{\alpha}_{k-1},\ \boldsymbol{\beta}_k,\ \boldsymbol{\beta}_{k+1},\cdots,\boldsymbol{\beta}_m\,;\\ &\boldsymbol{\alpha}_1,\cdots,\boldsymbol{\alpha}_{k-1},\ \boldsymbol{\alpha}_k,\ \boldsymbol{\beta}_{k+1},\cdots,\boldsymbol{\beta}_m\,.\end{aligned}$$

结合式 (4.4.1), 就得 $\beta_1,\cdots,\beta_k,\beta_{k+1},\cdots,\beta_m$ 与 $\alpha_1,\cdots,\alpha_k,\beta_{k+1},\cdots,\beta_m$ 等价. □

推论 4.4.1 线性无关的彼此等价的两个向量组含向量个数相等.

证 设向量组 $\alpha_1,\cdots,\alpha_k$ 与 $\beta_1,\cdots,\beta_m$ 都线性无关且彼此等价, 那么由替换引理得 $k\leqslant m$ 和 $m\leqslant k$, 即 $k=m$. □

注 仔细审视本节所有论证, 会看到: 所有的证明都仅仅用到 4.1 节中向量运算律 (V1)~(V8) 和 (V9)~(V11), 而前八条是基本的, 后三条是可从前八条推出来的. 在第 10 章讲一般的向量空间时, 将仅仅从 (V1)~(V8) 出发, 因此本节所有论述在那里也都成立.

例 1 设 $\alpha_1+\beta_1,\alpha_2,\cdots,\alpha_k$ 线性无关. 证明: 或者 $\alpha_1,\alpha_2\cdots,\alpha_k$ 线性无关, 或者 $\beta_1,\alpha_2\cdots,\alpha_k$ 线性无关.

证 因 $\alpha_1+\beta_1,\alpha_2,\cdots,\alpha_k$ 线性无关, 故 $\alpha_2,\cdots,\alpha_k$ 线性无关. 用反证法. 若 $\alpha_1,\alpha_2\cdots,\alpha_k$ 与 $\beta_1,\alpha_2\cdots,\alpha_k$ 都线性相关, 由性质 4.4.5, 就有 $\alpha_1=\sum\limits_{i=2}^{k}a_i\alpha_i$ 和 $\beta_1=\sum\limits_{i=2}^{k}b_i\alpha_i$, 所以 $\alpha_1+\beta_1=\sum\limits_{i=2}^{k}(a_i+b_i)\alpha_i$. 由性质 4.4.2, $\alpha_1+\beta_1,\alpha_2,\cdots,\alpha_k$ 线性相关. 这与假设不符合, 故结论成立. □

例 2 设 $\alpha_1=(1,1,0)$, $\alpha_2=(1,1,1)$.

(1) 证明: α_1, α_2 为线性无关向量组;

(2) 从 $\varepsilon_1=(1,0,0)$, $\varepsilon_2=(0,1,0)$, $\varepsilon_3=(0,0,1)$ 中取出两个用 α_1 和 α_2 替换使所得向量组与向量组 ε_1, ε_2, ε_3 等价.

解 (1) 若 $c_1\alpha_1+c_2\alpha_2=\mathbf{0}$, 则 $c_1+c_2=0$, $c_2=0$, 所以 $c_1=c_2=0$, 故 α_1, α_2 线性无关.

(2) $\alpha_1=\varepsilon_1+\varepsilon_2+0\varepsilon_3$, 其中 ε_1 的系数非零, 所以向量组 $\alpha_1,\varepsilon_2,\varepsilon_3$ 与向量组 $\varepsilon_1,\varepsilon_2,\varepsilon_3$ 等价. 又 $\alpha_2=\alpha_1+0\varepsilon_2+\varepsilon_3$, 其中 ε_3 的系数非零, 所以向量组 $\alpha_1,\varepsilon_2,\alpha_2$ 与向量组 $\alpha_1,\varepsilon_2,\varepsilon_3$ 等价, 从而与向量组 $\varepsilon_1,\varepsilon_2,\varepsilon_3$ 等价. □

习 题 4.4

1. 向量组 $(0,0,1)$, $(0,1,1)$, $(1,1,1)$ 是否线性无关?

2. 若 α 能由 $\alpha_1,\cdots,\alpha_k$ 线性表示 $\alpha=\sum\limits_{i=1}^{k}c_i\alpha_i$, 这种表示是否唯一?

3. 证明: 如果向量组中含零向量, 则该向量组线性相关.

4. 下述论证是否正确? 请说明理由.

“若 $\alpha_1,\cdots,\alpha_k$ 与 $\beta_1,\cdots,\beta_k$ 都线性相关, 则存在不全为零的 $c_1,\cdots,c_k$ 使得 $\sum\limits_{i=1}^{k}c_i\alpha_i=$

$\mathbf{0}$ 和 $\sum_{i=1}^{k} c_i\boldsymbol{\beta}_i = \mathbf{0}$, 因此 $\sum_{i=1}^{k} c_i(\boldsymbol{\alpha}_i + \boldsymbol{\beta}_i) = \mathbf{0}$, 故 $\boldsymbol{\alpha}_1 + \boldsymbol{\beta}_1, \cdots, \boldsymbol{\alpha}_k + \boldsymbol{\beta}_k$ 也线性相关. ”

5. 设向量组 $\boldsymbol{\alpha}_1, \boldsymbol{\alpha}_2, \boldsymbol{\alpha}_3$ 线性无关.

(1) 证明：$2\boldsymbol{\alpha}_1 + 3\boldsymbol{\alpha}_2$, $\boldsymbol{\alpha}_2 + 4\boldsymbol{\alpha}_3$, $5\boldsymbol{\alpha}_3 + \boldsymbol{\alpha}_1$ 线性无关;

(2) 问 a 为何值时 $\boldsymbol{\alpha}_2 - \boldsymbol{\alpha}_1$, $a\boldsymbol{\alpha}_3 - \boldsymbol{\alpha}_2$, $\boldsymbol{\alpha}_1 - \boldsymbol{\alpha}_3$ 也线性无关.

6. 设 $\boldsymbol{\alpha}_1, \cdots, \boldsymbol{\alpha}_k$ 线性无关, $1 \leqslant j \leqslant k$.

(1) 若 $0 \neq c \in \mathbb{F}$, 则 $\boldsymbol{\alpha}_1, \cdots, c\boldsymbol{\alpha}_j, \cdots, \boldsymbol{\alpha}_k$ 线性无关;

(2) 若 $j \neq 1$ 且 $a \in \mathbb{F}$, 则 $\boldsymbol{\alpha}_1 + a\boldsymbol{\alpha}_j, \boldsymbol{\alpha}_2, \cdots, \boldsymbol{\alpha}_k$ 线性无关.

7. 证明：若向量组 $\boldsymbol{\alpha}_1, \cdots, \boldsymbol{\alpha}_k$ 与 $\boldsymbol{\beta}_1, \cdots, \boldsymbol{\beta}_m$ 等价, 而向量组 $\boldsymbol{\beta}_1, \cdots, \boldsymbol{\beta}_m$ 与 $\boldsymbol{\gamma}_1, \cdots, \boldsymbol{\gamma}_l$ 等价, 则向量组 $\boldsymbol{\alpha}_1, \cdots, \boldsymbol{\alpha}_k$ 与 $\boldsymbol{\gamma}_1, \cdots, \boldsymbol{\gamma}_l$ 等价.

8. 设向量 $\boldsymbol{\alpha}_1, \cdots, \boldsymbol{\alpha}_k$ 线性相关, 但是其中任何 $k-1$ 个线性无关. 证明：

(1) 如果线性组合 $\sum_{i=1}^{k} c_i\boldsymbol{\alpha}_i = \mathbf{0}$, 则所有组合系数 c_i 或者都为零或者都不为零;

(2) 如果 $\sum_{i=1}^{k} c_i\boldsymbol{\alpha}_i = \sum_{i=1}^{k} d_i\boldsymbol{\alpha}_i = \mathbf{0}$, 且 $c_1 \neq 0$, 证明：$\dfrac{d_1}{c_1} = \cdots = \dfrac{d_k}{c_k}$.

4.5 极大线性无关组

保持 4.4 节开头的约定, $V = \mathbb{F}^n$.

定义 4.5.1 设 Ω 是 V 的一些向量构成的向量组. 如果 $\boldsymbol{\alpha}_1, \cdots, \boldsymbol{\alpha}_r \in \Omega$ 满足以下两条就称向量组 $\boldsymbol{\alpha}_1, \cdots, \boldsymbol{\alpha}_r$ 为 Ω 的 **极大线性无关组**：

(R1) $\boldsymbol{\alpha}_1, \cdots, \boldsymbol{\alpha}_r$ 是线性无关组 (即 $\boldsymbol{\alpha}_1, \cdots, \boldsymbol{\alpha}_r$ 线性无关);

(R2) 对任意 $\boldsymbol{\alpha} \in \Omega$ 都有 $\boldsymbol{\alpha}_1, \cdots, \boldsymbol{\alpha}_r, \boldsymbol{\alpha}$ 线性相关.

约定 空组 (即不含任何向量的组) 是线性无关组. 如果 Ω 是空组或 Ω 只含零向量, 则空组是 Ω 的极大线性无关组.

先来看有关线性无关组的问题. 按定义判别线性无关组是基本判别方法 (见定义 4.4.1 后的说明), 以下也是一个判别方法.

引理 4.5.1 如果 n 阶矩阵 $\boldsymbol{A} = (a_{ij})_{n\times n}$ 的行列式 $\det \boldsymbol{A} \neq 0$, 则矩阵 $\boldsymbol{A}$ 的 n 个列向量线性无关, n 个行向量线性无关.

证 记 n 个列向量 $\boldsymbol{\alpha}_1 := \begin{pmatrix} a_{11} \\ \vdots \\ a_{n1} \end{pmatrix}, \cdots, \boldsymbol{\alpha}_n := \begin{pmatrix} a_{1n} \\ \vdots \\ a_{nn} \end{pmatrix}$. 设 $c_1, \cdots, c_n \in \mathbb{F}$ 使得 $c_1\boldsymbol{\alpha}_1 + \cdots + c_n\boldsymbol{\alpha}_n = \mathbf{0}$, 由矩阵分块乘法 (见公式 (4.2.2))

$$\boldsymbol{A}\begin{pmatrix} c_1 \\ \vdots \\ c_n \end{pmatrix} = (\boldsymbol{\alpha}_1, \cdots, \boldsymbol{\alpha}_n)\begin{pmatrix} c_1 \\ \vdots \\ c_n \end{pmatrix} = c_1\boldsymbol{\alpha}_1 + \cdots + c_n\boldsymbol{\alpha}_n = \mathbf{0},$$

即 $\begin{pmatrix} c_1 \\ \vdots \\ c_n \end{pmatrix}$ 是齐次线性方程组 $\boldsymbol{AX}=\mathbf{0}$ 的解, 而此方程组的系数行列式非零, 由克拉默定理 3.4.1(或见命题 4.1.1), $c_1=\cdots=c_n=0$, 所以 $\boldsymbol{\alpha}_1,\cdots,\boldsymbol{\alpha}_n$ 线性无关.

因 $\det \boldsymbol{A}^{\mathrm{T}}=\det \boldsymbol{A}\neq 0$, 由上面已论证的, 矩阵 $\boldsymbol{A}^{\mathrm{T}}$ 的 n 个列向量线性无关, 即 $\boldsymbol{A}$ 的 n 个行向量线性无关. □

引理 4.5.1 是一个具有启发性的结论, 关于矩阵的一个核心概念和定理将从这里开始, 见定义 4.9.1 和定理 4.10.1, 在那里将看到引理 4.5.1 的逆命题也成立.

定义 4.5.2 设 $\boldsymbol{\alpha}_1,\cdots,\boldsymbol{\alpha}_k\in V$. 令

$$L(\boldsymbol{\alpha}_1,\cdots,\boldsymbol{\alpha}_k):=\left\{c_1\boldsymbol{\alpha}_1+\cdots+c_k\boldsymbol{\alpha}_k \mid c_i\in\mathbb{F}\right\},$$

即 $\boldsymbol{\alpha}_1,\cdots,\boldsymbol{\alpha}_k$ 的所有线性组合的集合. 对 $\boldsymbol{\alpha}\in L(\boldsymbol{\alpha}_1,\cdots,\boldsymbol{\alpha}_k)$, 如果 $\boldsymbol{\alpha}$ 写为 $\boldsymbol{\alpha}_1,\cdots,\boldsymbol{\alpha}_k$ 的线性组合的表示是唯一的, 即从

$$\boldsymbol{\alpha}=c_1\boldsymbol{\alpha}_1+\cdots+c_k\boldsymbol{\alpha}_k=c_1'\boldsymbol{\alpha}_1+\cdots+c_k'\boldsymbol{\alpha}_k$$

恒得对应系数相等 $c_1=c_1'$, $\cdots$, $c_k=c_k'$, 就称 $\boldsymbol{\alpha}$ 是 $\boldsymbol{\alpha}_1,\cdots,\boldsymbol{\alpha}_k$ 的**唯一线性组合.**

注 $\mathbf{0}\in L(\boldsymbol{\alpha}_1,\cdots,\boldsymbol{\alpha}_k)$, 因为 $\mathbf{0}=0\boldsymbol{\alpha}_1+\cdots+0\boldsymbol{\alpha}_n$. 每 $\boldsymbol{\alpha}_i\in L(\boldsymbol{\alpha}_1,\cdots,\boldsymbol{\alpha}_k)$, 因为 $\boldsymbol{\alpha}_i=0\boldsymbol{\alpha}_1+\cdots+0\boldsymbol{\alpha}_{i-1}+1\cdot\boldsymbol{\alpha}_i+0\boldsymbol{\alpha}_{i+1}+\cdots 0\boldsymbol{\alpha}_k$.

引理 4.5.2 $\boldsymbol{\alpha}_1,\cdots,\boldsymbol{\alpha}_k$ 线性无关当且仅当任意 $\boldsymbol{\alpha}\in L(\boldsymbol{\alpha}_1,\cdots,\boldsymbol{\alpha}_k)$ 是 $\boldsymbol{\alpha}_1,\cdots,\boldsymbol{\alpha}_k$ 的唯一线性组合.

证 必要性. 若有 $\boldsymbol{\alpha}\in L(\boldsymbol{\alpha}_1,\cdots,\boldsymbol{\alpha}_k)$ 使得

$$\boldsymbol{\alpha}=c_1\boldsymbol{\alpha}_1+\cdots+c_k\boldsymbol{\alpha}_k=c_1'\boldsymbol{\alpha}_1+\cdots+c_k'\boldsymbol{\alpha}_k,$$

其中存在 $c_i\neq c_i'$, 那么

$$(c_1'-c_1)\boldsymbol{\alpha}_1+\cdots+(c_k'-c_k)\boldsymbol{\alpha}_k=\boldsymbol{\alpha}-\boldsymbol{\alpha}=\mathbf{0},$$

其中 $c_i'-c_i\neq 0$, 这与 $\boldsymbol{\alpha}_1,\cdots,\boldsymbol{\alpha}_k$ 线性无关相矛盾.

充分性. 假若存在不全为零的 $c_1,\cdots,c_k$ 使得 $c_1\boldsymbol{\alpha}_1+\cdots+c_k\boldsymbol{\alpha}_k=\mathbf{0}$, 与表达式 $0\boldsymbol{\alpha}_1+\cdots+0\boldsymbol{\alpha}_k=\mathbf{0}$ 比较, 得知 $\mathbf{0}$ 不是 $\boldsymbol{\alpha}_1,\cdots,\boldsymbol{\alpha}_k$ 的唯一线性组合, 与条件矛盾. □

再来看极大线性无关组的有关问题.

引理 4.5.3 向量组 Ω 中的 $\boldsymbol{\alpha}_1,\cdots,\boldsymbol{\alpha}_k$ 是 Ω 的极大线性无关组当且仅当以下两条成立:

(1) $\boldsymbol{\alpha}_1,\cdots,\boldsymbol{\alpha}_k$ 线性无关;

(2) $\Omega\subseteq L(\boldsymbol{\alpha}_1,\cdots,\boldsymbol{\alpha}_k)$, 即任意 $\boldsymbol{\alpha}\in\Omega$ 是 $\boldsymbol{\alpha}_1,\cdots,\boldsymbol{\alpha}_k$ 的线性组合.

证　必要性. 从定义 4.5.1 的 (R1), $\boldsymbol{\alpha}_1, \cdots, \boldsymbol{\alpha}_k$ 线性无关, 再从定义 4.5.1 的 (R2), 对任意 $\boldsymbol{\alpha} \in \Omega$ 都有 $\boldsymbol{\alpha}_1, \cdots, \boldsymbol{\alpha}_k, \boldsymbol{\alpha}$ 线性相关, 由性质 4.4.5, $\boldsymbol{\alpha} \in L(\boldsymbol{\alpha}_1, \cdots, \boldsymbol{\alpha}_k)$.

充分性. 条件 (1) 即定义 4.5.1 的 (R1), 对任 $\boldsymbol{\alpha} \in \Omega$, 由条件 (2), 存在 $c_i \in \mathbb{F}$ 使 $\boldsymbol{\alpha} = c_1\boldsymbol{\alpha}_1 + \cdots + c_k\boldsymbol{\alpha}_k$, 故 $\boldsymbol{\alpha}_1, \cdots, \boldsymbol{\alpha}_k, \boldsymbol{\alpha}$ 线性相关, 即定义 4.5.1 的 (R2) 满足, 所以 $\boldsymbol{\alpha}_1, \cdots, \boldsymbol{\alpha}_k$ 是 Ω 的极大线性无关组. □

注　所考虑的向量组 Ω 不必是有限的. 下述推论就是把 $\mathbb{F}^n$ 的所有向量作为向量组 Ω 来考虑.

推论 4.5.1　在 $\mathbb{F}^n$ 中, 令 $\boldsymbol{\varepsilon}_i = (0, \cdots, 0, 1, 0, \cdots, 0)(i = 1, \cdots, n)$ 是第 i 分量为 1, 其他分量均为 0 的向量, 则 $\boldsymbol{\varepsilon}_1, \cdots, \boldsymbol{\varepsilon}_n$ 是 $\mathbb{F}^n$ 的极大线性无关组.

证　只需证明引理 4.5.3 的两条成立.

(1) 以 $\boldsymbol{\varepsilon}_1, \cdots, \boldsymbol{\varepsilon}_n$ 为列向量的矩阵 $\begin{pmatrix} 1 & 0 & \cdots & 0 \\ 0 & 1 & \cdots & 0 \\ \vdots & \vdots & & \vdots \\ 0 & 0 & \cdots & 1 \end{pmatrix}$ 是单位矩阵, 其行列式 $= 1$, 由引理 4.5.1, $\boldsymbol{\varepsilon}_1, \cdots, \boldsymbol{\varepsilon}_n$ 线性无关.

(2) 对任意 $(a_1, \cdots, a_n) \in \mathbb{F}^n$, 因 $a_1\boldsymbol{\varepsilon}_1$ 的第 1 分量为 a_1 其他分量为 0, $a_2\boldsymbol{\varepsilon}_2$ 的第 2 分量为 a_2 其他分量为 0, $\cdots$, $a_n\boldsymbol{\varepsilon}_n$ 的第 n 分量为 a_n 其他分量为 0, 故 $(a_1, \cdots, a_n) = a_1\boldsymbol{\varepsilon}_1 + \cdots + a_n\boldsymbol{\varepsilon}_n \in L(\boldsymbol{\varepsilon}_1, \cdots, \boldsymbol{\varepsilon}_n)$. □

注　也很容易直接按定义验证 $\boldsymbol{\varepsilon}_1, \cdots, \boldsymbol{\varepsilon}_n$ 线性无关, 因为从 $\sum\limits_{i=1}^{n} c_i\boldsymbol{\varepsilon}_i = \mathbf{0}$ 得出 $(c_1, \cdots, c_n) = \mathbf{0}$, 即 $c_1 = \cdots = c_n = 0$. □

同样的方法可证明矩阵 $\begin{pmatrix} 1 & & \\ & \ddots & \\ & & 1 \end{pmatrix}_{n \times l}$ (其中 $n \leqslant l$) 的 n 个行向量线性无关, 见本节习题 3.

引理 4.5.4　设在向量组 Ω 中, $\boldsymbol{\alpha}_1, \cdots, \boldsymbol{\alpha}_k$ 是极大线性无关组, $\boldsymbol{\beta}_1, \cdots, \boldsymbol{\beta}_l$ 是线性无关组, 那么 $l \leqslant k$.

证　由引理 4.5.3, 每个 $\boldsymbol{\beta}_j$ 是 $\boldsymbol{\alpha}_1, \cdots, \boldsymbol{\alpha}_k$ 的线性组合, 由替换引理即得 $l \leqslant k$. □

推论 4.5.2　$\mathbb{F}^n$ 的任何线性无关向量组含向量个数 $\leqslant n$.

证　这是推论 4.5.1 与上述引理 4.5.4 的直接推论. □

定理 4.5.1　设 Ω 是 $V = \mathbb{F}^n$ 中的一些向量构成的向量组, 则

(1) Ω 的任一线性无关向量组可扩充为 Ω 的极大线性无关组 (即 Ω 有极大线性无关向量组包含该线性无关组). 特别地, Ω 的极大线性无关向量组存在.

(2) Ω 的任意两个极大线性无关向量组所含向量个数相等.

证 (1) 设 $\boldsymbol{\alpha}_1,\cdots,\boldsymbol{\alpha}_k\in\Omega$ 是线性无关组. 如果任何 $\boldsymbol{\alpha}\in\Omega$ 都可由 $\boldsymbol{\alpha}_1,\cdots,\boldsymbol{\alpha}_k$ 线性表示, 按定义 $\boldsymbol{\alpha}_1,\cdots,\boldsymbol{\alpha}_k$ 就是 Ω 的一个极大线性无关组, 结论成立; 否则存在 $\boldsymbol{\alpha}_{k+1}\in\Omega$ 使得 $\boldsymbol{\alpha}_1,\cdots,\boldsymbol{\alpha}_k,\boldsymbol{\alpha}_{k+1}$ 是 Ω 的线性无关组. 如果在 Ω 中线性无关组 $\boldsymbol{\alpha}_1,\cdots,\boldsymbol{\alpha}_k,\boldsymbol{\alpha}_{k+1}$ 不是极大的, 重复上述论证, 就可得到 Ω 的线性无关组 $\boldsymbol{\alpha}_1,\cdots,\boldsymbol{\alpha}_k,\boldsymbol{\alpha}_{k+1},\boldsymbol{\alpha}_{k+2}$. 由于 Ω 的极大线性无关向量组含向量个数 $\leqslant n$ (见推论 4.5.2), 经有限步后一定得到 Ω 的极大线性无关向量组包含 $\boldsymbol{\alpha}_1,\cdots,\boldsymbol{\alpha}_k$.

从空组开始, 就可扩充成 Ω 的极大线性无关向量组, 即 Ω 的极大线性无关向量组一定存在.

(2) 设 $\boldsymbol{\alpha}_1,\cdots,\boldsymbol{\alpha}_r$ 与 $\boldsymbol{\beta}_1,\cdots,\boldsymbol{\beta}_{r'}$ 都是 Ω 的极大线性无关向量组, 应用引理 4.5.4 得, $r\leqslant r'$, $r'\leqslant r$, 即 $r=r'$. □

定义 4.5.3 定理 4.5.1 中 Ω 的极大线性无关向量组所含向量个数称为向量组 Ω 的**秩,** 记作 $\operatorname{rank}\Omega$.

例如, 若向量组 $\boldsymbol{\alpha}_1,\cdots,\boldsymbol{\alpha}_k$ 线性无关, 则 $\boldsymbol{\alpha}_1,\cdots,\boldsymbol{\alpha}_k$ 就是自己的极大线性无关组, 故 $\operatorname{rank}(\boldsymbol{\alpha}_1,\cdots,\boldsymbol{\alpha}_k)=k$.

又如, 考虑 $\Omega=\mathbb{F}^n$, 从推论 4.5.1 得 $\operatorname{rank}\Omega=n$.

例 1 证明:

$$\operatorname{rank}(\boldsymbol{\alpha}_1,\cdots,\boldsymbol{\alpha}_p,\ \boldsymbol{\beta}_1,\cdots,\boldsymbol{\beta}_q)\leqslant\operatorname{rank}(\boldsymbol{\alpha}_1,\cdots,\boldsymbol{\alpha}_p)+\operatorname{rank}(\boldsymbol{\beta}_1,\cdots,\boldsymbol{\beta}_q).$$

证 取 $\boldsymbol{\alpha}_1,\cdots,\boldsymbol{\alpha}_p,\ \boldsymbol{\beta}_1,\cdots,\boldsymbol{\beta}_q$ 的极大线性无关组, 它由一些 $\boldsymbol{\alpha}_i$ 和一些 $\boldsymbol{\beta}_j$ 构成: $\boldsymbol{\alpha}_{i_1},\cdots,\boldsymbol{\alpha}_{i_r},\ \boldsymbol{\beta}_{j_1},\cdots,\boldsymbol{\beta}_{j_s}$, 那么 $\boldsymbol{\alpha}_{i_1},\cdots,\boldsymbol{\alpha}_{i_r}$ 线性无关, 故 $r\leqslant\operatorname{rank}(\boldsymbol{\alpha}_1,\cdots,\boldsymbol{\alpha}_p)$; 同理 $s\leqslant\operatorname{rank}(\boldsymbol{\beta}_1,\cdots,\boldsymbol{\beta}_q)$, 所以

$$\operatorname{rank}(\boldsymbol{\alpha}_1,\cdots,\boldsymbol{\alpha}_p,\ \boldsymbol{\beta}_1,\cdots,\boldsymbol{\beta}_q)=r+s\leqslant\operatorname{rank}(\boldsymbol{\alpha}_1,\cdots,\boldsymbol{\alpha}_p)+\operatorname{rank}(\boldsymbol{\beta}_1,\cdots,\boldsymbol{\beta}_q).$$ □

习 题 4.5

1. 设数 $a_1,\cdots,a_r$ 互不相同. 证明: 向量组 $\boldsymbol{\alpha}_i=(1,a_i,\cdots,a_i^{r-1})(i=1,\cdots,r)$ 线性无关.

2. 对以下向量, 如果 $\boldsymbol{\alpha}_1,\cdots,\boldsymbol{\alpha}_k$ 线性无关, 则 $\boldsymbol{\beta}_1,\cdots,\boldsymbol{\beta}_k$ 也线性无关. 反过来是否正确?

$$\begin{aligned}&\boldsymbol{\alpha}_i=(a_{i1},\ \cdots,\ a_{ir}), && i=1,\cdots,k;\\&\boldsymbol{\beta}_i=(a_{i1},\ \cdots,\ a_{ir},\ a_{i,r+1},\ \cdots,\ a_{is}), && i=1,\cdots,k.\end{aligned}$$

3. 设 $\boldsymbol{A}=\begin{pmatrix}a_{11}&\cdots&a_{1m}&\cdots&a_{1n}\\\vdots&&\vdots&&\vdots\\a_{m1}&\cdots&a_{mm}&\cdots&a_{mn}\end{pmatrix}$. 如果行列式 $\begin{vmatrix}a_{11}&\cdots&a_{1m}\\\vdots&&\vdots\\a_{m1}&\cdots&a_{mm}\end{vmatrix}\neq0$, 证明: $\boldsymbol{A}$ 的行向量线性无关.

4. 设 $\boldsymbol{\alpha}_1, \boldsymbol{\alpha}_2, \boldsymbol{\alpha}_3, \boldsymbol{\alpha}_4 \in \mathbb{F}^n$.

(1) 如果 $\boldsymbol{\alpha}_4 \notin L(\boldsymbol{\alpha}_1, \boldsymbol{\alpha}_2, \boldsymbol{\alpha}_3)$, 但 $\boldsymbol{\alpha}_1 \in L(\boldsymbol{\alpha}_2, \boldsymbol{\alpha}_3, \boldsymbol{\alpha}_4)$, 则 $\boldsymbol{\alpha}_1 \in L(\boldsymbol{\alpha}_2, \boldsymbol{\alpha}_3)$;

(2) 如果 $\boldsymbol{\alpha}_1, \boldsymbol{\alpha}_2, \boldsymbol{\alpha}_3$ 线性无关, 而 $\boldsymbol{\alpha}_2, \boldsymbol{\alpha}_3, \boldsymbol{\alpha}_4$ 线性相关, 则 $\boldsymbol{\alpha}_1 \notin L(\boldsymbol{\alpha}_2, \boldsymbol{\alpha}_3, \boldsymbol{\alpha}_4)$.

5. 设向量组 $\boldsymbol{\alpha}_1, \cdots, \boldsymbol{\alpha}_k$.

(1) $\boldsymbol{\alpha}_i (1 \leqslant i \leqslant k)$ 是其他向量的线性组合当且仅当存在表达式 $c_1\boldsymbol{\alpha}_1 + \cdots + c_i\boldsymbol{\alpha}_i + \cdots + c_k\boldsymbol{\alpha}_k = \mathbf{0}$, 其中 $c_j \neq 0$;

(2) $\boldsymbol{\alpha}_1, \cdots, \boldsymbol{\alpha}_j (1 \leqslant j \leqslant k)$ 线性无关当且仅当任何表达式 $c_1\boldsymbol{\alpha}_1 + \cdots + c_j\boldsymbol{\alpha}_j + \cdots + c_k\boldsymbol{\alpha}_k = \mathbf{0}$ 中只要 $c_{j+1} = \cdots = c_k = 0$, 则所有系数为零;

(3) $\boldsymbol{\alpha}_1, \cdots, \boldsymbol{\alpha}_j (1 \leqslant j \leqslant k)$ 是 $\boldsymbol{\alpha}_1, \cdots, \boldsymbol{\alpha}_k$ 的极大线性无关组当且仅当 (2) 成立且对任意 $i (j < i \leqslant k)$ 存在表达式 $c_1\boldsymbol{\alpha}_1 + \cdots + c_j\boldsymbol{\alpha}_j + \cdots + c_i\boldsymbol{\alpha}_i + \cdots + c_k\boldsymbol{\alpha}_k = \mathbf{0}$, 其中 $c_i \neq 0$, 但 $c_{j+1} = \cdots = c_{i-1} = c_{i+1} = \cdots = c_k = 0$.

6. 向量组 $\boldsymbol{\alpha}_1, \cdots, \boldsymbol{\alpha}_k$ 线性无关当且仅当零向量 $\mathbf{0}$ 是 $\boldsymbol{\alpha}_1, \cdots, \boldsymbol{\alpha}_k$ 的唯一线性组合.

7. 向量组 $\boldsymbol{\alpha}_1, \cdots, \boldsymbol{\alpha}_k$ 线性无关当且仅当每个 $\boldsymbol{\alpha}_i (i = 1, \cdots, k)$ 是 $\boldsymbol{\alpha}_1, \cdots, \boldsymbol{\alpha}_k$ 的唯一线性组合.

8. 向量组 Ω 中 $\boldsymbol{\alpha}_1, \cdots, \boldsymbol{\alpha}_k$ 是极大线性无关组当且仅当每个 $\boldsymbol{\alpha} \in \Omega$ 是 $\boldsymbol{\alpha}_1, \cdots, \boldsymbol{\alpha}_k$ 的唯一线性组合.

9. 证明：向量组 $\boldsymbol{\alpha}_1, \cdots, \boldsymbol{\alpha}_k$ 与 $\boldsymbol{\beta}_1, \cdots, \boldsymbol{\beta}_m$ 等价当且仅当 $L(\boldsymbol{\alpha}_1, \cdots, \boldsymbol{\alpha}_k) = L(\boldsymbol{\beta}_1, \cdots, \boldsymbol{\beta}_m)$.

10. 证明：等价的向量组有相等的秩.

4.6 $\mathbb{F}^n$ 的子空间

保持 4.4 节的约定, $V = \mathbb{F}^n$.

定义 4.6.1 向量空间 V 的非空子集 W 如果满足

(S1) $\boldsymbol{\alpha}_1 + \boldsymbol{\alpha}_2 \in W, \forall\, \boldsymbol{\alpha}_1, \boldsymbol{\alpha}_2 \in W$;

(S2) $c\boldsymbol{\alpha} \in W, \forall\, \boldsymbol{\alpha} \in W, c \in \mathbb{F}$,

就称 W 为 V 的 **线性子空间** , 简称 **子空间** , 记作 $W \leqslant V$.

注 (1) 如果 $W \leqslant V$, 则必有 $\mathbf{0} \in W$, 这是因为由 $W \neq \varnothing$ 存在 $\boldsymbol{\alpha} \in W$, 而 $0 \in \mathbb{F}$, 所以由 (S2) 得 $\mathbf{0} = 0 \cdot \boldsymbol{\alpha} \in W$.

(2) 仅含零向量的集合 $\{\mathbf{0}\}$ 显然满足 (S1), (S2) 两条, 所以是子空间, 称为 **零子空间** , 也记作 $\mathbf{0}$. 因此, 任何子空间包含零子空间 $\mathbf{0}$.

(3) V 显然是 V 的子空间. 零子空间 $\mathbf{0}$ 和 V 称为 V 的平凡子空间.

(4) 按定义, $W \leqslant V$ 说明 W 在 V 的两种运算之下是封闭的, 所以它们也是 W 的运算, 而且 4.1 节中所列的性质 (V1)~(V8) 在 W 中当然也成立.

考虑数域 $\mathbb{F}$ 上的齐次线性方程组 $\boldsymbol{AX} = \mathbf{0}$, 其中 $\boldsymbol{A} = (a_{ij})_{m\times n}$ 是 $\mathbb{F}$ 矩阵, $\boldsymbol{X} = (x_j)_{n\times 1}$ 是 $\mathbb{F}$ 变向量. 在数域 $\mathbb{F}$ 中解它. 如果 $\boldsymbol{X}_0 \in \mathbb{F}^n$ 使得 $\boldsymbol{AX}_0 = \mathbf{0}$, 就说

$\boldsymbol{X}_0$ 是 $\mathbb{F}$ 上的齐次线性方程组 $\boldsymbol{AX}=\boldsymbol{0}$ 的 **解向量**.

命题 4.6.1(两类重要子空间) (1) 数域 $\mathbb{F}$ 上的齐次线性方程组 $\boldsymbol{AX}=\boldsymbol{0}$ 的解向量的集合

$$\Delta=\{\boldsymbol{X}_0\in\mathbb{F}^n\mid \boldsymbol{AX}_0=\boldsymbol{0}\}$$

是 V 的一个子空间 (称为齐次线性方程组 $\boldsymbol{AX}=\boldsymbol{0}$ 的 **解子空间**, 或称 **解空间**).

(2) 设 $\boldsymbol{\alpha}_1,\cdots,\boldsymbol{\alpha}_k\in V$, 则 $L(\boldsymbol{\alpha}_1,\cdots,\boldsymbol{\alpha}_k)=\{c_1\boldsymbol{\alpha}_1+\cdots+c_k\boldsymbol{\alpha}_k\mid c_i\in\mathbb{F}\}$ 是 V 的一个子空间 (称为由 $\boldsymbol{\alpha}_1,\cdots,\boldsymbol{\alpha}_k$ **生成** 的子空间).

证 (1) 首先 $\boldsymbol{A0}=\boldsymbol{0}$, 即 $\boldsymbol{0}\in\Delta$, 特别有 $\Delta\neq\varnothing$. 又若 $\boldsymbol{X}_1,\boldsymbol{X}_2\in\Delta$, 即 $\boldsymbol{AX}_1=\boldsymbol{0}$ 和 $\boldsymbol{AX}_2=\boldsymbol{0}$, 则 $\boldsymbol{A}(\boldsymbol{X}_1+\boldsymbol{X}_2)=\boldsymbol{AX}_1+\boldsymbol{AX}_2=\boldsymbol{0}+\boldsymbol{0}=\boldsymbol{0}$, 而且 $\boldsymbol{A}(c\boldsymbol{X}_1)=c(\boldsymbol{AX}_1)=\boldsymbol{0}$, 所以 $\boldsymbol{X}_1+\boldsymbol{X}_2\in\Delta$ 和 $c\boldsymbol{X}_1\in\Delta$, 故 Δ 是子空间.

(2) 由定义 4.5.2 后的注解, $\boldsymbol{0}\in L(\boldsymbol{\alpha}_1,\cdots,\boldsymbol{\alpha}_k)$, 特别地, $L(\boldsymbol{\alpha}_1,\cdots,\boldsymbol{\alpha}_k)\neq\varnothing$. 设 $c\in\mathbb{F}$, $\sum\limits_{i=1}^k a_i\boldsymbol{\alpha}_i$, $\sum\limits_{i=1}^k b_i\boldsymbol{\alpha}_i\in L(\boldsymbol{\alpha}_1,\cdots,\boldsymbol{\alpha}_k)$, 则

$$\left(\sum_{i=1}^k a_i\boldsymbol{\alpha}_i\right)+\left(\sum_{i=1}^k b_i\boldsymbol{\alpha}_i\right)=\sum_{i=1}^k(a_i+b_i)\boldsymbol{\alpha}_i\ \in\ L(\boldsymbol{\alpha}_1,\cdots,\boldsymbol{\alpha}_k)\ ,$$

$$c\left(\sum_{i=1}^k a_i\boldsymbol{\alpha}_i\right)=\sum_{i=1}^k(ca_i)\boldsymbol{\alpha}_i\ \in\ L(\boldsymbol{\alpha}_1,\cdots,\boldsymbol{\alpha}_k)\ .$$ □

注 设 W 是 V 的子空间. 如果 $\boldsymbol{\alpha}_1,\cdots,\boldsymbol{\alpha}_m\in W$ 使得 $W=L(\boldsymbol{\alpha}_1,\cdots,\boldsymbol{\alpha}_m)$, 即 W 的任何向量是 $\boldsymbol{\alpha}_1,\cdots,\boldsymbol{\alpha}_m$ 的线性组合, 就说向量组 $\boldsymbol{\alpha}_1,\cdots,\boldsymbol{\alpha}_m$ **生成** 子空间 W, 也说 $\boldsymbol{\alpha}_1,\cdots,\boldsymbol{\alpha}_m$ 是子空间 W 的**生成组.**

更一般的, 设 Ω 是子空间 W 的一些向量构成的向量组, 如果对任意 $\boldsymbol{\alpha}\in W$ 存在 Ω 中的有限个向量使得 $\boldsymbol{\alpha}$ 是这有限个向量的线性组合, 那么称 Ω 是 W 的**生成组.**

换言之, 子空间的生成组不必是有限的. 例如, 子空间 W 中, 取 $\Omega=W$ 是 W 的全体向量, 则 Ω 是 W 的生成组, 因为对任意 $\boldsymbol{\alpha}\in W$, 在 Ω 中取 $\boldsymbol{\alpha}$, 则 $\boldsymbol{\alpha}=\boldsymbol{\alpha}$ 就把 W 的 $\boldsymbol{\alpha}$ 写成了 Ω 中一个向量 $\boldsymbol{\alpha}$ 的线性组合.

定义 4.6.2 设 W 是向量空间 V 的子空间. W 的向量组 $\boldsymbol{\beta}_1,\cdots,\boldsymbol{\beta}_d$ 如果满足以下两条就称为子空间 W 的 **基底** :

(B1) $\boldsymbol{\beta}_1,\cdots,\boldsymbol{\beta}_d$ 线性无关;

(B2) $\boldsymbol{\beta}_1,\cdots,\boldsymbol{\beta}_d$ 生成子空间 W (即 $W=L(\boldsymbol{\beta}_1,\cdots,\boldsymbol{\beta}_d)$).

命题 4.6.2 设 $W\leqslant V$, $\boldsymbol{\beta}_1,\cdots,\boldsymbol{\beta}_d\in W$, 则以下三条等价:

(i) $\boldsymbol{\beta}_1,\cdots,\boldsymbol{\beta}_d$ 是 W 的基底;

(ii) $\boldsymbol{\beta}_1,\cdots,\boldsymbol{\beta}_d$ 是 W 的一个生成组的极大线性无关组;

(iii) 任意 $\omega \in W$ 是 $\boldsymbol{\beta}_1, \cdots, \boldsymbol{\beta}_d$ 的唯一线性组合.

证 (i) $\Rightarrow$ (iii). 由基底的定义 4.6.2(B2), $W = L(\boldsymbol{\beta}_1, \cdots, \boldsymbol{\beta}_d)$, 再引用引理 4.5.2, 从定义 4.6.2(B1) 就得任意 $\omega \in W$ 是 $\boldsymbol{\beta}_1, \cdots, \boldsymbol{\beta}_d$ 的唯一线性组合.

(iii) $\Rightarrow$ (ii). W 是子空间 W 的生成组 (见上述注解). 由 (iii), W 的任意向量是 $\boldsymbol{\beta}_1, \cdots, \boldsymbol{\beta}_d$ 的线性组合, 故 $W = L(\boldsymbol{\beta}_1, \cdots, \boldsymbol{\beta}_d)$. 仍引用引理 4.5.2, 从 (iii) 就得 $\boldsymbol{\beta}_1, \cdots, \boldsymbol{\beta}_d$ 线性无关, 再由引理 4.5.3, 就得 $\boldsymbol{\beta}_1, \cdots, \boldsymbol{\beta}_d$ 是 W 的极大线性无关组.

(ii) $\Rightarrow$ (i). 设 Ω 是 W 的生成组, 而 $\boldsymbol{\beta}_1, \cdots, \boldsymbol{\beta}_d$ 是 Ω 的极大线性无关组, 那么由引理 4.5.3, Ω 的任意向量是 $\boldsymbol{\beta}_1, \cdots, \boldsymbol{\beta}_d$ 的线性组合. 再按生成组的定义 (见上述注解), W 的任一向量是 Ω 中的向量的线性组合, 根据 4.4 节向量线性关系性质 4, W 的任一向量就是 $\boldsymbol{\beta}_1, \cdots, \boldsymbol{\beta}_d$ 的线性组合, 所以 $\boldsymbol{\beta}_1, \cdots, \boldsymbol{\beta}_d$ 生成 W. 而 $\boldsymbol{\beta}_1, \cdots, \boldsymbol{\beta}_d$ 已经线性无关, 所以 $\boldsymbol{\beta}_1, \cdots, \boldsymbol{\beta}_d$ 构成 W 的基底. □

推论 4.6.1 子空间 W 的向量组 $\boldsymbol{\beta}_1, \cdots, \boldsymbol{\beta}_d$ 是 W 的基底当且仅当向量组 $\boldsymbol{\beta}_1, \cdots, \boldsymbol{\beta}_d$ 是 W 的极大线性无关组.

证 充分性. 命题 4.6.2(ii)$\Rightarrow$(i) (在 (ii) 中取子空间 W 的生成组 W).

必要性. 将引理 4.5.3 用于 $\Omega = W$, 从基底定义 4.6.2 的 (B1),(B2) 两条 (正好是引理 4.5.3 中的 (1),(2) 两条) 得 $\boldsymbol{\beta}_1, \cdots, \boldsymbol{\beta}_d$ 是 W 的极大线性无关组. □

定理 4.6.1 设 W 是 V 的子空间, 则

(1) W 的任一线性无关组可以扩充成基底, 特别地, W 的基底存在.

(2) W 的任意两基底含向量个数相等.

证 由定理 4.5.1, W 的任一线性无关组可以扩充成 W 的极大线性无关组, 按上述推论 4.6.1, 就是 W 的基底. 定理 4.5.1 还说, 从空组开始扩充, 就得 W 的极大线性无关组存在, 也就是 W 的基底存在.

按上述推论 4.6.1, W 的基底就是 W 的极大线性无关组, 而由定理 4.5.1, W 的任意两极大线性无关组含向量个数相等, 即 (2) 成立. □

定义 4.6.3 子空间 W 的基底所含向量个数称为 W 的 **维数** , 记作 $\dim W$.

推论 4.6.2 (1) 零子空间 $\mathbf{0}$ 的维数是 $\dim \mathbf{0} = 0$.

(2) 推论 4.5.1 中的 $\varepsilon_1, \cdots, \varepsilon_n$ 是 $V = \mathbb{F}^n$ 的基底, 从而 $\dim \mathbb{F}^n = n$.

证 (1) 因为空向量组是零子空间 $\mathbf{0}$ 的基底 (见定义 4.5.1 后的约定).

(2) 推论 4.5.1 与推论 4.6.1. □

注 称 $\varepsilon_1, \cdots, \varepsilon_n$ 为 $\mathbb{F}^n$ 的 **典型基底** .

推论 4.6.3 设 $U, W \leqslant \mathbb{F}^n$ 且 $U \subseteq W$.

(1) $\dim U \leqslant \dim W \leqslant n$;

(2) $U = W$ 当且仅当 $\dim U = \dim W$.

证 (1) 由定理 4.6.1, U 的基底 $\boldsymbol{\beta}_1, \cdots, \boldsymbol{\beta}_r$ 可以在 W 中扩充成 W 的基底, 所以 $\dim U \leqslant \dim W$. 同理 $\dim W \leqslant \dim \mathbb{F}^n = n$.

(2) 如果 $U=W$, 当然 $\dim U=\dim W$. 反过来, 设 $r:=\dim U=\dim W$, 那么 U 的基底 $\boldsymbol{\beta}_1,\cdots,\boldsymbol{\beta}_r$ 在 W 中扩充成 W 的基底时仍含 r 个向量, 即 $\boldsymbol{\beta}_1,\cdots,\boldsymbol{\beta}_r$ 是 W 的基底, 故 $W=L(\boldsymbol{\beta}_1,\cdots,\boldsymbol{\beta}_r)=U$. □

推论 4.6.4 设 $\boldsymbol{\alpha}_1,\cdots,\boldsymbol{\alpha}_r$ 是向量组 $\boldsymbol{\alpha}_1,\cdots,\boldsymbol{\alpha}_r,\cdots,\boldsymbol{\alpha}_k$ 的极大线性无关组, 则

$$L(\boldsymbol{\alpha}_1,\cdots,\boldsymbol{\alpha}_r,\cdots,\boldsymbol{\alpha}_k)=L(\boldsymbol{\alpha}_1,\cdots,\boldsymbol{\alpha}_r)\ ,$$

它以 $\boldsymbol{\alpha}_1,\cdots,\boldsymbol{\alpha}_r$ 为基底, 从而 $\dim L(\boldsymbol{\alpha}_1,\cdots,\boldsymbol{\alpha}_k)=\operatorname{rank}(\boldsymbol{\alpha}_1,\cdots,\boldsymbol{\alpha}_k)$.

证 由命题 4.6.2 的 (ii)⇒(i), $\boldsymbol{\alpha}_1,\cdots,\boldsymbol{\alpha}_r$ 为子空间 $L(\boldsymbol{\alpha}_1,\cdots,\boldsymbol{\alpha}_r,\cdots,\boldsymbol{\alpha}_k)$ 的基底, 从而其他两个结论也成立. □

例 1 若 $\boldsymbol{\alpha}_1,\cdots,\boldsymbol{\alpha}_k$ 的每一个都是 $\boldsymbol{\beta}_1,\cdots,\boldsymbol{\beta}_m$ 的线性组合, 则 $\operatorname{rank}(\boldsymbol{\alpha}_1,\cdots,\boldsymbol{\alpha}_k)\leqslant\operatorname{rank}(\boldsymbol{\beta}_1,\cdots,\boldsymbol{\beta}_m)$. 特别地, 等价的向量组有相等的秩.

证 由假设, 每个 $\boldsymbol{\alpha}_i\in L(\boldsymbol{\beta}_1,\cdots,\boldsymbol{\beta}_m)$, 故 $L(\boldsymbol{\alpha}_1,\cdots,\boldsymbol{\alpha}_k)\subseteq L(\boldsymbol{\beta}_1,\cdots,\boldsymbol{\beta}_m)$, 所以

$$\operatorname{rank}(\boldsymbol{\alpha}_1,\cdots,\boldsymbol{\alpha}_k)=\dim L(\boldsymbol{\alpha}_1,\cdots,\boldsymbol{\alpha}_k)\leqslant\dim L(\boldsymbol{\beta}_1,\cdots,\boldsymbol{\beta}_m)=\operatorname{rank}(\boldsymbol{\beta}_1,\cdots,\boldsymbol{\beta}_m)\ .$$

若向量组 $\boldsymbol{\alpha}_1,\cdots,\boldsymbol{\alpha}_k$ 与 $\boldsymbol{\beta}_1,\cdots,\boldsymbol{\beta}_m$ 等价, 则

$$\operatorname{rank}(\boldsymbol{\alpha}_1,\cdots,\boldsymbol{\alpha}_k)\leqslant\operatorname{rank}(\boldsymbol{\beta}_1,\cdots,\boldsymbol{\beta}_m)\leqslant\operatorname{rank}(\boldsymbol{\alpha}_1,\cdots,\boldsymbol{\alpha}_k),$$

所以它们实际上只能是等号. □

例 2 设 $\boldsymbol{A}$ 是 n 阶 $\mathbb{F}$ 矩阵, k 是正整数. 设 $\boldsymbol{X}_0\in\mathbb{F}$ 是齐次线性方程组 $\boldsymbol{A}^kX=\boldsymbol{0}$ 的解但不是 $\boldsymbol{A}^{k-1}X=\boldsymbol{0}$ 的解, 即 $\boldsymbol{A}^k\boldsymbol{X}_0=\boldsymbol{0}$ 但 $\boldsymbol{A}^{k-1}\boldsymbol{X}_0\neq\boldsymbol{0}$. 证明: 向量组 $\boldsymbol{X}_0$, $\boldsymbol{A}\boldsymbol{X}_0$, $\cdots$, $\boldsymbol{A}^{k-1}\boldsymbol{X}_0$ 线性无关.

证 设 $c_0,c_1,\cdots,c_{k-1}\in\mathbb{F}$ 使得

$$c_0\boldsymbol{X}_0+c_1\boldsymbol{A}\boldsymbol{X}_0+\cdots+c_{k-1}\boldsymbol{A}^{k-1}\boldsymbol{X}_0=\boldsymbol{0}\ .$$

用 $\boldsymbol{A}^{k-1}$ 左乘上式两边, 因对任意 $m\geqslant k$ 都有 $\boldsymbol{A}^m\boldsymbol{X}_0=\boldsymbol{A}^{m-k}\boldsymbol{A}^k\boldsymbol{X}_0=\boldsymbol{0}$, 故得 $c_0\boldsymbol{A}^{k-1}\boldsymbol{X}_0=\boldsymbol{0}$, 但 $\boldsymbol{A}^{k-1}\boldsymbol{X}_0\neq\boldsymbol{0}$, 所以 $c_0=0$. 上式变为

$$c_1\boldsymbol{A}\boldsymbol{X}_0+\cdots+c_{k-1}\boldsymbol{A}^{k-1}\boldsymbol{X}_0=\boldsymbol{0}\ .$$

同理, 用 $\boldsymbol{A}^{k-2}$ 乘上式两边, 得到 $c_1\boldsymbol{A}^{k-1}\boldsymbol{X}_0=\boldsymbol{0}$, 从而 $c_1=0$. 依此类推, 得 $c_0=c_1=c_2=\cdots=c_{k-1}=0$, 所以 $\boldsymbol{X}_0$, $\boldsymbol{A}\boldsymbol{X}_0$, $\cdots$, $\boldsymbol{A}^{k-1}\boldsymbol{X}_0$ 线性无关. □

注 回顾命题 4.6.1 中的齐次线性方程组 $\boldsymbol{A}\boldsymbol{X}=\boldsymbol{0}$ 的解子空间 $\varDelta$, 它的一个基底 $\boldsymbol{X}_1,\cdots,\boldsymbol{X}_d$ 也称为 $\boldsymbol{A}\boldsymbol{X}=\boldsymbol{0}$ 的一个 **基础解系**. 命题 4.6.2(iii) 说 $\boldsymbol{A}\boldsymbol{X}=\boldsymbol{0}$ 的任何解是 $\boldsymbol{X}_1,\cdots,\boldsymbol{X}_d$ 的唯一线性组合, 这就很好地掌握管理了 $\boldsymbol{A}\boldsymbol{X}=\boldsymbol{0}$ 的全部解, 所以齐次线性方程组的问题归结为

问题 1 如何确定 $\boldsymbol{AX}=\mathbf{0}$ 的解子空间的维数?

问题 2 如何计算 $\boldsymbol{AX}=\mathbf{0}$ 的基础解系 (即解空间基底)?

为此需要探讨矩阵更深入的性质和有效的操作办法. 后面将逐步解决.

附录 $\mathbb{R}^3$ 的子空间

看空间解析几何 (第 1, 2 章) 中的具体例子, 即考虑 $\mathbb{R}^3$. 空间 $\mathbb{R}^3$ 中过原点的直线, 过原点的平面都是 $\mathbb{R}^3$ 的子空间.

先看过原点的直线 L, 对称式方程 (见方程 2.1.2) $\dfrac{x}{l}=\dfrac{y}{m}=\dfrac{z}{n}$ 就是方程组

$$\begin{cases} mx-ly = 0, \\ ny-mz = 0, \end{cases}$$

L 就是这个齐次线性方程组的解子空间. 另一方面从直线 L 的仿射式方程 2.1.1(这里 $\boldsymbol{\xi_0}=\mathbf{0}$ 因为 L 过原点), L 是向量集合 $\{t\boldsymbol{\delta}\mid t\in\mathbb{R}\}$, 其中 $\boldsymbol{\delta}\neq\mathbf{0}$ 是 L 的方向向量, 那么 $\boldsymbol{\delta}$ 就是 L 的基底, 即过原点直线 L 是由方向向量 $\boldsymbol{\delta}$ 生成的一维子空间.

再看过原点的平面 M. 平面一般式方程 2.3.3 表明: 过原点的平面 M 是它的方程 $ax+by+cz=0$ 的解子空间. 再从平面仿射式方程 2.3.1 来看, 过原点的平面 M 是向量集合 $\{s\boldsymbol{\beta}_1+t\boldsymbol{\beta}_2\mid s,t\in\mathbb{R}\}$, 其中 $\boldsymbol{\beta}_1,\boldsymbol{\beta}_2$ 是 M 上不共线的两个向量, 也就是说 $\boldsymbol{\beta}_1,\boldsymbol{\beta}_2$ 线性无关, 由命题 1.2.2 的推论, M 是以 $\boldsymbol{\beta}_1,\boldsymbol{\beta}_2$ 为基底的二维子空间.

以一个具体例子来说明如何求出 $\mathbb{R}^3$ 的二维子空间的基底 $\boldsymbol{\beta}_1,\boldsymbol{\beta}_2$. 设过原点平面 M 方程为

$$x+2y-3z=0,$$

令 $y=1,\ z=0$, 求得 $\boldsymbol{\beta}_1=(-2,1,0)$ 是一组解, 即 $\boldsymbol{\beta}_1\in M$; 再令 $y=0,\ z=1$, 求得 $\boldsymbol{\beta}_2=(3,0,1)$ 是一组解, 即 $\boldsymbol{\beta}_2\in M$. 由于 $\boldsymbol{\beta}_1,\boldsymbol{\beta}_2$ 不共线, 所以 $\boldsymbol{\beta}_1,\boldsymbol{\beta}_2$ 是二维子空间 $M=\{\,s\boldsymbol{\beta}_1+t\boldsymbol{\beta}_2\mid s,t\in\mathbb{R}\,\}$ 的基底.

习 题 4.6

1. 设 W 是 $\mathbb{F}^n$ 的非空集合, 如果对任意 $\boldsymbol{\alpha}_1,\boldsymbol{\alpha}_2\in W$ 和 $c_1,c_2\in\mathbb{F}$ 有 $c_1\boldsymbol{\alpha}_1+c_2\boldsymbol{\alpha}_2\in W$, 则 W 是 $\mathbb{F}^n$ 的子空间.

2. 设 W 是 $\mathbb{F}^n$ 的子空间, 设 $\boldsymbol{A}$ 是 $m\times n$ 的 $\mathbb{F}$ 矩阵. 证明: $U:=\{\,\boldsymbol{AY}\mid\boldsymbol{Y}\in W\,\}$ 是 $\mathbb{F}^m$ 的子空间.

3. 设 W 是 $\mathbb{F}^n$ 的子空间, $\boldsymbol{\alpha},\boldsymbol{\beta}\in\mathbb{F}^n$ 且 $\boldsymbol{\alpha}\notin W$. 证明: 至多有一个 $c\in\mathbb{F}$ 使得 $\boldsymbol{\alpha}+c\boldsymbol{\beta}\in W$.

4. 设 $\boldsymbol{\alpha}_1,\cdots,\boldsymbol{\alpha}_k$ 与 $\boldsymbol{\beta}_1,\cdots,\boldsymbol{\beta}_m$ 都是线性无关向量组, 如果 $k<m$, 证明: 存在 $\boldsymbol{\beta}_{j_1},\cdots,\boldsymbol{\beta}_{j_{m-k}}$ 使得 $\boldsymbol{\alpha}_1,\cdots,\boldsymbol{\alpha}_k,\ \boldsymbol{\beta}_{j_1},\cdots,\boldsymbol{\beta}_{j_{m-k}}$ 线性无关.

5. 设 $W \leqslant \mathbb{F}^n$, 且 $\boldsymbol{\beta}_1, \cdots, \boldsymbol{\beta}_d$ 是 W 的基底, 设 $\boldsymbol{\alpha}_1, \cdots, \boldsymbol{\alpha}_r$ 是 W 的线性无关向量组. 证明: 可在 $\boldsymbol{\beta}_1, \cdots, \boldsymbol{\beta}_d$ 中找到 $d-r$ 个向量 $\boldsymbol{\beta}_{i_1}, \cdots, \boldsymbol{\beta}_{i_{d-r}}$ 使得 $\boldsymbol{\alpha}_1, \cdots, \boldsymbol{\alpha}_r, \boldsymbol{\beta}_{i_1}, \cdots, \boldsymbol{\beta}_{i_{d-r}}$ 构成 W 的基底.

6. 设 $\boldsymbol{\alpha}_1, \cdots, \boldsymbol{\alpha}_k$ 线性无关, $L(\boldsymbol{\alpha}_1, \cdots, \boldsymbol{\alpha}_k) \subseteq L(\boldsymbol{\beta}_1, \cdots, \boldsymbol{\beta}_k)$. 证明: $\boldsymbol{\beta}_1, \cdots, \boldsymbol{\beta}_k$ 线性无关.

7. 设 $W \leqslant \mathbb{F}^n$. 如果 $W = L(\boldsymbol{\alpha}_1, \cdots, \boldsymbol{\alpha}_k)$, 证明: $\dim W \leqslant k$.

8. 设 $W \leqslant V$, $\dim W = d$. 设 $\boldsymbol{\beta}_1, \cdots, \boldsymbol{\beta}_r \in W$, 则以下三条等价:

(i) $\boldsymbol{\beta}_1, \cdots, \boldsymbol{\beta}_r$ 构成 W 的基底;

(ii) $\boldsymbol{\beta}_1, \cdots, \boldsymbol{\beta}_r$ 线性无关且 $r = d$;

(iii) $\boldsymbol{\beta}_1, \cdots, \boldsymbol{\beta}_r$ 生成 W 且 $r = d$.

9. 设 W 是 $\mathbb{F}^n$ 的子空间, 设 $\boldsymbol{\alpha}_1, \cdots, \boldsymbol{\alpha}_r \in W$. 如果 $\boldsymbol{\alpha}_1, \cdots, \boldsymbol{\alpha}_r$ 生成 W, 但是从中去掉任何一个后都不能生成 W, 就称 $\boldsymbol{\alpha}_1, \cdots, \boldsymbol{\alpha}_r$ 是 W 的极小生成组.

证明: $\boldsymbol{\alpha}_1, \cdots, \boldsymbol{\alpha}_r$ 是 W 的极小生成组当且仅当 $\boldsymbol{\alpha}_1, \cdots, \boldsymbol{\alpha}_r$ 是 W 的基底.

10. 在 $\mathbb{R}^3$ 中, 求 $x - y + 5z = 0$ 的基础解系.

11. 直接用 4.4 节中替换引理证明例 1.

12. 设 $\boldsymbol{\alpha}_1, \cdots, \boldsymbol{\alpha}_k, \boldsymbol{\beta}_1, \cdots, \boldsymbol{\beta}_k \in \mathbb{F}^n$. 证明:

$$\operatorname{rank}(\boldsymbol{\alpha}_1 + \boldsymbol{\beta}_1, \cdots, \boldsymbol{\alpha}_k + \boldsymbol{\beta}_k) \leqslant \operatorname{rank}(\boldsymbol{\alpha}_1, \cdots, \boldsymbol{\alpha}_k) + \operatorname{rank}(\boldsymbol{\beta}_1, \cdots, \boldsymbol{\beta}_k).$$

4.7 初等变换

初等变换, 是重要的 **高斯消去法** 的矩阵形式.

定义 4.7.1 设 $\boldsymbol{A}$ 是 $m \times n$ 矩阵. 下述对矩阵 $\boldsymbol{A}$ 的行向量 (或者列向量) 的操作称为对矩阵 $\boldsymbol{A}$ 的**行初等变换**(**列初等变换**), 其中 i, j 是**不同的**行 (列) 标号.

ET1 (行 (列) **消法变换**) 把 $\boldsymbol{A}$ 的第 i 行 (列) 的 a 倍加到第 j 行 (列);

ET2 (行 (列) **倍法变换**) 把 $\boldsymbol{A}$ 第 i 行 (列) 乘以非零数 c;

ET3 (行 (列) **对换**) 对换 $\boldsymbol{A}$ 的第 i 行 (列) 与第 j 行 (列).

注 对换操作可通过消法变换和倍法变换实现

$$\begin{pmatrix} \vdots \\ \boldsymbol{A}_i \\ \vdots \\ \boldsymbol{A}_j \\ \vdots \end{pmatrix} \xrightarrow{1 \cdot r_j + r_i} \begin{pmatrix} \vdots \\ \boldsymbol{A}_i + \boldsymbol{A}_j \\ \vdots \\ \boldsymbol{A}_j \\ \vdots \end{pmatrix} \xrightarrow{-1 \cdot r_i + r_j} \begin{pmatrix} \vdots \\ \boldsymbol{A}_i + \boldsymbol{A}_j \\ \vdots \\ -\boldsymbol{A}_i \\ \vdots \end{pmatrix} \xrightarrow{1 \cdot r_j + r_i} \begin{pmatrix} \vdots \\ \boldsymbol{A}_j \\ \vdots \\ -\boldsymbol{A}_i \\ \vdots \end{pmatrix} \xrightarrow{-1 \cdot r_j} \begin{pmatrix} \vdots \\ \boldsymbol{A}_j \\ \vdots \\ \boldsymbol{A}_i \\ \vdots \end{pmatrix},$$

所以理论上讲只需考虑消法变换和倍法变换, 即 **ET1** 和 **ET2**.

施行一个变换后, **一个**矩阵就变换成了**另一个**矩阵. 对于解决某些问题, 这种变换十分有用. 例如, 3.2 节例 1, 为计算行列式曾使用如下初等变换:

$$\begin{pmatrix}1&2&0&1\\1&2&3&4\\0&1&2&4\\2&3&5&6\end{pmatrix}\xrightarrow[-2\cdot r_1+r_4]{-1\cdot r_1+r_2}\begin{pmatrix}1&2&0&1\\0&0&3&3\\0&1&2&4\\0&-1&5&4\end{pmatrix}$$

$$\xrightarrow{r_2,\ r_3\ \text{对换}}\begin{pmatrix}1&2&0&1\\0&1&2&4\\0&0&3&3\\0&-1&5&4\end{pmatrix}\xrightarrow{1\cdot r_2+r_4}\begin{pmatrix}1&2&0&1\\0&1&2&4\\0&0&3&3\\0&0&7&8\end{pmatrix}$$

$$\xrightarrow{\frac{1}{3}\cdot r_3}\begin{pmatrix}1&2&0&1\\0&1&2&4\\0&0&1&1\\0&0&7&8\end{pmatrix}\xrightarrow{-7\cdot r_3+r_4}\begin{pmatrix}1&2&0&1\\0&1&2&4\\0&0&1&1\\0&0&0&1\end{pmatrix}$$

其中 $a\cdot r_i+r_j$ 表示行变换 ET1, $a\cdot r_j$ 表示行变换 ET2 等, 3.2 节的例 1 中已有说明, 在那里利用这些变换计算出了行列式.

本节将介绍通过初等变换求向量组的极大线性无关组, 并把其他向量表写为极大线性无关组的线性组合. 先看看初等变换的矩阵形式.

定义 4.7.2　单位矩阵通过一个初等变换得到的矩阵称为 **初等矩阵** . 把单位矩阵 $\boldsymbol{E}$ 的第 i 列的 a 倍加到第 j 列得到 **消法矩阵**

$$\boldsymbol{E}_{ij}(a):=\begin{pmatrix}\ddots&&&&\\&1&\cdots&a&\\&&\ddots&\vdots&\\&&&1&\\&&&&\ddots\end{pmatrix}=\boldsymbol{E}+a\boldsymbol{E}_{ij}\ ;$$

把单位矩阵 $\boldsymbol{E}$ 的第 i 列乘以非零数 c 得到 **倍法矩阵**

$$\boldsymbol{E}_i(c):=\begin{pmatrix}\ddots&&&&\\&1&&&\\&&c&&\\&&&1&\\&&&&\ddots\end{pmatrix}=\boldsymbol{E}+(c-1)\boldsymbol{E}_{ii}\ ;$$

对换单位矩阵 $\boldsymbol{E}$ 的第 i 列, 第 j 列得到 **对换矩阵**

$$\boldsymbol{E}(i,j) := \begin{pmatrix} 1 & & & & & & \\ & \ddots & & & & & \\ & & 0 & \cdots & 1 & & \\ & & \vdots & 1 \ddots 1 & \vdots & & \\ & & 1 & \cdots & 0 & & \\ & & & & & \ddots & \\ & & & & & & 1 \end{pmatrix} = \boldsymbol{E} - \boldsymbol{E}_{ii} - \boldsymbol{E}_{jj} + \boldsymbol{E}_{ij} + \boldsymbol{E}_{ji}\,.$$

注 (1) 上面通过对单位矩阵作列变换得出初等矩阵, 也可通过对单位矩阵做行变换得出初等矩阵, 结果不同的只是 $\boldsymbol{E}_{ij}(a)$, 它是把单位矩阵的第 j 行的 a 倍加到第 i 行得的结果.

(2) 初等矩阵都是可逆矩阵, 而且逆矩阵是同类初等矩阵, 即

$$\boldsymbol{E}_{ij}(a)^{-1} = \boldsymbol{E}_{ij}(-a), \quad \boldsymbol{E}_i(c)^{-1} = \boldsymbol{E}_i(c^{-1}), \quad \boldsymbol{E}(i,j)^{-1} = \boldsymbol{E}(i,j).$$

(3) 初等矩阵的行列式显而易见, 即

$$\det \boldsymbol{E}_{ij}(a) = 1, \quad \det \boldsymbol{E}_i(c) = c, \quad \det \boldsymbol{E}(i,j) = -1.$$

(4) 初等矩阵的某些计算也比较容易, 见本节习题 1、习题 2.

例 1 计算 $\begin{pmatrix} & & 1 \\ & 1 & \\ 1 & & \end{pmatrix}^8 \begin{pmatrix} a & b & c \\ a_1 & b_1 & c_1 \\ a_2 & b_2 & c_2 \end{pmatrix} \begin{pmatrix} 0 & 1 & \\ 1 & 0 & \\ & & 1 \end{pmatrix}^{25}$.

解 因 $\begin{pmatrix} & & 1 \\ & 1 & \\ 1 & & \end{pmatrix} = \boldsymbol{E}(1,3)$, $\begin{pmatrix} 0 & 1 & \\ 1 & 0 & \\ & & 1 \end{pmatrix} = \boldsymbol{E}(1,2)$, $\boldsymbol{E}(i,j)^2 = \boldsymbol{E}$, 所以

$$原式 = \begin{pmatrix} a & b & c \\ a_1 & b_1 & c_1 \\ a_2 & b_2 & c_2 \end{pmatrix} \begin{pmatrix} 0 & 1 & \\ 1 & 0 & \\ & & 1 \end{pmatrix} = \begin{pmatrix} b & a & c \\ b_1 & a_1 & c_1 \\ b_2 & a_2 & c_2 \end{pmatrix}.$$ □

初等变换与初等矩阵的紧密联系在于：一个初等变换可以通过乘以一个初等矩阵来实现. 总结为下述原理.

命题 4.7.1(初等变换原理) (1) 对矩阵 $\boldsymbol{A}$ 作一个行初等变换得到的矩阵等于 $\boldsymbol{FA}$, 其中 $\boldsymbol{F}$ 是对 $\boldsymbol{E}$ 作同样的行初等变换得的初等矩阵.

(2) 对矩阵 $\boldsymbol{A}$ 作一个列初等变换得到的矩阵等于 $\boldsymbol{AF}$, 其中 $\boldsymbol{F}$ 是对 $\boldsymbol{E}$ 作同样的列初等变换得的初等矩阵.

证 通过直接计算可对三种初等变换逐一验证如下：

(1) 对 $\boldsymbol{A}$ 作行 (或列) 变换 ET1 得到的矩阵等于 $\boldsymbol{E}_{ji}(a)\cdot\boldsymbol{A}$ (或 $\boldsymbol{A}\cdot\boldsymbol{E}_{ij}(a)$).

(2) 对 $\boldsymbol{A}$ 作行 (或列) 变换 ET2 得到的矩阵等于 $\boldsymbol{E}_i(a)\cdot\boldsymbol{A}$ (或 $\boldsymbol{A}\cdot\boldsymbol{E}_i(a)$).

(3) 对 $\boldsymbol{A}$ 作行 (或列) 变换 ET3 得到的矩阵等于 $\boldsymbol{E}(i,j)\cdot\boldsymbol{A}$ (或 $\boldsymbol{A}\cdot\boldsymbol{E}(i,j)$). □

注 这个原理可直观地解释为：把初等变换作用于单位矩阵的行向量后得到的初等矩阵承载了这个**行初等变换**；用这个初等矩阵**左乘**矩阵 $\boldsymbol{A}$ 时这个**行初等变换**卸载出来作用于 $\boldsymbol{A}$ 的行向量. 对**列初等变换**可同样解释, 只不过是在**右乘**矩阵 $\boldsymbol{A}$ 时列初等变换卸载作用于 $\boldsymbol{A}$ 的列向量.

关于倍法变换的初等变换原理可以推广到对角矩阵的乘法, 见本节习题 6.

引理 4.7.1 把 $m\times n$ 矩阵 $\boldsymbol{A}$ 按列分块写为 $\boldsymbol{A}=(\boldsymbol{\alpha}_1,\cdots,\boldsymbol{\alpha}_n)$. 设 $\boldsymbol{F}$ 是 m 阶初等矩阵且 $\boldsymbol{FA}=(\boldsymbol{\beta}_1,\cdots,\boldsymbol{\beta}_n)$, 设 $c_1,\cdots,c_n$ 是数, 则

$$c_1\boldsymbol{\alpha}_1+\cdots+c_n\boldsymbol{\alpha}_n=\mathbf{0}\Leftrightarrow c_1\boldsymbol{\beta}_1+\cdots+c_n\boldsymbol{\beta}_n=\mathbf{0}\,.$$

证 由矩阵分块运算, 参看 4.2 节矩阵分块运算的公式 (4.2.2), 知

$$c_1\boldsymbol{\alpha}_1+\cdots+c_n\boldsymbol{\alpha}_n=\boldsymbol{A}\begin{pmatrix}c_1\\ \vdots\\ c_n\end{pmatrix},$$

$$c_1\boldsymbol{\beta}_1+\cdots+c_n\boldsymbol{\beta}_n=\boldsymbol{FA}\begin{pmatrix}c_1\\ \vdots\\ c_n\end{pmatrix}.$$

如果 $c_1\boldsymbol{\alpha}_1+\cdots+c_n\boldsymbol{\alpha}_n=\mathbf{0}$, 那么 $\boldsymbol{A}\begin{pmatrix}c_1\\ \vdots\\ c_n\end{pmatrix}=\mathbf{0}$, 从而 $\boldsymbol{FA}\begin{pmatrix}c_1\\ \vdots\\ c_n\end{pmatrix}=\mathbf{0}$, 就是 $c_1\boldsymbol{\beta}_1+\cdots+c_n\boldsymbol{\beta}_n=\mathbf{0}$.

反过来, 如果 $c_1\boldsymbol{\beta}_1+\cdots+c_n\boldsymbol{\beta}_n=\mathbf{0}$, 那么 $\boldsymbol{FA}\begin{pmatrix}c_1\\ \vdots\\ c_n\end{pmatrix}=\mathbf{0}$, 从而

$$\boldsymbol{A}\begin{pmatrix}c_1\\ \vdots\\ c_n\end{pmatrix}=\boldsymbol{F}^{-1}\boldsymbol{FA}\begin{pmatrix}c_1\\ \vdots\\ c_n\end{pmatrix}=\mathbf{0},$$

即 $c_1\boldsymbol{\alpha}_1+\cdots+c_n\boldsymbol{\alpha}_n=\mathbf{0}$. □

推论 4.7.1 符号同上. $1\leqslant j_1<\cdots<j_r\leqslant n$, $1\leqslant k\leqslant n$.

(1) $\boldsymbol{\alpha}_{j_1},\cdots,\boldsymbol{\alpha}_{j_r}$ 线性无关当且仅当 $\boldsymbol{\beta}_{j_1},\cdots,\boldsymbol{\beta}_{j_r}$ 线性无关.

(2) $\boldsymbol{\alpha}_k = c_{j_1}\boldsymbol{\alpha}_{j_1} + \cdots + c_{j_r}\boldsymbol{\alpha}_{j_r}$ 当且仅当 $\boldsymbol{\beta}_k = c_{j_1}\boldsymbol{\beta}_{j_1} + \cdots + c_{j_r}\boldsymbol{\beta}_{j_r}$.

(3) $\boldsymbol{\alpha}_{j_1}, \cdots, \boldsymbol{\alpha}_{j_r}$ 是向量组 $\boldsymbol{\alpha}_1, \cdots, \boldsymbol{\alpha}_n$ 的极大线性无关组当且仅当 $\boldsymbol{\beta}_{j_1}, \cdots, \boldsymbol{\beta}_{j_r}$ 是向量组 $\boldsymbol{\beta}_1, \cdots, \boldsymbol{\beta}_n$ 的极大线性无关组.

证 (1) 设 $\boldsymbol{\alpha}_{j_1}, \cdots, \boldsymbol{\alpha}_{j_r}$ 线性无关. 设数 $c_1, \cdots, c_r$ 使得 $c_1\boldsymbol{\beta}_{j_1} + \cdots + c_r\boldsymbol{\beta}_{j_r} = \mathbf{0}$, 那么由引理 4.7.1, $c_1\boldsymbol{\alpha}_{j_1} + \cdots + c_r\boldsymbol{\alpha}_{j_r} = \mathbf{0}$, 由 $\boldsymbol{\alpha}_{j_1}, \cdots, \boldsymbol{\alpha}_{j_r}$ 的线性无关性, 得 $c_1 = \cdots = c_r = 0$, 所以 $\boldsymbol{\beta}_{j_1}, \cdots, \boldsymbol{\beta}_{j_r}$ 线性无关.

类似地, 若 $\boldsymbol{\beta}_{j_1}, \cdots, \boldsymbol{\beta}_{j_r}$ 线性无关, 则可推出 $\boldsymbol{\alpha}_{j_1}, \cdots, \boldsymbol{\alpha}_{j_r}$ 线性无关.

(2) 改写 $\boldsymbol{\alpha}_k = c_{j_1}\boldsymbol{\alpha}_{j_1} + \cdots + c_{j_r}\boldsymbol{\alpha}_{j_r}$, 有两种情形

情形 1. $k =$ 某 j_i, 则改写为 $c_{j_1}\boldsymbol{\alpha}_{j_1} + \cdots + (c_{j_i} - 1)\boldsymbol{\alpha}_{j_i} + \cdots + c_{j_r}\boldsymbol{\alpha}_{j_r} = \mathbf{0}$. 由引理 4.7.1 得 $c_{j_1}\boldsymbol{\beta}_{j_1} + \cdots + (c_{j_i} - 1)\boldsymbol{\beta}_{j_i} + \cdots + c_{j_r}\boldsymbol{\beta}_{j_r} = \mathbf{0}$, 故 $\boldsymbol{\beta}_k = c_{j_1}\boldsymbol{\beta}_{j_1} + \cdots + c_{j_r}\boldsymbol{\beta}_{j_r}$.

情形 2. $k \neq$ 任意 j_i, 则改写为 $c_{j_1}\boldsymbol{\alpha}_{j_1} + \cdots + c_{j_r}\boldsymbol{\alpha}_{j_r} + (-1)\boldsymbol{\alpha}_k = \mathbf{0}$. 同上推出 $\boldsymbol{\beta}_k = c_{j_1}\boldsymbol{\beta}_{j_1} + \cdots + c_{j_r}\boldsymbol{\beta}_{j_r}$.

反过来, 若 $\boldsymbol{\beta}_k = c_{j_1}\boldsymbol{\beta}_{j_1} + \cdots + c_{j_r}\boldsymbol{\beta}_{j_r}$, 同上推理得出 $\boldsymbol{\alpha}_k = c_{j_1}\boldsymbol{\alpha}_{j_1} + \cdots + c_{j_r}\boldsymbol{\alpha}_{j_r}$.

(3) 设 $\boldsymbol{\alpha}_{j_1}, \cdots, \boldsymbol{\alpha}_{j_r}$ 是向量组 $\boldsymbol{\alpha}_1, \cdots, \boldsymbol{\alpha}_n$ 的极大线性无关组, 那么第一, $\boldsymbol{\alpha}_{j_1}, \cdots, \boldsymbol{\alpha}_{j_r}$ 线性无关, 由 (1) 得 $\boldsymbol{\beta}_{j_1}, \cdots, \boldsymbol{\beta}_{j_r}$ 线性无关; 第二, 任何 $\boldsymbol{\alpha}_k$ 是 $\boldsymbol{\alpha}_{j_1}, \cdots, \boldsymbol{\alpha}_{j_r}$ 的线性组合, 由 (2) 得任何 $\boldsymbol{\beta}_k$ 是 $\boldsymbol{\beta}_{j_1}, \cdots, \boldsymbol{\beta}_{j_r}$ 的线性组合, 所以 $\boldsymbol{\beta}_{j_1}, \cdots, \boldsymbol{\beta}_{j_r}$ 是向量组 $\boldsymbol{\beta}_1, \cdots, \boldsymbol{\beta}_n$ 的极大线性无关组.

同样证明: 如果 $\boldsymbol{\beta}_{j_1}, \cdots, \boldsymbol{\beta}_{j_r}$ 是向量组 $\boldsymbol{\beta}_1, \cdots, \boldsymbol{\beta}_n$ 的极大线性无关组, 那么 $\boldsymbol{\alpha}_{j_1}, \cdots, \boldsymbol{\alpha}_{j_r}$ 是向量组 $\boldsymbol{\alpha}_1, \cdots, \boldsymbol{\alpha}_n$ 的极大线性无关组. □

把推论 4.7.1 中的三条简单说成 "向量组 $\boldsymbol{\alpha}_1, \cdots, \boldsymbol{\alpha}_n$ 与向量组 $\boldsymbol{\beta}_1, \cdots, \boldsymbol{\beta}_n$ 有相同的线性关系", 因此引理 4.7.1 可重新简述如下.

引理 4.7.2 行初等变换不改变矩阵的列向量的线性关系, 特别地, 行初等变换不改变矩阵的列向量组的秩.

同样地可证明:

引理 4.7.2* 列初等变换不改变矩阵的行向量的线性关系, 特别地, 列初等变换不改变矩阵的行向量组的秩. □

引理 4.7.2 和引理 4.7.2* 提供了一种用初等变换计算向量组的线性关系的方法. 通过一个例子来演示这种方法如下.

例 2 求下述 6 个向量的极大线性无关组, 把其他向量用它们线性表示:

$$\begin{pmatrix} 0 \\ 0 \\ 0 \\ 0 \end{pmatrix}, \begin{pmatrix} 0 \\ 2 \\ 1 \\ 1 \end{pmatrix}, \begin{pmatrix} 1 \\ 1 \\ 1 \\ -1 \end{pmatrix}, \begin{pmatrix} 1 \\ 5 \\ 3 \\ 1 \end{pmatrix}, \begin{pmatrix} 1 \\ -1 \\ 0 \\ 2 \end{pmatrix}, \begin{pmatrix} 7 \\ -1 \\ 3 \\ 1 \end{pmatrix}.$$

解 分别用 $\boldsymbol{\alpha}_1, \boldsymbol{\alpha}_2, \boldsymbol{\alpha}_3, \boldsymbol{\alpha}_4, \boldsymbol{\alpha}_5, \boldsymbol{\alpha}_6$ 记这 6 个向量, 以它们为列向量排成矩阵

$$\begin{pmatrix} 0 & 0 & 1 & 1 & 1 & 7 \\ 0 & 2 & 1 & 5 & -1 & -1 \\ 0 & 1 & 1 & 3 & 0 & 3 \\ 0 & 1 & -1 & 1 & 2 & 1 \end{pmatrix},$$

对它按以下方式逐步作行初等变换.

插入说明： 这里把要处理的向量排为**列向量**, 那么就**只能作行变换**, 千万不能作列初等变换, 因为引理 4.7.1 只是说行初等变换不改变列向量的线性关系, 但列初等变换却会改变列向量的线性关系.

首先, 从左往右找出第 1 个非零列：第 1 列为零列, 再看第 2 列, 它不为零, 对它做两件事. 先把它的第 1 位置 (即 (1,2) 位置) 变为非零元：目前该列第 1 位置 (即 (1,2) 位置) 为零元, 就通过如下行对换把该列下面非零位调到第 1 位 (这里用的是第 1 行与第 4 行对换)：

$$\begin{pmatrix} 0 & \underline{0} & 1 & 1 & 1 & 7 \\ 0 & 2 & 1 & 5 & -1 & -1 \\ 0 & 1 & 1 & 3 & 0 & 3 \\ 0 & 1 & -1 & 1 & 2 & 1 \end{pmatrix} \to \begin{pmatrix} 0 & 1 & -1 & 1 & 2 & 1 \\ 0 & 2 & 1 & 5 & -1 & -1 \\ 0 & 1 & 1 & 3 & 0 & 3 \\ 0 & 0 & 1 & 1 & 1 & 7 \end{pmatrix};$$

再把第 1 行的适当的倍向量加到其他行, 就可以使这一列 (第 2 列) 的其他位置全变为 0：

$$\begin{pmatrix} 0 & \underline{1} & -1 & 1 & 2 & 1 \\ 0 & 2 & 1 & 5 & -1 & -1 \\ 0 & 1 & 1 & 3 & 0 & 3 \\ 0 & 0 & 1 & 1 & 1 & 7 \end{pmatrix} \to \begin{pmatrix} 0 & \underline{1} & -1 & 1 & 2 & 1 \\ 0 & 0 & 3 & 3 & -5 & -3 \\ 0 & 0 & 2 & 2 & -2 & 2 \\ 0 & 0 & 1 & 1 & 1 & 7 \end{pmatrix}. \tag{4.7.1}$$

再考察第 1 行以下第 2 列以右的情况：

$$\left(\begin{array}{c|ccccc} 0 & 1 & -1 & 1 & 2 & 1 \\ \cline{2-6} & & \multicolumn{1}{|c}{3} & 3 & -5 & -3 \\ & & \multicolumn{1}{|c}{2} & 2 & -2 & 2 \\ & & \multicolumn{1}{|c}{1} & 1 & 1 & 7 \end{array}\right),$$

第 3 列的第 2 行位置 (即 (2,3) 位置) 不为零, 把第 2 行的适当倍向量加到其他行, 就可以使这一列 (第 3 列) 的其他位置变为 0. 这里为计算方便, 先作一个行对换 (第 2 行, 第 4 行对换), 并把第 3 行化简 (第 3 行乘以 1/2)：

$$\begin{pmatrix} 0 & 1 & -1 & 1 & 2 & 1 \\ & & 3 & 3 & -5 & -3 \\ & & 2 & 2 & -2 & 2 \\ & & 1 & 1 & 1 & 7 \end{pmatrix} \to \begin{pmatrix} 0 & 1 & -1 & 1 & 2 & 1 \\ & & 1 & 1 & 1 & 7 \\ & & 1 & 1 & -1 & 1 \\ & & 3 & 3 & -5 & -3 \end{pmatrix}.$$

再将第 2 行的适当倍向量加到其他行, 把第 3 列的其他位置变为 0:

$$\begin{pmatrix} 0 & 1 & -1 & 1 & 2 & 1 \\ & & \underline{1} & 1 & 1 & 7 \\ & & 1 & 1 & -1 & 1 \\ & & 3 & 3 & -5 & -3 \end{pmatrix} \to \begin{pmatrix} 0 & 1 & 0 & 2 & 3 & 8 \\ & & \underline{1} & 1 & 1 & 7 \\ & & 0 & 0 & -2 & -6 \\ & & 0 & 0 & -8 & -24 \end{pmatrix}.$$

这是依次往下往右作的机械程序. 考察第 2 行以下第 3 列以右的情形:

$$\begin{pmatrix} 0 & 1 & 0 & 2 & 3 & 8 \\ & & 1 & 1 & 1 & 7 \\ & & & 0 & -2 & -6 \\ & & & 0 & -8 & -24 \end{pmatrix},$$

因为第 4 列的第 2 行以下全为零, 继续往右考察第 5 列的第 2 行以下, (3,5) 位置 2 非零, 那么将第 3 行的适当倍向量加到其他行, 把第 5 列的其他位置变为 0:

$$\begin{pmatrix} 0 & 1 & 0 & 2 & 3 & 8 \\ & & 1 & 1 & 1 & 7 \\ & & & & \underline{-2} & -6 \\ & & & & -8 & -24 \end{pmatrix} \to \begin{pmatrix} 0 & 1 & 0 & 2 & 0 & -1 \\ & & 1 & 1 & 0 & 4 \\ & & & & \underline{-2} & -6 \\ & & & & 0 & 0 \end{pmatrix}$$

当然还可以用行倍法变换化简一下, 得

$$\begin{pmatrix} 0 & 1 & 0 & 2 & 0 & -1 \\ & & 1 & 1 & 0 & 4 \\ & & & & 1 & 3 \\ & & & & 0 & 0 \end{pmatrix}, \quad 即 \quad \begin{pmatrix} 0 & 1 & 0 & 2 & 0 & -1 \\ & & 1 & 1 & 0 & 4 \\ & & & & 1 & 3 \\ & & & & & \end{pmatrix},$$

此时第 3 行以下全为零, 所以机械程序停止.

顺序以 $\boldsymbol{\beta}_1, \boldsymbol{\beta}_2, \boldsymbol{\beta}_3, \boldsymbol{\beta}_4, \boldsymbol{\beta}_5, \boldsymbol{\beta}_6$ 表示得到的矩阵的六个列向量. 显然

$$\boldsymbol{\beta}_2 = \begin{pmatrix} 1 \\ 0 \\ 0 \\ 0 \end{pmatrix}, \quad \boldsymbol{\beta}_3 = \begin{pmatrix} 0 \\ 1 \\ 0 \\ 0 \end{pmatrix}, \quad \boldsymbol{\beta}_5 = \begin{pmatrix} 0 \\ 0 \\ 1 \\ 0 \end{pmatrix}$$

线性无关, 而且

$$\boldsymbol{\beta}_1 = 0\boldsymbol{\beta}_2 + 0\boldsymbol{\beta}_3 + 0\boldsymbol{\beta}_5, \quad \boldsymbol{\beta}_4 = 2\boldsymbol{\beta}_2 + \boldsymbol{\beta}_3 + 0\boldsymbol{\beta}_5, \quad \boldsymbol{\beta}_6 = -\boldsymbol{\beta}_2 + 4\boldsymbol{\beta}_3 + 3\boldsymbol{\beta}_5,$$

即 $\boldsymbol{\beta}_2, \boldsymbol{\beta}_3, \boldsymbol{\beta}_5$ 是极大线性无关组, 而其他向量按上述表达式成为此极大线性无关组的线性组合.

因为行变换不改变列向量的线性关系, 所以 $\boldsymbol{\alpha}_2,\boldsymbol{\alpha}_3,\boldsymbol{\alpha}_5$ 是原向量组的极大线性无关组, 且

$$\boldsymbol{\alpha}_1=0\boldsymbol{\alpha}_2+0\boldsymbol{\alpha}_3+0\boldsymbol{\alpha}_5,\quad \boldsymbol{\alpha}_4=2\boldsymbol{\alpha}_2+\boldsymbol{\alpha}_3+0\boldsymbol{\alpha}_5,\quad \boldsymbol{\alpha}_6=-\boldsymbol{\alpha}_2+4\boldsymbol{\alpha}_3+3\boldsymbol{\alpha}_5\ .\ \square$$

习　题　4.7

1. 设 k 是任意整数 (可以是负整数), 对初等矩阵证明:

$$\boldsymbol{E}_{ij}(a)^k=\boldsymbol{E}_{ij}(ka)\ ;\quad \boldsymbol{E}_i(a)^k=\boldsymbol{E}_i(a^k)\ ;$$

$$\boldsymbol{E}(i,j)^k=\begin{cases}\boldsymbol{E}(i,j), & k\text{ 是奇数},\\ \boldsymbol{E}, & k\text{ 是偶数}.\end{cases}$$

2. 设 i,j,k 是彼此不同的脚标. 证明:

(1) $\boldsymbol{E}_{ij}(a)\boldsymbol{E}_{ij}(b)=\boldsymbol{E}_{ij}(a+b)$;

(2) $\boldsymbol{E}_{ij}(a)\boldsymbol{E}_{jk}(b)-\boldsymbol{E}_{jk}(b)\boldsymbol{E}_{ij}(a)=ab\boldsymbol{E}_{ik}$.

3. 已知 $\boldsymbol{A}=\begin{pmatrix}a_{11}&a_{12}&a_{13}\\a_{21}&a_{22}&a_{23}\\a_{31}&a_{32}&a_{33}\end{pmatrix}$, $\boldsymbol{B}=\begin{pmatrix}a_{21}&a_{22}&a_{23}\\a_{11}&a_{12}&a_{13}\\a_{31}+a_{11}&a_{32}+a_{12}&a_{33}+a_{13}\end{pmatrix}$. 用初等矩阵和 $\boldsymbol{A}$ 表示 $\boldsymbol{B}$.

4. 把 n 阶可逆矩阵 $\boldsymbol{A}$ 的第 i, j 两行交换得到矩阵 $\boldsymbol{B}$. 求 $\boldsymbol{AB}^{-1}$.

5. 已知 $\boldsymbol{A}=(a_{ij})_{3\times3}$, $\boldsymbol{A}^{-1}=(b_{ij})_{3\times3}$, $\boldsymbol{C}=\begin{pmatrix}a_{33}&a_{32}&a_{31}\\a_{23}&a_{22}&a_{21}\\a_{13}&a_{12}&a_{11}\end{pmatrix}$. 求 $\boldsymbol{C}^{-1}$.

6. 证明: 对角矩阵左乘一矩阵就是对角线各元乘该矩阵对应的各行; 对角矩阵右乘一矩阵就是对角线各元乘该矩阵对应的各列, 即

(1) $$\begin{pmatrix}d_1&&&\\&d_2&&\\&&\ddots&\\&&&d_n\end{pmatrix}\begin{pmatrix}a_{11}&a_{12}&\cdots&a_{1k}\\a_{21}&a_{22}&\cdots&a_{2k}\\\vdots&\vdots&&\vdots\\a_{n1}&a_{n2}&\cdots&a_{nk}\end{pmatrix}=\begin{pmatrix}d_1a_{11}&d_1a_{12}&\cdots&d_1a_{1k}\\d_2a_{21}&d_2a_{22}&\cdots&d_2a_{2k}\\\vdots&\vdots&&\vdots\\d_na_{n1}&d_na_{n2}&\cdots&d_na_{nk}\end{pmatrix};$$

(2) $$\begin{pmatrix}a_{11}&a_{12}&\cdots&a_{1n}\\a_{21}&a_{22}&\cdots&a_{2n}\\\vdots&\vdots&&\vdots\\a_{l1}&a_{l2}&\cdots&a_{ln}\end{pmatrix}\begin{pmatrix}d_1&&&\\&d_2&&\\&&\ddots&\\&&&d_n\end{pmatrix}=\begin{pmatrix}d_1a_{11}&d_2a_{12}&\cdots&d_na_{1n}\\d_1a_{21}&d_2a_{22}&\cdots&d_na_{2n}\\\vdots&\vdots&&\vdots\\d_1a_{l1}&d_2a_{l2}&\cdots&d_na_{ln}\end{pmatrix}.$$

7. 设 $\boldsymbol{A}$, $\boldsymbol{P}$ 是 n 阶矩阵, 其中 $\boldsymbol{P}$ 是可逆矩阵.

(1) 设矩阵 $\boldsymbol{A}$ 按列分块为 $\boldsymbol{A}=(\boldsymbol{\alpha}_1,\cdots,\boldsymbol{\alpha}_n)$, 而 $\boldsymbol{PA}$ 按列分块为 $\boldsymbol{PA}=(\boldsymbol{\beta}_1,\cdots,\boldsymbol{\beta}_n)$. 证明: 对任意 $c_1,\cdots,c_n\in\mathbb{F}$,

$$c_1\boldsymbol{\alpha}_1+\cdots+c_n\boldsymbol{\alpha}_n=\mathbf{0}\Leftrightarrow c_1\boldsymbol{\beta}_1+\cdots+c_n\boldsymbol{\beta}_n=\mathbf{0},$$

即 $\boldsymbol{A}$ 与 $\boldsymbol{PA}$ 的列向量有相同的线性关系;

(2) 举例说明: 如果是 $\boldsymbol{AP}$ 按列分块为 $\boldsymbol{AP}=(\boldsymbol{\beta}_1,\cdots,\boldsymbol{\beta}_n)$, 则结论不成立.

8. 求 $\boldsymbol{\alpha}_1=(2,1,1)$, $\boldsymbol{\alpha}_2=(4,2,1)$, $\boldsymbol{\alpha}_3=(5,2,1)$, $\boldsymbol{\alpha}_4=(1,0,1)$ 的极大线性无关组, 并把其他向量用它们线性表示出来.

9. 求由向量 $\boldsymbol{\alpha}_1=(1,2,-1,-2)$, $\boldsymbol{\alpha}_2=(2,5,-6,-5)$, $\boldsymbol{\alpha}_3=(3,1,1,1)$, $\boldsymbol{\alpha}_4=(-1,2,-7,-3)$ 生成的子空间的维数和基底.

4.8 初等变换与行列式

3.2 节的例 1 和 4.7 节例 2 目的不一样, 前者求行列式, 后者求向量组的线性关系, 但它们都是通过矩阵初等变换达到目的. 本节首先小结这两个例题演示的初等变换化简矩阵的程序, 然后用初等变换进一步分析行列式的计算程序, 证明行列式乘法定理. 后面各节还将看到初等变换的各种功效.

引理 4.8.1 设 $\boldsymbol{A}=(a_{ij})_{m\times n}$ 的第 j_1 列是第一个非零列.

(1) 存在有限个消法矩阵 $\boldsymbol{E}_1,\cdots,\boldsymbol{E}_k$ 使 $\boldsymbol{E}_k\cdots\boldsymbol{E}_1\boldsymbol{A}$ 的第 j_1 列为 $(c_{1j_1},0,\cdots,0)^{\mathrm{T}}$, 其中 $c_{1j_1}\neq 0$, 即 $\boldsymbol{E}_k\cdots\boldsymbol{E}_1\boldsymbol{A}=\begin{pmatrix} & c_{1j_1} & \cdots & \cdots \\ & & \cdots & \cdots \\ & & \cdots & \cdots \end{pmatrix}$, $c_{1j_1}\neq 0$;

(2) 若 $m>1$, 则存在有限个消法初等矩阵 $\boldsymbol{E}_1,\cdots,\boldsymbol{E}_k$ 使 $\boldsymbol{E}_k\cdots\boldsymbol{E}_1\boldsymbol{A}$ 的第 1 列形如 $(1,0,\cdots,0)^{\mathrm{T}}$, 即上式中 $c_{1j_1}=1$.

证 施行下述行的消法变换即可达到目的.

步骤 1. 目的: 使第 j_1 列最上位置 c_{1j_1} 非零.

做法: 如果第 j_1 列最上位置 (即 $(1,j_1)$ 位) 为零, 则第 j_1 列有其他非零位, 把该位所在行加到第 1 行.

步骤 2. (仅适用于 $m>1$). 目的: 使第 j_1 列最上位置 $c_{1j_1}=1$.

做法: 首先可使第 j_1 列除 c_{1j_1} 外还有非零位 $c_{ij_1}\neq 0$ $(i>1)$, 因为若第 j_1 列除 c_{1j_1} 外全为零, 则把第 1 行加到第 2 行使 $(2,j_1)$ 位非零. 然后, 把 c_{ij_1} 所在第 i 行的 $\dfrac{1-c_{1j_1}}{c_{ij_1}}$ 倍加到第 1 行.

步骤 3. 目的: 使第 j_1 列除最上位置 c_{1j_1} 非零外其他位置全变换为零.

做法: 把第 1 行的适当倍加到其他行, 如 $(2,j_1)$ 位 $c_{2j_1}\neq 0$, 则把第 1 行的 $\dfrac{-c_{2j_1}}{c_{1j_1}}$ 倍加到第 2 行使 $(2,j_1)$ 位变为零, 等.

行的消法变换结果就是左乘以消法矩阵. 引理得证. □

定理 4.8.1 设 $\boldsymbol{A}=(a_{ij})_{m\times n}$, 存在有限个消法初等矩阵 $\boldsymbol{E}_1,\cdots,\boldsymbol{E}_k$ 使

$$
\boldsymbol{E}_k \cdots \boldsymbol{E}_1 \boldsymbol{A} = \begin{pmatrix}
\overset{j_1\text{ 列}}{c_{1j_1}} & \cdots & \overset{j_2\text{ 列}}{0} & \cdots & \cdots & \cdots & \overset{j_r\text{ 列}}{0} & \cdots \\
 & & c_{2j_2} & \cdots & \cdots & \cdots & 0 & \cdots \\
 & & & & \cdots & \cdots & \vdots & \cdots \\
 & & & & & \cdots & 0 & \cdots \\
 & & & & & & c_{rj_r} & \cdots \\
 & & & & & & &
\end{pmatrix}_{m\times n}, \tag{4.8.1}
$$

其中 $1 \leqslant j_1 < j_2 < \cdots < j_r \leqslant \min\{m,n\}$, 且 $c_{ij_i} \neq 0,\ i=1,\cdots,r$.

证　设 $\boldsymbol{A}$ 的第一个非零列是第 j_1 列, 经行消法变换变换为引理 4.8.1 的形式

$$
\begin{pmatrix}
c_{1j_1} & \cdots & \cdots \\
 & \boldsymbol{A}_1 &
\end{pmatrix}, \quad c_{1j_1} \neq 0 .
$$

若 c_{1j_1} 以下以右的 $(m-1)\times(n-j_1)$ 块 $\boldsymbol{A}_1 = \boldsymbol{O}$, 则已达到命题要求; 否则, 在 $\boldsymbol{A}_1$ 中找到第一个非零列, 设是 $\boldsymbol{A}$ 的第 j_2 列, 则 $j_1 < j_2$, 由引理 4.8.1, 经有限步行消法变换变为

$$
\begin{pmatrix}
c_{1j_1} & \cdots & \cdots & \cdots & \cdots \\
 & & c_{2j_2} & \cdots & \cdots \\
 & & & \cdots & \cdots \\
 & & & \cdots & \cdots
\end{pmatrix}, \quad c_{2j_2} \neq 0 .
$$

把第 2 行的适当倍加到第 1 行, 还可把 c_{2j_2} 以上的 $(1,j_2)$ 位变为零

$$
\begin{pmatrix}
c_{1j_1} & \cdots & 0 & \cdots & \cdots \\
 & & c_{2j_2} & \cdots & \cdots \\
 & & & \boldsymbol{A}_2 &
\end{pmatrix}, \quad c_{2j_2} \neq 0 .
$$

若 c_{2j_2} 以下以右的 $(m-2)\times(n-j_2)$ 块 $\boldsymbol{A}_2 = \boldsymbol{O}$, 则已达到命题要求; 否则, 在 $\boldsymbol{A}_2$ 中找到第一个非零列, 类似地作行消法变换.

依次做下去, 直至得到 c_{rj_r}, 以下以右的 $(m-r)\times(n-j_r)$ 块 $\boldsymbol{A}_r = \boldsymbol{O}$. □

注　上述矩阵 (4.8.1) 称为**阶梯矩阵,** 它的空白部分形如阶梯 (图 4.8.1).

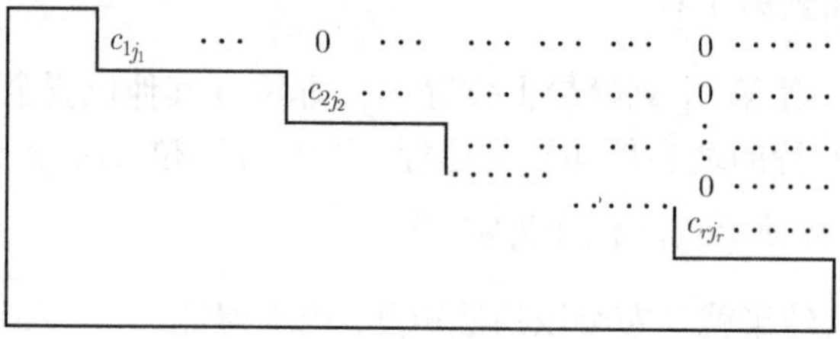

图 4.8.1

它的前 r 行全非零而以下行全为零, 第 i 行 $(1 \leqslant i \leqslant r)$ 第一个非零元 c_{ij_i} 所处的第 j_i 列除 (i, j_i) 元素 c_{ij_i} 非零外其他位置全为 0.

注 由引理 4.8.1 的 (2), 还可使定理中的 $c_{1j_1} = \cdots = c_{r-1,j_{r-1}} = 1$, 而且若 $r < m$, 也可使 $c_{rj_r} = 1$, 但是, 如果在使用行消法变换外也容许行倍法变换, 那么即使 $r = m$, 也可使 $c_{rj_r} = 1$. 这就是下述推论的结论 (1).

推论 4.8.1 记号同定理 4.8.1.

(1) 存在有限个初等矩阵 $\boldsymbol{E}_1, \cdots, \boldsymbol{E}_k$ 使得

$$\boldsymbol{E}_k \cdots \boldsymbol{E}_1 \boldsymbol{A} = \begin{pmatrix} & \overset{j_1\text{列}}{1} & \cdots & \overset{j_2\text{列}}{0} & \cdots & \cdots & \cdots & \overset{j_r\text{列}}{0} & \cdots \\ & & & 1 & \cdots & \cdots & \cdots & 0 & \cdots \\ & & & & & \cdots & \cdots & \vdots & \cdots \\ & & & & & \cdots & \cdots & 0 & \cdots \\ & & & & & & & 1 & \cdots \\ & & & & & & & & \end{pmatrix}_{m\times n}. \tag{4.8.2}$$

(2) 存在有限个初等矩阵 $\boldsymbol{E}_1, \cdots, \boldsymbol{E}_k$ 和有限个对换矩阵 $\boldsymbol{F}_1, \cdots, \boldsymbol{F}_l$ 使得

$$\boldsymbol{E}_k \cdots \boldsymbol{E}_1 \boldsymbol{A} \boldsymbol{F}_1 \cdots \boldsymbol{F}_l = \begin{pmatrix} 1 & & & b_{1,r+1} & \cdots & b_{1n} \\ & \ddots & & \vdots & & \vdots \\ & & 1 & b_{r,r+1} & \cdots & b_{rn} \\ & & & 0 & \ddots & 0 \end{pmatrix}_{m\times n}. \tag{4.8.3}$$

(3) 存在有限个初等矩阵 $\boldsymbol{E}_1, \cdots, \boldsymbol{E}_k$ 和 $\boldsymbol{F}_1, \cdots, \boldsymbol{F}_l$ 使得

$$\boldsymbol{E}_k \cdots \boldsymbol{E}_1 \boldsymbol{A} \boldsymbol{F}_1 \cdots \boldsymbol{F}_l = \begin{pmatrix} 1 & & & & & \\ & \ddots & & & & \\ & & 1 & & & \\ & & & 0 & & \\ & & & & \ddots & \\ & & & & & 0 \end{pmatrix}_{m\times n} \quad \begin{pmatrix}\text{恰 } r \text{ 个 } 1 \\ \text{为非零元.}\end{pmatrix}. \tag{4.8.4}$$

证 上述注解中已证明了结论 (1). 再利用列的对换, 把 (1) 中矩阵 (4.8.2) 的第 $j_1, j_2, \cdots, j_r$ 列分别调换到第 $1, 2, \cdots, r$ 列, 就得到 (2).

把 (2) 中矩阵 (4.8.3) 的前 r 列的适当倍向量加到后面的 $n-r$ 列, 就可以把其右上部的 $r \times (n-r)$ 块变为零, 得到 (3) 中的矩阵. □

注 矩阵 (4.8.2) 和矩阵 (4.8.3) 称为 "行首一" 的阶梯矩阵.

一般地, $m \times n$ 矩阵的 $(1,1)$ 位, $(2,2)$ 位, $\cdots$, (k,k) 位 ($k = \min\{m,n\}$) 称为**拟对角线**; 方阵 (即 $m = n$ 时) 的拟对角线就是对角线.

拟对角线以外全为零的矩阵称为**拟对角矩阵.**

矩阵 (4.8.4) 是一种特殊的拟对角矩阵, 拟对角线上只有 1 或 0. 上定理断言任何矩阵可通过初等变换化为这种特殊的拟对角矩阵. 4.9 节将证明所得拟对角矩阵由 $\boldsymbol{A}$ 唯一确定, 即拟对角线上 1 的个数 r 与具体初等变换操作无关.

下面对方阵作进一步分析.

引理 4.8.2 设 $\boldsymbol{A} = (a_{ij})_{n\times n}$ 是 n 阶方阵. 设消法矩阵 $\boldsymbol{E}_1, \cdots, \boldsymbol{E}_k$ 使得 $\boldsymbol{C} = \boldsymbol{E}_k \cdots \boldsymbol{E}_1 \boldsymbol{A}$ 为定理 4.8.1 的阶梯矩阵 (4.8.1), 非零行的个数等于 r.

(1) 若 $r < n$, 则 $\boldsymbol{C}$ 的第 r 行以下全为零, 行列式 $\det \boldsymbol{A} = 0$.

(2) 若 $r = n$, 则 $\boldsymbol{C} = \mathrm{diag}(c_{11}, \cdots, c_{nn})$, 行列式 $\det \boldsymbol{A} = c_{11} \cdots c_{nn} \neq 0$.

证 由初等变换原理, 左乘一个 $\boldsymbol{E}_i$ 就是作一个行消法变换, 再由行列式的初等变换性质, 消法变换不改变行列式的值, 所以

$$\det \boldsymbol{C} = \det(\boldsymbol{E}_k \cdots \boldsymbol{E}_1 \boldsymbol{A}) = \det \boldsymbol{A} .$$

如果 $r < n$, 则矩阵 $\boldsymbol{C}$ 的第 r 行以下全是零行 (即零行向量). 由行列式性质 (推论 3.2.2), $\det \boldsymbol{C} = 0$, 那么 $\det \boldsymbol{A} = 0$.

如果 $r = n$, 因为 $\boldsymbol{C}$ 为定理 4.8.1 的阶梯矩阵 (4.8.1), 其中 $1 \leqslant j_1 < j_2 < \cdots < j_n \leqslant n$, 故只能是 $j_1 = 1$, $j_2 = 2$, $\cdots$, $j_n = n$, 也就是说, 这个阶梯矩阵实际上是对角矩阵 $\boldsymbol{C} = \mathrm{diag}(c_{11}, c_{22}, \cdots, c_{nn})$. 因每个 $c_{ii} \neq 0$ (见定理 4.8.1), 故 $\det \boldsymbol{C} = c_{11}c_{22}\cdots c_{nn} \neq 0$, 从而 $\det \boldsymbol{A} = c_{11}c_{22}\cdots c_{nn} \neq 0$. □

下面的定理称为**行列式乘法定理.**

定理 4.8.2 设 $\boldsymbol{A}$, $\boldsymbol{B}$ 都是 n 阶矩阵, 则 $\det(\boldsymbol{AB}) = \det \boldsymbol{A} \cdot \det \boldsymbol{B}$.

证 引用上述引理 4.8.2, 设消法矩阵 $\boldsymbol{E}_1, \cdots, \boldsymbol{E}_k$ 使得 $\boldsymbol{C} = \boldsymbol{E}_k \cdots \boldsymbol{E}_1 \boldsymbol{A}$ 是定理 4.8.1 的阶梯矩阵 (4.8.1), 其非零行个数等于 r.

如果 $r < n$, 则 $\boldsymbol{C}$ 的第 r 行以下全为零行, 而 $\det \boldsymbol{A} = 0$, 那么按矩阵乘法规则, $\boldsymbol{CB}$ 第 r 行以下也全为零行, 故 $\det(\boldsymbol{CB}) = 0$. 由行列式的初等变换性质得

$$\det(\boldsymbol{AB}) = \det(\boldsymbol{E}_k \cdots \boldsymbol{E}_1 \boldsymbol{AB}) = \det(\boldsymbol{CB}) = 0 = \det \boldsymbol{A} \cdot \det \boldsymbol{B} .$$

如果 $r = n$, 则 $\boldsymbol{C} = \mathrm{diag}(c_{11}, \cdots, c_{nn})$ 为对角矩阵, 而 $\det \boldsymbol{A} = c_{11} \cdots c_{nn}$. 按矩阵乘法规则 (参看习题 4.7 第 6 题), $\boldsymbol{CB}$ 的第 i 行就是从 $\boldsymbol{B}$ 的第 i 行乘以相应的 c_{ii} 得到, 这里 $i = 1, \cdots, n$. 由行列式的多重线性, $\det(\boldsymbol{CB}) = c_{11} \cdots c_{nn} \cdot \det \boldsymbol{B}$, 故

$$\det(\boldsymbol{AB}) = \det(\boldsymbol{E}_k \cdots \boldsymbol{E}_1 \boldsymbol{AB}) = \det(\boldsymbol{CB}) = c_{11} \cdots c_{nn} \cdot \det \boldsymbol{B} = \det \boldsymbol{A} \cdot \det \boldsymbol{B} .$$ □

例 1 设 $\boldsymbol{C}=\begin{pmatrix} a_0 & a_1 & \cdots & a_{n-1} \\ a_{n-1} & a_0 & \cdots & a_{n-2} \\ \vdots & \vdots & & \vdots \\ a_1 & a_2 & \cdots & a_0 \end{pmatrix}$, 称为由数 $a_0, a_1, \cdots, a_{n-1}$ 构成的**循环矩阵**, 它的行列式 $\det \boldsymbol{C}$ 称为**循环行列式**. 证明:

$$\det \boldsymbol{C}=f(\omega^0)f(\omega^1)\cdots f(\omega^{n-1}),$$

其中 $f(x)=a_0+a_1x+\cdots+a_{n-1}x^{n-1}$, $\omega=\cos\dfrac{2\pi}{n}+\sqrt{-1}\sin\dfrac{2\pi}{n}$.

证 令 $\boldsymbol{V}=\begin{pmatrix} 1 & 1 & \cdots & 1 \\ 1 & \omega & \cdots & \omega^{n-1} \\ \vdots & \vdots & & \vdots \\ 1 & \omega^{n-1} & \cdots & \omega^{(n-1)(n-1)} \end{pmatrix}$ 是由 $\omega^0=1, \omega^1, \cdots, \omega^{n-1}$ 构成的范德蒙德矩阵. 注意 $\omega^k=1$ 当且仅当 $n|k$, 就可得到

$$\boldsymbol{CV}=\begin{pmatrix} \sum\limits_{i=0}^{n-1}a_i & \sum\limits_{i=0}^{n-1}a_i\omega^i & \cdots & \sum\limits_{i=0}^{n-1}a_i(\omega^{n-1})^i \\ \sum\limits_{i=0}^{n-1}a_i & \omega\sum\limits_{i=0}^{n-1}a_i\omega^i & \cdots & \omega^{n-1}\sum\limits_{i=0}^{n-1}a_i(\omega^{n-1})^i \\ \vdots & \vdots & & \vdots \\ \sum\limits_{i=0}^{n-1}a_i & \omega^{n-1}\sum\limits_{i=0}^{n-1}a_i\omega^i & \cdots & \omega^{(n-1)^2}\sum\limits_{i=0}^{n-1}a_i(\omega^{n-1})^i \end{pmatrix}$$

$$=\boldsymbol{V}\cdot\mathrm{diag}\big(f(\omega^0),\ f(\omega),\ \cdots,\ f(\omega^{n-1})\big).$$

由行列式乘法定理得

$$\det \boldsymbol{C}\cdot\det \boldsymbol{V}=\det \boldsymbol{V}\cdot\big(f(\omega^0)f(\omega)\cdots f(\omega^{n-1})\big),$$

但 $\omega^0=1,\ \omega,\ \cdots,\ \omega^{n-1}$ 两两不等, 故范德蒙德行列式 $\det \boldsymbol{V}\neq 0$. 从上式两边消去 $\det \boldsymbol{V}$, 就得到所求证等式. □

注 本例中的 $1=\omega^0,\ \omega,\ \cdots,\ \omega^{n-1}$ 恰好是复平面上单位圆 (原点为中心, 1 为半径的圆) 的从点 1 为起点的 n 等分点, 它们也恰好是 $x^n=1$ 的全部根, 所以称为 n 次**单位根**. 由于 ω 还具有性质 $\omega^n=1$ 但 $\omega^k\neq 1$ 对任意 $0<k<n$, 所以 ω 称为 n 次**本原单位根**.

习 题 4.8

1. 若方阵 $\boldsymbol{A}$ 满足 $\boldsymbol{AA}^{\mathrm{T}}=\boldsymbol{E}$, 则 $\det \boldsymbol{A}=\pm 1$.

2. 设 $\boldsymbol{A}$, $\boldsymbol{B}$ 都是 n 阶矩阵. 证明:

(1) $\det(\boldsymbol{AB}) = \det(\boldsymbol{BA})$;

(2) 若 $\boldsymbol{A}$ 是可逆矩阵, 则 $(\det \boldsymbol{A})^{-1} = \det(\boldsymbol{A}^{-1})$, $\det(\boldsymbol{ABA}^{-1}) = \det \boldsymbol{B}$;

(3) 若 $\boldsymbol{A}$ 是可逆矩阵, 则 $\det(\boldsymbol{E} - \boldsymbol{AB}) = \det(\boldsymbol{E} - \boldsymbol{BA})$.

3. 设 $\boldsymbol{A}$, $\boldsymbol{B}$, $\boldsymbol{C}$, D 是 n 阶方阵, $\boldsymbol{A}$ 可逆且 $\boldsymbol{AC} = \boldsymbol{CA}$. 证明: $\det\begin{pmatrix} \boldsymbol{A} & \boldsymbol{B} \\ \boldsymbol{C} & \boldsymbol{D} \end{pmatrix} = \det(\boldsymbol{AD} - \boldsymbol{CB})$.

4. 设 $\boldsymbol{A}$ 和 $\boldsymbol{P}$ 是实 $n \times n$ 矩阵且 $\boldsymbol{P}$ 可逆. 证明: $\det \boldsymbol{A} > 0$ 当且仅当 $\det(\boldsymbol{P}^{\mathrm{T}}\boldsymbol{AP}) > 0$.

5. 证明: $\begin{vmatrix} a & b & c & d \\ -b & a & d & -c \\ -c & -d & a & b \\ -d & c & -b & a \end{vmatrix} = (a^2 + b^2 + c^2 + d^2)^2$.

6. 利用行列式乘法定理求行列式 $\begin{vmatrix} s_0 & s_1 & \cdots & s_{n-1} \\ s_1 & s_2 & \cdots & s_n \\ \vdots & \vdots & & \vdots \\ s_{n-1} & s_n & \cdots & s_{2n-2} \end{vmatrix}$, 其中 $s_k = \sum\limits_{i=1}^{n} x_i^k$.

7. 设 $\boldsymbol{A}$ 是 $m \times n$ 矩阵. 证明:

(1) 若 $\boldsymbol{A}$ 的第 1 行非零且 $n > 1$, 则只用列消法变换可变 $\boldsymbol{A}$ 为 $\begin{pmatrix} 1 & 0 & \cdots & 0 \\ b_{21} & b_{22} & \cdots & b_{2n} \\ \vdots & \vdots & & \vdots \\ b_{n1} & b_{m2} & \cdots & b_{mn} \end{pmatrix}$.

(2) 若 $(b_{22}, \cdots, b_{2n}) \neq 0$ 且 $n > 2$, 则只用列消法变换可把 (1) 中矩阵进一步变为 $\begin{pmatrix} 1 & 0 & \cdots & 0 \\ 0 & 1 & \cdots & 0 \\ \vdots & \vdots & & \vdots \\ c_{m1} & c_{m2} & \cdots & c_{mn} \end{pmatrix}$.

8. 证明: 只用列消法变换可以把 $m \times n$ 矩阵化为形如

$$\begin{pmatrix} & & & \\ c_{i_1,1} & & & \\ \vdots & \ddots & & \\ 0 & c_{i_2,2} & & \\ \vdots & \vdots & \ddots & \\ 0 & \cdots & 0 & c_{i_r,r} \\ \vdots & \vdots & \vdots & \vdots \end{pmatrix}_{m \times n},$$

其中, $1 \leqslant i_1 < \cdots < i_r \leqslant \min\{m, n\}, c_{i_j,j} \neq 0, \quad j = 1, \cdots, r$.

9. 证明: 方阵 $\boldsymbol{A}$ 可逆当且仅当可用行初等变换化 $\boldsymbol{A}$ 为单位矩阵.

4.9 矩阵的秩

设 $\mathbb{F}$ 是一个数域, 用 $M_{m\times n}(\mathbb{F})$ 记所有 $m\times n$ 的 $\mathbb{F}$ 矩阵的集合, $M_n(\mathbb{F})$ 记所有 n 阶 $\mathbb{F}$ 方阵的集合. 以下 $\boldsymbol{A}=(a_{ij})_{m\times n}\in M_{m\times n}(\mathbb{F})$.

取矩阵 $\boldsymbol{A}$ 的第 i_1 行, $\cdots$, 第 i_k 行, 取 $\boldsymbol{A}$ 的第 j_1 列, $\cdots$, 第 j_k 列, 这里 $1\leqslant i_1<\cdots<i_k\leqslant m$, $1\leqslant j_1<\cdots<j_k\leqslant n$, 这些行与列的交叉位置的元素构成一个 $k\times k$ 矩阵, 称为 $\boldsymbol{A}$ 的 k 阶 **子矩阵**, 记作

$$A\begin{pmatrix} i_1,\cdots,i_k \\ j_1,\cdots,j_k \end{pmatrix}=\begin{pmatrix} a_{i_1j_1} & a_{i_1j_2} & \cdots & a_{i_1j_k} \\ a_{i_2j_1} & a_{i_2j_2} & \cdots & a_{i_2j_k} \\ \vdots & \vdots & & \vdots \\ a_{i_kj_1} & a_{i_kj_2} & \cdots & a_{i_kj_k} \end{pmatrix},$$

它的行列式

$$\det A\begin{pmatrix} i_1,\cdots,i_k \\ j_1,\cdots,j_k \end{pmatrix}=\begin{vmatrix} a_{i_1j_1} & \cdots & a_{i_1j_k} \\ \vdots & & \vdots \\ a_{i_kj_1} & \cdots & a_{i_kj_k} \end{vmatrix}$$

称为 $\boldsymbol{A}$ 的一个 k 阶 **子行列式**, 简称为 $\boldsymbol{A}$ 的 k 阶 **子式**.

定义 4.9.1 矩阵 $\boldsymbol{A}$ 的行向量组的秩称为矩阵 $\boldsymbol{A}$ 的 **行秩**, 记作 $\mathrm{rank}_{\mathrm{r}}\boldsymbol{A}$.

矩阵 $\boldsymbol{A}$ 的列向量组的秩称为矩阵 $\boldsymbol{A}$ 的 **列秩**, 记作 $\mathrm{rank}_{\mathrm{c}}\boldsymbol{A}$.

矩阵 $\boldsymbol{A}$ 的非零子式的最大阶数称为该矩阵的 **子式秩**, 记作 $\mathrm{rank}\,\boldsymbol{A}$.

对 n 阶方阵 $\boldsymbol{A}$, 显然 $\mathrm{rank}\,\boldsymbol{A}\leqslant n$. 若 $\mathrm{rank}\,\boldsymbol{A}=n$, 则称 $\boldsymbol{A}$ 是 **满秩矩阵**.

对零矩阵, $\mathrm{rank}_{\mathrm{r}}\,\boldsymbol{O}=\mathrm{rank}_{\mathrm{c}}\,\boldsymbol{O}=\mathrm{rank}\,\boldsymbol{O}=0$.

例 1 设 $\boldsymbol{D}=\begin{pmatrix} 1 & & & & & \\ & \ddots & & & & \\ & & 1 & & & \\ & & & 0 & & \\ & & & & \ddots & \\ & & & & & 0 \end{pmatrix}_{m\times n}$ 是拟对角矩阵, 拟对角线上恰有 r 个 1, 则 $\mathrm{rank}_{\mathrm{r}}\,\boldsymbol{D}=\mathrm{rank}_{\mathrm{c}}\,\boldsymbol{D}=\mathrm{rank}\,\boldsymbol{D}=r$.

证 矩阵 $\boldsymbol{D}$ 只有 r 个非零行, 它们是线性无关的 (见推论 4.5.1 后的注), 所以 $\mathrm{rank}_{\mathrm{r}}\,\boldsymbol{D}=r$. 同理, $\mathrm{rank}_{\mathrm{c}}\,\boldsymbol{D}=r$. 最后, $\boldsymbol{D}$ 的左上角的 r 阶子式等于 1, 而任何阶大于 r 的子矩阵必有零行, 故其行列式为零, 所以 $\mathrm{rank}\,\boldsymbol{D}=r$. □

引理 4.5.1 揭示：如果 n 阶方阵 $\boldsymbol{A}$ 的 $\operatorname{rank}\boldsymbol{A}=n$, 则 $\operatorname{rank}_{\mathrm{r}}\boldsymbol{A}=\operatorname{rank}_{\mathrm{c}}\boldsymbol{A}=n$.

实际上这并非偶然, 而是一般结论. 将证明：对任何矩阵 $\boldsymbol{A}\in M_{m\times n}(\mathbb{F})$, 恒有 $\operatorname{rank}_{\mathrm{r}}\boldsymbol{A}=\operatorname{rank}_{\mathrm{c}}\boldsymbol{A}=\operatorname{rank}\boldsymbol{A}$ (当然它们 $\leqslant\min\{m,n\}$).

引理 4.9.1　初等变换不改变矩阵的行秩与列秩.

证　引理 4.7.1 已证明了矩阵的行初等变换不改变矩阵的列秩; 下面再证明列初等变换也不改变矩阵的列秩, 那么就证明了任何初等变换不改变矩阵的列秩.

用 n 阶初等矩阵 $\boldsymbol{F}$ 右乘 $m\times n$ 矩阵 $\boldsymbol{A}$ 得到的矩阵 $\boldsymbol{AF}$ 就是相应的列初等变换施行于 $\boldsymbol{A}$ 得到的矩阵. 把 $\boldsymbol{A}$ 和 $\boldsymbol{AF}$ 按列分块

$$\boldsymbol{A}=(\boldsymbol{\alpha}_1,\ \cdots,\ \boldsymbol{\alpha}_n)\,,\quad \boldsymbol{AF}=(\boldsymbol{\beta}_1,\ \cdots,\ \boldsymbol{\beta}_n)\,,$$

其中 $\boldsymbol{\alpha}_1,\ \cdots,\ \boldsymbol{\alpha}_n$ 是 $\boldsymbol{A}$ 的列向量, 而 $\boldsymbol{\beta}_1,\ \cdots,\ \boldsymbol{\beta}_n$ 是 $\boldsymbol{AF}$ 的列向量. 由定义 4.7.1 后的注解, 可以假设 $\boldsymbol{F}$ 是消法矩阵或者倍法矩阵. 由这两类初等变换的定义, 每个列向量 $\boldsymbol{\beta}_j$ 或者就是 $\boldsymbol{\alpha}_j$, 或者 $\boldsymbol{\beta}_j=c\boldsymbol{\alpha}_j$ ($\boldsymbol{F}$ 是倍法变换), 或者 $\boldsymbol{\beta}_j=\boldsymbol{\alpha}_j+a\boldsymbol{\alpha}_i$ ($\boldsymbol{F}$ 是消法变换). 总之, 每个列向量 $\boldsymbol{\beta}_j$ 是 $\boldsymbol{\alpha}_1,\cdots,\boldsymbol{\alpha}_n$ 的线性组合, 由 4.6 节例 1 得

$$\operatorname{rank}(\boldsymbol{\beta}_1,\ \cdots,\ \boldsymbol{\beta}_n)\leqslant\operatorname{rank}(\boldsymbol{\alpha}_1,\ \cdots,\ \boldsymbol{\alpha}_n)\,,$$

即

$$\operatorname{rank}_{\mathrm{c}}(\boldsymbol{AF})\ \leqslant\ \operatorname{rank}_{\mathrm{c}}\boldsymbol{A}\,.$$

此式对任意矩阵 $\boldsymbol{A}$ 和任意初等矩阵 $\boldsymbol{F}$ 成立, 那么由此还可以得

$$\operatorname{rank}_{\mathrm{c}}\boldsymbol{A}=\operatorname{rank}_{\mathrm{c}}\big((\boldsymbol{AF})\boldsymbol{F}^{-1}\big)\ \leqslant\ \operatorname{rank}_{\mathrm{c}}(\boldsymbol{AF})\,,$$

即得 $\operatorname{rank}_{\mathrm{c}}(\boldsymbol{AF})=\operatorname{rank}_{\mathrm{c}}\boldsymbol{A}$.

同样的推理知道任何初等变换不改变矩阵的行秩.　□

引理 4.9.2　初等变换不改变矩阵的子式秩.

证　先证明结论：对矩阵 $\boldsymbol{A}$ 和初等矩阵 $\boldsymbol{F}$ 恒有 $\operatorname{rank}(\boldsymbol{AF})\leqslant\operatorname{rank}\boldsymbol{A}$.

设 $\operatorname{rank}\boldsymbol{A}=r$, 即 $\boldsymbol{A}$ 有 r 阶子式非零, 但只要 $k>r$, 则 $\boldsymbol{A}$ 的任意 k 阶子式为零.

先设 $\boldsymbol{F}=\boldsymbol{E}_{pq}(a)$ 是消法矩阵, 即 $\boldsymbol{AE}_{pq}(a)$ 就是把 $\boldsymbol{A}$ 的第 p 列的 a 倍加到第 q 列得的矩阵, 见定义 4.7.2. 设 $k>r$, 设 $1\leqslant i_1<\cdots<i_k\leqslant m,\,1\leqslant j_1<\cdots<j_k\leqslant n$. 分两种情形证明 $\boldsymbol{AE}_{pq}(a)$ 的 k 阶子式 $\det\big(\boldsymbol{AE}_{pq}(a)\big)\begin{pmatrix} i_1,\cdots,i_k\\ j_1,\cdots,j_k\end{pmatrix}=0$.

情形 1. $q\in\{j_1,\cdots,j_k\}$, 即某 $j_t=q$, 那么第 q 列在 $\boldsymbol{AE}_{pq}(a)$ 的上述子式中出现了, 按行列式的多重线性, 由 $\boldsymbol{A}$ 的 k 阶子式都为零, 得

$$\det\left(\boldsymbol{A}\boldsymbol{E}_{pq}(a)\right)\begin{pmatrix} i_1,\cdots,i_t,\cdots,i_k \\ j_1,\cdots,q,\cdots,j_k \end{pmatrix} = \begin{vmatrix} a_{i_1j_1} & \cdots & a_{i_1q}+aa_{i_1p} & \cdots & a_{i_1j_k} \\ \vdots & & \vdots & & \vdots \\ a_{i_kj_1} & \cdots & a_{i_kq}+aa_{i_kp} & \cdots & a_{i_kj_k} \end{vmatrix}$$

$$= \begin{vmatrix} a_{i_1j_1} & \cdots & a_{i_1q} & \cdots & a_{i_1j_k} \\ \vdots & & \vdots & & \vdots \\ a_{i_kj_1} & \cdots & a_{i_kq} & \cdots & a_{i_kj_k} \end{vmatrix} + a \begin{vmatrix} a_{i_1j_1} & \cdots & a_{i_1p} & \cdots & a_{i_1j_k} \\ \vdots & & \vdots & & \vdots \\ a_{i_kj_1} & \cdots & a_{i_kp} & \cdots & a_{i_kj_k} \end{vmatrix}$$

$$= \det\boldsymbol{A}\begin{pmatrix} i_1,\cdots,i_t,\cdots,i_k \\ j_1,\cdots,q,\cdots,j_k \end{pmatrix} + a\cdot\det\boldsymbol{A}\begin{pmatrix} i_1,\cdots,i_t,\cdots,i_k \\ j_1,\cdots,p,\cdots,j_k \end{pmatrix} = 0 + a\cdot 0 = 0\,.$$

情形 2: $q \notin \{j_1,\cdots,j_k\}$, 即第 q 列不在子式中出现, 那么 $\boldsymbol{A}\boldsymbol{E}_{pq}(a)$ 的上述子式的每列都是 $\boldsymbol{A}$ 的相应的列, 因此也就是 $\boldsymbol{A}$ 的相应子式, 故

$$\det\left(\boldsymbol{A}\boldsymbol{E}_{pq}(a)\right)\begin{pmatrix} i_1,\cdots,i_k \\ j_1,\cdots,j_k \end{pmatrix} = \det\,\boldsymbol{A}\begin{pmatrix} i_1,\cdots,i_k \\ j_1,\cdots,j_k \end{pmatrix} = 0\,.$$

总结上述两种情形, 只要 $k > r$, $\boldsymbol{A}\boldsymbol{E}_{pq}(a)$ 的任何 k 阶子式等于零, 所以, 按矩阵秩的定义, $\operatorname{rank}(\boldsymbol{A}\boldsymbol{E}_{pq}(a)) \leqslant r = \operatorname{rank}\boldsymbol{A}$.

再设 $\boldsymbol{F} = \boldsymbol{E}_q(c)(c \neq 0)$ 是倍法矩阵, 则情形更简单

$$\det\left(\boldsymbol{A}\boldsymbol{E}_q(a)\right)\begin{pmatrix} i_1,\cdots,i_k \\ j_1,\cdots,j_k \end{pmatrix} = \begin{cases} c\cdot\det\boldsymbol{A}\begin{pmatrix} i_1,\cdots,i_k \\ j_1,\cdots,j_k \end{pmatrix}, & q \in \{j_1,\cdots,j_k\}, \\ \det\boldsymbol{A}\begin{pmatrix} i_1,\cdots,i_k \\ j_1,\cdots,j_k \end{pmatrix}, & q \notin \{j_1,\cdots,j_k\}, \end{cases}$$

两种情形下这个子式都等于零. 同上推理, $\operatorname{rank}(\boldsymbol{A}\boldsymbol{E}_q(c)) \leqslant r = \operatorname{rank}\boldsymbol{A}$.

这就证明了, 对任意矩阵 $\boldsymbol{A}$ 和任意初等矩阵 $\boldsymbol{F}$ 有 $\operatorname{rank}(\boldsymbol{A}\boldsymbol{F}) \leqslant \operatorname{rank}\boldsymbol{A}$.

由于此式中的 $\boldsymbol{A}$ 是任意的, 所以还得 $\operatorname{rank}\boldsymbol{A} = \operatorname{rank}((\boldsymbol{A}\boldsymbol{F})\boldsymbol{F}^{-1}) \leqslant \operatorname{rank}(\boldsymbol{A}\boldsymbol{F})$, 即得 $\operatorname{rank}(\boldsymbol{A}\boldsymbol{F}) = \operatorname{rank}\boldsymbol{A}$.

同理证明: 对任意矩阵 $\boldsymbol{A}$ 和任意初等矩阵 $\boldsymbol{F}$ 有 $\operatorname{rank}(\boldsymbol{F}\boldsymbol{A}) = \operatorname{rank}\boldsymbol{A}$.

所以, 初等变换不改变矩阵的子式秩. □

定理 4.9.1 设 $\boldsymbol{A} \in M_{m\times n}(\mathbb{F})$, 则

(1) $\operatorname{rank}\boldsymbol{A} = \operatorname{rank}_{\mathrm{r}}\boldsymbol{A} = \operatorname{rank}_{\mathrm{c}}\boldsymbol{A}$, 初等变换不改变它们.

(2) 可用初等变换化 $\boldsymbol{A}$ 为拟对角矩阵, 其拟对角线元全为 1 或 0, 其中 1 的个数恰等于 $\operatorname{rank}\boldsymbol{A}$ 而与初等变换过程无关.

证 由推论 4.8.1, 可用初等变换化矩阵 $\boldsymbol{A}$ 为如下拟对角矩阵 $\boldsymbol{D}$:

$$\boldsymbol{A} \xrightarrow{\text{初等变换}} \boldsymbol{D} := \begin{pmatrix} 1 & & & & & \\ & \ddots & & & & \\ & & 1 & & & \\ & & & 0 & & \\ & & & & \ddots & \\ & & & & & 0 \end{pmatrix}_{m\times n} \quad (\text{拟对角线上 } r \text{ 个 } 1),$$

由引理 4.9.1 和引理 4.9.2,

$$\text{rank}_\text{c}\, \boldsymbol{A} = \text{rank}_\text{c}\, \boldsymbol{D}\ , \quad \text{rank}_\text{r}\, \boldsymbol{A} = \text{rank}_\text{r}\, \boldsymbol{D}\ , \quad \text{rank}\, \boldsymbol{A} = \text{rank}\, \boldsymbol{D}\ ,$$

而 $\text{rank}_\text{c}\, \boldsymbol{D} = \text{rank}_\text{r}\, \boldsymbol{D} = \text{rank}\, \boldsymbol{D} = r$ (见定义 4.9.1 后的例 1), 所以

$$\text{rank}\, \boldsymbol{A} = \text{rank}_\text{r}\, \boldsymbol{A} = \text{rank}_\text{c}\, \boldsymbol{A} = r\ .$$

两条结论均获证. □

注　以下用**矩阵的秩**这个名词来涵盖矩阵的行秩、列秩和子式秩这三重含义, 统一记作 rank $\boldsymbol{A}$.

引理 4.9.1 和引理 4.9.2 表明: 初等变换改变了矩阵, 但不改变矩阵的秩, 所以称矩阵的秩是**初等变换不变量**.

例 2　求 $\text{rank}\begin{pmatrix} 0 & 0 & 1 & 1 & 1 & 7 \\ 0 & 2 & 1 & 5 & -1 & -1 \\ 0 & 1 & 1 & 3 & 0 & 3 \\ 0 & 1 & -1 & 1 & 2 & 1 \end{pmatrix}$.

解　4.7 节例 2 已求出这个矩阵的第 2 列、第 3 列、第 5 列是它的列向量组的极大线性无关组, 所以它的秩等于 3. □

4.7 节例 2 的解答只能使用行初等变换, 而本例可使用任何初等变换, 操作上要方便一些, 演示如下:

$$\begin{pmatrix} 0 & 0 & 1 & 1 & 1 & 7 \\ 0 & 2 & 1 & 5 & -1 & -1 \\ 0 & 1 & 1 & 3 & 0 & 3 \\ 0 & 1 & -1 & 1 & 2 & 1 \end{pmatrix} \to \begin{pmatrix} 0 & 1 & -1 & 1 & 2 & 1 \\ 0 & 0 & 3 & 3 & -5 & -3 \\ 0 & 0 & 2 & 2 & -2 & 2 \\ 0 & 0 & 1 & 1 & 1 & 7 \end{pmatrix}$$

(式 (4.7.1))

$$\to \begin{pmatrix} 0 & 1 & 0 & 0 & 0 & 0 \\ 0 & 0 & 3 & 3 & -5 & -3 \\ 0 & 0 & 2 & 2 & -2 & 2 \\ 0 & 0 & 1 & 1 & 1 & 7 \end{pmatrix} \to \begin{pmatrix} 0 & 1 & 0 & 0 & 0 & 0 \\ 0 & 0 & 1 & 1 & 1 & 7 \\ 0 & 0 & 3 & 3 & -5 & -3 \\ 0 & 0 & 2 & 2 & -2 & 2 \end{pmatrix}$$

(第 2 列适当倍加到其他列, 第 4 行对换到第 2 行)

$$\rightarrow\begin{pmatrix}0&1&0&0&0&0\\0&0&1&1&1&7\\0&0&0&0&-8&-24\\0&0&0&0&-4&-12\end{pmatrix}\rightarrow\begin{pmatrix}0&1&0&0&0&0\\0&0&1&0&0&0\\0&0&0&0&-8&-24\\0&0&0&0&-4&-12\end{pmatrix}$$

(第 2 行适当倍加到其他行, 第 3 列适当倍加到其他列)

$$\rightarrow\begin{pmatrix}0&1&0&0&0&0\\0&0&1&0&0&0\\0&0&0&0&1&3\\0&0&0&0&1&3\end{pmatrix}\rightarrow\begin{pmatrix}0&1&0&0&0&0\\0&0&1&0&0&0\\0&0&0&0&1&3\\0&0&0&0&0&0\end{pmatrix}$$

(第 3 第 4 行乘以适当倍, 第 3 行 (-1) 倍加到第 4 行)

$$\rightarrow\begin{pmatrix}0&1&0&0&0&0\\0&0&1&0&0&0\\0&0&0&0&1&0\\0&0&0&0&0&0\end{pmatrix}\rightarrow\begin{pmatrix}1&0&0&0&0&0\\0&1&0&0&0&0\\0&0&1&0&0&0\\0&0&0&0&0&0\end{pmatrix}$$

(第 5 列 -3 倍加到第 6 列, 第 $2,3,5$ 列对换到第 1, 2, 3 列得到的拟对角矩阵拟对角线上 3 个 1 其他为零, 所以该矩阵的秩等于 3.)

习 题 4.9

1. 设 n 阶矩阵 $\boldsymbol{A}$ 中有 k 个 1 其他位置全为零, 这里 $1\leqslant k\leqslant n$. 证明: $1\leqslant \operatorname{rank}\boldsymbol{A}\leqslant k$, 问什么时候 $\operatorname{rank}\boldsymbol{A}=k$?

2. 求下列矩阵的秩:

(1) $\begin{pmatrix}2&3&0\\3&1&7\\0&2&-4\\1&4&-5\end{pmatrix}$; (2) $\begin{pmatrix}0&1&1&-1\\2&1&3&1\\3&6&3&0\\0&-1&-1&0\end{pmatrix}$; (3) $\begin{pmatrix}0&1&&\\&\ddots&\ddots&\\&&\ddots&1\\&&&0\end{pmatrix}_{n\times n}$.

3. 设 n 阶矩阵 $\boldsymbol{A}=\begin{pmatrix}1&a&\cdots&a\\a&1&\ddots&\vdots\\\vdots&\ddots&\ddots&a\\a&\cdots&a&1\end{pmatrix}$ 的秩是 $n-1$, $n>2$, 求 a.

4. 对 λ 讨论 $\boldsymbol{A}=\begin{pmatrix}1&\lambda&-1&2\\2&-1&\lambda&5\\1&10&-6&1\end{pmatrix}$ 的秩.

5. 设 $\operatorname{rank}\boldsymbol{A}=r$, $1\leqslant k\leqslant r$. 证明: $\boldsymbol{A}$ 有 k 阶非零子式.

6. $(\boldsymbol{A},\ \boldsymbol{O})$ 表示左右分块矩阵, 右边为零块. 证明: $\operatorname{rank}(\boldsymbol{A},\ \boldsymbol{O})=\operatorname{rank}\boldsymbol{A}$.

7. 设 $\boldsymbol{A}, \boldsymbol{B}$ 分别是 $m\times n$, $p\times q$ 矩阵, $\begin{pmatrix} \boldsymbol{A} & \\ & \boldsymbol{B} \end{pmatrix}$ 表示分块矩阵. 证明:

(1) $\operatorname{rank}\begin{pmatrix} \boldsymbol{A} & \\ & \boldsymbol{B} \end{pmatrix} = \operatorname{rank}\boldsymbol{A} + \operatorname{rank}\boldsymbol{B}$;

(2) 设 $\boldsymbol{C}$ 是 $p\times n$ 矩阵. 证明: $\operatorname{rank}\begin{pmatrix} \boldsymbol{A} & \\ & \boldsymbol{B} \end{pmatrix} \leqslant \operatorname{rank}\begin{pmatrix} \boldsymbol{A} & \\ \boldsymbol{C} & \boldsymbol{B} \end{pmatrix}$.

8. (1) 利用定理 4.8.1 证明: 矩阵 $\boldsymbol{A}$ 有 r 个行向量线性无关当且仅当在这 r 个行中有一个 r 阶子式非零;

(2) 利用结论 (1) 直接证明 $\operatorname{rank_r}\boldsymbol{A} = \operatorname{rank}\boldsymbol{A}$.

4.10 逆 矩 阵

回顾非退化矩阵 (定义 4.1.7)、可逆矩阵 (定义 4.3.1)、初等矩阵 (定义 4.7.2)、满秩矩阵 (定义 4.9.1) 等概念, 现在容易得到下述定理. 注意, 定理 4.9.1 赋予了其中 (iii) 的很多内涵, 因为 $\operatorname{rank}\boldsymbol{A} = \operatorname{rank_r}\boldsymbol{A} = \operatorname{rank_c}\boldsymbol{A}$, 所以 (iii) 还意味着 $\boldsymbol{A}$ 的行向量组线性无关, $\boldsymbol{A}$ 的列向量组也线性无关.

定理 4.10.1 设 $\boldsymbol{A}$ 为 n 阶方阵. 以下四条等价:

(i) $\boldsymbol{A}$ 是可逆矩阵.

(ii) $\boldsymbol{A}$ 是非退化矩阵, 即 $\det\boldsymbol{A} \neq 0$.

(iii) $\boldsymbol{A}$ 是满秩矩阵, 即 $\operatorname{rank}\boldsymbol{A} = n$.

(iv) $\boldsymbol{A}$ 是有限个初等矩阵之积.

证 首先, 按定义 4.9.1, $\operatorname{rank}\boldsymbol{A} = n$ 就是 $\det\boldsymbol{A} \neq 0$, 即 (ii) $\Leftrightarrow$ (iii).

(iv) $\Rightarrow$ (i). 初等矩阵都是可逆矩阵 (见定义 4.7.2 后的注解), 可逆矩阵之积为可逆矩阵 (见定义 4.3.1 后的可逆矩阵性质).

由定理 4.9.1 的 (2), 存在初等矩阵 $\boldsymbol{E}_1, \cdots, \boldsymbol{E}_k$ 和 $\boldsymbol{F}_1, \cdots, \boldsymbol{F}_l$ 使

$$\boldsymbol{E}_k\cdots\boldsymbol{E}_1\boldsymbol{A}\boldsymbol{F}_1\cdots\boldsymbol{F}_l = \boldsymbol{D} := \operatorname{diag}(1, \cdots, 1, \cdots)$$

是对角矩阵, 其对角线元均为 1 或 0. 由此易完成全部证明.

(i) $\Rightarrow$ (iii). 可逆矩阵之积为可逆矩阵, 所以从 (i) 得知上述对角矩阵 $\boldsymbol{D}$ 可逆, 因此对角线元全为 1, 由定理 4.9.1 的 (2), 对角线上 1 的个数 $= \operatorname{rank}\boldsymbol{A}$, 即得 $\operatorname{rank}\boldsymbol{A} = n$.

(iii) $\Rightarrow$ (iv). 仍引用定理 4.9.1 的 (2), 由 (iii), 对角矩阵 $\boldsymbol{D}$ 的对角线上 1 的个数 $= \operatorname{rank}\boldsymbol{A} = n$, 故 $\boldsymbol{D} = \boldsymbol{E}$ 为单位矩阵, 那么

$$\boldsymbol{A} = \boldsymbol{E}_1^{-1}\cdots\boldsymbol{E}_k^{-1}\boldsymbol{E}\boldsymbol{F}_l^{-1}\cdots\boldsymbol{F}_1^{-1} = \boldsymbol{E}_1^{-1}\cdots\boldsymbol{E}_k^{-1}\boldsymbol{F}_l^{-1}\cdots\boldsymbol{F}_1^{-1}$$

是初等矩阵之积 (初等矩阵之逆为初等矩阵, 见定义 4.7.2 后的注解). □

推论 4.10.1 设 $\boldsymbol{A}$ 是方阵.

(1) 如果有方阵 $\boldsymbol{B}$ 使得 $\boldsymbol{AB}=\boldsymbol{E}$, 则 $\boldsymbol{A}$ 可逆且 $\boldsymbol{A}^{-1}=\boldsymbol{B}$.

(2) 如果有方阵 $\boldsymbol{B}$ 使得 $\boldsymbol{BA}=\boldsymbol{E}$, 则 $\boldsymbol{A}$ 可逆且 $\boldsymbol{A}^{-1}=\boldsymbol{B}$.

证 按行列式乘法定理, 由 $\boldsymbol{AB}=\boldsymbol{E}$ 得 $\det\boldsymbol{A}\cdot\det\boldsymbol{B}=1$, 故 $\det\boldsymbol{A}\neq 0$, 由定理 4.10.1 (ii)⇒(i), 知 $\boldsymbol{A}$ 可逆. 再由 $\boldsymbol{AB}=\boldsymbol{E}$ 就得到 $\boldsymbol{B}=\boldsymbol{A}^{-1}\boldsymbol{E}=\boldsymbol{A}^{-1}$, 结论 (1) 得证. 同理证明 (2). □

注 这个命题的意义在于: 对于方阵, 只用矩阵可逆的定义 4.3.1 中的一半条件就可推断方阵的可逆性.

下述结论 (就是习题 4.8 第 9 题) 提供了具体操作可逆矩阵的一种有效方法.

命题 4.10.1 方阵 $\boldsymbol{A}$ 可逆当且仅当只用行的初等变换可化 $\boldsymbol{A}$ 为单位矩阵.

证 从推论 4.8.1(1), 有初等矩阵 $\boldsymbol{E}_1,\cdots,\boldsymbol{E}_k$ 使得

$$\boldsymbol{E}_k\cdots\boldsymbol{E}_1\boldsymbol{A}=\begin{pmatrix} & \overset{j_1\text{列}}{1} & \cdots & \overset{j_2\text{列}}{0} & \cdots & \cdots & \cdots & \overset{j_r\text{列}}{0} & \cdots \\ & & & 1 & \cdots & \cdots & \cdots & 0 & \cdots \\ & & & & & \cdots & \cdots & \vdots & \cdots \\ & & & & & & & 1 & \cdots \\ & & & & & & & & \end{pmatrix}_{n\times n}$$

为首一阶梯矩阵, 其中 $1\leqslant j_1<\cdots<j_r\leqslant n$, 那么

$$\begin{aligned}\boldsymbol{A}\text{ 可逆 }&\Leftrightarrow \boldsymbol{E}_k\cdots\boldsymbol{E}_1\boldsymbol{A}\text{ 可逆}\\ &\Leftrightarrow r=n\ (\text{即首一阶梯矩阵没有零行})\\ &\Leftrightarrow j_1=1,\ j_2=2,\ \cdots,\ j_n=n\\ &\Leftrightarrow \boldsymbol{E}_k\cdots\boldsymbol{E}_1\boldsymbol{A}=\boldsymbol{E}\text{ 是单位矩阵.}\end{aligned}$$

□

注 证明中显示了两条有用信息:

(1) 由推论 4.10.1, 上述证明最后一行表明: 若 $\boldsymbol{A}$ 可逆, 则 $\boldsymbol{E}_k\cdots\boldsymbol{E}_1=\boldsymbol{A}^{-1}$.

(2) 倒数第 2 行 (即 $j_1=1, j_2=2, \cdots, j_n=n$) 表明: $\boldsymbol{A}$ 可逆当且仅当在用行变换化 $\boldsymbol{A}$ 为阶梯矩阵时每步阶梯恰好跨过一列.

例 1 下述矩阵是否可逆? 如果可逆求出其逆矩阵.

$$(1)\ \boldsymbol{A}=\begin{pmatrix}1&3&1\\2&6&1\\0&0&1\end{pmatrix};\quad (2)\ \boldsymbol{B}=\begin{pmatrix}1&3&1\\2&5&1\\0&0&1\end{pmatrix}.$$

分析 按上述注解, 命题 4.10.1 提供了操作办法, 剩下的关键是在对 $\boldsymbol{A}$ 作行初等变换时如何记录下 $\boldsymbol{E}_k\cdots\boldsymbol{E}_1$? 矩阵分块乘法给出了一个记录办法.

把 $\boldsymbol{A}$ 与单位矩阵 $\boldsymbol{E}$ 左右并排放置构成 3×6 矩阵 $(\boldsymbol{A}\ \ \boldsymbol{E})$, 对它作行初等变换, 目标是把左边的三阶方块 (即原 $\boldsymbol{A}$ 所在位置 —— 因初等变换后矩阵会改变所以说是原 $\boldsymbol{A}$ 的位置) 化为单位矩阵. 设所用的初等变换对应于初等矩阵 $\boldsymbol{E}_1,\cdots,\boldsymbol{E}_k$, 即 $\boldsymbol{E}_k\cdots\boldsymbol{E}_1\boldsymbol{A}=\boldsymbol{E}$. 按矩阵分块乘法, 对 $(\boldsymbol{A}\ \ \boldsymbol{E})$ 作行初等变换就是

$$\boldsymbol{E}_k\cdots\boldsymbol{E}_1\cdot(\boldsymbol{A}\quad\boldsymbol{E})=(\boldsymbol{E}_k\cdots\boldsymbol{E}_1A\quad\boldsymbol{E}_k\cdots\boldsymbol{E}_1\boldsymbol{E})=(\boldsymbol{E}\quad\boldsymbol{E}_k\cdots\boldsymbol{E}_1),$$

换言之, 右边三阶方块就是 $\boldsymbol{E}_k\cdots\boldsymbol{E}_1$.

解　(1) $\begin{pmatrix}1&3&1&1&&\\2&6&1&&1&\\0&0&1&&&1\end{pmatrix}\xrightarrow{\text{行初等变换}}\begin{pmatrix}1&3&1&1&&\\0&0&-1&-2&1&\\0&0&1&&&1\end{pmatrix}$,

第 2 步阶梯跨过两列到了 $(2,3)$ 位 (即 $j_2=3>2$ 了), 所以 $\boldsymbol{A}$ 不可逆.

(2)
$$\begin{pmatrix}1&3&1&1&&\\2&5&1&&1&\\0&0&1&&&1\end{pmatrix}\to\begin{pmatrix}1&3&1&1&&\\0&-1&-1&-2&1&\\0&0&1&&&1\end{pmatrix}$$
$$\to\begin{pmatrix}1&0&-2&-5&3&\\0&-1&-1&-2&1&\\0&0&1&&&1\end{pmatrix}\to\begin{pmatrix}1&0&0&-5&3&2\\0&-1&0&-2&1&1\\0&0&1&&&1\end{pmatrix}$$
$$\to\begin{pmatrix}1&0&0&-5&3&2\\0&1&0&2&-1&-1\\0&0&1&0&0&1\end{pmatrix},$$

所以 $\boldsymbol{B}$ 可逆且 $\boldsymbol{B}^{-1}=\begin{pmatrix}-5&3&2\\2&-1&-1\\0&0&1\end{pmatrix}$. □

可见这是一个较好的既能判断矩阵是否可逆也能在可逆时求出逆矩阵的算法, 当然也可以用列变换做同样的事情, 办法是

$$\begin{pmatrix}\boldsymbol{A}\\ \boldsymbol{E}\end{pmatrix}\xrightarrow{\text{列初等变换}}\begin{pmatrix}\boldsymbol{E}\\ \boldsymbol{A}^{-1}\end{pmatrix}.$$

例 2　求 $\boldsymbol{A}=\begin{pmatrix}0&a_1&&\\&0&\ddots&\\&&\ddots&a_{n-1}\\a_n&&&0\end{pmatrix}$ 的逆矩阵, 其中 $a_1a_2\cdots a_n\neq 0$.

解

$$\begin{pmatrix} 0 & a_1 & & \\ & 0 & \ddots & \\ & & \ddots & a_{n-1} \\ a_n & & & 0 \\ 1 & & & \\ & 1 & & \\ & & \ddots & \\ & & & 1 \end{pmatrix} \xrightarrow[\text{列对换}]{\text{依次相邻}} \begin{pmatrix} a_1 & & & \\ & a_2 & & \\ & & \ddots & \\ & & & a_n \\ 0 & & & 1 \\ 1 & 0 & & \\ & \ddots & \ddots & \\ & & 1 & 0 \end{pmatrix}$$

$$\xrightarrow[\text{变换}]{\text{列倍法}} \begin{pmatrix} 1 & & & \\ & 1 & & \\ & & \ddots & \\ & & & 1 \\ 0 & & & a_n^{-1} \\ a_1^{-1} & 0 & & \\ & \ddots & \ddots & \\ & & a_{n-1}^{-1} & 0 \end{pmatrix}, \text{所以 } \boldsymbol{A}^{-1} = \begin{pmatrix} 0 & & & a_n^{-1} \\ a_1^{-1} & 0 & & \\ & \ddots & \ddots & \\ & & a_{n-1}^{-1} & 0 \end{pmatrix}.$$

还有一种处理逆矩阵的方法.

定义 4.10.1 设 $\boldsymbol{A} = \begin{pmatrix} a_{11} & a_{12} & \cdots & a_{1n} \\ a_{21} & a_{22} & \cdots & a_{2n} \\ \vdots & \vdots & & \vdots \\ a_{n1} & a_{n2} & \cdots & a_{nn} \end{pmatrix}$. 首先, 如同行列式一章的定义 3.3.1 一样, 定义矩阵 $\boldsymbol{A}$ 的 (i,j) 代数余子式 $\boldsymbol{A}_{ij}$ 如下: 去掉 (i,j) 位置 a_{ij} 所在的行和所在的列, 所得的 $n-1$ 阶矩阵的行列式与 $(-1)^{i+j}$ 的乘积称为矩阵 $\boldsymbol{A}$ 的 (i,j)**代数余子式**, 记作 A_{ij}. 然后, 令 $\boldsymbol{A}^* = \begin{pmatrix} A_{11} & A_{21} & \cdots & A_{n1} \\ A_{12} & A_{22} & \cdots & A_{n2} \\ \vdots & \vdots & & \vdots \\ A_{1n} & A_{2n} & \cdots & A_{nn} \end{pmatrix}$, 称为矩阵 $\boldsymbol{A}$ 的 **伴随矩阵** (若 $n=1$, 则约定 $\boldsymbol{A}^* = (1)$).

命题 4.10.2 记号如上. $\boldsymbol{A}\,\boldsymbol{A}^* = \boldsymbol{A}^*\,\boldsymbol{A} = (\det \boldsymbol{A}) \cdot \boldsymbol{E}$.

证 按矩阵乘法规则, 引用行列式的展开定理 3.3.1, 就得所求证等式 (可见, 实际上这命题就是定理 3.3.1 的矩阵写法). □

推论 4.10.2　若方阵 $\boldsymbol{A}$ 非退化, 则 $\boldsymbol{A}^{-1}=\dfrac{1}{\det \boldsymbol{A}}\boldsymbol{A}^*$.

证　在等式 $\boldsymbol{A}^*\boldsymbol{A}=(\det \boldsymbol{A})\cdot\boldsymbol{E}$ 两边乘以数 $\dfrac{1}{\det \boldsymbol{A}}$, 即得本结论. □

若线性方程组$\boldsymbol{AX}=\boldsymbol{B}$ 的系数矩阵 $\boldsymbol{A}$ 是非退化方阵, 则用矩阵方法极易解之, 两边左乘 $\boldsymbol{A}^{-1}=\dfrac{1}{\det \boldsymbol{A}}\boldsymbol{A}^*$, 得

$$\boldsymbol{X}=\frac{1}{\det \boldsymbol{A}}\boldsymbol{A}^*\boldsymbol{B}\,.$$

把右端按矩阵乘法规则做出来就发现, 这就是克拉默定理 3.4.1.

推论 4.10.3(克拉默定理)　若方阵 $\boldsymbol{A}$ 非退化, 则线性方程组 $\boldsymbol{AX}=\boldsymbol{B}$ 有唯一解 $\boldsymbol{X}=\dfrac{1}{\det \boldsymbol{A}}\boldsymbol{A}^*\boldsymbol{B}$. □

最后介绍关于伴随矩阵的几个性质.

命题 4.10.3　设 $\boldsymbol{A}$, $\boldsymbol{B}$ 是 n 阶方阵, c 是数.

(1) $(\boldsymbol{A}^{\mathrm{T}})^*=(\boldsymbol{A}^*)^{\mathrm{T}}$.

(2) $(c\boldsymbol{A})^*=c^{n-1}\boldsymbol{A}^*$.

(3) $(\boldsymbol{AB})^*=\boldsymbol{B}^*\boldsymbol{A}^*$.

证　(1) 令 $\boldsymbol{A}=(a_{ij})_{n\times n}$, 则按定义可计算得等式左边的 (i,j) 元素是 A_{ij}, 等式右边的 (i,j) 元素也是 A_{ij}, 故等式成立.

(2) 因为 $c\boldsymbol{A}=(c\,a_{ij})_{n\times n}$, 计算它的 (i,j) 代数余子式时把各行的公因子 c 提出, 因共有 $n-1$ 行, 故得 $c\boldsymbol{A}$ 的 (i,j) 代数余子式 $=c^{n-1}A_{ij}$, 即得所求证结果.

(3) 分三步予以证明.

第 1 步. 设 $\boldsymbol{A}$ 与 $\boldsymbol{B}$ 都可逆, 则

$$\begin{aligned}(\boldsymbol{AB})^*&=\det(\boldsymbol{AB})\cdot(\boldsymbol{AB})^{-1}=(\det\boldsymbol{A}\cdot\det\boldsymbol{B})\cdot(\boldsymbol{B}^{-1}\cdot\boldsymbol{A}^{-1})\\&=(\det\boldsymbol{B}\cdot\boldsymbol{B}^{-1})(\det\boldsymbol{A}\cdot\boldsymbol{A}^{-1})=\boldsymbol{B}^*\boldsymbol{A}^*\,.\end{aligned}$$

第 2 步. 设 $\boldsymbol{B}$ 可逆但 $\boldsymbol{A}$ 不可逆. 令 λ 为参变数, 则 $\det(\lambda\boldsymbol{E}+\boldsymbol{A})$ 是 λ 的 n 次多项式 (参看习题 3.5 第 3 题), 设 $\lambda_1,\cdots,\lambda_k$ 是它的全部互不相同的根, 则 $k\leqslant n$, 所以只要 $\lambda\neq\lambda_1,\cdots,\lambda_k$ 就有 $\det(\lambda\boldsymbol{E}+\boldsymbol{A})\neq0$, 从而矩阵 $\lambda\boldsymbol{E}+\boldsymbol{A}$ 可逆. 根据上面已证结论知道, 只要 $\lambda\neq\lambda_1,\cdots,\lambda_k$ 就有

$$((\lambda\boldsymbol{E}+\boldsymbol{A})\boldsymbol{B})^*=\boldsymbol{B}^*(\lambda\boldsymbol{E}+\boldsymbol{A})^*\,.$$

记左边的 (i,j) 元素为 $l_{ij}(\lambda)$, 右边的 (i,j) 元素为 $r_{ij}(\lambda)$, 它们都是 λ 的多项式, 但只要 $\lambda\neq\lambda_1,\cdots,\lambda_k$ 就有

$$l_{ij}(\lambda)=r_{ij}(\lambda)\,,\quad 1\leqslant i,\ j\leqslant n\,,$$

因此它们是恒等式 (参看命题 3.5.1 的 (2) 或推论 5.4.1). 那么取 $\lambda=0$ 就得到

$$l_{ij}(0) = r_{ij}(0)\,, \quad 1 \leqslant i,\, j \leqslant n\,,$$

就是 $((0\boldsymbol{E}+\boldsymbol{A})\boldsymbol{B})^* = \boldsymbol{B}^*\,(0\boldsymbol{E}+\boldsymbol{A})^*$, 也就是 $(\boldsymbol{A}\boldsymbol{B})^* = \boldsymbol{B}^*\,\boldsymbol{A}^*$.

第 3 步. 一般情形. 类似第 2 步的证明, 可以知道

$$(\boldsymbol{A}(\lambda\boldsymbol{E}+\boldsymbol{B}))^* = (\lambda\boldsymbol{E}+\boldsymbol{B})^*\,\boldsymbol{A}^*$$

对参数 λ 是恒等式. 取 $\lambda=0$ 就得 $(\boldsymbol{A}\boldsymbol{B})^* = \boldsymbol{B}^*\,\boldsymbol{A}^*$. □

习　题　4.10

1. 求下列矩阵的逆矩阵:

(1) $\begin{pmatrix} 0 & 1 & 2 \\ 1 & 1 & 4 \\ 2 & -1 & 0 \end{pmatrix}$;　(2) $\begin{pmatrix} & & & 1 \\ & & 1 & \\ & 1 & & \\ 1 & & & \end{pmatrix}$;　(3) $\begin{pmatrix} 1 & 1 & & \\ & 1 & 1 & \\ & & 1 & 1 \\ & & & 1 \end{pmatrix}$.

2. 设 $\boldsymbol{A} = \begin{pmatrix} 2 & 1 \\ -2 & 1 \end{pmatrix}$, $\boldsymbol{B} = \begin{pmatrix} 0 & 3 \\ 1 & 2 \end{pmatrix}$.

(1) 求 $\boldsymbol{A}^{-1}$, 解矩阵方程 $\boldsymbol{A}\boldsymbol{X} = \boldsymbol{B}$.

(2) 试用初等变换直接解矩阵方程 $\boldsymbol{A}\boldsymbol{X} = \boldsymbol{B}$;

3. 设 $\boldsymbol{A}$ 为五阶方阵, $\det\boldsymbol{A} = 3$. 求 $\det\boldsymbol{A}^*$ 和 $\det(\boldsymbol{A}^*)^*$.

4. 若 $\det\boldsymbol{A}\neq 0$, 则 $\boldsymbol{A}^* = \det\boldsymbol{A}\cdot\boldsymbol{A}^{-1}$, 即 $\boldsymbol{A}^{-1} = \dfrac{1}{\det\boldsymbol{A}}\boldsymbol{A}^*$.

5. 设 $\boldsymbol{A} = \begin{pmatrix} 1 & & \\ 2 & 3 & \\ 4 & 5 & 6 \end{pmatrix}$. 求 $(\boldsymbol{A}^*)^{-1}$.

6. 设 $\boldsymbol{A}$, $\boldsymbol{B}$, $\boldsymbol{A}+\boldsymbol{B}$ 都是可逆矩阵. 用它们的逆矩阵表示 $(\boldsymbol{A}^{-1}+\boldsymbol{B}^{-1})^{-1}$.

7. 设 $\boldsymbol{A}$ 和 $\boldsymbol{E}-\boldsymbol{A}$ 都是可逆矩阵. 求证: $((\boldsymbol{E}-\boldsymbol{A})^{-1}-\boldsymbol{E})^{-1} = \boldsymbol{A}^{-1}-\boldsymbol{E}$.

8. 设方阵 $\boldsymbol{A}$ 满足 $\boldsymbol{A}^3-2\boldsymbol{A}^2+3\boldsymbol{A}-\boldsymbol{E}=\boldsymbol{O}$. 求 $(\boldsymbol{A}-2\boldsymbol{E})^{-1}$.

9. 设 $\boldsymbol{A}$, $\boldsymbol{B}$ 是 n 阶方阵, $\boldsymbol{A}+\boldsymbol{B}$ 和 $\boldsymbol{A}-\boldsymbol{B}$ 都可逆. 求 $\boldsymbol{D} = \begin{pmatrix} \boldsymbol{A} & \boldsymbol{B} \\ \boldsymbol{B} & \boldsymbol{A} \end{pmatrix}$ 的逆矩阵.

10. 设 $\boldsymbol{A}$, $\boldsymbol{B}$, $\boldsymbol{C}$, $\boldsymbol{D}$ 是 n 阶方阵, 且 $\boldsymbol{A}\boldsymbol{C} = \boldsymbol{C}\boldsymbol{A}$. 证明: $\det\begin{pmatrix} \boldsymbol{A} & \boldsymbol{B} \\ \boldsymbol{C} & \boldsymbol{D} \end{pmatrix} = \det(\boldsymbol{A}\boldsymbol{D}-\boldsymbol{C}\boldsymbol{B})$.

11. 设 $\boldsymbol{A}$ 是可逆 n 阶方阵. 证明: 可以只用行的消法变换把 $\boldsymbol{A}$ 变为对角矩阵 $\mathrm{diag}(1,\cdots,1,d)$, 其中 $d=\det\boldsymbol{A}$, 从而 $\det\boldsymbol{A}=1$ 的充要条件是 $\boldsymbol{A}$ 可以写成有限个消法矩阵之积.

4.11　矩阵等价标准形

本节介绍矩阵等价与等价标准形、若干应用, 特别是关于秩的重要结论.

定义 4.11.1　如果可从矩阵 $\boldsymbol{A}$ 通过初等变换得到矩阵 $\boldsymbol{B}$, 则称矩阵 $\boldsymbol{A}$ **等价于** 矩阵 $\boldsymbol{B}$, 记作 $\boldsymbol{A} \cong \boldsymbol{B}$.

引理 4.11.1　$\boldsymbol{A} \cong \boldsymbol{B}$ 当且仅当存在可逆矩阵 $\boldsymbol{P}$, $\boldsymbol{Q}$ 使得 $\boldsymbol{PAQ} = \boldsymbol{B}$.

证　如果 $\boldsymbol{A} \cong \boldsymbol{B}$, 即从矩阵 $\boldsymbol{A}$ 通过初等变换得到矩阵 $\boldsymbol{B}$, 由初等变换原理, 就是存在初等矩阵 $\boldsymbol{E}_1, \cdots, \boldsymbol{E}_k$ 和 $\boldsymbol{F}_1, \cdots, \boldsymbol{F}_l$ 使得 $\boldsymbol{E}_k \cdots \boldsymbol{E}_1 \boldsymbol{A} \boldsymbol{F}_1 \cdots \boldsymbol{F}_l = \boldsymbol{B}$, 而 $\boldsymbol{P} := \boldsymbol{E}_k \cdots \boldsymbol{E}_1, \boldsymbol{Q} := \boldsymbol{F}_1 \cdots \boldsymbol{F}_l$ 是可逆矩阵, 即存在可逆矩阵 $\boldsymbol{P}, \boldsymbol{Q}$ 使得 $\boldsymbol{PAQ} = \boldsymbol{B}$.

反过来, 如果存在可逆矩阵 $\boldsymbol{P}$, $\boldsymbol{Q}$ 使 $\boldsymbol{PAQ} = \boldsymbol{B}$, 由定理 4.10.1, $\boldsymbol{P}$ 可写成初等矩阵乘积 $\boldsymbol{P} = \boldsymbol{E}_k \cdots \boldsymbol{E}_1$, $\boldsymbol{Q}$ 可写成初等矩阵乘积 $\boldsymbol{P} = \boldsymbol{F}_1 \cdots \boldsymbol{F}_l$, 即 $\boldsymbol{E}_k \cdots \boldsymbol{E}_1 \boldsymbol{A} \boldsymbol{F}_1 \cdots \boldsymbol{F}_l = \boldsymbol{B}$. 由初等变换原理, 这就是从矩阵 $\boldsymbol{A}$ 通过初等变换得到矩阵 $\boldsymbol{B}$, 故 $\boldsymbol{A} \cong \boldsymbol{B}$. □

注　上面 $\boldsymbol{P}$ 的阶与 $\boldsymbol{A}$ 的行数相等, 而 $\boldsymbol{Q}$ 的阶与 $\boldsymbol{A}$ 的列数相等.

命题 4.11.1　对于矩阵之间的关系 "$\cong$" 以下三条成立:

(1) (自反性)　$\boldsymbol{A} \cong \boldsymbol{A}$.

(2) (对称性)　若 $\boldsymbol{A} \cong \boldsymbol{B}$, 则 $\boldsymbol{B} \cong \boldsymbol{A}$.

(3) (传递性)　若 $\boldsymbol{A} \cong \boldsymbol{B}$ 且 $\boldsymbol{B} \cong \boldsymbol{C}$, 则 $\boldsymbol{A} \cong \boldsymbol{C}$.

证　(1) $\boldsymbol{EAE} = \boldsymbol{A}$, 故 $\boldsymbol{A} \cong \boldsymbol{A}$.

(2) 若有可逆矩阵 $\boldsymbol{P}$ 和 $\boldsymbol{Q}$ 使 $\boldsymbol{PAQ} = \boldsymbol{B}$, 则 $\boldsymbol{P}^{-1}\boldsymbol{B}\boldsymbol{Q}^{-1} = \boldsymbol{A}$, 故 $\boldsymbol{B} \cong \boldsymbol{A}$.

(3) 由假设, 存在可逆矩阵 $\boldsymbol{P}_1, \boldsymbol{Q}_1$ 和 $\boldsymbol{P}_2, \boldsymbol{Q}_2$, 使得 $\boldsymbol{P}_1\boldsymbol{A}\boldsymbol{Q}_1 = \boldsymbol{B}$, $\boldsymbol{P}_2\boldsymbol{B}\boldsymbol{Q}_2 = \boldsymbol{C}$, 那么 $(\boldsymbol{P}_2\boldsymbol{P}_1)\boldsymbol{A}(\boldsymbol{Q}_1\boldsymbol{Q}_2) = \boldsymbol{P}_2(\boldsymbol{P}_1\boldsymbol{A}\boldsymbol{Q}_1)\boldsymbol{Q}_2 = \boldsymbol{P}_2\boldsymbol{B}\boldsymbol{Q}_2 = \boldsymbol{C}$, 而 $\boldsymbol{P}_2\boldsymbol{P}_1$ 与 $\boldsymbol{Q}_1\boldsymbol{Q}_2$ 也都是可逆矩阵, 故 $\boldsymbol{A} \cong \boldsymbol{C}$. □

注　一般地, 称 "$\sim$" 是集合 S 上的一个关系, 是说对任意两个元素 $s, t \in S$ 可以判断: 是 $s \sim t$ 或者不是 $s \sim t$. 例如, 人们的 "同学" 关系, 三角形的 "相似" 关系, 实数的 "小于等于" 关系 "$\leqslant$", 矩阵的 "等价" 关系 "$\cong$" 等.

如果集合 S 中的关系 "$\sim$" 满足以下三条性质:

(1) **自反性**　任意 $s \in S$ 都有 $s \sim s$;

(2) **对称性**　若 $s \sim t$, 则 $t \sim s$;

(3) **传递性**　若 $s \sim t$ 且 $t \sim u$, 则 $s \sim u$,

则说这关系 "$\sim$" 是**等价关系**.

命题 4.11.1 就是说: 矩阵之间的关系 "$\cong$" 是等价关系. 语言叙述就是 "矩阵之间的等价关系是等价关系". 这里称呼定义 4.11.1 的关系 "$\cong$" 为等价关系, 与断言它是等价关系, 用词重复了, 这是因为称呼 "$\cong$" 为等价关系是沿袭历史的叫法.

类似的例子还有定义 4.4.2 的向量组的等价关系 (这也是沿袭历史的叫法), 它也是等价关系 (即它满足上面三条性质).

定理 4.11.1(矩阵等价标准形定理) $m\times n$ 矩阵 $\boldsymbol{A}$ 的秩 $=r$ 当且仅当

$$\boldsymbol{A}\cong\boldsymbol{D}:=\begin{pmatrix}\boldsymbol{E}_{r\times r}&\boldsymbol{O}\\\boldsymbol{O}&\boldsymbol{O}\end{pmatrix}_{m\times n}=\begin{pmatrix}\boldsymbol{E}_{r\times r}\\\boldsymbol{O}\end{pmatrix}_{m\times r}\begin{pmatrix}\boldsymbol{E}_{r\times r}&\boldsymbol{O}\end{pmatrix}_{r\times n}.$$

证 就是定理 4.9.1, 只不过是用 "矩阵等价" 语言重新陈述, 而拟对角矩阵书写为分块矩阵形式, 从而分解为 $m\times r$ 与 $r\times n$ 的拟对角矩阵之积. □

注 定理中的 $\boldsymbol{D}$ 称为矩阵 $\boldsymbol{A}$ 的**等价标准形.**

推论 4.11.1 两矩阵等价当且仅当它们型 (尺码) 相同且秩相等.

证 设 $\boldsymbol{A}$ 通过初等变换变为 $\boldsymbol{B}$, 则它们尺码相同, 由定理 4.9.1, 它们秩相等.

再设 $\boldsymbol{A}$ 与 $\boldsymbol{B}$ 都是 $m\times n$ 矩阵且秩都等于 r, 那么由定理 4.11.1 得 $\boldsymbol{A}\cong\boldsymbol{D}$ 和 $\boldsymbol{B}\cong\boldsymbol{D}$, 由命题 4.11.1 的对称性就得 $\boldsymbol{D}\cong\boldsymbol{B}$, 再由命题 4.11.1 的传递性得出 $\boldsymbol{A}\cong\boldsymbol{B}$. □

注 所有彼此等价的矩阵在一起就称为一个**等价类**. 如果考虑所有 2×4 矩阵, 上述定理和推论说明, 共有三个等价类: 秩为 0 的一个等价类, 秩为 1 的一个等价类, 秩为 2 的一个等价类. 秩为 2 的等价类中标准形为 $\begin{pmatrix}1&0&0&0\\0&1&0&0\end{pmatrix}$.

例 1 证明: $m\times n$ 矩阵 $\boldsymbol{A}$ 的秩等于 1 当且仅当 $\boldsymbol{A}=\begin{pmatrix}a_1\\\vdots\\a_m\end{pmatrix}(b_1,\cdots,b_n)$, 其中 $a_1,\cdots,a_m$ 不全为零, $b_1,\cdots,b_n$ 不全为零.

证 充分性. 如果 $\boldsymbol{A}$ 写成了例题所述乘积形式, 则 $\boldsymbol{A}$ 的第 i 行是

$$a_i(b_1,\cdots,b_n)\,,\quad i=1,\cdots,m\,,$$

它们都是 $(b_1,\cdots,b_n)$ 的倍向量, 且由条件, 至少有一行非零, 所以 $\operatorname{rank}\boldsymbol{A}=1$.

必要性. 设 $\operatorname{rank}\boldsymbol{A}=1$. 由定理 4.11.1 存在可逆矩阵 $\boldsymbol{P}$ 和可逆矩阵 $\boldsymbol{Q}$ 使得

$$\boldsymbol{PAQ}=\begin{pmatrix}1\\0\\\vdots\\0\end{pmatrix}(1,0,\cdots,0),\quad \text{即 } \boldsymbol{A}=\boldsymbol{P}^{-1}\begin{pmatrix}1\\0\\\vdots\\0\end{pmatrix}(1,0,\cdots,0)\boldsymbol{Q}^{-1}.$$

令

$$\begin{pmatrix}a_1\\a_2\\\vdots\\a_m\end{pmatrix}=\boldsymbol{P}^{-1}\begin{pmatrix}1\\0\\\vdots\\0\end{pmatrix},\quad (b_1,b_2,\cdots,b_n)=(1,0,\cdots,0)\boldsymbol{Q}^{-1}\,,$$

即符合题目所求. □

此例题是矩阵的满秩分解定理的特例, 见本节习题 3.

定义 4.11.2 如果矩阵 $\boldsymbol{A}$ 的秩 $\operatorname{rank}\boldsymbol{A}$ 等于 $\boldsymbol{A}$ 的列数, 就称 $\boldsymbol{A}$ 为 **列满秩矩阵** (此时 $\boldsymbol{A}$ 的行数 $\geqslant$ 列数). 如果 $\operatorname{rank}\boldsymbol{A}$ 等于 $\boldsymbol{A}$ 的行数, 就称 $\boldsymbol{A}$ 为 **行满秩矩阵** .

当 $\boldsymbol{A}$ 是方阵时, 行满秩与列满秩是一样的, 就是定义 4.9.1 中的 "满秩".

注 若 $\boldsymbol{A}$ 是列满秩矩阵, 那么转置矩阵 $\boldsymbol{A}^{\mathrm{T}}$ 是行满秩矩阵.

命题 4.11.2(关于矩阵秩的三个公式) (1) 若 $\boldsymbol{A}$ 为列满秩矩阵, 则 $\operatorname{rank}(\boldsymbol{AB})=\operatorname{rank}\boldsymbol{B}$, $\operatorname{rank}(\boldsymbol{CA}^{\mathrm{T}})=\operatorname{rank}\boldsymbol{C}$;

(2) $|\operatorname{rank}\boldsymbol{A}-\operatorname{rank}\boldsymbol{B}|\leqslant\operatorname{rank}(\boldsymbol{A}+\boldsymbol{B})\leqslant\operatorname{rank}\boldsymbol{A}+\operatorname{rank}\boldsymbol{B}$;

(3) $\operatorname{rank}\boldsymbol{A}+\operatorname{rank}\boldsymbol{B}-n\leqslant\operatorname{rank}(\boldsymbol{AB})\leqslant\min\{\operatorname{rank}\boldsymbol{A},\operatorname{rank}\boldsymbol{B}\}$.

证 都可以利用等价标准形予以证明, 但以下将分别用不同的论证方法.

(1) 若 $\boldsymbol{A}$ 是方阵, 则是可逆矩阵, 因此 $\boldsymbol{AB}$ 等价于 $\boldsymbol{B}$, 故 $\operatorname{rank}(\boldsymbol{AB})=\operatorname{rank}\boldsymbol{B}$. 对一般情形由等价标准形定理, 存在可逆矩阵 $\boldsymbol{P}, \boldsymbol{Q}$ 使得 $\boldsymbol{PAQ}=\begin{pmatrix}\boldsymbol{E}\\\boldsymbol{O}\end{pmatrix}$, 所以

$$\begin{aligned}\operatorname{rank}(\boldsymbol{AB})&=\operatorname{rank}(\boldsymbol{PAB})=\operatorname{rank}\Big((\boldsymbol{PAQ})(\boldsymbol{Q}^{-1}\boldsymbol{B})\Big)\\&=\operatorname{rank}\left(\begin{pmatrix}\boldsymbol{E}\\\boldsymbol{O}\end{pmatrix}(\boldsymbol{Q}^{-1}\boldsymbol{B})\right)=\operatorname{rank}\begin{pmatrix}\boldsymbol{Q}^{-1}\boldsymbol{B}\\\boldsymbol{O}\end{pmatrix}&&\text{(括号中矩阵分块乘法)}\\&=\operatorname{rank}(\boldsymbol{Q}^{-1}\boldsymbol{B})=\operatorname{rank}\boldsymbol{B}\,.&&\text{(习题 4.9 第 6 题; }\boldsymbol{Q}^{-1}\boldsymbol{B}\cong\boldsymbol{B})\end{aligned}$$

(2) 把 $\boldsymbol{A}, \boldsymbol{B}$ 按列分块: $\boldsymbol{A}=(\boldsymbol{\alpha}_1,\cdots,\boldsymbol{\alpha}_n)$, $\boldsymbol{B}=(\boldsymbol{\beta}_1,\cdots,\boldsymbol{\beta}_n)$, 那么 $\boldsymbol{A}+\boldsymbol{B}=(\boldsymbol{\alpha}_1+\boldsymbol{\beta}_1,\cdots,\boldsymbol{\alpha}_n+\boldsymbol{\beta}_n)$, 得

$$\begin{aligned}\operatorname{rank}(\boldsymbol{A}+\boldsymbol{B})&\leqslant\operatorname{rank}(\boldsymbol{\alpha}_1,\cdots,\boldsymbol{\alpha}_n,\boldsymbol{\beta}_1,\cdots,\boldsymbol{\beta}_n)&&\text{(习题 4.6 第 12 题)}\\&\leqslant\operatorname{rank}(\boldsymbol{\alpha}_1,\cdots,\boldsymbol{\alpha}_n)+\operatorname{rank}(\boldsymbol{\beta}_1,\cdots,\boldsymbol{\beta}_n)&&\text{(4.5 节例 1)}\\&=\operatorname{rank}\boldsymbol{A}+\operatorname{rank}\boldsymbol{B}\,.&&\text{(列秩的定义)}\end{aligned}$$

利用这个不等式可得

$$\begin{aligned}\operatorname{rank}\boldsymbol{A}&=\operatorname{rank}(\boldsymbol{A}+\boldsymbol{B}-\boldsymbol{B})\leqslant\operatorname{rank}(\boldsymbol{A}+\boldsymbol{B})+\operatorname{rank}(-\boldsymbol{B})\\&=\operatorname{rank}(\boldsymbol{A}+\boldsymbol{B})+\operatorname{rank}\boldsymbol{B}\,,\end{aligned}$$

即 $\operatorname{rank}\boldsymbol{A}-\operatorname{rank}\boldsymbol{B}\leqslant\operatorname{rank}(\boldsymbol{A}+\boldsymbol{B})$. 同理, $\operatorname{rank}\boldsymbol{B}-\operatorname{rank}\boldsymbol{A}\leqslant\operatorname{rank}(\boldsymbol{A}+\boldsymbol{B})$.

(3) 以下用 $(\boldsymbol{A},\boldsymbol{C})$ 表示 $\boldsymbol{A}, \boldsymbol{C}$ 并排形成的分块矩阵. 由矩阵的列秩的定义, 显然 $\operatorname{rank}(\boldsymbol{AB})\leqslant\operatorname{rank}(\boldsymbol{AB},\boldsymbol{A})$. 由于

$$(\boldsymbol{AB},\ \boldsymbol{A})\begin{pmatrix}\boldsymbol{E}_{k\times k}&\\-\boldsymbol{B}&\boldsymbol{E}_{n\times n}\end{pmatrix}=(\boldsymbol{O},\ \boldsymbol{A})\,,$$

而左端的后一矩阵是可逆矩阵, 所以 $\operatorname{rank}(\boldsymbol{AB},\ \boldsymbol{A}) = \operatorname{rank}(\boldsymbol{O},\ \boldsymbol{A}) = \operatorname{rank}\boldsymbol{A}$, 于是得 $\operatorname{rank}(\boldsymbol{AB}) \leqslant \operatorname{rank}\boldsymbol{A}$. 类似地可得

$$\operatorname{rank}(\boldsymbol{AB}) \leqslant \operatorname{rank}\begin{pmatrix} \boldsymbol{AB} \\ \boldsymbol{B} \end{pmatrix} = \operatorname{rank}\begin{pmatrix} \boldsymbol{O} \\ \boldsymbol{B} \end{pmatrix} = \operatorname{rank}\boldsymbol{B}\,,$$

这就得到 $\operatorname{rank}(\boldsymbol{AB}) \leqslant \min\{\operatorname{rank}\boldsymbol{A}, \operatorname{rank}\boldsymbol{B}\}$.

对 (3) 的另一半, 用类似的办法, 推导的第 1 行的不等式见习题 4.9 第 7 题.

$$\begin{aligned}
&\operatorname{rank}\boldsymbol{A} + \operatorname{rank}\boldsymbol{B} = \operatorname{rank}\begin{pmatrix} \boldsymbol{A} & \\ & \boldsymbol{B} \end{pmatrix} \leqslant \operatorname{rank}\begin{pmatrix} \boldsymbol{A} & \\ \boldsymbol{E}_{n\times n} & \boldsymbol{B} \end{pmatrix} \\
&= \operatorname{rank}\left(\begin{pmatrix} \boldsymbol{A} & \\ \boldsymbol{E}_{n\times n} & \boldsymbol{B} \end{pmatrix}\begin{pmatrix} \boldsymbol{E}_{n\times n} & -\boldsymbol{B} \\ & \boldsymbol{E}_{k\times k} \end{pmatrix}\right) = \operatorname{rank}\begin{pmatrix} \boldsymbol{A} & -\boldsymbol{AB} \\ \boldsymbol{E}_{n\times n} & \boldsymbol{O} \end{pmatrix} \\
&= \operatorname{rank}\left(\begin{pmatrix} \boldsymbol{E}_{m\times m} & -\boldsymbol{A} \\ & \boldsymbol{E}_{n\times n} \end{pmatrix}\begin{pmatrix} \boldsymbol{A} & -\boldsymbol{AB} \\ \boldsymbol{E}_{n\times n} & \boldsymbol{O} \end{pmatrix}\right) = \operatorname{rank}\begin{pmatrix} \boldsymbol{O} & -\boldsymbol{AB} \\ \boldsymbol{E}_{n\times n} & \boldsymbol{O} \end{pmatrix} \\
&= \operatorname{rank}\boldsymbol{E}_{n\times n} + \operatorname{rank}(-\boldsymbol{AB}) = n + \operatorname{rank}(\boldsymbol{AB})\,,
\end{aligned}$$

最后一行第一个等号也见习题 4.9 第 7 题. 这就是 $\operatorname{rank}\boldsymbol{A}+\operatorname{rank}\boldsymbol{B}-n \leqslant \operatorname{rank}(\boldsymbol{AB})$.

□

例 2 设 $\boldsymbol{A}$ 为 n 阶方阵. 证明: $\boldsymbol{A}^2 = \boldsymbol{E} \Leftrightarrow \operatorname{rank}(\boldsymbol{A}+\boldsymbol{E}) + \operatorname{rank}(\boldsymbol{A}-\boldsymbol{E}) = n$.

证 设 $\boldsymbol{A}^2 = \boldsymbol{E}$, 则 $(\boldsymbol{A}+\boldsymbol{E})(\boldsymbol{A}-\boldsymbol{E}) = \boldsymbol{O}$, 所以

$$0=\operatorname{rank}((\boldsymbol{A}+\boldsymbol{E})(\boldsymbol{A}-\boldsymbol{E})) \geqslant \operatorname{rank}(\boldsymbol{A}+\boldsymbol{E}) + \operatorname{rank}(\boldsymbol{A}-\boldsymbol{E}) - n\,,$$

即 $n \geqslant \operatorname{rank}(\boldsymbol{A}+\boldsymbol{E}) + \operatorname{rank}(\boldsymbol{A}-\boldsymbol{E})$. 另一方面,

$$\begin{aligned}
n = \operatorname{rank}(2\boldsymbol{E}) &= \operatorname{rank}(\boldsymbol{E}+\boldsymbol{A}+\boldsymbol{E}-\boldsymbol{A}) \\
&\leqslant \operatorname{rank}(\boldsymbol{E}+\boldsymbol{A}) + \operatorname{rank}(\boldsymbol{E}-\boldsymbol{A}) \\
&= \operatorname{rank}(\boldsymbol{A}+\boldsymbol{E}) + \operatorname{rank}(\boldsymbol{A}-\boldsymbol{E})\,,
\end{aligned}$$

故 $n = \operatorname{rank}(\boldsymbol{A}+\boldsymbol{E}) + \operatorname{rank}(\boldsymbol{A}-\boldsymbol{E})$.

反之, 设 $\operatorname{rank}(\boldsymbol{A}+\boldsymbol{E})+\operatorname{rank}(\boldsymbol{A}-\boldsymbol{E}) = n$. 用块初等变换可把 $\begin{pmatrix} \boldsymbol{E}+\boldsymbol{A} & \\ & \boldsymbol{E}-\boldsymbol{A} \end{pmatrix}$ 变为 $\begin{pmatrix} & 2\boldsymbol{E} \\ \frac{1}{2}(\boldsymbol{E}-\boldsymbol{A}^2) & \end{pmatrix}$, 过程如下:

$$\begin{pmatrix} \boldsymbol{E} & \boldsymbol{E} \\ & \boldsymbol{E} \end{pmatrix}\begin{pmatrix} \boldsymbol{E}+\boldsymbol{A} & \\ & \boldsymbol{E}-\boldsymbol{A} \end{pmatrix} = \begin{pmatrix} \boldsymbol{E}+\boldsymbol{A} & \boldsymbol{E}-\boldsymbol{A} \\ & \boldsymbol{E}-\boldsymbol{A} \end{pmatrix},$$

$$\begin{pmatrix} \boldsymbol{E}+\boldsymbol{A} & \boldsymbol{E}-\boldsymbol{A} \\ & \boldsymbol{E}-\boldsymbol{A} \end{pmatrix}\begin{pmatrix} \boldsymbol{E} & \boldsymbol{E} \\ & \boldsymbol{E} \end{pmatrix} = \begin{pmatrix} \boldsymbol{E}+\boldsymbol{A} & 2\boldsymbol{E} \\ & \boldsymbol{E}-\boldsymbol{A} \end{pmatrix},$$

$$\begin{pmatrix} E+A & 2E \\ & E-A \end{pmatrix}\begin{pmatrix} E & \\ -\frac{1}{2}(E+A) & E \end{pmatrix}=\begin{pmatrix} & 2E \\ -\frac{1}{2}(E-A^2) & E-A \end{pmatrix},$$

$$\begin{pmatrix} E & \\ -\frac{1}{2}(E-A) & E \end{pmatrix}\begin{pmatrix} & 2E \\ -\frac{1}{2}(E-A^2) & E-A \end{pmatrix}=\begin{pmatrix} & 2E \\ -\frac{1}{2}(E-A^2) & \end{pmatrix},$$

所以

$$\begin{aligned} n=&\operatorname{rank}\begin{pmatrix} E+A & \\ & E-A \end{pmatrix}=\operatorname{rank}\begin{pmatrix} & 2E \\ \left(-\frac{1}{2}(E-A^2)\right) & \end{pmatrix} \\ =&n+\operatorname{rank}(E-A^2). \end{aligned}$$

因此 $\operatorname{rank}(E-A^2)=0$, 故 $E-A^2=O$, 即 $A^2=E$. □

习　题　4.11

1. 证明：由定义 4.4.2 所定义的向量组的等价关系具有自反性、对称性、传递性.

2. 所有 2×3 矩阵共分为多少个等价类? 写出每个等价类的标准形.

3. (**矩阵的满秩分解**)　设 A 是秩为 r 的 $m\times n$ 矩阵. 证明: 存在秩都为 r 的 $m\times r$ 矩阵 L 和 $r\times n$ 矩阵 H 使得 $A=LH$.

4. 证明：一个秩为 r 的矩阵可以写成 r 个秩为 1 的矩阵之和.

5. 设 A 是 n 阶方阵. 证明：$A^2=A$ 当且仅当 $\operatorname{rank}A+\operatorname{rank}(E-A)=n$.

6. 设 $\beta_1,\cdots,\beta_k\in\mathbb{F}^n$ 线性无关, $\gamma_j=\sum\limits_{i=1}^{k}a_{ij}\beta_i$, $j=1,\cdots,k$, $A=(a_{ij})_{k\times k}$. 证明: $\operatorname{rank}(\gamma_1,\cdots,\gamma_k)=\operatorname{rank}A$.

7. (1) 设 $\mathbb{F}^m$ 中向量组 $\alpha_1,\cdots,\alpha_n$ 的秩为 r, 若 $s\leqslant n$. 证明: 前 s 个向量 $\alpha_1,\cdots,\alpha_s$ 的向量组的秩 $\geqslant r+s-n$;

(2) 利用等价标准形证明命题 4.11.2(3).

8. 设 $A_1,\cdots,A_k$ 是 n 阶矩阵, 则

$$\operatorname{rank}(A_1+\cdots+A_k)\leqslant\operatorname{rank}A_1+\cdots+\operatorname{rank}A_k,$$

$$\operatorname{rank}A_1+\cdots+\operatorname{rank}A_k-(k-1)n\leqslant\operatorname{rank}(A_1\cdots A_k).$$

9. 设 A 为 n 阶方阵, 其中 $n\geqslant 2$. 证明:

(1) $\operatorname{rank}(A^*)=\begin{cases} n, & \operatorname{rank}A=n, \\ 1, & \operatorname{rank}A=n-1, \\ 0, & \operatorname{rank}A<n-1; \end{cases}$

(2) $(A^*)^*=\begin{cases} (\det A)^{n-2}A, & n\geqslant 3, \\ A, & n=2. \end{cases}$

4.12 线性方程组: 齐次情形

首先简短回顾穿插在前面各节的有关线性方程组的概念和符号.

设 $\mathbb{F}$ 是一个数域. 本章从线性方程组 (4.1.1):

$$\begin{cases} a_{11}x_1 + \cdots + a_{1n}x_n = b_1, \\ \cdots\cdots \\ a_{m1}x_1 + \cdots + a_{mn}x_n = b_m \end{cases}$$

开始, 引导矩阵与向量概念, 到 4.1 节末把一般线性方程组写成矩阵形式 (4.1.6)

$$\boldsymbol{AX} = \boldsymbol{B},$$

其中 $\boldsymbol{X} = \begin{pmatrix} x_1 \\ \vdots \\ x_n \end{pmatrix} \in \mathbb{F}^n$ 是 n 维变元向量, $\boldsymbol{B} = \begin{pmatrix} b_1 \\ \vdots \\ b_m \end{pmatrix} \in \mathbb{F}^m$ 是常向量, $\boldsymbol{A} = (a_{ij})_{m\times n} \in M_{m\times n}(\mathbb{F})$ 称为它的 **系数矩阵**.

当 $\boldsymbol{B} = \boldsymbol{0}$ 时, $\boldsymbol{AX} = \boldsymbol{0}$ 称为 **齐次线性方程组** . 否则 $\boldsymbol{B} \neq \boldsymbol{0}$, $\boldsymbol{AX} = \boldsymbol{B}$ 称为 **非齐次线性方程组**.

一个特殊情形是系数矩阵 $\boldsymbol{A}$ 为非退化方阵, 此时 $\boldsymbol{AX} = \boldsymbol{B}$ 有唯一解

$$\boldsymbol{X} = \boldsymbol{A}^{-1}\boldsymbol{B} = \frac{1}{\det \boldsymbol{A}}\boldsymbol{A}^*\boldsymbol{B},$$

这就是 **克拉默定理** , 见定理 3.4.1, 命题 4.1.1 和推论 4.10.3.

齐次线性方程组与非齐次线性方程组解的情形确实有所不同.

本节讨论齐次线性方程组

$$\begin{cases} a_{11}x_1 + \cdots + a_{1n}x_n = 0, \\ \cdots\cdots \\ a_{m1}x_1 + \cdots + a_{mn}x_n = 0, \end{cases} \quad \text{即 } \boldsymbol{AX} = \boldsymbol{0}.$$

命题 4.6.1 已指出它的所有解向量的集合 Δ 是 $\mathbb{F}^n$ 的一个子空间, 称为 $\boldsymbol{AX} = \boldsymbol{0}$ 的 **解空间** (或称 **解子空间**). 4.6 节末的注解提出了如下两个基本问题:

(1) 确定解空间 Δ 的维数;

(2) 计算解空间 Δ 的基底, Δ 的基底也称为 $\boldsymbol{AX} = \boldsymbol{0}$ 的 **基础解系** .

下述定理完全解决了这两个问题.

定理 4.12.1(齐次线性方程组解的定理) 齐次线性方程组 $\boldsymbol{AX} = \boldsymbol{0}$ 的解向量的集合 Δ 是 $\mathbb{F}^n$ 的子空间, 其维数是 $n - \operatorname{rank} \boldsymbol{A}$.

注　下面的证明中同时给出了齐次线性方程组 $\boldsymbol{AX}=\boldsymbol{0}$ 的解法, 即计算 $\boldsymbol{AX}=\boldsymbol{0}$ 的一个基础解系 $\{\boldsymbol{X}_1,\cdots,\boldsymbol{X}_{n-r}\}$ 的操作程序 (4.12.1)~(4.12.5).

证　记 $r=\operatorname{rank}\boldsymbol{A}$. 从推论 4.8.1, 有初等矩阵 $\boldsymbol{E}_1,\cdots,\boldsymbol{E}_k$ 和**对换矩阵** $\boldsymbol{F}_1,\cdots,\boldsymbol{F}_l$, 使

$$\boldsymbol{E}_k\cdots\boldsymbol{E}_1\boldsymbol{AF}_1\cdots\boldsymbol{F}_l=\begin{pmatrix}1 & & & c_{1,r+1} & \cdots & c_{1n}\\ & \ddots & & \vdots & & \vdots\\ & & 1 & c_{r,r+1} & \cdots & c_{rn}\\ & & & & & \end{pmatrix}_{m\times n}. \tag{4.12.1}$$

由本节习题 1, 方程组 $\boldsymbol{AX}=\boldsymbol{0}$ 与方程组 $(\boldsymbol{E}_k\cdots\boldsymbol{E}_1\boldsymbol{A})\boldsymbol{X}=\boldsymbol{0}$ 同解, 而

$$(\boldsymbol{E}_k\cdots\boldsymbol{E}_1\boldsymbol{A})\boldsymbol{X}=(\boldsymbol{E}_k\cdots\boldsymbol{E}_1\boldsymbol{AF}_1\cdots\boldsymbol{F}_l)(\boldsymbol{F}_l^{-1}\cdots\boldsymbol{F}_1^{-1})\boldsymbol{X},$$

所以方程组 $(\boldsymbol{E}_k\cdots\boldsymbol{E}_1\boldsymbol{A})\boldsymbol{X}=\boldsymbol{0}$ 可以写成

$$\begin{pmatrix}1 & & & c_{1,r+1} & \cdots & c_{1n}\\ & \ddots & & \vdots & & \vdots\\ & & 1 & c_{r,r+1} & \cdots & c_{rn}\\ & & & & & \end{pmatrix}_{m\times n}\boldsymbol{F}_l^{-1}\cdots\boldsymbol{F}_1^{-1}\begin{pmatrix}x_1\\ \vdots\\ x_n\end{pmatrix}=\boldsymbol{0}. \tag{4.12.2}$$

由于 $\boldsymbol{F}_1^{-1},\cdots,\boldsymbol{F}_l^{-1}$ 都是对换矩阵, 所以

$$\boldsymbol{F}_l^{-1}\cdots\boldsymbol{F}_1^{-1}\begin{pmatrix}x_1\\ \vdots\\ x_n\end{pmatrix}=\begin{pmatrix}x_{p_1}\\ \vdots\\ x_{p_n}\end{pmatrix}$$

只不过是 $x_1,\cdots,x_n$ 的一个重新排列 (即 $p_1,p_2,\cdots,p_n$ 是 $1,2,\cdots,n$ 的一个排列), 为书写简单, 不妨重新编号, 原方程组同解于

$$\begin{pmatrix}1 & & & c_{1,r+1} & \cdots & c_{1n}\\ & \ddots & & \vdots & & \vdots\\ & & 1 & c_{r,r+1} & \cdots & c_{rn}\\ & & & & & \end{pmatrix}_{m\times n}\begin{pmatrix}x_1\\ \vdots\\ x_r\\ \vdots\\ x_n\end{pmatrix}=\boldsymbol{0}. \tag{4.12.3}$$

令 $s=n-r$, 上述方程组中后 s 个变量 $x_{r+1},\cdots,x_{r+s}$ (注意 $r+s=n$) 可自由取值, 一旦它们取好了值 $x_{r+1}=t_1,\ \cdots,\ x_{r+s}=t_s$, 则其他变元的值随之确定

$$x_j=-c_{j,r+1}t_1-\cdots-c_{j,r+s}t_s,\quad j=1,\cdots,r,$$

所以 $\boldsymbol{AX}=\mathbf{0}$ 的解向量的集合 $\varDelta$ 为

$$\varDelta=\left\{\begin{pmatrix}-c_{1,r+1}t_1-\cdots-c_{1,r+s}t_s\\ \vdots\\ -c_{r,r+1}t_1-\cdots-c_{r,r+s}t_s\\ t_1\\ \vdots\\ t_s\end{pmatrix}\middle|\ t_1,\cdots,t_s \text{ 跑遍 } \mathbb{F}\right\}. \tag{4.12.4}$$

令 (注意 $r+s=n$)

$$\boldsymbol{X}_1=\begin{pmatrix}-c_{1,r+1}\\ \vdots\\ -c_{r,r+1}\\ 1\\ 0\\ 0\\ \vdots\\ 0\end{pmatrix},\quad \boldsymbol{X}_2=\begin{pmatrix}-c_{1,r+2}\\ \vdots\\ -c_{r,r+2}\\ 0\\ 1\\ 0\\ \vdots\\ 0\end{pmatrix},\quad \cdots,\quad \boldsymbol{X}_s=\begin{pmatrix}-c_{1,r+s}\\ \vdots\\ -c_{r,r+s}\\ 0\\ 0\\ \vdots\\ 0\\ 1\end{pmatrix}, \tag{4.12.5}$$

那么任一解向量 $\boldsymbol{X}_t\in\varDelta$ 可写为 $\boldsymbol{X}_t=t_1\boldsymbol{X}_1+\cdots+t_s\boldsymbol{X}_s$. 而且, 若 $c_1,\cdots,c_s\in\mathbb{F}$ 使得 $c_1\boldsymbol{X}_1+\cdots+c_s\boldsymbol{X}_s=\mathbf{0}$, 那么计算第 $r+1$ 分量得 $c_1=0$, 计算第 $r+2$ 分量得 $c_2=0$, $\cdots$, 计算第 $r+s$ 分量得 $c_s=0$, 所以 $\boldsymbol{X}_1,\cdots,\boldsymbol{X}_s$ 线性无关. 因此 $\{\boldsymbol{X}_1,\cdots,\boldsymbol{X}_s\}$ 是解空间 $\varDelta$ 的基底 (即一个基础解系), 特别就有 $\dim\varDelta=s=n-r$. □

注 从 (4.12.2) 到 (4.12.3) 的对变元重新排序 (重新编号), 只是为了书写简便, 并非必要. 在实际操作中容易掌握可自由取值的变量, 下面例题的解答中有具体说明.

例 1 解线性方程组

$$\begin{cases}x_1+2x_2+x_3=0,\\ 2x_1+4x_2+x_3-2x_4=0,\\ 3x_1+6x_2+2x_3-2x_4=0.\end{cases}$$

解 对系数矩阵作行初等变换

$$\begin{pmatrix}1&2&1&0\\ 2&4&1&-2\\ 3&6&2&-2\end{pmatrix}\to\begin{pmatrix}1&2&1&0\\ 0&0&-1&-2\\ 0&0&-1&-2\end{pmatrix}\to\begin{pmatrix}1&2&0&-2\\ 0&0&1&2\\ 0&0&0&0\end{pmatrix},$$

所以原方程组同解于 (即步骤 (4.12.1))

$$\begin{cases} x_1 + 2x_2 \quad - 2x_4 = 0, \\ \qquad\qquad x_3 + 2x_4 = 0, \end{cases} \tag{4.12.6}$$

按操作 (4.12.3) 重新安排变元次序, 就是

$$\begin{cases} x_1 + 2x_2 \quad - 2x_4 = 0, \\ \qquad\qquad x_3 + 2x_4 = 0, \end{cases} \tag{4.12.7}$$

因此求得含两个解向量的基础解系 (即步骤 (4.12.5))

$$\begin{pmatrix} x_1 \\ x_3 \\ x_2 \\ x_4 \end{pmatrix} = \begin{pmatrix} -2 \\ 0 \\ 1 \\ 0 \end{pmatrix}, \quad \begin{pmatrix} x_1 \\ x_3 \\ x_2 \\ x_4 \end{pmatrix} = \begin{pmatrix} 2 \\ -2 \\ 0 \\ 1 \end{pmatrix}.$$

它按原来的变元次序写出来就是

$$\begin{pmatrix} x_1 \\ x_2 \\ x_3 \\ x_4 \end{pmatrix} = \begin{pmatrix} -2 \\ 1 \\ 0 \\ 0 \end{pmatrix}, \quad \begin{pmatrix} x_1 \\ x_2 \\ x_3 \\ x_4 \end{pmatrix} = \begin{pmatrix} 2 \\ 0 \\ -2 \\ 1 \end{pmatrix}.$$ □

其实, 从方程组 (4.12.6) 重排变元次序得方程组 (4.12.7) 这一步骤并不必要, 因为从方程组 (4.12.6) 就可以很清楚看到 $\begin{cases} x_1 = -2x_2 + 2x_4, \\ x_3 = \qquad\quad -2x_4, \end{cases}$ 也就是 x_2, x_4 可作为自由变元, x_1, x_3 随之确定. 因此, 令 $x_2 = 1$, $x_4 = 0$, 得上述左列解向量, 再令 $x_2 = 0$, $x_4 = 1$, 就得上述右列解向量.

推论 4.12.1 齐次线性方程组有非零解当且仅当它的系数矩阵的秩小于未知元的个数.

证 $\boldsymbol{AX} = \boldsymbol{0}$ 有非零解当且仅当解空间 $\Delta \neq 0$, 当且仅当 $n - \operatorname{rank} \boldsymbol{A} > 0$. □

例 2 已知三阶非零矩阵 $\boldsymbol{B}$ 的列向量都是线性方程组

$$\begin{cases} x_1 + 2x_2 - 2x_3 = 0, \\ 2x_1 - x_2 + \lambda x_3 = 0, \\ 3x_1 + x_2 - x_3 = 0 \end{cases}$$

的解. 求 λ 和 $\operatorname{rank} \boldsymbol{B}$.

解 因 $\boldsymbol{B} \neq \boldsymbol{O}$, 该方程组有非零解, 由克拉默定理得

$$\begin{vmatrix} 1 & 2 & -2 \\ 2 & -1 & \lambda \\ 3 & 1 & -1 \end{vmatrix} = 0\,,$$

即 $(-5)(1-\lambda)=0$, 所以 $\lambda=1$, 从而可算出系数矩阵的秩

$$\operatorname{rank}\begin{pmatrix} 1 & 2 & -2 \\ 2 & -1 & 1 \\ 3 & 1 & -1 \end{pmatrix} = 2\,.$$

那么解空间维数为 1, 故 $\operatorname{rank}\boldsymbol{B} \leqslant 1$, 但 $\boldsymbol{B} \neq \boldsymbol{O}$, 得 $\operatorname{rank}\boldsymbol{B}=1$. □

例 3 设 $\boldsymbol{A}=(a_{ij})_{m\times n}$, $\operatorname{rank}\boldsymbol{A}=r$.

(1) 如果 $n\times l$ 矩阵 $\boldsymbol{B}$ 使得 $\boldsymbol{AB}=\boldsymbol{O}$, 则 $\operatorname{rank}\boldsymbol{B} \leqslant n-r$.

(2) 如果 $0 \leqslant k \leqslant n-r$ 而 $k \leqslant l$, 则存在秩为 k 的 $n\times l$ 矩阵 $\boldsymbol{B}$ 使得 $\boldsymbol{AB}=\boldsymbol{O}$.

证 (1) 把矩阵 $\boldsymbol{B}$ 按列分块写成 $\boldsymbol{B}=(\boldsymbol{B}_1,\cdots,\boldsymbol{B}_l)$, 则 $\boldsymbol{AB}=(\boldsymbol{AB}_1,\cdots,\boldsymbol{AB}_l)$, 所以 $\boldsymbol{B}$ 的每列都是齐次线性方程组 $\boldsymbol{AX}=\boldsymbol{0}$ 的解. 因而 $\boldsymbol{B}$ 的列向量的极大线性无关组向量个数 $\leqslant n-\operatorname{rank}\boldsymbol{A}=n-r$, 即 $\operatorname{rank}\boldsymbol{B} \leqslant n-r$.

(2) 齐次线性方程组 $\boldsymbol{AX}=\boldsymbol{0}$ 的解空间维数 $=n-r$, 而 $k \leqslant n-r$, 所以存在 k 个线性无关的解向量 $\boldsymbol{B}_1,\cdots,\boldsymbol{B}_k$ 满足 $\boldsymbol{AB}_j=\boldsymbol{0}$, $j=1,\cdots,k$. 令 $\boldsymbol{B}_i(i=k+1,\cdots,l)$ 为 $\boldsymbol{B}_1,\cdots,\boldsymbol{B}_k$ 的任意线性组合, 以 $\boldsymbol{B}_1,\cdots,\boldsymbol{B}_k,\cdots,\boldsymbol{B}_l$ 为列向量作矩阵 $\boldsymbol{B}$, 则 $\boldsymbol{B}$ 为 $n\times l$ 矩阵且 $\operatorname{rank}\boldsymbol{B}=k$ 使得 $\boldsymbol{AB}=\boldsymbol{O}$. □

注 也可以用矩阵等价标准形定理证明本题.

习 题 4.12

1. 设 $\boldsymbol{A}, \boldsymbol{X}, \boldsymbol{B}$ 如同式 (4.1.6) 所设, $\boldsymbol{P}$ 为 m 阶可逆矩阵. 证明: 方程组 $\boldsymbol{AX}=\boldsymbol{B}$ 与方程组 $(\boldsymbol{PA})\boldsymbol{X}=\boldsymbol{PB}$ 同解 (即 $\boldsymbol{AX}=\boldsymbol{B}$ 的解都是 $(\boldsymbol{PA})\boldsymbol{X}=\boldsymbol{PB}$ 的解, 而且 $(\boldsymbol{PA})\boldsymbol{X}=\boldsymbol{PB}$ 的解都是 $\boldsymbol{AX}=\boldsymbol{B}$ 的解).

2. 求下列齐次线性方程组的基础解系:

(1) $\begin{cases} 2x_1+x_2-x_3=0\,, \\ x_1-x_2+x_3=0\,, \\ 4x_1+5x_2-5x_3=0\,; \end{cases}$ (2) $\begin{cases} x_1+x_2+x_3+x_4=0\,, \\ x_2+2x_3+2x_4=0\,, \\ x_1+2x_2+3x_3+3x_4=0\,, \\ 3x_1+2x_2+x_3+x_4=0\,. \end{cases}$

3. 齐次线性方程组 $\begin{cases} x_1+x_2=0, \\ x_2+x_3=0, \\ \cdots\cdots \\ x_n+x_1=0 \end{cases}$ 是否有非零解?

4. 齐次线性方程组 $\boldsymbol{AX}=\boldsymbol{0}$ 的系数矩阵 $\boldsymbol{A}=\begin{pmatrix}\lambda & 1 & \lambda^2\\ 1 & \lambda & 1\\ 1 & 1 & \lambda\end{pmatrix}$, 若存在三阶矩阵 $\boldsymbol{B}\neq\boldsymbol{O}$ 使得 $\boldsymbol{AB}=\boldsymbol{O}$, 证明: $\lambda=1$ 且 $\det\boldsymbol{B}=0$.

5. 已知齐次线性方程组 I: $\begin{cases}x_1+x_2=0,\\ x_3-x_4=0,\end{cases}$ 又知另一齐次线性方程组 II 的通解为

$$t_1\begin{pmatrix}0\\1\\1\\0\end{pmatrix}+t_2\begin{pmatrix}-1\\2\\2\\1\end{pmatrix}.$$

问方程组 I 与 II 有无非零公共解? 若有则求出所有非零公共解; 若没有则说明理由.

6. 设 n 阶矩阵 $\boldsymbol{A}$ 的 $\operatorname{rank}\boldsymbol{A}=n-1$, A_{ij} 记 $\boldsymbol{A}$ 的 (i,j) 代数余子式. 证明:

(1) 存在 k, $1\leqslant k\leqslant n$, 使得向量 $(A_{k1},\ A_{k2},\ \cdots,\ A_{kn})^{\mathrm{T}}$ 是齐次线性方程组 $\boldsymbol{AX}=\boldsymbol{0}$ 的基础解系;

(2) $\operatorname{rank}\boldsymbol{A}^*=1$.

7. 设 $\boldsymbol{\alpha}_1,\cdots,\boldsymbol{\alpha}_s$ 是齐次线性方程组 $\boldsymbol{AX}=\boldsymbol{0}$ 的基础解系. 证明: 如果 $\boldsymbol{\beta}$ 不是 $\boldsymbol{AX}=\boldsymbol{0}$ 的解, 那么向量组 $\boldsymbol{\beta}$, $\boldsymbol{\beta}+\boldsymbol{\alpha}_1,\cdots,\boldsymbol{\beta}+\boldsymbol{\alpha}_s$ 就必线性无关.

8. (1) 设 $\boldsymbol{B}=\begin{pmatrix}b_1\\ \vdots\\ b_m\end{pmatrix}$ 是实 $m\times 1$ 矩阵. 证明: $\boldsymbol{B}^{\mathrm{T}}\boldsymbol{B}=0$ 当且仅当 $\boldsymbol{B}=\boldsymbol{0}$;

(2) 设 $\boldsymbol{A}$ 为 n 阶实矩阵. 证明: $\operatorname{rank}(\boldsymbol{AA}^{\mathrm{T}})=\operatorname{rank}(\boldsymbol{A}^{\mathrm{T}}\boldsymbol{A})=\operatorname{rank}\boldsymbol{A}$.

4.13 线性方程组: 非齐次情形

现在转向讨论非齐次线性方程组 $\boldsymbol{AX}=\boldsymbol{B}$, 其中 $\boldsymbol{A}\in M_{m\times n}(\mathbb{F})$, 而 $\boldsymbol{B}\neq\boldsymbol{0}$. 与齐次线性方程组相比, 两个基本点都不相同:

(1) 非齐次线性方程组 $\boldsymbol{AX}=\boldsymbol{B}$ 不一定有解, 如 $\begin{cases}x_1+x_2=0,\\ x_1+x_2=1\end{cases}$ 没有解.

(2) $\boldsymbol{AX}=\boldsymbol{B}$ 即使有解它的解的集合也不是 $\mathbb{F}^n$ 的子空间, 如 $(1,0)$, $(0,1)$ 都是 $x_1+x_2=1$ 的解, 但该两向量之和 $(1,1)$ 不是 $x_1+x_2=1$ 的解, 所以解的集合不满足子空间定义 4.6.1 的条件.

因此非齐次线性方程组的基本问题如下:

问题 1　如何判断 $\boldsymbol{AX}=\boldsymbol{B}$ 是否有解?

问题 2　有解时如何求解, 如何理解它的所有解的结构?

定义 4.13.1　非齐次线性方程组 $\boldsymbol{AX}=\boldsymbol{B}$ 的任何一个解向量称为它的一个**特解**, 而所有解向量集合则称为它的**通解**. 称 $\boldsymbol{AX}=\boldsymbol{0}$ 是 $\boldsymbol{AX}=\boldsymbol{B}$ 的对应齐次

线性方程组, 再称下面的 $m\times(n+1)$ 矩阵是 $\boldsymbol{AX}=\boldsymbol{B}$ 的 **增广矩阵**:

$$(\boldsymbol{A},\ \boldsymbol{B})=\begin{pmatrix} a_{11} & \cdots & a_{1n} & b_1 \\ \vdots & & \vdots & \vdots \\ a_{m1} & \cdots & a_{mn} & b_m \end{pmatrix}.$$

定理 4.13.1(非齐次线性方程组解的定理) 记号如上.

(1) $\boldsymbol{AX}=\boldsymbol{B}$ 有解当且仅当 $\operatorname{rank}\boldsymbol{A}=\operatorname{rank}(\boldsymbol{A},\ \boldsymbol{B})$;

(2) 设 $\varDelta$ 是对应齐次线性方程组 $\boldsymbol{AX}=\boldsymbol{0}$ 的解空间. 如果 $\boldsymbol{AX}=\boldsymbol{B}$ 有特解 $\boldsymbol{X}_0$, 则 $\boldsymbol{AX}=\boldsymbol{B}$ 的通解为

$$\boldsymbol{X}_0+\varDelta:=\{\boldsymbol{X}_0+\boldsymbol{X}_t\mid \boldsymbol{X}_t\in\varDelta\}.$$

证 把 $\boldsymbol{A}$ 按列向量分块 $\boldsymbol{A}=(\boldsymbol{A}_1,\cdots,\boldsymbol{A}_n)$. 由矩阵分块乘法 (4.2 节末), 得

$$\boldsymbol{AX}=(\boldsymbol{A}_1,\cdots,\boldsymbol{A}_n)\begin{pmatrix} x_1 \\ \vdots \\ x_n \end{pmatrix}=x_1\boldsymbol{A}_1+\cdots+x_n\boldsymbol{A}_n.$$

(1) 设 $(c_1,\ \cdots,\ c_n)^{\mathrm{T}}$ (行向量转置为列向量) 是 $\boldsymbol{AX}=\boldsymbol{B}$ 的解. 由上式, $c_1\boldsymbol{A}_1+\cdots+c_n\boldsymbol{A}_n=\boldsymbol{B}$, 就是说 $\boldsymbol{B}\in L(\boldsymbol{A}_1,\cdots,\boldsymbol{A}_n)$, 那么 (见 4.6 节例 1)

$$\operatorname{rank}(\boldsymbol{A},\boldsymbol{B})=\dim L(\boldsymbol{A}_1,\cdots,\boldsymbol{A}_n,\boldsymbol{B})=\dim L(\boldsymbol{A}_1,\cdots,\boldsymbol{A}_n)=\operatorname{rank}\boldsymbol{A}.$$

再设 $\operatorname{rank}(\boldsymbol{A},\boldsymbol{B})=\operatorname{rank}\boldsymbol{A}$, 那么向量组 $\boldsymbol{A}_1,\cdots,\boldsymbol{A}_n$ 的极大线性无关组也是向量组 $\boldsymbol{A}_1,\cdots,\boldsymbol{A}_n,\boldsymbol{B}$ 的极大线性无关组, 故 $\boldsymbol{B}$ 是 $\boldsymbol{A}_1,\cdots,\boldsymbol{A}_n$ 的线性组合, 即有 $c_1,\cdots,c_n\in\mathbb{F}$ 使 $\boldsymbol{B}=c_1\boldsymbol{A}_1+\cdots+c_n\boldsymbol{A}_n$, 因此 $(c_1,\ \cdots,\ c_n)^{\mathrm{T}}$ 是 $\boldsymbol{AX}=\boldsymbol{B}$ 的解.

(2) 对任意 $\boldsymbol{X}_t\in\varDelta$ 已有 $\boldsymbol{AX}_t=\boldsymbol{0}$, 故

$$\boldsymbol{A}(\boldsymbol{X}_0+\boldsymbol{X}_t)=\boldsymbol{AX}_0+\boldsymbol{AX}_t=\boldsymbol{B}+\boldsymbol{0}=\boldsymbol{B},$$

即 $\boldsymbol{X}_0+\boldsymbol{X}_t$ 是 $\boldsymbol{AX}=\boldsymbol{B}$ 的解向量.

反过来, 若 $\boldsymbol{X}_g$ 是 $\boldsymbol{AX}=\boldsymbol{B}$ 的一个解向量, 则 $\boldsymbol{AX}_g=\boldsymbol{B}$, 但已有 $\boldsymbol{AX}_0=\boldsymbol{B}$, 故

$$\boldsymbol{A}(\boldsymbol{X}_g-\boldsymbol{X}_0)=\boldsymbol{AX}_g-\boldsymbol{AX}_0=\boldsymbol{B}-\boldsymbol{B}=\boldsymbol{0},$$

即 $\boldsymbol{X}_t:=\boldsymbol{X}_g-\boldsymbol{X}_0\in\varDelta$, 所以 $\boldsymbol{X}_g=\boldsymbol{X}_0+\boldsymbol{X}_t\in\boldsymbol{X}_0+\varDelta$. □

注 也可如同定理 4.12.1 的证明, 给予上述定理一个初等变换程序性证明.

通过例题演示这种程序, 既可判断 $\boldsymbol{AX}=\boldsymbol{B}$ 是否有解也可在有解时求出通解.

例 1 求解 $\begin{cases} 2x_1+3x_2+x_3=1, \\ x_1+2x_2+x_3=1, \\ 3x_1+5x_2+2x_3=3. \end{cases}$

解　对增广矩阵作行的初等变换 (就是对方程组作同解变换)

$$\begin{pmatrix} 2 & 3 & 1 & 1 \\ 1 & 2 & 1 & 1 \\ 3 & 5 & 2 & 3 \end{pmatrix} \to \begin{pmatrix} 0 & -1 & -1 & -1 \\ 1 & 2 & 1 & 1 \\ 0 & -1 & -1 & 0 \end{pmatrix} \to \begin{pmatrix} 0 & -1 & -1 & -1 \\ 1 & 1 & 0 & 0 \\ 0 & 0 & 0 & 1 \end{pmatrix},$$

系数矩阵秩 $=2$, 但增广矩阵秩 $=3$, 故该方程组无解 (实际上, 可看出同解变换后得的第三个方程是矛盾等式 $0=1$). □

例 2　求解 $\begin{cases} 2x_1+3x_2+\ x_3\ =1, \\ \ x_1\ +2x_2+\ x_3\ =1, \\ 3x_1+5x_2+2x_3=2. \end{cases}$

解　对增广矩阵作行的初等变换

$$\begin{pmatrix} 2 & 3 & 1 & 1 \\ 1 & 2 & 1 & 1 \\ 3 & 5 & 2 & 2 \end{pmatrix} \to \begin{pmatrix} 0 & -1 & -1 & -1 \\ 1 & 2 & 1 & 1 \\ 0 & -1 & -1 & -1 \end{pmatrix} \to \begin{pmatrix} 0 & 1 & 1 & 1 \\ 1 & 1 & 0 & 0 \\ 0 & 0 & 0 & 0 \end{pmatrix},$$

故原方程组同解于 (所得第三方程为 $0=0$, 故未写出)

$$\begin{cases} \qquad\ \ x_2+x_3=1, \\ x_1+x_2 \qquad\ =0. \end{cases}$$

令 $x_2=0$, 求得一个特解 $(0,0,1)$. 相应的齐次线性方程组

$$\begin{cases} \qquad\ \ x_2+x_3=0, \\ x_1+x_2 \qquad\ =0 \end{cases}$$

的系数矩阵秩 $=2$, 故解空间为一维, 令 $x_2=1$ 求得基础解系 $(-1,1,-1)$, 所以原方程组的通解为

$$(0,0,1)+t(-1,1,-1)\ , \quad t\in\mathbb{F}\ .$$ □

以下例题采用了形式上简单一点的写法.

例 3　求解 $\begin{cases} x_1-x_2+5x_3-x_4=-2\ , \\ x_1+3x_2-2x_3+x_4=0\ , \\ 3x_1+x_2+8x_3-x_4=-4\ , \\ x_1+7x_2-9x_3+3x_4=2\ . \end{cases}$

解　对增广矩阵作行的初等变换

$$\begin{pmatrix} 1 & -1 & 5 & -1 & -2 \\ 1 & 3 & -2 & 1 & 0 \\ 3 & 1 & 8 & -1 & -4 \\ 1 & 7 & -9 & 3 & 2 \end{pmatrix} \to \begin{pmatrix} 1 & -1 & 5 & -1 & -2 \\ 0 & 4 & -7 & 2 & 2 \\ 0 & 4 & -7 & 2 & 2 \\ 0 & 8 & -14 & 4 & 4 \end{pmatrix}$$

$$\to\begin{pmatrix}1 & 1 & \dfrac{3}{2} & 0 & -1\\ 0 & 2 & -\dfrac{7}{2} & 1 & 1\\ 0 & 0 & 0 & 0 & 0\\ 0 & 0 & 0 & 0 & 0\end{pmatrix},$$

原方程组同解于 $\begin{cases} x_1 + x_2 + \dfrac{3}{2}x_3 \qquad = -1\,, \\ \qquad 2x_2 - \dfrac{7}{2}x_3 + x_4 = 1\,, \end{cases}$ 即

$$\begin{cases} x_1 = -1 - x_2 - \dfrac{3}{2}x_3\,, \\ x_4 = 1 - 2x_2 + \dfrac{7}{2}x_3\,, \end{cases}$$

所以取 x_2, x_3 为自由变元, 得出它的通解为

$$\begin{cases} x_1 = -1 - t_1 - \dfrac{3}{2}t_2, \\ x_2 = \qquad t_1, \\ x_3 = \qquad\qquad t_2, \\ x_4 = 1 - 2t_1 + \dfrac{7}{2}t_2, \end{cases} \quad t_1,\ t_2 \in \mathbb{F}\,.$$

□

注 例 3 最后的答案已包含了该非齐次线性方程组的特解、对应齐次线性方程组的解空间等信息：

(1) 令 $t_1 = t_2 = 0$, 得一个特解 $\boldsymbol{X}_0 = (-1, 0, 0, 1)^{\mathrm{T}}$.

(2) 从通解减去所得特解, 得出对应齐次线性方程组的解空间

$$\varDelta = \left\{ t_1 \begin{pmatrix} -1 \\ 1 \\ 0 \\ -2 \end{pmatrix} + t_2 \begin{pmatrix} -3/2 \\ 0 \\ 1 \\ 7/2 \end{pmatrix} \middle|\ t_1,\, t_2 \in \mathbb{F} \right\},$$

其中 $\boldsymbol{X}_1 = (-1, 1, 0, -2)^{\mathrm{T}}$, $\boldsymbol{X}_2 = (-3/2, 0, 1, 7/2)^{\mathrm{T}}$ 是基础解系. 那么, 原非齐次线性方程组的通解

$$\boldsymbol{X}_0 + \varDelta = \left\{ \begin{pmatrix} -1 \\ 0 \\ 0 \\ 1 \end{pmatrix} + t_1 \begin{pmatrix} -1 \\ 1 \\ 0 \\ -2 \end{pmatrix} + t_2 \begin{pmatrix} -3/2 \\ 0 \\ 1 \\ 7/2 \end{pmatrix} \middle|\ t_1,\, t_2 \in \mathbb{F} \right\}.$$

这就还原了上述例题解答的答案.

例 4　已知线性方程组 $\begin{cases} x_1+x_2-2x_3=1, \\ x_1-2x_2+x_3=2, \\ ax_1+bx_2+cx_3=3 \end{cases}$ 有两个解 $\boldsymbol{\alpha}_1=\left(2,\ \dfrac{1}{3},\ \dfrac{2}{3}\right)^{\mathrm{T}}$ 和 $\boldsymbol{\alpha}_2=\left(\dfrac{1}{3},\ -\dfrac{3}{4},\ -1\right)^{\mathrm{T}}$. 求它的通解.

解　由于此方程组有两个不同的解 $\boldsymbol{\alpha}_1\neq\boldsymbol{\alpha}_2$, 它们的差 $\boldsymbol{\alpha}_1-\boldsymbol{\alpha}_2\neq\mathbf{0}$ 是对应齐次线性方程组的非零解, 故该方程组的系数矩阵秩 $\leqslant 2$, 但系数矩阵的前两行线性无关, 所以系数矩阵秩只能是 2, 因此 $\boldsymbol{\alpha}_1-\boldsymbol{\alpha}_2$ 是对应齐次线性方程组的基础解系. 故该线性方程组的通解为

$$\boldsymbol{\alpha}_1+t(\boldsymbol{\alpha}_1-\boldsymbol{\alpha}_2)=\begin{pmatrix} 2+\dfrac{5}{3}t \\ \dfrac{1}{3}+\dfrac{5}{3}t \\ \dfrac{2}{3}+\dfrac{5}{3}t \end{pmatrix},\quad t\in\mathbb{F}.$$

□

例 5　讨论线性方程组 $\begin{cases} \lambda x_1+x_2+x_3=1, \\ x_1+\lambda x_2+x_3=\lambda, \\ x_1+x_2+\lambda x_3=\lambda^2 \end{cases}$ 的解的情况.

解　系数行列式 $\begin{vmatrix} \lambda & 1 & 1 \\ 1 & \lambda & 1 \\ 1 & 1 & \lambda \end{vmatrix}=(\lambda+2)(\lambda-1)^2$, 分情形讨论.

(1) 当 $\lambda\neq 1$ 且 $\lambda\neq -2$ 时, 由克拉默定理该方程组有唯一解.

(2) 当 $\lambda=1$ 时, 系数矩阵与增广矩阵的秩都为 1, 小于未知元个数 3, 该方程组有无数组解 (此时该方程组的解集为二维仿射子空间.).

(3) 当 $\lambda=-2$ 时, 增广矩阵

$$\begin{pmatrix} -2 & 1 & 1 & 1 \\ 1 & -2 & 1 & -2 \\ 1 & 1 & -2 & 4 \end{pmatrix}\xrightarrow[\text{变换}]{\text{行}}\begin{pmatrix} 0 & 3 & -3 & 9 \\ 0 & -3 & 3 & -6 \\ 1 & 1 & -2 & 4 \end{pmatrix}\xrightarrow[\text{变换}]{\text{行}}\begin{pmatrix} 0 & 0 & 0 & 3 \\ 0 & -3 & 3 & -6 \\ 1 & 1 & -2 & 4 \end{pmatrix},$$

所以系数矩阵秩 $=2$, 而增广矩阵秩 $=3$, 该方程组无解. □

注　虽然定理 4.13.1 之 (2) 解决了本节开头的基本问题 2, 人们希望从几何上理解非齐次线性方程组的全体解的结构.

定义 4.13.2　设 $\varDelta$ 是 $\mathbb{F}^n$ 的一个子空间, 设 $\boldsymbol{X}_0\in\mathbb{F}^n$, 那么 $\mathbb{F}^n$ 的子集

$$\boldsymbol{X}_0+\varDelta:=\{\,\boldsymbol{X}_0+\boldsymbol{X}_t\mid \boldsymbol{X}_t\in\varDelta\,\}$$

称为 $\mathbb{F}^n$ 的一个 **仿射子空间**.

需要注意前面定义 4.6.1 的子空间与这里的仿射子空间的差别. 为强调这种差别, 向量空间 $\mathbb{F}^n$ 的子空间也常常称为**线性子空间**. 上定义中的 $\varDelta$ 称为与仿射子空间 $\boldsymbol{X}_0+\varDelta$ **对应的线性子空间**, $\dim\varDelta$ 也称为仿射子空间 $\boldsymbol{X}_0+\varDelta$ 的维数.

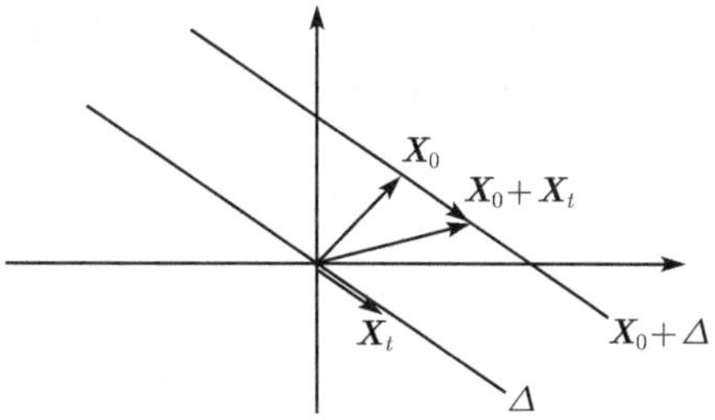

图 4.13.1

直观来看, 仿射子空间 $\boldsymbol{X}_0+\varDelta$ 就是线性子空间 $\varDelta$ 沿向量 $\boldsymbol{X}_0$ 平移得到的向量集合, 见图 4.13.1. 本章补充习题 31~33 有进一步描述.

附录 对直线与平面的应用

例 6 讨论空间三个平面的位置关系.

$$\text{平面}M_1: a_1x+b_1y+c_1z+d_1=0\,,$$
$$\text{平面}M_2: a_2x+b_2y+c_2z+d_2=0\,,$$
$$\text{平面}M_3: a_3x+b_3y+c_3z+d_3=0\,.$$

解 设$\boldsymbol{A}=\begin{pmatrix} a_1 & b_1 & c_1\\ a_2 & b_2 & c_2\\ a_3 & b_3 & c_3\end{pmatrix}$, $\boldsymbol{B}=\begin{pmatrix} a_1 & b_1 & c_1 & d_1\\ a_2 & b_2 & c_2 & d_2\\ a_3 & b_3 & c_3 & d_3\end{pmatrix}$, 它们分别是三个方程构成的方程组的系数矩阵和增广矩阵. 令 $\operatorname{rank}\boldsymbol{A}=r$, $\operatorname{rank}\boldsymbol{B}=s$, 则 $1\leqslant r\leqslant s\leqslant 3$.

情形 1. $r=s=3$. 方程组有唯一解, 故三个平面交于一点.

情形 2. $r=2$, $s=3$. 方程组没有解, 故三个平面没有公共点. 有两种子情形.

子情形 2.1. $\boldsymbol{A}$ 的任意两行线性无关, 则三个平面两两相交且三条交线相互平行.

子情形 2.2. $\boldsymbol{A}$ 有两行线性无关, 也有两行线性相关, 则线性相关的两行对应的平面平行, 它们与另一平面相交于两条交线.

情形 3. $r=s=2$. 方程组的通解为一维仿射子空间, 即三个平面交于一条直线. 类似于情形 2 有两种子情形.

子情形 3.1. $\boldsymbol{A}$ 的任意两行线性无关, 则三个平面两两相交且交于同一条直线.

子情形 3.2. $\boldsymbol{A}$ 有两行线性无关, 也有两行线性相关, 则线性相关的两行对应的两平面重合, 它们与另一平面相交于一条交线.

情形 4. $r=1, s=2$. 方程组无解. 由 $r=1$, 说明三个平面彼此平行, 但至少有两平面不重合.

情形 5. $r=s=1$. 方程组的通解为二维仿射子空间, 即三个平面全重合. □

例 7　空间两条直线

$$\text{直线}L_1:\begin{cases} a_1x+b_1y+c_1z+d_1=0\,,\\ a_2x+b_2y+c_2z+d_2=0\,;\end{cases}$$

$$\text{直线}L_2:\begin{cases} a_3x+b_3y+c_3z+d_3=0\,,\\ a_4x+b_4y+c_4z+d_4=0\end{cases}$$

共面的充要条件是

$$\det \boldsymbol{A}=\det\begin{pmatrix} a_1 & b_1 & c_1 & d_1\\ a_2 & b_2 & c_2 & d_2\\ a_3 & b_3 & c_3 & d_3\\ a_4 & b_4 & c_4 & d_4\end{pmatrix}=0\,.$$

证　L_1 与 L_2 共面, 当且仅当它们平行或者相交.

必要性. 如果它们相交于 (x_0,y_0,z_0), 则 $(x_0,y_0,z_0,1)$ 是方程组

$$\begin{cases} a_1x+b_1y+c_1z+d_1u=0\,,\\ a_2x+b_2y+c_2z+d_2u=0\,,\\ a_3x+b_3y+c_3z+d_3u=0\,,\\ a_4x+b_4y+c_4z+d_4u=0\end{cases}$$

的非零解, 故 $\det \boldsymbol{A}=0$.

如果 L_1 与 L_2 平行, 则它们有相同的方向数 (l,m,n), 那么 (l,m,n) 是方程组

$$\begin{cases} a_1x+b_1y+c_1z=0\,,\\ a_2x+b_2y+c_2z=0\,,\\ a_3x+b_3y+c_3z=0\,,\\ a_4x+b_4y+c_4z=0\end{cases}\tag{4.13.1}$$

的非零解, 所以 $\boldsymbol{A}$ 的前三列的子矩阵的秩 <3, 从而 $\operatorname{rank}\boldsymbol{A}<4$, 得 $\det \boldsymbol{A}=0$.

充分性. 由 $\det \boldsymbol{A}=0$, 知 $\operatorname{rank}\boldsymbol{A}<4$, 不妨设 $\boldsymbol{A}$ 的第 4 行是前三行的线性组合. 如果

$$\begin{cases} a_1x+b_1y+c_1z+d_1=0\,,\\ a_2x+b_2y+c_2z+d_2=0\,,\\ a_3x+b_3y+c_3z+d_3=0\end{cases}$$

有唯一解 (x_0,y_0,z_0), 则它也是第 4 个方程的解, 所以它是直线 L_1 与 L_2 的交点.

否则这三个方程的系数矩阵 (为三阶方阵) 的秩 $\leqslant 2$, 即

$$\operatorname{rank}\begin{pmatrix} a_1 & b_1 & c_1 \\ a_2 & b_2 & c_2 \\ a_3 & b_3 & c_3 \end{pmatrix} \leqslant 2\,,$$

故方程组 (即上述方程组 (4.13.1))

$$a_ix+b_iy+c_iz=0\,,\quad i=1,2,3,4$$

有非零解 (l,m,n), 它是直线 L_1 和 L_2 的方向数, 所以 L_1 与 L_2 平行. □

习　题　4.13

1. 求下列非齐次线性方程组的通解：

(1) $\begin{cases} x_1 + x_3 = 1\,, \\ 4x_1+x_2+2x_3=3\,, \\ 6x_1+x_2+4x_3=5; \end{cases}$　　(2) $\begin{cases} 2x_1+7x_2+3x_3+x_4=6\,, \\ 3x_1+5x_2+2x_3+2x_4=4\,, \\ 9x_1+4x_2+x_3+7x_4=2\,. \end{cases}$

2. 如果 $\boldsymbol{\beta}_1, \cdots, \boldsymbol{\beta}_k$ 为非齐次线性方程组 $\boldsymbol{AX}=\boldsymbol{B}$ 的解. 证明：$\sum\limits_{i=1}^{k} b_i\boldsymbol{\beta}_i$ 是 $\boldsymbol{AX}=\boldsymbol{B}$ 的解当且仅当 $\sum\limits_{i=1}^{k} b_i=1$.

3. 已知 $\boldsymbol{\beta}_1, \boldsymbol{\beta}_2$ 是非齐次线性方程组 $\boldsymbol{AX}=\boldsymbol{B}$ 的两个不同的解；$\boldsymbol{\alpha}_1, \boldsymbol{\alpha}_2$ 是齐次线性方程组 $\boldsymbol{AX}=\boldsymbol{0}$ 的基础解系. 证明：$\boldsymbol{AX}=\boldsymbol{B}$ 的通解为 $t_1\boldsymbol{\alpha}_1+t_2(\boldsymbol{\alpha}_1-\boldsymbol{\alpha}_2)+\dfrac{1}{2}(\boldsymbol{\beta}_1+\boldsymbol{\beta}_2)$.

4. (1) 讨论线性方程组 $\begin{cases} x_1+x_2+kx_3=4, \\ -x_1+kx_2+x_3=k^2, \\ x_1-x_2+2x_3=-4 \end{cases}$ 的解的情况；

(2) 线性方程组 $\begin{cases} x_1+3x_2+2x_3+x_4=1, \\ x_2+ax_3-ax_4=-1, \\ x_1+2x_2+3x_4=3 \end{cases}$ 在 a 取何值时有解？

5. 设向量 $\boldsymbol{\alpha}_1, \boldsymbol{\alpha}_2$ 是四元非齐次线性方程组 $\boldsymbol{AX}=\boldsymbol{B}$ 的解, 且 $\boldsymbol{\alpha}_1+\boldsymbol{\alpha}_2=(2,2,4,6)^{\mathrm{T}}$, $\boldsymbol{\alpha}_1+2\boldsymbol{\alpha}_2=(0,3,0,6)^{\mathrm{T}}$, 系数矩阵秩 $=3$. 求其通解.

6. 设 $\varDelta$ 是 $\mathbb{F}^n$ 的子空间. 证明：

(1) 对任意 $\boldsymbol{X}_0\in\mathbb{F}^n$ 有 $\boldsymbol{X}_0\in\boldsymbol{X}_0+\varDelta$;

(2) 如果 $\boldsymbol{X}_1\in\boldsymbol{X}_0+\varDelta$, 则 $\boldsymbol{X}_1+\varDelta=\boldsymbol{X}_0+\varDelta$;

(3) 对 $\boldsymbol{X}_0,\boldsymbol{X}_1\in\mathbb{F}^n$, 或者 $\boldsymbol{X}_0+\varDelta=\boldsymbol{X}_1+\varDelta$ 或者 $(\boldsymbol{X}_0+\varDelta)\bigcap(\boldsymbol{X}_1+\varDelta)=\varnothing$.

7. 设空间两个平面 $\begin{cases} M_1: a_1x+b_1y+c_1z+d_1=0\,, \\ M_2: a_2x+b_2y+c_2z+d_2=0\,, \end{cases}$ 它们的方程的联立方程组的系数

矩阵和增广矩阵分别是 $\boldsymbol{A}=\begin{pmatrix} a_1 & b_1 & c_1 \\ a_2 & b_2 & c_2 \end{pmatrix}$ 和 $\boldsymbol{B}=\begin{pmatrix} a_1 & b_1 & c_1 & d_1 \\ a_2 & b_2 & c_2 & d_2 \end{pmatrix}$. 证明：

(1) 当 $\operatorname{rank}\boldsymbol{A}=2$ 时两平面交于一条直线；

(2) 当 $\operatorname{rank}\boldsymbol{A}=1$ 而 $\operatorname{rank}\boldsymbol{B}=2$ 时两平面平行不重合；

(3) 当 $\operatorname{rank}\boldsymbol{A}=1$ 而 $\operatorname{rank}\boldsymbol{B}=1$ 时两平面重合.

8. 证明：平面直角坐标系中三条直线 $L_1: a_1x+b_1y+c_1=0$, $L_2: a_2x+b_2y+c_2=0$, $L_3: a_3x+b_3y+c_3=0$ 有公共点的充要条件是 $\det\boldsymbol{A}=\det\begin{pmatrix} a_1 & b_1 & c_1 \\ a_2 & b_2 & c_2 \\ a_3 & b_3 & c_3 \end{pmatrix}=0$.

4.14　里昂捷夫经济模型†

里昂捷夫 (Leotief) 经济模型是较简单的一种经济模型, 从一个例子开始.

某城三个经济部门：煤炭、电力、建材. 煤炭业每生产一元产品消费电力 0.2 元, 消费建材 0.1 元; 电力业每生产一元产品消费煤炭 0.6 元, 消费电力 0.05 元, 消费建材 0.05 元; 建材业每生产一元产品消费煤炭 0.45 元, 消费电力 0.1 元, 消费建材 0.1 元.

假设今年该城的煤炭部门收到外部订单 10 万元, 电力部门收到外部订单 20 万元, 建材部门收到外部订单 30 万元, 那么今年该城这三个部门应如何安排生产？

把该城的三个经济部门作为一个系统. 首先把每生产一个单位产品要消费的系统内部东西的数量称为内部消费系数. 为醒目, 列于表 4.14.1.

表 4.14.1　内部消费系数表

消费部门 / 生产部门	煤炭	电力	建材
煤炭	0	0.6	0.45
电力	0.2	0.05	0.1
建材	0.1	0.05	0.1

设生产量安排为：煤炭 x_1 万元, 电力 x_2 万元, 建材 x_3 万元, 那么所有生产消费情况可列于表 4.14.2.

表 4.14.2　全部生产消费量表　　　(单位：万元)

生产部门	生产量	煤炭	电力	建材	外部订单
煤炭	x_1	$0x_1$	$0.6x_2$	$0.45x_3$	10
电力	x_2	$0.2x_1$	$0.05x_2$	$0.1x_3$	20
建材	x_3	$0.1x_1$	$0.05x_2$	$0.1x_3$	30

当然是既满足所有外部内部需求而产品又无积压为好, 这就是所谓**产销平衡原则**, 因此

$$\begin{cases} x_1 = \quad 0x_1 + \ \ 0.6x_2 + 0,45x_3 +10, \\ x_2 = 0.2x_1 + 0.05x_2 + \ \ 0.1x_3 +20, \\ x_3 = 0.1x_1 + 0.05x_2 + \ \ 0.1x_3 +30, \end{cases}$$

解得

$$\begin{cases} x_1 = 49.91, \\ x_2 = 35.86, \\ x_3 = 40.86. \end{cases}$$

容易推广到一般情形. 设一个经济体有 n 个部门, 分别标号 $1,2,\cdots,n$. 设第 j 个部门每生产一元产品需消费第 i 部门 c_{ij} 元产品, c_{ij} 就是内部消费系数 (表 4.14.3).

表 4.14.3 内部消费系数表

消费部门 / 生产部门	1	2	$\cdots$	n
1	c_{11}	c_{12}	$\cdots$	c_{1n}
2	c_{21}	c_{22}	$\cdots$	c_{2n}
$\vdots$	$\vdots$	$\vdots$		$\vdots$
n	c_{n1}	c_{n2}	$\cdots$	c_{nn}

其中 $c_{ij} \geqslant 0$, 而且每第 j 列之和是生产每一元第 j 种产品的经济体内消费成本, 所以应小于 1 (否则该产品亏本), 即

消费系数条件

$$\begin{cases} c_{ij} \geqslant 0\,, & 1 \leqslant i,j \leqslant n\,, \\ \displaystyle\sum_{i=1}^{n} c_{ij} < 1\,, & j = 1,2,\cdots,n\,. \end{cases}$$

再设一个生产年度中第 i 部门收到外部订单 b_i 元, $i = 1,2,\cdots,n$, 那么该年度应如何安排生产?

设第 i 部门生产 x_i 元, 那么总消费量可列于表 4.14.4.

因此按产销平衡原则, 得**平衡方程**

$$\begin{cases} x_1 = c_{11}x_1 + c_{12}x_2 + \cdots + c_{1n}x_n + b_1, \\ x_2 = c_{21}x_1 + c_{22}x_2 + \cdots + c_{2n}x_n + b_2, \\ \cdots\cdots \\ x_n = c_{n1}x_1 + c_{n2}x_2 + \cdots + c_{nn}x_n + b_n. \end{cases}$$

表 4.14.4　全部消费量表

生产部门	生产量	消费部门 1	2	$\cdots$	n	外部订单
1	x_1	$c_{11}x_1$	$c_{12}x_2$	$\cdots$	$c_{1n}x_n$	b_1
2	x_2	$c_{21}x_1$	$c_{22}x_2$	$\cdots$	$c_{2n}x_n$	b_2
$\vdots$	$\vdots$	$\vdots$	$\vdots$		$\vdots$	$\vdots$
n	x_n	$c_{n1}x_1$	$c_{n2}x_2$	$\cdots$	$c_{nn}x_n$	b_n

令 $\boldsymbol{C}=(c_{ij})_{n\times n}$, 称为内部消费矩阵, 由消费系数条件, 知 $\boldsymbol{C}$ 的元素都是非负实数, 这种矩阵称为**非负矩阵**. 再令 $\boldsymbol{B}=\begin{pmatrix} b_1 \\ \vdots \\ b_n \end{pmatrix}$, 称为**外部订单向量**, 当然它是非负向量. 令 $\boldsymbol{X}=\begin{pmatrix} x_1 \\ \vdots \\ x_n \end{pmatrix}$, 称为**生产向量**, 那么上述平衡方程写为矩阵形式

$$\boldsymbol{X}=\boldsymbol{C}\boldsymbol{X}+\boldsymbol{B}\,,$$

即

平衡方程

$$(\boldsymbol{E}-\boldsymbol{C})\boldsymbol{X}=\boldsymbol{B}\,.$$

下述定理保证了这个实线性方程组有唯一非负实数解. 定理证明留作习题.

定理 4.14.1　设非负方阵 $\boldsymbol{C}=(c_{ij})_{n\times n}$ 满足条件

$$\sum_{i=1}^{n} c_{ij}<1\,,\quad j=1,2,\cdots,n\,,$$

则方阵 $\boldsymbol{E}-\boldsymbol{C}$ 可逆, 且其逆矩阵 $(\boldsymbol{E}-\boldsymbol{C})^{-1}$ 也是非负矩阵. □

由上述定理, 平衡方程 $(\boldsymbol{E}-\boldsymbol{C})\boldsymbol{X}=\boldsymbol{B}$ 有唯一实数解 $\boldsymbol{X}=(\boldsymbol{E}-\boldsymbol{C})^{-1}\boldsymbol{B}$, 而且因为 $(\boldsymbol{E}-\boldsymbol{C})^{-1}$ 与 $\boldsymbol{B}$ 都是非负矩阵, 所以这唯一解是非负解.

对实际工作来说, 模型会很复杂, 数据也会很复杂. 本节习题 2(3) 提供了线性方程组 $(\boldsymbol{E}-\boldsymbol{C})\boldsymbol{X}=\boldsymbol{B}$ 的一种近似算法.

习　题　4.14

1. 设 $\boldsymbol{A}_1=\left(a_{ij}^{(1)}\right)_{m\times n}$, $\boldsymbol{A}_2=\left(a_{ij}^{(2)}\right)_{m\times n}$, $\cdots$ 是 $m\times n$ 实矩阵序列, 那么对每对指标 (i,j) $(i=1,\cdots,m,\ j=1,\cdots,n)$ 有实数序列

$$a_{ij}^{(1)},\quad a_{ij}^{(2)},\quad a_{ij}^{(3)},\quad \cdots.$$

假设对每对这样的指标 (i,j), 上述序列都有极限 $a_{ij}<\infty$, 令 $\boldsymbol{A}=(a_{ij})_{m\times n}$.

证明: 对任意正实数 ε 存在正整数 K 使得只要 $k>K$ 就有 $\boldsymbol{A}-\boldsymbol{A}_k$ 的任意元素绝对值小于 ε.

此时称矩阵 $\boldsymbol{A}$ 是序列 $\boldsymbol{A}_1$, $\boldsymbol{A}_2$, $\cdots$ 的**极限**, 也称序列收敛于 $\boldsymbol{A}$, 记作 $\lim\limits_{k\to\infty}\boldsymbol{A}_k=\boldsymbol{A}$.

2. 设 $\boldsymbol{C}$, $\boldsymbol{B}$ 是里昂捷夫经济模型中的矩阵, 令 $\boldsymbol{A}_k=\boldsymbol{E}+\boldsymbol{C}+\cdots+\boldsymbol{C}^{k-1}$. 证明:

(1) 实矩阵序列 $\boldsymbol{A}_1$, $\boldsymbol{A}_2$, $\cdots$ 收敛于一个非负矩阵 $\boldsymbol{A}$;

(2) $\boldsymbol{A}(\boldsymbol{E}-\boldsymbol{C})=\boldsymbol{E}$;

(3) 令 $\boldsymbol{X}_k=\boldsymbol{A}_k\boldsymbol{B}$, $k=1,2,\cdots$, 则非负向量序列 $\boldsymbol{X}_1$, $\boldsymbol{X}_2$, $\cdots$ 收敛于线性方程组 $(\boldsymbol{E}-\boldsymbol{C})\boldsymbol{X}=\boldsymbol{B}$ 的唯一解.

第 4 章补充习题

1. 设 $\omega=\dfrac{-1}{2}+\dfrac{\sqrt{-3}}{2}$. 证明: $\{\,a+b\omega+c\omega^2\mid a,b,c\in\mathbb{Q}\,\}$ 是一个数域.

2. 证明: 任何数域含有理数域.

3. 已知 n 维向量 $\boldsymbol{\alpha}=\left(\dfrac{1}{2},0,\cdots,0,\dfrac{1}{2}\right)$, $\boldsymbol{A}=\boldsymbol{E}-2\boldsymbol{\alpha}^{\mathrm{T}}\boldsymbol{\alpha}$, $\boldsymbol{B}=\boldsymbol{E}+2\boldsymbol{\alpha}^{\mathrm{T}}\boldsymbol{\alpha}$. 求 $\boldsymbol{AB}$.

4. 设 $\boldsymbol{A}^2=\boldsymbol{A}$, $\boldsymbol{B}^2=\boldsymbol{B}$. 证明: $(\boldsymbol{A}+\boldsymbol{B})^2=\boldsymbol{A}^2+\boldsymbol{B}^2$ 当且仅当 $\boldsymbol{AB}=\boldsymbol{BA}=\boldsymbol{O}$.

5. 设 $\boldsymbol{A}=\mathrm{diag}(a_1\boldsymbol{E}_1,\ \cdots,\ a_k\boldsymbol{E}_k)$ 为分块对角矩阵, 其中 $\boldsymbol{E}_i$ 是 n_i 阶单位矩阵, $a_1,\cdots,a_k$ 是互不相等的数. 如果 $\boldsymbol{AB}=\boldsymbol{BA}$, 证明: $\boldsymbol{B}=\mathrm{diag}(\boldsymbol{C}_1,\ \cdots,\ \boldsymbol{C}_k)$ 也是分块对角矩阵, 其中 $\boldsymbol{C}_i$ 是 n_i 阶矩阵.

6. 设 $\boldsymbol{\alpha}=(a_1,\cdots,a_n)$ 是非零 n 维向量, $\boldsymbol{A}=\boldsymbol{E}-\boldsymbol{\alpha}^{\mathrm{T}}\boldsymbol{\alpha}$. 证明:

(1) $\boldsymbol{A}^2=\boldsymbol{A}$ 的充要条件是 $\boldsymbol{\alpha}\boldsymbol{\alpha}^{\mathrm{T}}=1$.

(2) 如果 $\boldsymbol{\alpha}\boldsymbol{\alpha}^{\mathrm{T}}=1$, 则 $\boldsymbol{A}$ 是不可逆矩阵.

7. 求与 n 阶矩阵 $\boldsymbol{N}=\begin{pmatrix}0&1&&\\&\ddots&\ddots&\\&&\ddots&1\\&&&0\end{pmatrix}$ 相乘可以交换的所有矩阵.

8. 证明: (1) 如果 n 阶矩阵 $\boldsymbol{A}$ 与所有 n 阶初等矩阵相乘可以交换, 则 $\boldsymbol{A}$ 是纯量矩阵.

(2) 如果 n 阶矩阵 $\boldsymbol{A}$ 与所有 n 阶可逆矩阵相乘可以交换, 则 $\boldsymbol{A}$ 是纯量矩阵.

9. 设 k,n 是正整数. 计算: (1) $\begin{pmatrix}a&b\\b&a\end{pmatrix}^k$; (2) $\begin{pmatrix}\lambda&1&&\\&\ddots&\ddots&\\&&\ddots&1\\&&&\lambda\end{pmatrix}_{n\times n}^k$.

10. 设 $\boldsymbol{A}=\begin{pmatrix}1&0&1\\0&2&0\\1&0&1\end{pmatrix}$, 矩阵 $\boldsymbol{X}$ 满足 $\boldsymbol{AX}+\boldsymbol{E}=\boldsymbol{A}^2+\boldsymbol{X}$. 求 $\boldsymbol{X}$.

11. 证明: 对任意 $k \geqslant n$, 在 $\mathbb{F}^n$ 中存在 $\boldsymbol{\alpha}_1, \cdots, \boldsymbol{\alpha}_k$ 使得其中任意 n 个构成 $\mathbb{F}^n$ 的基底.

12. 设 $\boldsymbol{\alpha}_1, \cdots, \boldsymbol{\alpha}_k$ 线性无关, $\boldsymbol{\beta} = \boldsymbol{\alpha}_1 + \cdots + \boldsymbol{\alpha}_k$. 证明: $\boldsymbol{\beta} - \boldsymbol{\alpha}_1, \cdots, \boldsymbol{\beta} - \boldsymbol{\alpha}_k$ 线性无关.

13. 讨论向量 $\boldsymbol{\alpha}_1 + \boldsymbol{\alpha}_2$, $\boldsymbol{\alpha}_2 + \boldsymbol{\alpha}_3$, $\boldsymbol{\alpha}_3 + \boldsymbol{\alpha}_1$ 的线性相关性.

14. 向量组 $\boldsymbol{\alpha}_1, \cdots, \boldsymbol{\alpha}_m$ 中 $\boldsymbol{\alpha}_m \neq \boldsymbol{0}$, $m \geqslant 2$. 证明: $\boldsymbol{\alpha}_1, \cdots, \boldsymbol{\alpha}_{m-1}, \boldsymbol{\alpha}_m$ 线性无关的充要条件是对任意数 $c_1, \cdots, c_{m-1}$, 下述向量组线性无关

$$\boldsymbol{\beta}_1 = \boldsymbol{\alpha}_1 + c_1\boldsymbol{\alpha}_m, \quad \cdots, \quad \boldsymbol{\beta}_{m-1} = \boldsymbol{\alpha}_{m-1} + c_{m-1}\boldsymbol{\alpha}_m .$$

15. 设方阵 $\boldsymbol{A} = (a_{ij})_{n\times n}$ 的每列都满足 $|a_{jj}| > |a_{1j}| + \cdots + |a_{i-1,j}| + |a_{i+1,j}| + \cdots + |a_{nj}|$, 其中 $n > 1$. 证明: $\det \boldsymbol{A} \neq 0$.

16. 已知向量组 $\boldsymbol{\alpha}_1, \boldsymbol{\alpha}_2, \boldsymbol{\alpha}_3$ 与向量组 $\boldsymbol{\alpha}_1, \boldsymbol{\alpha}_2, \boldsymbol{\alpha}_3, \boldsymbol{\alpha}_4$ 的秩都是 3, 向量组 $\boldsymbol{\alpha}_1, \boldsymbol{\alpha}_2, \boldsymbol{\alpha}_3, \boldsymbol{\alpha}_5$ 的秩是 4. 证明: 向量组 $\boldsymbol{\alpha}_1, \boldsymbol{\alpha}_2, \boldsymbol{\alpha}_3, \boldsymbol{\alpha}_5 - \boldsymbol{\alpha}_4$ 的秩是 4.

17. 求 $\boldsymbol{A} = \begin{pmatrix} 0 & 1 & \cdots & 1 \\ 1 & \ddots & \ddots & \vdots \\ \vdots & \ddots & \ddots & 1 \\ 1 & \cdots & 1 & 0 \end{pmatrix}$ 的逆矩阵, 其中 $n > 1$.

18. 设 $\boldsymbol{A}$ 和 $\boldsymbol{B}$ 分别是 $n\times m$ 矩阵和 $m\times n$ 矩阵, 设 $\boldsymbol{E}_{m\times m} - \boldsymbol{BA}$ 可逆. 证明: $\boldsymbol{E}_{n\times n} - \boldsymbol{AB}$ 可逆, 并求 $(\boldsymbol{E}_{n\times n} - \boldsymbol{AB})^{-1}$.

19. 设 $\boldsymbol{A}$, $\boldsymbol{B}$, $\boldsymbol{AB} - \boldsymbol{E}$ 都是 n 阶可逆矩阵. 求 $(\boldsymbol{A} - \boldsymbol{B}^{-1})^{-1} - \boldsymbol{A}^{-1}$ 的逆矩阵.

20. 证明: $\operatorname{rank}(\boldsymbol{ABC}) \geqslant \operatorname{rank}(\boldsymbol{AB}) + \operatorname{rank}(\boldsymbol{BC}) - \operatorname{rank}\boldsymbol{B}$.

21. 设 $\boldsymbol{A}$ 和 $\boldsymbol{B}$ 分别是 $m\times n$ 矩阵和 $n\times m$ 矩阵. 利用分块初等变换证明:

$$\det(\boldsymbol{E}_{m\times m} - \boldsymbol{AB}) = \det(\boldsymbol{E}_{n\times n} - \boldsymbol{BA}).$$

22. 设 $\boldsymbol{A}$, $\boldsymbol{B}$ 是 n 阶矩阵. 证明: $\det\begin{pmatrix} \boldsymbol{A} & \boldsymbol{B} \\ -\boldsymbol{B} & \boldsymbol{A} \end{pmatrix} = \det(\boldsymbol{A} + \mathrm{i}\boldsymbol{B}) \cdot \det(\boldsymbol{A} - \mathrm{i}\boldsymbol{B})$, 其中 $\mathrm{i} = \sqrt{-1}$.

23. 设 $\boldsymbol{A}$ 是 n 阶可逆矩阵, $\boldsymbol{\alpha}$ 是 n 维列向量, b 是常数. 令

$$\boldsymbol{P} = \begin{pmatrix} \boldsymbol{E} & \boldsymbol{0} \\ -\boldsymbol{\alpha}^{\mathrm{T}}\boldsymbol{A}^* & \det\boldsymbol{A} \end{pmatrix}, \quad \boldsymbol{Q} = \begin{pmatrix} \boldsymbol{A} & \boldsymbol{\alpha} \\ \boldsymbol{\alpha}^{\mathrm{T}} & b \end{pmatrix}.$$

(1) 计算 $\boldsymbol{PQ}$;

(2) 证明: $\boldsymbol{Q}$ 可逆的充要条件是 $\boldsymbol{\alpha}^{\mathrm{T}}\boldsymbol{A}^{-1}\boldsymbol{\alpha} \neq b$.

24. 设 $\boldsymbol{A}$ 是 n 阶实矩阵且满足 $\boldsymbol{AA}^{\mathrm{T}} = \boldsymbol{E}$ 和 $\det\boldsymbol{A} < 0$. 证明: $\det(\boldsymbol{A} + \boldsymbol{E}) = 0$.

25. 证明: $m\times n$ 矩阵 $\boldsymbol{A}$ 的秩为 r 当且仅当存在线性无关的 m 维列向量 $\boldsymbol{\alpha}_1, \cdots, \boldsymbol{\alpha}_r$ 和线性无关的 n 维列向量 $\boldsymbol{\beta}_1, \cdots, \boldsymbol{\beta}_r$ 使得 $\boldsymbol{A} = \boldsymbol{\alpha}_1\boldsymbol{\beta}_1^{\mathrm{T}} + \cdots + \boldsymbol{\alpha}_r\boldsymbol{\beta}_r^{\mathrm{T}}$.

26. (**比内–柯西公式**) 设 $\boldsymbol{A}$ 和 $\boldsymbol{B}$ 分别是 $m\times n$ 和 $n\times m$ 矩阵, 其中 $m \leqslant n$, 设 $\boldsymbol{C} = \boldsymbol{AB}$, 则

$$\det\boldsymbol{C} = \sum_{1\leqslant j_1<j_2<\cdots<j_m\leqslant n} \det\boldsymbol{A}\begin{pmatrix} 1, & 2, & \cdots, & m \\ j_1, & j_2, & \cdots, & j_m \end{pmatrix} \cdot \det\boldsymbol{B}\begin{pmatrix} j_1, & j_2, & \cdots, & j_m \\ 1, & 2, & \cdots, & m \end{pmatrix},$$

其中 $A\begin{pmatrix}1, 2, \cdots, m\\ j_1, j_2, \cdots, j_m\end{pmatrix}$ 表示 A 的第 $1,2,\cdots,m$ 行和第 $j_1,j_2,\cdots,j_m$ 列构成的子方阵.

27. 利用比内–柯西公式证明下述柯西恒等式:

$$\begin{aligned}&\left(\sum_{i=1}^n a_ic_i\right)\left(\sum_{i=1}^n b_id_i\right)-\left(\sum_{i=1}^n a_id_i\right)\left(\sum_{i=1}^n b_ic_i\right)\\ =&\sum_{1\leqslant j<i\leqslant n}(a_jb_i-a_ib_j)(c_jd_i-c_id_j)\ .\end{aligned}$$

28. 已知下列两线性方程组同解, 确定其中的参数 a,b,c,d,e,f 的值:

$$\begin{cases}x_1-2x_4=0,\\ x_2+\ \ x_4=-1,\\ x_3+\ \ x_4=-1,\end{cases}\qquad \begin{cases}x_1-2x_2+ax_3-5x_4=b,\\ x_1+\ \ x_2+cx_3-2x_4=d,\\ x_1+ex_2+\ \ x_3+fx_4=-4.\end{cases}$$

29. 求一个齐次线性方程组使得它的基础解系为

$$\boldsymbol{\alpha}_1=(2,1,0,0,0)\ ,\quad \boldsymbol{\alpha}_2=(0,0,1,1,0)\ ,\quad \boldsymbol{\alpha}_3=(1,0,-5,0,3)\ .$$

30. 证明: 平面上下列三条不同直线交于一点的充要条件是 $a+b+c=0$.

$$\begin{aligned}ax+by+c=0\ ,\\ bx+cy+a=0\ ,\\ cx+ay+b=0\ .\end{aligned}$$

31. 讨论下列三个平面的位置关系:

$$\begin{aligned}&M_1:\ x+y+bz=3,\\ &M_2:\ 2x+(a+1)y+(b+1)z=7,\\ &M_3:\ (1-a)y+(2b-1)z=0.\end{aligned}$$

32. 设 $\boldsymbol{\alpha}_0$ 是非齐次线性方程组 $\boldsymbol{AX}=\boldsymbol{B}$ 的解, 设 $\boldsymbol{\alpha}_1,\cdots,\boldsymbol{\alpha}_s$ 是对应的齐次线性方程组 $\boldsymbol{AX}=\boldsymbol{0}$ 的基础解系. 令 $\boldsymbol{X}_0=\boldsymbol{\alpha}_0$, $\boldsymbol{X}_1=\boldsymbol{\alpha}_0+\boldsymbol{\alpha}_1$, $\cdots$, $\boldsymbol{X}_s=\boldsymbol{\alpha}_0+\boldsymbol{\alpha}_s$. 证明:

(1) $\boldsymbol{X}_0$, $\boldsymbol{X}_1$, $\cdots$, $\boldsymbol{X}_s$ 是 $\boldsymbol{AX}=\boldsymbol{B}$ 的 $s+1$ 个线性无关的解.

(2) 向量 $\boldsymbol{Y}$ 是方程组 $\boldsymbol{AX}=\boldsymbol{B}$ 的解当且仅当 $\boldsymbol{Y}$ 可以表示为 $\boldsymbol{Y}=\sum\limits_{i=0}^s c_i\boldsymbol{X}_i$, 其中组合系数满足 $\sum\limits_{i=0}^s c_i=1$.

33. 如果 $c_1,\cdots,c_k\in\mathbb{F}$ 满足 $\sum\limits_{i=1}^k c_i=1$, 则 $\sum\limits_{i=1}^k c_i\boldsymbol{\alpha}_i$ 称为向量组 $\boldsymbol{\alpha}_1,\cdots,\boldsymbol{\alpha}_k\in\mathbb{F}^n$ 的一个仿射组合. $\mathbb{F}^n$ 的非空子集 $\boldsymbol{A}$ 称为一个仿射子空间, 如果 $\boldsymbol{A}$ 的任意向量 $\boldsymbol{\alpha},\boldsymbol{\beta}$ 的仿射组合仍在 $\boldsymbol{A}$ 中. 证明:

(1) 若 $\boldsymbol{\beta}_j=\sum\limits_{i=1}^k c_{ij}\boldsymbol{\alpha}_i(j=1,\cdots,l)$ 都是仿射组合, 而 $\sum\limits_{j=1}^l d_j=1$, 则 $\sum\limits_{j=1}^l d_j\boldsymbol{\beta}_j$ 也是 $\boldsymbol{\alpha}_1,\cdots,\boldsymbol{\alpha}_k$ 的仿射组合;

(2) 设 $\boldsymbol{A} \subseteq \mathbb{F}^n$ 是非空子集, $\boldsymbol{\alpha}_0 \in \boldsymbol{A}$, 则 $\boldsymbol{A}$ 是一个仿射子空间当且仅当集合 $W = \{\boldsymbol{\alpha} - \boldsymbol{\alpha}_0 \,|\, \boldsymbol{\alpha} \in \boldsymbol{A}\}$ 是线性子空间, W 称为仿射子空间 $\boldsymbol{A}$ 的对应的线性子空间.

34. 设 $\boldsymbol{\alpha}_0, \boldsymbol{\alpha}_1, \cdots, \boldsymbol{\alpha}_s \in \mathbb{F}^n$.

(1) 如果存在不全为零的 $c_i \in \mathbb{F}$ 满足 $\sum\limits_{i=0}^{s} c_i = 0$ 使得 $\sum\limits_{i=0}^{s} c_i\boldsymbol{\alpha}_i = \boldsymbol{0}$, 就称向量组 $\boldsymbol{\alpha}_0, \boldsymbol{\alpha}_1, \cdots, \boldsymbol{\alpha}_s$**仿射相关**, 否则称它们**仿射无关**. 证明: $\boldsymbol{\alpha}_0, \boldsymbol{\alpha}_1, \cdots, \boldsymbol{\alpha}_s$ 仿射无关当且仅当 $\boldsymbol{\alpha}_1 - \boldsymbol{\alpha}_0, \cdots, \boldsymbol{\alpha}_s - \boldsymbol{\alpha}_0$ 线性无关;

(2) 仿射子空间 A 的向量组 $\boldsymbol{\alpha}_0, \boldsymbol{\alpha}_1, \cdots, \boldsymbol{\alpha}_s$ 称为 A 的仿射基底, 如果 $\boldsymbol{\alpha}_0, \boldsymbol{\alpha}_1, \cdots, \boldsymbol{\alpha}_s$ 仿射无关, 而且 A 的任一向量都是 $\boldsymbol{\alpha}_0, \boldsymbol{\alpha}_1, \cdots, \boldsymbol{\alpha}_s$ 的仿射组合. 证明: $\boldsymbol{\alpha}_0, \boldsymbol{\alpha}_1, \cdots, \boldsymbol{\alpha}_s$ 是仿射子空间 A 的仿射基底当且仅当 $\boldsymbol{\alpha}_1 - \boldsymbol{\alpha}_0, \cdots, \boldsymbol{\alpha}_s - \boldsymbol{\alpha}_0$ 是对应的线性子空间 W 的基底.

第5章　多　项　式

多项式是代数研究的基本对象之一. 本章简要介绍一元多项式环的性质. 前三节, 不论从方法还是从结果来看, 都表明多项式与整数有很多相似之处.

5.1　多项式环

恒设 $\mathbb{F}$ 是一个数域. 系数在 $\mathbb{F}$ 中的多项式称为 $\mathbb{F}$ **多项式**, 如 $\mathbb{F}=\mathbb{Q}$ 是有理数域时 $\mathbb{Q}$ 多项式就是有理多项式; $\mathbb{F}=\mathbb{R}$ 是实数域时 $\mathbb{R}$ 多项式就是实多项式.

一元变元 x 的 $\mathbb{F}$ 多项式称为一元 $\mathbb{F}$ 多项式. 多项式的变元 x 在代数学中也称 **不定元**. 不定元 x 的一个非零的 $\mathbb{F}$ 多项式可写成

$$f(x)=a_nx^n+\cdots+a_1x+a_0,\quad a_i\in\mathbb{F},\quad a_n\neq 0,\quad n\geqslant 0,$$

其中 a_n 称为多项式 $f(x)$ 的首项系数, n 称为多项式 $f(x)$ 的**次数**, 记作 $\deg f(x)$,

线性代数中的多项式的不定元也常用 λ 表示: $f(\lambda)=a_n\lambda^n+\cdots+a_1\lambda+a_0$.

以下把多项式 $f(x)$ 简记为 f.

当 $a_n=1$ 时称 f 为**首一多项式**. 当 $\deg f=0$ 时, 即 $f(x)=a_0$, $a_0\neq 0$ 时, 称 f 为**常值多项式**.

零多项式 0 也是常值多项式, 但是注意它不能写成上述形式, 因为它写成 x 的幂的线性组合时所有系数都必须为零, 那么按上述方式不能定义零多项式 0 的次数. 约定: 零多项式的次数 $\deg 0=-\infty$.

不定元 x 的所有 $\mathbb{F}$ 多项式的集合记作 $\mathbb{F}[x]$, 称为数域 $\mathbb{F}$ 上的 **一元多项式环**.

所有常值多项式的集合也就是 $\mathbb{F}$ 的所有数的集合, 即 $\mathbb{F}\subseteq\mathbb{F}[x]$. 因而, 数域 $\mathbb{F}$ 的所有非零数的集合, 记作 $\mathbb{F}^*:=\mathbb{F}-\{0\}$, 就是所有非零常值多项式的集合.

下述关于多项式环的运算、次数公式的一系列结论在中学数学中已经熟悉.

多项式环的运算　在 $\mathbb{F}[x]$ 有

(1) 在 $\mathbb{F}[x]$ 中有加法和乘法, 它们都满足交换律、结合律, 乘法对加法满足分配律. 零多项式 0 满足 $0+f=f=f+0, \forall\, f\in\mathbb{F}[x]$. 对任意 $f\in\mathbb{F}[x]$ 存在 $g\in\mathbb{F}[x]$ 使得 $f+g=0$.

(2) 在 $\mathbb{F}[x]$ 中有数乘多项式运算, 满足

$$c(f+g)=(cf)+(cg),\quad \forall\, c\in\mathbb{F},\ f,g\in\mathbb{F}[x];$$

$$(c+d)f=(cf)+(df),\quad \forall\, c,d\in\mathbb{F},\ f\in\mathbb{F}[x];$$

$$c(fg)=(cf)g=f(cg),\quad \forall\, c\in\mathbb{F},\ f,g\in\mathbb{F}[x];$$

$$1f=f,\quad \forall\, f\in\mathbb{F}[x],\ \text{其中 } 1\in\mathbb{F} \text{ 是数 } 1.$$

(3) 乘法消去律成立. □

次数公式 对任意 $f,g\in\mathbb{F}[x]$ 有

(1) $\deg(fg)=\deg f+\deg g$.

(2) $\deg(f+g)\leqslant\max\{\deg f,\ \deg g\}$, 若 $\deg f\neq\deg g$, 则 $\deg(f+g)=\max\{\deg f,\ \deg g\}$. □

注 公式中容许有零多项式. 例如, 若 $f=0$, 则 $\deg(fg)=\deg 0=-\infty$, 而 $\deg g<\infty$, 故 $\deg f+\deg g=-\infty+\deg g=-\infty$, 即 $\deg(fg)=\deg f+\deg g$.

下述欧氏带余除法也应该在中学数学中已出现.

欧氏除法 对任意 $f,g\in\mathbb{F}[x]$, 其中 $g\neq 0$, 存在唯一 $q,r\in\mathbb{F}[x]$ 使得

$$f=gq+r,\quad \deg r<\deg g,$$

其中 q 称为 g 除 f 的**商式**, 而 r 称为 g 除 f 的**余式**.

证 唯一性. 设 $q,r,q',r'\in\mathbb{F}[x]$ 使得

$$f=gq+r,\quad \deg r<\deg g,$$

$$f=gq'+r',\quad \deg r'<\deg g,$$

那么

$$g(q-q')+(r-r')=f-f=0.$$

若 $q-q'\neq 0$, 则

$$\deg g(q-q')=\deg g+\deg(q-q')\geqslant\deg g>\deg(r-r').$$

因而 $g(q-q')+(r-r')\neq 0$, 这与上述 $g(q-q')+(r-r')=0$ 相矛盾, 所以只能是 $q-q'=0$, 随之就还有 $r-r'=0$, 得 $q=q'$ 和 $r=r'$.

存在性. 对 $\deg f$ 归纳. 如果 $\deg f<\deg g$, 则

$$f=g\cdot 0+f,\quad \deg f<\deg g.$$

再设 $\deg f\geqslant\deg g$, 令

$$f(x)=a_nx^n+a_{n-1}x^{n-1}+\cdots+a_1x+a_0,\quad a_n\neq 0,$$

$$g(x)=b_mx^m+b_{m-1}x^{m-1}+\cdots+b_1x+b_0,\quad b_m\neq 0,$$

$m\leqslant n$, 那么

$$f(x)=\Big(\frac{a_n}{b_m}x^{n-m}\Big)g(x)+f_1(x)\,,\tag{5.1.1}$$

其中

$$f_1(x)=\Big(a_{n-1}-\frac{a_nb_{m-1}}{b_m}\Big)x^{n-1}+\Big(a_{n-2}-\frac{a_nb_{m-2}}{b_m}\Big)x^{n-2}+\cdots.$$

由于 $\deg f_1<\deg f$, 按数学归纳法, 存在 q_1 和 r 使得 $f_1=gq_1+r$, $\deg r<\deg g$. 代入式 (5.1.1), 即得 $f=gq+r$, 其中 $q=\dfrac{a_n}{b_m}x^{n-m}+q_1(x)$. □

注 存在性证明实际就是中学数学中的多项式长除法, 类似于整数的除法竖式算法. 例如, $x^4-2x^2-1=(x^2+x+1)(x^2-x-2)+(3x+1)$, 竖式除法如下:

$$\begin{array}{lr|ccccc l}
 & & & & x^2 & -x & -2 & \cdots\ \text{商式}\\ \hline
\text{除式}\cdots & x^2+x+1 & x^4 & & -2x^2 & & -1 & \cdots\ \text{被除式}\\
 & & x^4 & +x^3 & +x^2 & & & \\ \cline{3-5}
 & & & -x^3 & -3x^2 & +0x & & \\
 & & & -x^3 & -x^2 & -x & & \\ \cline{4-6}
 & & & & -2x^2 & +x & -1 & \\
 & & & & -2x^2 & -2x & -2 & \\ \cline{5-7}
 & & & & & 3x & +1 & \cdots\ \text{余式}
\end{array}$$

定义 5.1.1 设 $f,g,h\in\mathbb{F}[x]$.

(1) (整除) 如果 $f=gh$, 就称 g 是 f 的 **因式**, 称 f 是 g 的 **倍式**, 记作 $g\,|\,f$, 读作 "g 整除 f" 或者读作 "f 被 g 整除". 如果 g 不整除 f, 则记作 $g\nmid f$.

(2) (可逆元) 称 f 是 $\mathbb{F}[x]$ 的 **可逆元**, 也称 **单位**, 如果有 $g\in\mathbb{F}[x]$ 使 $fg=1$.

(3) (相伴) 如果存在 $a\in\mathbb{F}^*$ 使得 $f=ag$, 就称 f 与 g **相伴**, 记作 $f\sim g$.

注 从定义马上有以下结论:

(1) 任何 $g\in\mathbb{F}[x]$ 是零多项式 0 的因式, 因为 $0=g\cdot 0$.

(2) 零多项式 0 不是任何非零多项式 g 的因式, 因为 $g\neq 0\cdot f$, $\forall\, f\in\mathbb{F}[x]$.

(3) 可逆元 $c\in\mathbb{F}^*$ 是任何多项式 $g\in\mathbb{F}[x]$ 的因式, 因为 $g=c\cdot(c^{-1}g)$.

(4) f 可逆当且仅当 $\deg f=0$, 也就是 $f\in\mathbb{F}^*$, 因为 $fg=1$ 当且仅当 f 与 g 都是非零常数.

更多性质列在下述命题中以及习题中.

命题 5.1.1(整除、相伴的有关性质) (1) 整除关系 "$f|g$" 满足自反性和传递性 (但不满足对称性, 见下面 (6)).

(2) 在关于多项式的一个等式中, 已知除一项外其他项均被 $g \in \mathbb{F}[x]$ 整除, 则该项也被 g 整除. 用数学式可表达为

$$f_1 + \cdots + f_{n-1} + f_n = 0 \text{ 且 } g \mid f_i, \ \forall\, i = 1, \cdots, n-1 \Rightarrow g \mid f_n.$$

(3) 如果 $f \mid \widetilde{f}$, $g \mid \widetilde{g}$, 则 $fg \mid \widetilde{f}\widetilde{g}$.

(4) 相伴关系 "$f \sim g$" 是等价关系.

(5) 如果 $f|g$ 且 $f' \sim f$ 和 $g' \sim g$, 则 $f'|g'$.

(6) $f|g$ 和 $g|f \Leftrightarrow f \sim g$.

证 (1) 自反性: $f = f \cdot 1$, 即 $f|f$. 传递性: 若 $f|g$ 且 $g|h$, 即 $g = fq_1$ 且 $h = gq_2$, 则 $h = f(q_1q_2)$, 即 $f|h$.

(6) $\Rightarrow$ 若 $f = 0$, 则 $g = 0$, 故 $f \sim g$. 若 $f \neq 0$, 则从 $f|g$ 且 $g|f$, 得 $g = fq$, $f = gp$, 故 $f = (fp)q = f(pq)$, 得 $pq = 1$, 即 $p, q \in \mathbb{F}^*$, $f \sim g$.

$\Leftarrow$ $f = ag$, 其中 $a \in \mathbb{F}^*$, 故 $g|f$, 还有 $g = a^{-1}f$, 即 $f|g$.

其他四条都类似地按定义直接验证, 作为习题. □

注 如果 "$\sim$" 是集合 S 上的等价关系, 对 $x \in S$ 令 $[x] = \{ s \in S \mid s \sim x \}$, 称为 x 所在的 **等价类**, 那么易验证: $[x] = [y]$ 当且仅当 $[x] \bigcap [y] \neq \varnothing$ 当且仅当 $x \sim y$, 就是说, 每个 $s \in S$ 在而且只在一个等价类之中, 见本节习题 6.

在 $\mathbb{F}[x]$ 中相伴关系 "$\sim$" 的等价类称为 **相伴类**. 有关简单结论放在习题 1 中.

定义 5.1.2 如果 I 是 $\mathbb{F}[x]$ 的非空子集且满足下面两条就称 I 是多项式环 $\mathbb{F}[x]$ 的一个 **理想**:

(I1) 对任意 $f, g \in I$ 有 $f - g \in I$;

(I2) 对任意 $h \in \mathbb{F}[x]$ 和 $g \in I$ 有 $hg \in I$.

显然, $\{0\}$ 和 $\mathbb{F}[x]$ 都是理想, 分别称为 **零理想** 和 **单位理想**.

引理 5.1.1 设 $g \in \mathbb{F}[x]$, 则 g 的所有倍式的集合 $\{ fg \mid f \in \mathbb{F}[x] \}$, 记作 $\mathbb{F}[x] \cdot g$, 是 $\mathbb{F}[x]$ 的一个理想.

证 对任意 $f, f' \in \mathbb{F}[x] \cdot g$, 存在 $l, l' \in \mathbb{F}[x]$ 使得 $f = lg$, $f' = l'g$, 那么 $f - f' = lg - l'g = (l - l')g \in \mathbb{F}[x] \cdot g$.

又对任意 $f \in \mathbb{F}[x]$ 和 $h \in \mathbb{F}[x] \cdot g$, 有 $l \in \mathbb{F}[x]$ 使 $h = lg$, 那么 $fh = f(lg) = (fl)g \in \mathbb{F}[x] \cdot g$.

按定义, $\mathbb{F}[x] \cdot g$ 是 $\mathbb{F}[x]$ 的一个理想. □

定义 5.1.3 若 $\mathbb{F}[x]$ 的理想 $I = \mathbb{F}[x] \cdot g$ 为所有的 g 的倍式的集合, 则称 I 为由多项式 g 生成的**主理想**, 称 g 为主理想 I 的**生成多项式**.

定理 5.1.1 多项式环 $\mathbb{F}[x]$ 的任何理想 I 是主理想, 而且生成多项式在相伴意义下是唯一的: 若 $I = \{0\}$ 就是 0, 否则就是 I 中次数最小的非零多项式.

证 如果 $I = \{0\}$ 是零理想, 则显然只有 0 使得 $I = \mathbb{F}[x] \cdot 0$. 下设 $I \neq \{0\}$.

取 $0 \neq g \in I$ 使得 $\deg g$ 最小, 按定义 5.1.2 之 (I2) 马上得

$$\mathbb{F}[x] \cdot g = \{fg \mid f \in \mathbb{F}[x]\} \subseteq I.$$

另一方面, 对任一 $h \in I$, 因为 $g \neq 0$, 所以可作欧氏除法

$$h = qg + r, \quad \deg r < \deg g,$$

那么由定义 5.1.2, 有 $r = h - qg \in I$, 再由 $\deg g$ 的极小性, 只能是 $r = 0$, 即 $h = qg \in \mathbb{F}[x] \cdot g$. 故 $I \subseteq \mathbb{F}[x] \cdot g$, 即得到 $I = \mathbb{F}[x] \cdot g$ 是由 g 生成的主理想.

最后, 如果 $\tilde{g} \in I$ 也使得 $I = \mathbb{F}[x] \cdot \tilde{g}$, 那么 $g \in \mathbb{F}[x] \cdot \tilde{g}$, 即 $\widetilde{g}|g$; 同理 $g|\widetilde{g}$, 由命题 5.1.1 之 (6), 得 $\widetilde{g} \sim g$. □

看一个重要例子. 设 $\boldsymbol{A} = (a_{ij})_{n\times n} \in M_n(\mathbb{F})$ 是一个 n 阶 $\mathbb{F}$ 矩阵. 对任意 $\mathbb{F}$ 多项式 $f(x) = a_k x^k + \cdots + a_1 x + a_0 \in \mathbb{F}[x]$, 令 (见 4.3 节)

$$f(\boldsymbol{A}) = a_k \boldsymbol{A}^k + \cdots + a_1 \boldsymbol{A} + a_0 \boldsymbol{E},$$

则显然 $f(\boldsymbol{A}) \in M_n(\mathbb{F})$ 也是 n 阶 $\mathbb{F}$ 矩阵. 如果 $f(\boldsymbol{A}) = \boldsymbol{0}$, 就称 $\mathbb{F}$ 多项式 $f(x)$ 是矩阵 $\boldsymbol{A}$ 的 $\mathbb{F}$ **零化多项式**. 把 $\mathbb{F}$ 矩阵 $\boldsymbol{A}$ 的所有 $\mathbb{F}$ 零化多项式的集合记作 $\mathrm{Ann}(\boldsymbol{A})$.

命题 5.1.2 记号如上, 则 $\mathrm{Ann}(\boldsymbol{A})$ 是 $\mathbb{F}[x]$ 的理想.

证 按零化多项式的定义, 零多项式 0 当然是 $\boldsymbol{A}$ 的零化多项式, 即 $0 \in \mathrm{Ann}(\boldsymbol{A})$, 故 $\mathrm{Ann}(\boldsymbol{A}) \neq \varnothing$. 对任意 $f, g \in \mathrm{Ann}(\boldsymbol{A})$, 即 $f(\boldsymbol{A}) = g(\boldsymbol{A}) = \boldsymbol{O}$, 那么 $f(\boldsymbol{A}) - g(\boldsymbol{A}) = \boldsymbol{O}$, 即多项式 $f - g$ 也是 $\boldsymbol{A}$ 的零化多项式, 故 $f - g \in \mathrm{Ann}(\boldsymbol{A})$. 又对任意 $f \in \mathbb{F}[x]$ 和 $g \in \mathrm{Ann}(\boldsymbol{A})$, 因为 $g(\boldsymbol{A}) = \boldsymbol{O}$, 所以 $f(\boldsymbol{A})g(\boldsymbol{A}) = \boldsymbol{O}$, 即乘积多项式 $fg \in \mathrm{Ann}(\boldsymbol{A})$. 按定义 5.1.2, $\mathrm{Ann}(\boldsymbol{A})$ 是 $\mathbb{F}[x]$ 的理想. □

注 称 $\mathrm{Ann}(\boldsymbol{A})$ 为矩阵 $\boldsymbol{A}$ 的零化理想. 由定理 5.1.1, 如果 $\mathrm{Ann}(\boldsymbol{A}) \neq \{\boldsymbol{O}\}$ (后面 6.3 节将看到任何矩阵的零化理想非零), 则 $\mathrm{Ann}(\boldsymbol{A})$ 中次数最小的非零多项式 $m_{\boldsymbol{A}}(x)$ 是理想 $\mathrm{Ann}(\boldsymbol{A})$ 的生成多项式, 称 $m_{\boldsymbol{A}}(x)$ 为矩阵 $\boldsymbol{A}$ 的 **极小多项式**, 而 $\mathrm{Ann}(\boldsymbol{A}) = \mathbb{F}[x] \cdot m_{\boldsymbol{A}}(x)$ 是所有的 $m_{\boldsymbol{A}}(x)$ 的倍式的集合.

例 1 求复矩阵 $\boldsymbol{A} = \begin{pmatrix} 1 & \\ & 2 \end{pmatrix}$ 的极小多项式.

解 多项式 $g(x) = (x-1)(x-2)$ 是 A 的零化多项式, 因为

$$g(\boldsymbol{A}) = (\boldsymbol{A} - \boldsymbol{E})(\boldsymbol{A} - 2\boldsymbol{E}) = \begin{pmatrix} 0 & \\ & 1 \end{pmatrix} \begin{pmatrix} -1 & \\ & 0 \end{pmatrix} = \boldsymbol{O},$$

而 $g(x)$ 的真因式 (即次数小于 $\deg g$ 的因式) 只有三类: $x-1$, $x-2$, 1. 经计算知它们都不是 $\boldsymbol{A}$ 的零化多项式, 所以 $g(x) = (x-1)(x-2)$ 是 $\boldsymbol{A}$ 的极小多项式. □

注　由定理 5.1.1, 矩阵 $\boldsymbol{A}$ 的极小多项式不唯一, 但恰构成一个相伴类. 上例中, $g(x)$ 的任何相伴多项式 $cg(x) = c(x-1)(x-2)(c \in \mathbb{C}^*)$ 都是 $\boldsymbol{A}$ 的极小多项式. 然而, 如果求 $\boldsymbol{A}$ 的首一的零化多项式, 则 $(x-1)(x-2)$ 是唯一的一个, 参看本节习题 1 的 (4) 小题.

习　题　5.1

1. 证明: (1) $\{0\}$ 是一个相伴类;

(2) $[1] = \mathbb{F}^*$, 即所有可逆元构成一个相伴类;

(3) 如果 $f \sim g$, 则 $\deg f = \deg g$. 反过来对吗?

(4) 在一个非零的相伴类中存在唯一一个首一多项式.

2. 证明命题 5.1.1 中的性质.

3. 设 I 是整数集合 $\mathbb{Z}$ 的非空子集且满足下面两条:

(I1) 对任意 $m, n \in I$ 有 $m - n \in I$;

(I2) 对任意 $m \in \mathbb{Z}$ 和 $n \in I$ 有 $mn \in I$.

证明: 存在整数 $k \in I$ 使得 $I = \mathbb{Z}k := \{\, nk \mid n \in \mathbb{Z}\}$.

4. 求单位矩阵 $\boldsymbol{E}$ 的极小多项式.

5. (1) 求 $\boldsymbol{N} = \begin{pmatrix} 0 & 1 \\ & 0 \end{pmatrix}$ 的极小多项式;

(2) 设 $\boldsymbol{J} = \begin{pmatrix} 2 & 1 \\ & 2 \end{pmatrix}$. 证明: $(x-2)^2$ 是 $\boldsymbol{J}$ 的零化多项式, 由此求出 $\boldsymbol{J}$ 的极小多项式.

6. 设 “$\sim$” 是集合 S 上的等价关系. 对 $x \in S$ 令 $[x] = \{\, s \in S \mid s \sim x\}$. 证明: $x \in [x]$, 并证明以下三条彼此等价:

(i) $[x] = [y]$;　(ii) $[x] \bigcap [y] \neq \varnothing$;　(iii) $x \sim y$.

5.2　最大公因式

以下恒设 $\mathbb{F}$ 是一个数域.

定义 5.2.1　设 $f_1, \cdots, f_n \in \mathbb{F}[x]$.

(1) 若 $g \in \mathbb{F}[x]$ 使 $g \mid f_i$, 其中 $i = 1, \cdots, n$, 则称 g 是 $f_1, \cdots, f_n$ 的 **公因式**.

(2) 若 $d \in \mathbb{F}[x]$ 是 $f_1, \cdots, f_n$ 的公因式, 且 $f_1, \cdots, f_n$ 的任何公因式都是 d 的因式, 则称 d 是 $f_1, \cdots, f_n$ 的 **最大公因式**, 简称 d 是 $f_1, \cdots, f_n$ 的 gcd, 即: d 是集合 $\{f_1, \cdots, f_n$ 的公因式$\}$ 中的 “最大” 成员, 它是其他成员的倍式.

注　显然, 若 $f_1 = \cdots = f_n = 0$, 则任何多项式 $g \in \mathbb{F}[x]$ 都是 $f_1, \cdots, f_n$ 的公因式 (见定义 5.1.1 后的注解), 从而 $f_1, \cdots, f_n$ 的最大公因式不存在. 然而, 除这种情形之外, 最大公因式总存在. 为此先作些准备如下.

引理 5.2.1 在 $\mathbb{F}[x]$ 中,

(1) 如果 $f_1, \cdots, f_n$ 的最大公因式存在, 则 $f_1, \cdots, f_n$ 的所有最大公因式恰构成一个非零相伴类, 因而有唯一一个首一的最大公因式, 记作 $\gcd(f_1, \cdots, f_n)$.

(2) 如果 $f \neq 0$, 则 f 是 $f, 0$ 的最大公因式.

(3) 如果 $f = gq + r$ 且 $g \neq 0$, 那么 f, g 的公因式也是 g, r 的公因式, 反过来 g, r 的公因式也是 f, g 的公因式, 从而 $\gcd(f, g) = \gcd(g, r)$.

证 (1) 设 d 是 $f_1, \cdots, f_n$ 的最大公因式, 则 $f_1, \cdots, f_n$ 不全为零 (否则由上注解它们的最大公因式不存在), 所以 $d \neq 0$(因为 0 不是非零多项式的因式). 设 d' 也是最大公因式, 按最大公因式的定义就有 $d|d'$ 且 $d'|d$, 所以 $d' \sim d$, 见命题 5.1.1(6), 故 d' 属于相伴类 $[d]$. 再任取 $d'' \in [d]$, 则 $d'' \sim d$, 那么 d'' 也是 $f_1, \cdots, f_n$ 的公因式 (命题 5.1.1(5)), 而且 $f_1, \cdots, f_n$ 的任何公因式整除 d, 从而整除 d'', 即 d'' 也是 $f_1, \cdots, f_n$ 的最大公因式, 所以 $[d]$ 恰是 $f_1, \cdots, f_n$ 的所有最大公因式的集合. 最后, 由 5.1 节习题 1(4), 非零相伴类 $[d]$ 中有唯一一个首一多项式.

(2) 因为 f 既整除 f 也整除 0, 故 f 是 $f, 0$ 的公因式. $f, 0$ 的任何公因式必整除 f, 所以 f 是 $f, 0$ 的最大公因式.

(3) 设 h 是 f, g 的公因式, 则 h 整除等式 $f = gq + r$ 中的 f 和 gq 两项, 因此 h 也整除 r, 从而是 g, r 的公因式. 同样证明 g, r 的公因式也是 f, g 的公因式. 所以, $\{f, g \text{ 的公因式}\} = \{g, r \text{ 的公因式}\}$. 由定义 5.2.1(2), 最大公因式也完全相同, 即得 $\gcd(f, g) = \gcd(g, r)$. □

定理 5.2.1 设 $f_1, \cdots, f_n \in \mathbb{F}[x]$ 不全为零, 则

(1) $f_1, \cdots, f_n$ 的最大公因式存在且所有最大公因式恰构成一个非零相伴类;

(2) 如果 d 是 $f_1, \cdots, f_n$ 的最大公因式, 则存在多项式 $h_1, \cdots, h_n \in \mathbb{F}[x]$ 使得 $d = f_1h_1 + \cdots + f_nh_n$.

证 注意, 对于 (1) 只需证明存在性, 后一结论已在上述引理之 (1) 中获证.

对 n 作归纳法. 当 $n = 1$ 时 f_1 必非零, f_1 就是 f_1 的最大公因式, $f_1 = f_1 \cdot 1$, 即 (1), (2) 两条都获证.

设 $n = 2$, 不妨设 $f_1 \neq 0$. 若 $f_2 = 0$, 则 f_1 就是 f_1, f_2 的最大公因式, 且 $f_1 = f_1 \cdot 1 + f_2 \cdot 0$, (2) 也成立. 再设 $f_2 \neq 0$, 反复作欧氏除法如下 (因为 $\deg f_2 > \deg r_3 > \cdots$, 经有限步后必得到余式 $r_{k+1} = 0$, 这过程称为 **辗转相除法**):

$$
\begin{aligned}
&f_1 = f_2q_1 + r_3, &&\deg r_3 < \deg f_2, && r_3 \neq 0;\\
&f_2 = r_3q_2 + r_4, &&\deg r_4 < \deg r_3, && r_4 \neq 0;\\
&&&\cdots\cdots&&\\
&r_{k-2} = r_{k-1}q_{k-2} + r_k, &&\deg r_k < \deg r_{k-1}, && r_k \neq 0;\\
&r_{k-1} = r_kq_{k-1} + 0, && && r_{k+1} = 0.
\end{aligned}
$$

由上述引理之 (2), $\gcd(r_k,\ 0) \sim r_k$ (因 r_k 可能不是首一故写为相伴). 由最后一行开始, 依次向上, 反复引用上述引理之 (3), 直至第一行, 得

$$\begin{aligned} r_k \ \sim\ \gcd(r_k,0) &= \gcd(r_{k-1},\ r_k), \\ \gcd(r_{k-1},\ r_k) &= \gcd(r_{k-2},\ r_{k-1}), \\ &\cdots\cdots \\ \gcd(f_2,\ r_3) &= \gcd(f_1,f_2), \end{aligned}$$

故

$$r_k \sim \gcd(r_k,\ 0) = \gcd(r_{k-1},\ r_k) = \gcd(r_{k-2},\ r_{k-1}) \cdots = \gcd(f_1,\ f_2),$$

即 r_k 是 f_1, f_2 的最大公因式. (1) 得证.

再把上述辗转相除等式, 从第一行开始直至倒数第二行, 依次稍作变形

$$\begin{aligned} r_3 &= f_2(-q_1) + f_1, \\ r_4 &= r_3(-q_2) + f_2, \\ r_5 &= r_4(-q_3) + r_3, \\ &\cdots\cdots \\ r_k &= r_{k-1}(-q_{k-2}) + r_{k-2}. \end{aligned}$$

把第一等式的 r_3 代入第二等式整理得 $r_4 = f_1 l_1 + f_2 l_2$; 把 r_3 和 r_4 的表达式代入第三等式整理得, $r_5 = f_1 m_1 + f_2 m_2$; 依次而行, 直至最后一式, 得到 $r_k = f_1 h_1 + f_2 h_2$. 这就证明了 (2).

再设 $n > 2$. 按归纳法, 可设 $d' = \gcd(f_1, \cdots, f_{n-1}) \neq 0$ 存在, 且有 $g_1, \cdots, g_{n-1}$ 使得 $d' = f_1 g_1 + \cdots + f_{n-1} g_{n-1}$. 从上面已证的 $n = 2$ 的情形, $d = \gcd(d', f_n)$ 存在, 而且有 h_1, h_n 使得 $d = d'h_1 + f_n h_n$, 那么

$$\begin{aligned} d &= (f_1 g_1 + \cdots + f_{n-1} g_{n-1}) h_1 + f_n h_n \\ &= f_1(g_1 h_1) + \cdots + f_{n-1}(g_{n-1} h_1) + f_n h_n, \end{aligned}$$

所以剩下只需验证 d 是 $f_1, \cdots, f_{n-1}, f_n$ 的最大公因式. 首先, $d|f_n$, 而且 $d|d'$, 且 $d'|f_i$, 这里 $i = 1, \cdots, n-1$, 所以 $d|f_i$, 这里 $i = 1, \cdots, n-1$, 即 d 是 $f_1, \cdots, f_{n-1}, f_n$ 的公因式. 再设 g 是 $f_1, \cdots, f_{n-1}, f_n$ 的公因式, 那么 $g|f_n$, 且 $g|f_i$, 这里 $i = 1, \cdots, n-1$, 而 d' 是 $f_1, \cdots, f_{n-1}$ 的最大公因式, 因而 $g|d'$, 故 g 是 d', f_n 的公因式. 又 d 是 d', f_n 的最大公因式, 因此 $g|d$. 所以, 按最大公因式定义, 得 d 是 $f_1, \cdots, f_{n-1}, f_n$ 的最大公因式. □

定义 5.2.2 如果 $\gcd(f_1,\cdots,f_n)=1$, 则称 $f_1,\cdots,f_n$ **互素**.

推论 5.2.1 不全为零的多项式 $f_1,\cdots,f_n$ 互素当且仅当存在多项式 $h_1,\cdots,h_n$ 使得 $f_1h_1+\cdots+f_nh_n=1$.

证 必要性. 已见于定理 5.2.1(2).

充分性. 设 $f_1h_1+\cdots+f_nh_n=1$, 如果 $g|f_i$, $i=1,\cdots,n$, 则由命题 5.1.1(2), $g|1$, 所以 g 是非零常值多项式, 故 $\gcd(f_1,\cdots,f_n)=1$. □

推论 5.2.2 (1) 若 $h\,|\,fg$ 且 $\gcd(h,f)=1$, 则 $h\,|\,g$.

(2) 若 $f\,|\,h$, $g\,|\,h$ 且 $\gcd(f,g)=1$, 则 $fg\,|\,h$.

证 (1) 因 $\gcd(h,f)=1$, 有 u,v 使得 $uh+vf=1$, 那么 $uhg+vfg=g$. 而 $h\,|\,uhg$, $h\,|\,vfg$, 由命题 5.1.1(2), 得 $h\,|\,g$.

(2) 因 $\gcd(f,g)=1$, 有 u,v 使得 $uf+vg=1$, 那么 $ufh+vgh=h$, 而 $fg\,|\,ufh$, $fg\,|\,vgh$, 由命题 5.1.1(2), 得 $fg\,|\,h$. □

例 1 求 f_1, f_2 的最大公因式.

$$f_1(x)=4x^4+2x^3+2x^2+x,\quad f_2(x)=2x^3-4x^2+x-2.$$

解 作辗转相除法,

$$\begin{aligned}4x^4+2x^3+2x^2+x&=(2x^3-4x^2+x-2)(2x+5)+(20x^2+10),\\2x^3-4x^2+x-2&=(20x^2+10)\cdot\frac{1}{10}(x-2)+0,\end{aligned}$$

所以 $\frac{1}{10}(20x^2+10)=2x^2+1$ 是 f_1 与 f_2 的最大公因式. □

例子中的 f_1 和 f_2 是有理多项式, 当然也可以作为实多项式或复多项式, 但不论把它们作为哪个数域上的多项式, 上述计算它们的最大公因式的辗转相除过程都一样有效, 所以不论作为实多项式还是作为复多项式, $2x^2+1$ 是 f_1, f_2 的最大公因式. 这就是本节习题 10 的论证思路和意义.

习 题 5.2

1. (1) 如果 $d\,|\,f$ 且 $d\,|\,g$ 且 $d=fu+gv$, 证明: $d\sim\gcd(f,g)$;

(2) 举例说明: 如果只有等式 $d=fu+gv$, 不能导出 $d\sim\gcd(f,g)$.

2. 设首一非零多项式 g 是不全为零的多项式 $f_1,\cdots,f_n$ 的公因式. 证明:

$$\gcd\left(\frac{f_1}{g},\ \cdots,\ \frac{f_n}{g}\right)=\frac{\gcd(f_1,\ \cdots,\ f_n)}{g}.$$

3. 若 $\gcd(f,g)=1$ 且 $\gcd(f,h)=1$, 则 $\gcd(f,gh)=1$.

4. 设 $\gcd(f,g)=1$. 证明:

(1) $\gcd(f, f+g)=1$;

(2) $\gcd(f+g, fg)=1$.

5. 如果 $f_1,\cdots,f_n$ 两两互素, 即 $\gcd(f_i,f_j)=1, \forall\, 1\leqslant i\neq j\leqslant n$, 则 $\gcd(f_1,\cdots,f_n)=1$. 反过来对吗?

6. 设 $f_1,\cdots,f_n$ 两两互素.

(1) 对任意 $1<i<n$ 有 $\gcd(f_1\cdots f_i,\ f_{i+1}\cdots f_n)=1$;

(2) 如果 $f_i\mid g$, $i=1,\cdots,n$, 则 $f_1\cdots f_n\mid g$.

7. 设 $f_1=af+bg$ 且 $g_1=cf+dg$, 其中 $a,b,c,d\in\mathbb{F}$ 满足 $ad-bc=1$. 证明: $\gcd(f,g)=\gcd(f_1,g_1)$.

8. 设 f, g 不全为零且 $uf+vg=\gcd(f,g)$, 证明: $\gcd(u,v)=1$.

9. 设 $f(x)=x^4+2x^3-x^2-4x-2$, $g(x)=x^4+x^3-x^2-2x-2$. 求 $d(x):=\gcd(f,g)$ 和 $u(x)$, $v(x)$ 使得 $d(x)=u(x)f(x)+v(x)g(x)$.

10. 设 $\mathbb{F}'$ 也是数域且 $\mathbb{F}'\supseteq\mathbb{F}$, 设 $f_1,\cdots,f_n\in\mathbb{F}[x]$.

(1) 如果在 $\mathbb{F}[x]$ 中 $\gcd(f_1,\cdots,f_n)=d$, 而在 $\mathbb{F}'[x]$ 中 $\gcd(f_1,\cdots,f_n)=d'$, 那么 $d'=d$;

(2) $f_1,\cdots,f_n$ 在 $\mathbb{F}[x]$ 中互素当且仅当 $f_1,\cdots,f_n$ 在 $\mathbb{F}'[x]$ 中互素.

5.3 因式分解定理

显然, 每个非零多项式 f 至少有两类因式: $[1]=\mathbb{F}^*$ 和 $[f]$.

定义 5.3.1 称多项式 $p\in\mathbb{F}[x]$ **不可约**, 如果 p 非零且不可逆 (即 $p\notin\mathbb{F}$, 也可说成 p 为非常值多项式), 而且只要 $f\,|\,p$ 就有或者 $f\sim1$ 或者 $f\sim p$.

注 多项式的不可约性与系数域有关, 见本节习题 1, 这一点与互素概念不一样, 参照 5.2 节习题 10.

以下都在一个数域 $\mathbb{F}$ 的多项式环 $\mathbb{F}[x]$ 中讨论问题.

引理 5.3.1 设 $p\in\mathbb{F}[x]$ 是不可约多项式, 那么

(1) 对任意 $f\in\mathbb{F}[x]$, 或者 $p\,|\,f$ 或者 $\gcd(p,f)=1$.

(2) 对任意 $f,g\in\mathbb{F}[x]$, 若 $p\,|\,fg$, 则或者 $p\,|\,f$ 或者 $p\,|\,g$.

证 (1) 若 $d=\gcd(p,f)\neq1$, 因 $d\,|\,p$, 由定义 5.3.1 有 $p\sim d$, 但 $d\,|\,f$, 由命题 5.1.1(5) 得 $p\,|\,f$.

(2) 如果 $p\nmid f$, 由 (1) 知 $\gcd(p,f)=1$, 那么由推论 5.2.2(1) 就得 $p\,|\,g$. □

注 显然, 引理 5.3.1(2) 可推广为: 若 p 不可约且 $p\,|\,g_1\cdots g_k$, 则 p 整除至少一个 g_i, 见本节习题 5(2).

定理 5.3.1(因式分解定理) 设 $f\in\mathbb{F}[x]$, $\deg f>0$, 则存在不可约多项式 $p_1,\cdots,p_n$ 使得

$$f=p_1\cdots p_n. \qquad \text{(不可约分解的存在性)}$$

而且, 如果还有 $f=q_1\cdots q_m$, 其中所有 q_i 不可约, 则 $m=n$ 且适当重编号后有

$$p_i\sim q_i,\quad i=1,\cdots,n.\qquad \text{(不可约分解的唯一性)}$$

证 对次数 $\deg f$ 作归纳法非常容易证明存在性. 若 f 不可约, 则 $f=f$ 就是不可约分解; 否则可分解 $f=f_1f_2$ 使得 $\deg f_1$, $\deg f_2<\deg f$. 按归纳法, f_1, f_2 都有不可约分解, 就得到 f 的不可约分解.

再对分解长度 n 作归纳法证明唯一性. 如果 $n=1$, 即 $f=p_1$, $f=q_1\cdots q_m$, 则 $p_1=q_1\cdots q_m$, 由不可约定义 5.3.1, 就得 $m=1$ 和 $p_1=q_1$.

再设 $n>1$. 从 $p_1p_2\cdots p_n=f=q_1q_2\cdots q_m$, 得 $p_1|q_1\cdots q_m$. 根据引理 5.3.1(2), p_1 整除某 q_i, 重编号后可设 $p_1|q_1$, 而 q_1 也不可约, 按定义 5.3.1 就有 $p_1\sim q_1$, 即有 $a\in\mathbb{F}^*$ 使得 $ap_1=q_1$, 于是

$$p_1p_2\cdots p_n=ap_1q_2\cdots q_m.$$

消去 p_1 得到

$$p_2\cdots p_n=(aq_2)\cdots q_m,$$

此式左端的不可约因式个数为 $n-1$. 按归纳法, 得 $m-1=n-1$, 即 $m=n$, 而且适当重编号后有

$$p_i\sim q_i,\quad i=2,\cdots,n.$$ □

注意: 不可约分解的唯一性只在相伴意义下成立. 例如, 以下两个分解式:

$$4x^3-3x-1\;=\;(2x+1)\left(x+\frac{1}{2}\right)(2x-2)\;=\;(2x+1)(2x+1)(x-1)$$

中的不可约因式就不一样.

注 把 f 的不可约分解式中的彼此相伴的不可约因式搜集在一起, 可把分解式写成

$$f=a\,p_1^{m_1}\cdots p_k^{m_k},$$

其中 $a\in\mathbb{F}^*$ 而 $p_1,\cdots,p_k$ 是彼此不相伴的首一不可约多项式且 $m_i>0,i=1,\cdots,k$. 按因式分解定理以及相伴类中首一多项式的唯一性 (习题 5.1 第 1 题 (4)), 这种表达式是唯一的, 称为 f 的 **标准分解式**.

例如, 上面计算的例子的标准分解式为

$$4x^3-3x-1=4\left(x+\frac{1}{2}\right)^2(x-1).$$

又如, 多项式 $4x^2-1$ 的标准分解式为

$$4x^2-1=4\left(x+\frac{1}{2}\right)\left(x-\frac{1}{2}\right).$$

从它们的标准分解式马上可看出

$$\gcd(\,4x^3-3x-1,\ 4x^2-1\,)=x+\frac{1}{2}.$$

有时候把标准分解式稍加扩展, 容许表达式中的指数 $m_i \geqslant 0$, 这样的表达式不是标准分解式, 但有时候有利于陈述问题. 下述命题就使用这样的陈述方式.

命题 5.3.1 设 $p_1,\cdots p_k\in\mathbb{F}[x]$ 是彼此不相伴的不可约多项式, 设 $a,b\in\mathbb{F}^*$, 而 $m_1,\cdots,m_k$ 和 $n_1,\cdots,n_k$ 是非负整数使得

$$f=ap_1^{m_1}\cdots p_k^{m_k}\quad \text{和}\quad g=bp_1^{n_1}\cdots p_k^{n_k},$$

那么 $d=p_1^{l_1}\cdots p_k^{l_k}$ 是 f 与 g 的最大公因式, 其中 $l_i=\min\{m_i,n_i\}$.

证 显然 d 是 f,g 的公因式, 那么 $\frac{f}{d},\frac{g}{d}$ 都是多项式. 先证 $\gcd\left(\frac{f}{d},\ \frac{g}{d}\right)=1$. 假若 $\frac{f}{d},\frac{g}{d}$ 不互素, 则有非常数的公因式, 那么由因式分解定理, 有不可约的首一的公因式 p 使得$p\left|\frac{f}{d}\right.$ 且 $p\left|\frac{g}{d}\right.$. 仍由因式分解定理, p 等于某 p_j, 于是 $p_j\left|\frac{f}{d}\right.$ 且 $p_j\left|\frac{g}{d}\right.$. 这两式表明 $m_j>l_j$ 且 $n_j>l_j$, 这与 $l_j=\min\{m_j,n_j\}$ 相矛盾, 所以$\gcd\left(\frac{f}{d},\ \frac{g}{d}\right)=1$. 但由习题 5.2 第 2 题, $\gcd\left(\frac{f}{d},\ \frac{g}{d}\right)=\frac{\gcd(f,g)}{d}$, 故 $\frac{\gcd(f,g)}{d}=1$, 即 $\gcd(f,g)=d$.□

例如, 前面的两个多项式按此命题的方式表达就是

$$4x^3-3x-1=4\left(x+\frac{1}{2}\right)^2\left(x-\frac{1}{2}\right)^0(x-1)^1,$$

$$4x^2-1=4\left(x+\frac{1}{2}\right)^1\left(x-\frac{1}{2}\right)^1(x-1)^0,$$

按上述命题的陈述方式应为

$$p_1=x+\frac{1}{2},\quad p_2=x-\frac{1}{2},\quad p_3=x-1;$$

$$l_1=\min\{2,1\}=1,\quad l_2=\min\{0,1\}=0,\quad l_3=\min\{1,0\}=0.$$

最大公因式为

$$\gcd(\,4x^3-3x-1,\ 4x^2-1\,)=\left(x+\frac{1}{2}\right)^1\left(x-\frac{1}{2}\right)^0(x-1)^0=x+\frac{1}{2}.$$

习 题 5.3

1. 证明: x^2-2 在 $\mathbb{Q}[x]$ 中不可约 (即它是不可约有理多项式), 然而在 $\mathbb{R}[x]$ 中可约 (即它是可约的实多项式).

2. 求 x^4-4 在有理数域的标准分解式, 在实数域的标准分解式, 在复数域的标准分解式.

3. 求 x^4-4 与 x^4+x^2-2 在有理数域的最大公因式, 在实数域的最大公因式, 在复数域的最大公因式.

4. 称非常值多项式 $q(x)$ 是 $\mathbb{F}[x]$ 中的 **素多项式**, 如果对任意 $f,g\in\mathbb{F}[x]$ 只要 $q\,|\,fg$ 就有或者 $q\,|\,f$ 或者 $q\,|\,g$. 证明: 素多项式是不可约多项式 (引理 5.3.1(2) 已证明不可约多项式是素多项式).

5. (1) 如果 $f\,|\,g_ih$ 对所有 $1\leqslant i\leqslant n$, 而 $\gcd(f,g_1,\cdots,g_n)=1$. 证明: $f\,|\,h$;

(2) 如果 p 不可约且 $p\,|\,g_1\cdots g_n$, 则 p 整除 $g_1,\cdots,g_n$ 中的一个.

6. 设 $f\in\mathbb{F}[x]$. f 是一个不可约多项式之幂的充要条件是对任意互素的多项式 $g,h\in\mathbb{F}[x]$, 只要 $f|gh$, 则或者 $f|g$ 或者 $f|h$.

7. 证明: $\gcd(f,\ g)^n=\gcd(f^n,\ g^n)$.

5.4 多项式的根

显然一次多项式 $x-a(a\in\mathbb{F})$ 是 $\mathbb{F}[x]$ 中最简单的不可约多项式, 而且 $(x-a)\sim(x-b)$ 当且仅当 $a=b$.

称 $a\in\mathbb{F}$ 为 $f(x)\in\mathbb{F}[x]$ 的 **根**, 或称 $f(x)$ 的 **零点**, 如果 $f(a)=0$. 下述简单结果表明: $\mathbb{F}$ 多项式在 $\mathbb{F}$ 中的根与它在 $\mathbb{F}[x]$ 中的一次不可约因式相对应.

引理 5.4.1(余式定理) 设 $f(x)\in\mathbb{F}[x]$, $a\in\mathbb{F}$, 则 $x-a$ 除 $f(x)$ 的余式为常值多项式 $f(a)$. 特别地, a 是 $f(x)$ 的根当且仅当 $(x-a)\,|\,f(x)$.

证 由欧氏除法, $f(x)=(x-a)q(x)+r(x)$, 其中 $\deg r(x)<1$, 所以余式 $r(x)$ 是常值多项式 r. 令 $x=a$ 代入, 即得 $r=f(a)$. 后一结论是直接推论. □

进一步给出下述定义.

定义 5.4.1 若 $(x-a)^k\,|\,f(x)$ 但 $(x-a)^{k+1}\nmid f(x)$, 则称 a 是 $f(x)$ 的k **重根**. 特别地, 一重根称为 **单根**, 大于一重的根称为 **重根**.

先讨论多项式的根的个数问题, 再讨论重根判别问题. 显然, 按根的定义, 任何 $a\in\mathbb{F}$ 不是非零常值多项式的根. 另一方面, 任何 $a\in\mathbb{F}$ 是零多项式的根, 但无法说 a 是零多项式的多少重根, 所以这两个问题都仅对非常值多项式有意义.

论及非常值多项式的根的个数问题时, 有 “计重数”、“不计重数” 两种说法. 把一个 k 重根算作 k 个根, 就是计重数; 一个 k 重根不论 k 多大都只算作一个根, 就是不计重数. 不计重数的说法就是说的彼此不同的根的个数. 例如, 多项式 $(x-1)^2(x+2)^3$, 计重数时有五个根, 但只有两个彼此不同的根.

命题 5.4.1 设 $\deg(f(x)) = n > 0$, 则 $f(x)$ 在 $\mathbb{F}$ 中至多有 n 个根 (计重数).

证 设 f 的不可约分解为

$$f(x) = (x - r_1)\cdots(x - r_k)p_{k+1}(x)\cdots p_m(x),$$

其中 $x - r_i (i = 1, \cdots, k)$ 是全部一次因式, 而 $\deg p_i(x) > 1$, $i = k+1, \cdots, m$, 那么 $0 \leqslant k \leqslant n$. 如果 $a \in \mathbb{F}$ 是 $f(x)$ 的根, 那么

$$0 = f(a) = (a - r_1)\cdots(a - r_k)p_{k+1}(a)\cdots p_m(a).$$

因为 $p_i(x)$ 是次数大于 1 的不可约多项式, 它没有一次因式, 由引理 5.4.1, $p_i(a) \neq 0$, 所以必有某 $a - r_i = 0$, $1 \leqslant i \leqslant k$, 就是说 a 必为 $r_1, \cdots, r_k$ 之一, 而 $0 \leqslant k \leqslant n$. 结论得证. □

从命题 5.4.1 易得两个结论, 一个是命题 5.4.1 的结论的推论, 另一个是命题 5.4.1 的证明方法的推论.

推论 5.4.1 设 $f(x) = \sum\limits_{i=0}^{n} a_i x^i$ 和 $g(x) = \sum\limits_{i=0}^{n} b_i x^i$. 如果有 $n+1$ 个不同的数 $r_1, \cdots, r_{n+1}$ 使得 $f(r_i) = g(r_i)$, $i = 1, \cdots, n+1$, 则 $a_i = b_i$, $i = 1, \cdots, n$, 即 $f = g$.

证 $\deg(f(x) - g(x)) \leqslant n$, 但 $f(x) - g(x)$ 至少有 $n+1$ 个根, 故 $f(x) - g(x)$ 只能是零多项式. □

推论 5.4.2 如果数 $a_1, \cdots, a_s$ 两两不等, 而它们都是多项式 $f(x)$ 的根, 那么 $(x - a_1)\cdots(x - a_s) \mid f(x)$.

证 设 $f(x) = (x - r_1)\cdots(x - r_k)p_{k+1}(x)\cdots p_m(x)$ 如同命题 5.4.1 的证明中的标准分解式. 由命题 5.4.1 的证明, 每个 $a_i =$ 某 r_j, 而且因 $a_1, \cdots, a_s$ 两两不等, 适当重编号, 可设 $a_1 = r_1, \cdots, a_s = r_s$, 那么

$$f(x) = (x - a_1)\cdots(x - a_s)(x - r_{s+1})\cdots(x - r_k)p_{k+1}(x)\cdots p_m(x),$$

即 $(x - a_1)\cdots(x - a_s) \mid f(x)$. □

注意: 上述证明中 $s \leqslant k$, $r_1, \cdots, r_s$ 两两不等, 但 $r_{s+1}, \cdots, r_k$ 中任一个可能与其他 r_j (包括前 s 个) 重复. 上述推论还可以从习题 5.2 第 6 题 (2) 直接推出.

命题 5.4.2(根与系数的关系) 若 $f(x) = a_0x^n + a_1x^{n-1} + \cdots + a_{n-1}x + a_n (a_i \in \mathbb{F}$ 且 $a_0 \neq 0)$ 在 $\mathbb{F}$ 中有 n 个根 $r_1, \cdots, r_n$ (计重数), 那么

$$a_k/a_0 = (-1)^k \sum_{\{i_1, \cdots, i_k\}} r_{i_1}\cdots r_{i_k}, \quad k = 0, 1, \cdots, n,$$

其中 $\{i_1, \cdots, i_k\}$ 跑遍 $\{1, \cdots, n\}$ 的所有 k 元子集.

证 由假设, 有多项式等式

$$a_0x^n + a_1x^{n-1} + \cdots + a_{n-1}x + a_n = a_0(x - r_1)\cdots(x - r_n),$$

把右端展开, 再比较两边同次项的系数, 即得所求证等式. □

例如, $n = 2$ 时, 若 $ax^2 + bx + c(a \neq 0)$ 的根为 r_1, r_2, 则

$$r_1 + r_2 = -\frac{b}{a}, \quad r_1r_2 = \frac{c}{a}.$$

又如, $n = 3$ 时, 若 $ax^3 + bx^2 + cx + d(a \neq 0)$ 的根为 r_1, r_2, r_3, 则

$$r_1 + r_2 + r_3 = -\frac{b}{a}, \quad r_1r_2 + r_2r_3 + r_3r_1 = \frac{c}{a}, \quad r_1r_2r_3 = -\frac{d}{a}.$$

讨论重根问题. 更一般地, 可以考虑重因式.

设 $p(x)$ 是 $\mathbb{F}[x]$ 中的不可约多项式, $k > 0$. 如果 $p(x)$ 的 k 次幂 $p^k(x) \mid f(x)$ 但 $p^{k+1}(x) \nmid f(x)$, 则称 $p(x)$ 是多项式 $f(x)$ 的k **重因式**. 特别地, 1 重不可约因式称为**单因式**, 大于 1 重的不可约因式称为**重因式.**

命题 5.4.3 在多项式环 $\mathbb{F}[x]$ 中, 不可约多项式 $p(x)$ 是多项式 $f(x)$ 的重因式当且仅当 $p(x) \mid f(x)$ 且 $p(x) \mid f'(x)$, 这里 $f'(x)$ 记 $f(x)$ 的微分 (导数) 多项式.

证 由因式分解定理, 可设

$$f(x) = p(x)^k q(x), \quad p(x) \nmid q(x).$$

必要性. 设 $p(x)$ 是 $f(x)$ 的重因式, 那么 $k > 1$. 按导数法则有

$$\begin{aligned} f'(x) &= kp^{k-1}(x)p'(x)q(x) + p^k(x)q'(x) \\ &= p^{k-1}(x)\Big(kp'(x)q(x) + p(x)q'(x)\Big), \end{aligned}$$

因为 $k - 1 > 0$, 所以 $p(x) \mid f'(x)$.

充分性. 设 $p(x) \mid f(x)$ 且 $p(x) \mid f'(x)$. 由前一个整除式知 $k > 0$. 同上, 可计算出 $f'(x)$ 的表达式. 由假设, $p(x) \nmid q(x)$, 而 $\deg p'(x) < \deg p(x)$, 故 $p(x) \nmid p'(x)$. 由引理 5.3.1(2), 得 $p(x) \nmid kp'(x)q(x)$, 但是 $p(x) \mid p(x)q'(x)$, 所以

$$p(x) \nmid \Big(kp'(x)q(x) + p(x)q'(x)\Big).$$

然而

$$p(x) \;\Big|\; f'(x) = p^{k-1}(x) \cdot \Big(kp'(x)q(x) + p(x)q'(x)\Big),$$

由引理 5.3.1(2), 必须 $p(x) \,\big|\, p^{k-1}(x)$. 故 $k - 1 > 0$, 就是 $k > 1$, 即 $p(x)$ 是 $f(x)$ 的重因式. □

推论 5.4.3　记号同上. $r \in \mathbb{F}$ 是 $f(x)$ 的单根当且仅当 $f(r)=0$ 但 $f'(r) \neq 0$.

证　r 是 $f(x)$ 的单根当且仅当 $x-r$ 是 $f(x)$ 的因式但不是 $f(x)$ 的重因式. 而 $x-r$ 是 $f(x)$ 的因式就是 $f(r)=0$. 再由上命题, $x-r$ 不是 $f(x)$ 的重因式当且仅当 $x-r \nmid f'(x)$, 即 $f'(r) \neq 0$. 所以, r 是 $f(x)$ 的单根当且仅当 $f(r)=0$ 但 $f'(r) \neq 0$. □

一个多项式的一次因式不一定存在. 例如, 有理多项式 $x^2-2 \in \mathbb{Q}[x]$ 在有理数域 $\mathbb{Q}$ 中没根, 见习题 5.3 第 1 题.

但如果考虑复数域, 则有著名的 **代数基本定理**, 不加证明地叙述如下.

代数基本定理　任何非常值复多项式一定有复根.

这个定理有几种不同的但彼此等价的陈述方式.

引理 5.4.2　在复多项式环 $\mathbb{C}[x]$ 中, 以下三个断言彼此等价:

(i) 任何非常值多项式一定有根;

(ii) 只有一次多项式是不可约多项式;

(iii) 任意 $f(x) \in \mathbb{C}[x]$(次数 $\deg f > 0$) 的标准分解式为

$$f(x)=a(x-x_1)^{m_1}\cdots(x-x_k)^{m_k},$$

其中 $x_1, \cdots, x_k$ 是彼此不等的复数, a 是非零复数, 指数 $m_i>0$, $i=1,\cdots,k$.

证　(i) $\Rightarrow$ (ii). 设 $p(x) \in \mathbb{C}[x]$ 是不可约多项式, 则 $\deg p(x)>0$. 由 (i), $p(x)$ 有根 x_1, 由余式定理, $x-x_1 \mid p(x)$. 由不可约多项式的定义, 只能是 $p(x) \sim x-x_1$, 故 $\deg p(x)=\deg(x-x_1)=1$.

(ii) $\Rightarrow$ (iii). 由因式分解定理 5.3.1 及其后的注解, 从 (ii) 就得出 (iii).

(iii) $\Rightarrow$ (i). 从 (iii) 马上知, $x_1, \cdots, x_k$ 都是 $f(x)$ 的根. □

所以还可以叙述代数基本定理如下.

代数基本定理　任意 $f(x) \in \mathbb{C}[x]$(次数 $\deg f > 0$) 的标准分解式为

$$f(x)=a(x-x_1)^{m_1}\cdots(x-x_k)^{m_k},$$

其中 $x_1, \cdots, x_k$ 是彼此不等的复数, a 是非零复数, 指数 $m_i>0$, $i=1,\cdots,k$. □

注意, 这就是说: n 次 $(n>0)$ 复多项式恰有 n 个复根 (计重数).

例 1　证明: 下述 $g(x)$ 整除 $f(x)$ 的充要条件是 n 为偶数.

$$g(x)=x^{2n}+x^{2(n-1)}+\cdots+x^2+1,$$

$$f(x)=x^{4n}+x^{4(n-1)}+\cdots+x^4+1.$$

证　必要性. 令 $\mathrm{i}=\sqrt{-1}$, 则 $\mathrm{i}^2=-1$, $\mathrm{i}^4=1$. 若 n 为奇数, 则易计算得 $g(\mathrm{i})=0$ 但 $f(\mathrm{i})=n+1 \neq 0$, 故 $g(x) \nmid f(x)$.

充分性. 因 $(x^2-1)g(x)=x^{2n+2}-1$, 而

$$(x^4-1)f(x)=x^{4n+4}-1=(x^{2n+2}-1)(x^{2n+2}+1),$$

所以 $(x^2-1)g(x)\,\big|\,(x^4-1)f(x)$, 即 $g(x)\,\big|\,(x^2+1)f(x)$. 当 n 为偶数时, $g(\mathrm{i})\neq 0$, $g(-\mathrm{i})\neq 0$, 故 $\gcd\big(g(x),\ (x^2+1)\big)=1$, 那么由推论 5.2.2(2), 得 $g(x)\,\big|\,f(x)$. □

例 2 求 $f(x)=x^{2008}+x^9+x^8$ 除以 $g(x)=x^4+x^3-x-1$ 的余式 $r(x)$.

解 设 $r(x)=ax^3+bx^2+cx+d$. 因

$$g(x)=(x^2-1)(x^2+x+1)=(x+1)(x-1)(x-\omega)(x-\omega^2),$$

其中 $\omega=\cos\dfrac{2\pi}{3}+\sqrt{-1}\sin\dfrac{2\pi}{3}$ 是本原三次单位根, 即 (其中 $q(x)$ 是商式)

$$f(x)=(x+1)(x-1)(x-\omega)(x-\omega^2)\cdot q(x)+ax^3+bx^2+cx+d.$$

从 $f(x)=x^{2008}+x^9+x^8$ 易见 $f(1)=3$, $f(-1)=1$, $f(\omega)=0$, $f(\omega^2)=0$, 那么从上述表达式得下述四个等式:

$$f(1)=a+b+c+d=3,\quad f(-1)=-a+b-c+d=1,$$
$$f(\omega)=a+b\omega^2+c\omega+d=0,\quad f(\omega^2)=a+b\omega+c\omega^2+d=0,$$

解得 $a=0,\ b=c=d=1$, 所以 $r(x)=x^2+x+1$. □

关于代数基本定理的注解 早在 17 世纪初期, 尽管当时虚数概念还没有被广泛接受, 数学家们就已猜测到 "非常数多项式一定有复根". 先后有很多数学名家试图证明这个断言. 现在数学界的共识是: 它的第一个严格无误的证明是高斯 (C. F. Gauss, 1777~1855) 在他的博士论文 (1799 年) 中给出的. 复数的几何模型也从此成为复数概念的坚实基础. 高斯命名这个结论为代数基本定理, 因为从当时来说, 解多项式方程是几百年来代数的中心课题之一, 这个定理具有基本的重要性. 出于这种认识, 高斯始终关心代数基本定理, 先后做出了代数基本定理的四种不同的证明.

在本课程中, 由于目前达到的数学知识有限, 暂时无法证明代数基本定理. 但是, 在后续数学课程中至少有两个地方, 一是在后续代数课程 (抽象代数) 中, 另一是在复分析课程 (复变函数) 中, 将会看到代数基本定理的完整证明.

习 题 5.4

1. 设 $f(x)\in\mathbb{F}[x]$, $\deg f(x)=3$. 证明: $f(x)$ 在 $\mathbb{F}[x]$ 中可约当且仅当 $f(x)$ 在 $\mathbb{F}$ 中有根.

2. 在复多项式环 $\mathbb{C}[x]$ 中,

(1) 如果 $f(x)\,|\,g(x)$, 则 $f(x)$ 的根都是 $g(x)$ 的根;

(2) 如果 $f(x)$ 没有重根且 $f(x)$ 的根都是 $g(x)$ 的根, 则 $f(x)\,|\,g(x)$;

(3) 如果 $f(x)$ 是不可约多项式且 $f(x)$ 与 $g(x)$ 有公共根, 则 $f(x)\,|\,g(x)$.

3. 设 $f(x)=x^{3m}+x^{3n+1}+x^{3p+2}$, 其中 m,n,p 是非负整数, $g(x)=x^2+x+1$, 则 $g(x)\,|\,f(x)$.

4. 设 $f(x)=1+x+\cdots+x^{n-1}$. 证明：$f(x)$ 整除 $g(x)=(f(x)+x^n)^2-x^n$.

5. 求 $f(x)=x^3+2x^2+2x+1$ 与 $g(x)=x^4+x^3+2x^2+x+1$ 的公共根.

6. 求多项式 x^3+px+q 有重根的条件.

7. 证明：$f(x)=1+x+\dfrac{1}{2!}x^2+\cdots+\dfrac{1}{n!}x^n$ 没有重根.

8. 证明：实数域上的不可约多项式只有两类：或者是一次多项式, 或者是二次多项式 ax^2+bx+c, 其系数满足 $b^2-4ac<0$.

第 5 章补充习题

1. 设 $f(x)=x^3+(1+t)x^2+2x+2u$ 与 $g(x)=x^3+tx^2+u$ 的最大公因式是二次多项式, 求 t, u 的值.

2. 证明：$\gcd(f(x),g(x))=1$ 当且仅当 $\gcd(f(x^m),g(x^m))=1$.

3. 设 $a\neq 0$. 证明：$(x^d-a^d)\,|\,(x^n-a^n)$ 的充要条件是 $d\,|\,n$.

4. m 取何值时, x^2+x+1 整除 $(x+1)^m-x^m-1$.

5. 设 $\deg f(x)>0$, 整数 $n>1$. 若 $f(x)\,|\,f(x^n)$, 证明：$f(x)$ 的根或是 0 或是单位根.

6. 设 $a_1,\cdots,a_n$ 是互不相同的数, $f(x)=\prod\limits_{i=1}^{n}(x-a_i)$. 证明：

(1) $\displaystyle\sum_{i=1}^{n}\frac{f(x)}{(x-a_i)f'(a_i)}=1$;

(2) 任何多项式 $g(x)$ 除以 $f(x)$ 的余式为 $\displaystyle\sum_{i=1}^{n}\frac{g(a_i)f(x)}{(x-a_i)f'(a_i)}$.

7. 设 $f(x)$ 是多项式, 设 $c\in\mathbb{C}$. $f'(x)$ 记导数多项式. 证明：

(1) 如果 c 是 $f(x)$ 的 $m>0$ 重根, 则 c 是 $f'(x)$ 的 $m-1$ 重根. 说明 $m>0$ 的假设是必要的;

(2) c 是 $f(x)$ 的 $m>1$ 重根 $\Leftrightarrow$ c 是 $\gcd(f(x),\,f'(x))$ 的 $m-1$ 重根. 说明 $m>1$ 的假设是必要的.

8. 证明：$f'(x)\,|\,f(x)$ 当且仅当 $f(x)=a(x-r)^n$.

9. 设 $f(x)$ 是实多项式且对任实数 r 有 $f(r)\geqslant 0$. 证明：存在实多项式 $g(x)$, $h(x)$ 使得 $f(x)=g^2(x)+h^2(x)$.

10. 如果 $f(x)=g^2(x)+h^2(x)$, 其中 $f(x)$, $g(x)$, $h(x)$ 都是实多项式且 $\deg g(x)\neq\deg h(x)$. 证明：$f(x)$ 必有虚根.

11. 设 $a_1, \cdots, a_n$ 是互不相同的整数. 证明: $f(x) = \prod_{i=1}^{n}(x - a_i) - 1$ 不能写成两个次数小于 n 的整系数多项式之积.

12. (**高斯引理**) 如果整系数多项式 $f(x) = \sum_{i=0}^{n} a_i x^i$ 的系数互素, 即 $\gcd(a_0, a_1, \cdots, a_n) = 1$, 则称 $f(x)$ 为**本原多项式**. 证明: 两个本原多项式的乘积是本原多项式.

13. 如果 n 次整系数多项式 $f(x)$ 能分解为两个次数 $< n$ 的有理系数多项式之积, 则 $f(x)$ 能分解为两个次数 $< n$ 的整系数多项式之积.

14. (**艾森斯坦判别法**) 设 $f(x) = \sum_{i=0}^{n} a_i x^i$ 是整系数多项式. 如果有素数 p 满足以下三条:

(1) $p \nmid a_0$; (2) $p \mid a_i$, $i = 1, \cdots, n$; (3) $p^2 \nmid a_n$,

则 $f(x)$ 在有理数域上不可约.

15. 设 p 是素数. 证明: $\varphi_p(x) = x^{p-1} + \cdots + x + 1$ 在有理数域上不可约.

第6章　矩阵的特征系与相似对角化

本章解决矩阵相似对角化问题, 主要思想工具是矩阵的特征系.

6.1　特征向量与相似对角化

定义 6.1.1　对同阶方阵 $\boldsymbol{A}$, $\boldsymbol{B}$ 如果存在可逆矩阵 $\boldsymbol{P}$ 使得 $\boldsymbol{P}^{-1}\boldsymbol{A}\boldsymbol{P}=\boldsymbol{B}$, 则称 $\boldsymbol{A}$ 与 $\boldsymbol{B}$ **相似** (或称**共轭**), 记作 $\boldsymbol{A}\sim\boldsymbol{B}$, 也说成 $\boldsymbol{A}$ 通过 $\boldsymbol{P}$ **相似变换** 为 $\boldsymbol{B}$.

方阵在相似变换下所能达到的最简形式, 称为该方阵的**相似标准形**. 如果方阵相似于对角形, 则称它可**相似对角化**, 也简称**可对角化**.

在第 10 章将看到这个概念的几何来源.

任意方阵不一定能相似对角化.

例 1　设有正整数 k 使得方阵幂 $\boldsymbol{N}^k=\boldsymbol{0}$ (称这种 $\boldsymbol{N}$ 为幂零方阵), 而 $\boldsymbol{N}\neq\boldsymbol{O}$, 则 $\boldsymbol{N}$ 不能相似对角化.

证　反证法. 若可逆矩阵 $\boldsymbol{P}$ 使得 $\boldsymbol{P}^{-1}\boldsymbol{N}\boldsymbol{P}=\mathrm{diag}(\lambda_1,\cdots,\lambda_n)$, 则

$$
\begin{aligned}
&\mathrm{diag}(\lambda_1^k,\cdots,\lambda_n^k)=(\boldsymbol{P}^{-1}\boldsymbol{N}\boldsymbol{P})^k\\
=&\boldsymbol{P}^{-1}\boldsymbol{N}\boldsymbol{P}\cdot\boldsymbol{P}^{-1}\boldsymbol{N}\boldsymbol{P}\cdot\cdots\cdot\boldsymbol{P}^{-1}\boldsymbol{N}\boldsymbol{P}\cdot\boldsymbol{P}^{-1}\boldsymbol{N}\boldsymbol{P}\qquad(k\text{ 个 }\boldsymbol{P}^{-1}\boldsymbol{N}\boldsymbol{P}\text{ 相乘})\\
=&\boldsymbol{P}^{-1}\boldsymbol{N}^k\boldsymbol{P}=\boldsymbol{O}=\mathrm{diag}(0,\cdots,0),
\end{aligned}
$$

故 $\lambda_1=\cdots=\lambda_n=0$, 得 $\boldsymbol{P}^{-1}\boldsymbol{N}\boldsymbol{P}=\boldsymbol{O}$, 故 $\boldsymbol{N}=\boldsymbol{P}\boldsymbol{O}\boldsymbol{P}^{-1}=\boldsymbol{O}$. 这与 $\boldsymbol{N}\neq\boldsymbol{O}$ 矛盾.

□

本章给出矩阵可相似对角化的判别和操作办法, 主要思想工具是矩阵的特征系. 本节先给出矩阵可相似对角化的第一个判别准则.

设 $\mathbb{F}$ 是一个数域, $\boldsymbol{A}\in M_n(\mathbb{F})$. 用 $\boldsymbol{X}$, $\boldsymbol{X}_1$ 等表示 n 维列向量.

定义 6.1.2　设 $\lambda_0\in\mathbb{F}$, $\boldsymbol{0}\neq\boldsymbol{X}_0\in\mathbb{F}^n$. 若 $\boldsymbol{A}\boldsymbol{X}_0=\lambda_0\boldsymbol{X}_0$, 就称 λ_0 是 $\boldsymbol{A}$ 的**特征值**, 称 $\boldsymbol{X}_0$ 是属于特征值 λ_0 的 $\boldsymbol{A}$ 的**特征向量** (简单说, 是对应的特征向量).

由于 $\boldsymbol{A}\boldsymbol{X}_0=\lambda_0\boldsymbol{X}_0$ 等价于 $(\lambda_0\boldsymbol{E}-\boldsymbol{A})\boldsymbol{X}_0=\boldsymbol{0}$, 满足此式的非零 $\boldsymbol{X}_0$ 存在当且仅当齐次线性方程组 $(\lambda_0\boldsymbol{E}-\boldsymbol{A})\boldsymbol{X}=\boldsymbol{0}$ 的解子空间非零, 当且仅当 $\det(\lambda_0\boldsymbol{E}-\boldsymbol{A})=0$. 而 $\det(\lambda\boldsymbol{E}-\boldsymbol{A})$ 是变元 λ 的 n 次首一 $\mathbb{F}$ 多项式 (见习题 3.5 的第 3 题), 所以特征值就是这个多项式的根. 因此, 特征值也称**特征根**, 而属于特征值 λ_0 的 $\boldsymbol{A}$ 的特征向量就是齐次线性方程组 $(\lambda_0\boldsymbol{E}-\boldsymbol{A})\boldsymbol{X}=\boldsymbol{0}$ 的非零解向量. 因此进一步引入术语如下.

矩阵 $\lambda\boldsymbol{E}-\boldsymbol{A}$ 称为 $\boldsymbol{A}$ 的**特征矩阵**.

首一多项式 $\Delta_{\boldsymbol{A}}(\lambda):=\det(\lambda\boldsymbol{E}-\boldsymbol{A})$ 称为 $\boldsymbol{A}$ 的**特征多项式**.

所有特征值的集合 $\mathrm{Spec}(\boldsymbol{A})$ 称为 $\boldsymbol{A}$ 的**谱**.

对 $\lambda_0\in\mathrm{Spec}(\boldsymbol{A})$, 线性方程组 $(\lambda_0\boldsymbol{E}-\boldsymbol{A})\boldsymbol{X}=\boldsymbol{0}$ 的解子空间称为 $\boldsymbol{A}$ 的属于特征根 λ_0 的**特征子空间**, 记作 $E_{\lambda_0}(\boldsymbol{A})$, 其中的非零向量就是特征向量.

这些信息统称为矩阵 $\boldsymbol{A}$ 的**特征系** (eigen system).

注 特征根的状况与域 $\mathbb{F}$ 有关. 例如, $\boldsymbol{A}=\begin{pmatrix}1&1\\1&-1\end{pmatrix}$, 则 $\Delta_{\boldsymbol{A}}(\lambda)=\lambda^2-2$, 那么作为有理矩阵 $\boldsymbol{A}$ 没有特征根, 作为实矩阵则有特征根 $\pm\sqrt{2}$.

命题 6.1.1 相似的方阵有相同的特征多项式.

证 设 $\boldsymbol{A}\sim\boldsymbol{B}$, 有 $\boldsymbol{P}\in GL_n(\mathbb{F})$ 使 $\boldsymbol{P}^{-1}\boldsymbol{A}\boldsymbol{P}=\boldsymbol{B}$, 那么

$$\begin{aligned}\Delta_{\boldsymbol{B}}(\lambda)&=\det(\lambda\boldsymbol{E}-\boldsymbol{P}^{-1}\boldsymbol{A}\boldsymbol{P})=\det\boldsymbol{P}^{-1}\det(\lambda\boldsymbol{E}-\boldsymbol{A})\det\boldsymbol{P}\\&=\det(\lambda\boldsymbol{E}-\boldsymbol{A})\det\boldsymbol{P}^{-1}\det\boldsymbol{P}=\det(\lambda\boldsymbol{E}-\boldsymbol{A})\det\boldsymbol{E}\\&=\det(\lambda\boldsymbol{E}-\boldsymbol{A})=\Delta_{\boldsymbol{A}}(\lambda).\end{aligned}$$ □

特征值和特征向量在矩阵相似对角化中的作用反映在下面的引理中.

把 $\mathbb{F}^n$ 的典型基底 $\varepsilon_j(j=1,\cdots,n)$, 写成列向量, 则单位矩阵 $\boldsymbol{E}$ 按列分块写为 $\boldsymbol{E}=(\varepsilon_1,\cdots,\varepsilon_n)$, 对角矩阵按列分块写成 $\mathrm{diag}(a_1,\cdots,a_n)=(a_1\varepsilon_1,\ \cdots,\ a_n\varepsilon_n)$.

引理 6.1.1 设 $\boldsymbol{A}\in M_n(\mathbb{F})$, $\boldsymbol{P}\in GL_n(\mathbb{F})$. 以下两条等价:

(i) 矩阵 $\boldsymbol{P}^{-1}\boldsymbol{A}\boldsymbol{P}$ 的第 j 列是 $\lambda_j\varepsilon_j$, 其中 $\lambda_j\in\mathbb{F}$;

(ii) λ_j 是 $\boldsymbol{A}$ 的特征值且 $\boldsymbol{P}$ 的第 j 列 $\boldsymbol{P}_j$ 是相应的特征向量.

证 将矩阵 $\boldsymbol{P}$ 按列分块写成 $\boldsymbol{P}=(\boldsymbol{P}_1,\cdots,\boldsymbol{P}_j,\cdots,\boldsymbol{P}_n)$. 考虑等式

$$\boldsymbol{P}\cdot(\varepsilon_1,\cdots,\varepsilon_j,\cdots,\varepsilon_n)=\boldsymbol{P}\boldsymbol{E}=\boldsymbol{P}=(\boldsymbol{P}_1,\cdots,\boldsymbol{P}_j,\cdots,\boldsymbol{P}_n),$$

左边按分块乘法计算为 $(\boldsymbol{P}\boldsymbol{\varepsilon}_1,\cdots,\boldsymbol{P}\boldsymbol{\varepsilon}_j,\cdots,\boldsymbol{P}\boldsymbol{\varepsilon}_n)$. 比较第 j 列得

$$\boldsymbol{P}\boldsymbol{\varepsilon}_j=\boldsymbol{P}_j,\quad \text{左乘 } \boldsymbol{P}^{-1} \text{ 又得 } \varepsilon_j=\boldsymbol{P}^{-1}\boldsymbol{P}_j. \tag{6.1.1}$$

仍由分块运算得

$$\boldsymbol{P}^{-1}\boldsymbol{A}\boldsymbol{P}=\boldsymbol{P}^{-1}\boldsymbol{A}\cdot(\boldsymbol{P}_1,\cdots,\boldsymbol{P}_j,\cdots,\boldsymbol{P}_n)=(\boldsymbol{P}^{-1}\boldsymbol{A}\boldsymbol{P}_1,\cdots,\boldsymbol{P}^{-1}\boldsymbol{A}\boldsymbol{P}_j,\cdots,\boldsymbol{P}^{-1}\boldsymbol{A}\boldsymbol{P}_n),$$

即 $\boldsymbol{P}^{-1}\boldsymbol{A}\boldsymbol{P}$ 的第 j 列为 $\boldsymbol{P}^{-1}\boldsymbol{A}\boldsymbol{P}_j$, 那么, 引用式 (6.1.1) 就得以下等价关系:

$$\boldsymbol{P}^{-1}\boldsymbol{A}\boldsymbol{P}_j=\lambda_j\varepsilon_j\ \underset{\text{左乘 }\boldsymbol{P}^{-1}}{\overset{\text{左乘 }\boldsymbol{P}}{\rightleftarrows}}\ \boldsymbol{A}\boldsymbol{P}_j=\lambda_j\boldsymbol{P}_j. \tag{6.1.2}$$

而 $\boldsymbol{P}_j\neq\boldsymbol{0}$ (因 $\boldsymbol{P}$ 可逆), 按定义 6.1.2, $\boldsymbol{A}\boldsymbol{P}_j=\lambda_j\boldsymbol{P}_j$ 就是说 λ_j 是 $\boldsymbol{A}$ 的特征值且 $\boldsymbol{P}_j$ 是相应特征向量, 即等价式 (6.1.2) 就是引理的两条断言等价. □

由此, 马上得矩阵可相似对角化的第一个判别准则.

定理 6.1.1 n 阶方阵 $\boldsymbol{A}$ 可相似对角化当且仅当 $\boldsymbol{A}$ 有 n 个线性无关的特征向量. 此时 $\boldsymbol{A}$ 的相似对角形的对角线元恰是特征多项式的全部根 (计重数). 特别地, $\boldsymbol{A}$ 的相似对角形在不计对角线元次序意义下是唯一的.

证 若 $\boldsymbol{P}^{-1}\boldsymbol{AP} = (\lambda_1\boldsymbol{\varepsilon}_1, \cdots, \lambda_n\boldsymbol{\varepsilon}_n)$ 是对角矩阵, 由上述引理, 对所有 $j = 1, \cdots, n$, 矩阵 $\boldsymbol{P}$ 的第 j 列 $\boldsymbol{P}_j$ 是属于特征根 λ_j 的特征向量, 而矩阵 $\boldsymbol{P}$ 可逆, 从而 $\boldsymbol{P}$ 的列向量线性无关. 必要性得证. 此时, 由命题 6.1.1 还有

$$\begin{aligned}\Delta_{\boldsymbol{A}}(\lambda) = \Delta_{\boldsymbol{P}^{-1}\boldsymbol{AP}}(\lambda) &= \det\left(\begin{pmatrix}\lambda & & \\ & \ddots & \\ & & \lambda\end{pmatrix} - \begin{pmatrix}\lambda_1 & & \\ & \ddots & \\ & & \lambda_n\end{pmatrix}\right)\\ &= (\lambda-\lambda_1)\cdots(\lambda-\lambda_n),\end{aligned}$$

即相似对角形 $\boldsymbol{P}^{-1}\boldsymbol{AP}$ 的对角线元 $\lambda_1, \cdots, \lambda_n$ 恰是 $\Delta_{\boldsymbol{A}}(\lambda)$ 的全部根 (计重数).

反过来, 如果 $\boldsymbol{A}$ 有 n 个线性无关的特征向量 $\boldsymbol{X}_1, \cdots, \boldsymbol{X}_n$ 分别对应特征根 $\lambda_1, \cdots, \lambda_n$, 则以它们为列向量作的矩阵 $\boldsymbol{P} = (\boldsymbol{X}_1, \cdots, \boldsymbol{X}_n)$ 是可逆矩阵, 而且由引理 6.1.1 知 $\boldsymbol{P}^{-1}\boldsymbol{AP} = (\lambda_1\boldsymbol{\varepsilon}_1, \cdots, \lambda_n\boldsymbol{\varepsilon}_n) = \mathrm{diag}(\lambda_1, \cdots, \lambda_n)$ 是对角矩阵. □

例 2 (西尔维斯特定理) 设 $\boldsymbol{A} \in M_{n\times m}(\mathbb{F})$, $\boldsymbol{B} \in M_{m\times n}(\mathbb{F})$, 则特征多项式

$$\Delta_{\boldsymbol{AB}}(\lambda) = \lambda^{n-m}\Delta_{\boldsymbol{BA}}(\lambda).$$

证 用 $\boldsymbol{E}_{n\times n}$ 记 n 阶单位矩阵. 构造分块矩阵

$$\boldsymbol{C} = \begin{pmatrix}\lambda\boldsymbol{E}_{n\times n} & \boldsymbol{A}\\ \boldsymbol{B} & \boldsymbol{E}_{m\times m}\end{pmatrix} \quad \text{和} \quad \boldsymbol{D} = \begin{pmatrix}\boldsymbol{E}_{n\times n} & \boldsymbol{O}\\ -\boldsymbol{B} & \lambda\boldsymbol{E}_{m\times m}\end{pmatrix},$$

那么

$$\det(\boldsymbol{CD}) = \det\begin{pmatrix}\lambda\boldsymbol{E}_{n\times n} - \boldsymbol{AB} & \lambda\boldsymbol{A}\\ \boldsymbol{O} & \lambda\boldsymbol{E}_{m\times m}\end{pmatrix} = \lambda^m\cdot\det(\lambda\boldsymbol{E}_{n\times n} - \boldsymbol{AB}),$$

$$\det(\boldsymbol{DC}) = \det\begin{pmatrix}\lambda\boldsymbol{E}_{n\times n} & \boldsymbol{A}\\ \boldsymbol{O} & \lambda\boldsymbol{E}_{m\times m} - \boldsymbol{BA}\end{pmatrix} = \lambda^n\cdot\det(\lambda\boldsymbol{E}_{m\times m} - \boldsymbol{BA}).$$

由行列式乘法定理, $\det(\boldsymbol{CD}) = \det\boldsymbol{C}\det\boldsymbol{D} = \det\boldsymbol{D}\det\boldsymbol{C} = \det(\boldsymbol{DC})$, 故

$$\lambda^m\cdot\det(\lambda\boldsymbol{E}_{n\times n} - \boldsymbol{AB}) = \lambda^n\cdot\det(\lambda\boldsymbol{E}_{m\times m} - \boldsymbol{BA}),$$

即 $\Delta_{\boldsymbol{AB}}(\lambda) = \lambda^{n-m}\Delta_{\boldsymbol{BA}}(\lambda)$. □

注 命题 6.1.1 可作为上述西尔维斯特定理的推论: 若 $\boldsymbol{P}^{-1}\boldsymbol{AP}=\boldsymbol{B}$, 则

$$\Delta_{\boldsymbol{B}}(\lambda)=\Delta_{\boldsymbol{P}^{-1}\boldsymbol{AP}}(\lambda)=\Delta_{\boldsymbol{APP}^{-1}}(\lambda)=\Delta_{\boldsymbol{A}}(\lambda).$$

例 3 若方阵 $\boldsymbol{A}$ 的每行元素之和都是 2, 则 $\boldsymbol{A}^k$ 的每行元素之和都是 2^k.

观察 形式上这是与特征值无关的矩阵题. 注意到: 一个行向量 $(a_1,\cdots,a_n)$ 元素之和可写成 $(a_1,\cdots,a_n)\begin{pmatrix}1\\ \vdots\\ 1\end{pmatrix}$, 就很容易利用特征值和特征向量来解答本题.

证 令 $\boldsymbol{Z}=\begin{pmatrix}1\\ \vdots\\ 1\end{pmatrix}$. 首先, 利用矩阵乘法易知方阵 $\boldsymbol{A}$ 的每行元素之和都是常数 c 当且仅当 $\boldsymbol{AZ}=c\boldsymbol{Z}$, 即 c 为 $\boldsymbol{A}$ 的特征根而 $\boldsymbol{Z}$ 为相应的特征向量.

由题目条件有 $\boldsymbol{AZ}=2\boldsymbol{Z}$, 那么

$$\boldsymbol{A}^2\boldsymbol{Z}=\boldsymbol{A}\cdot\boldsymbol{AZ}=\boldsymbol{A}\cdot 2\boldsymbol{Z}=2\cdot\boldsymbol{AZ}=2\cdot 2\boldsymbol{Z}=2^2\boldsymbol{Z}.$$

递推得

$$\boldsymbol{A}^k\boldsymbol{Z}=\boldsymbol{A}\cdot\boldsymbol{A}^{k-1}\boldsymbol{Z}=\boldsymbol{A}\cdot 2^{k-1}\boldsymbol{Z}=2^{k-1}\cdot\boldsymbol{AZ}=2^{k-1}\cdot 2\boldsymbol{Z}=2^k\boldsymbol{Z},$$

所以 $\boldsymbol{A}^k$ 的每行元素之和为 2^k. □

习 题 6.1

1. 证明: 方阵的相似关系 $\boldsymbol{A}\sim\boldsymbol{B}$ 是等价关系.

2. 证明: 彼此相似的矩阵彼此等价, 彼此等价的矩阵不一定相似.

3. 在集合 $M_n(\mathbb{F})$ 上考虑两种等价关系: 等价 $\boldsymbol{A}\cong\boldsymbol{B}$, 相似 $\boldsymbol{A}\sim\boldsymbol{B}$, 因此 $M_n(\mathbb{F})$ 有两种划分: 划分为等价类, 划分为相似类. 证明:

(1) $M_n(\mathbb{F})$ 划分为 $n+1$ 个等价类;

(2) $M_n(\mathbb{F})$ 有无限个相似类.

4. 设方阵 $\boldsymbol{A}$ 可相似对角化, $\boldsymbol{B}\sim\boldsymbol{A}$. 证明: $\boldsymbol{B}$ 可相似对角化.

5. 设 $\boldsymbol{A}_1,\cdots,\boldsymbol{A}_k\in M_n(\mathbb{F})$, $\boldsymbol{P}\in GL_n(\mathbb{F})$. 证明:

$$\boldsymbol{P}^{-1}(\boldsymbol{A}_1+\cdots+\boldsymbol{A}_n)\boldsymbol{P}=(\boldsymbol{P}^{-1}\boldsymbol{A}_1\boldsymbol{P})+\cdots+(\boldsymbol{P}^{-1}\boldsymbol{A}_k\boldsymbol{P}),$$
$$\boldsymbol{P}^{-1}(\boldsymbol{A}_1\cdots\boldsymbol{A}_n)\boldsymbol{P}=(\boldsymbol{P}^{-1}\boldsymbol{A}_1\boldsymbol{P})\cdots(\boldsymbol{P}^{-1}\boldsymbol{A}_k\boldsymbol{P}).$$

6. 设 $f(\lambda)=\sum\limits_{i=0}^{k}a_i\lambda^i$ 是 λ 的多项式. 证明:

(1) $\boldsymbol{A} \in M_n(\mathbb{F})$, $\boldsymbol{P} \in GL_n(\mathbb{F})$, 则 $f(\boldsymbol{P}^{-1}\boldsymbol{A}\boldsymbol{P}) = \boldsymbol{P}^{-1}f(\boldsymbol{A})\boldsymbol{P}$;

(2) 若 $\boldsymbol{A} \sim \boldsymbol{B}$, 则 $f(\boldsymbol{A}) \sim f(\boldsymbol{B})$;

(3) 若 $\boldsymbol{A}$ 可相似对角化, 则 $f(\boldsymbol{A})$ 可相似对角化.

7. 如果方阵 $\boldsymbol{A}$ 和 $\boldsymbol{B}$ 都可相似对角化且有相同的特征多项式, 证明: $\boldsymbol{A} \sim \boldsymbol{B}$.

8. 设三阶矩阵 $\boldsymbol{A}$ 的特征值为 1, 2, 3, 对应的特征向量为 (列向量) $(1,2,2)^{\mathrm{T}}$, $(2,-2,1)^{\mathrm{T}}$, $(-2,-1,2)^{\mathrm{T}}$. 求 $\boldsymbol{A}$.

9. 满足 $\boldsymbol{A}\boldsymbol{A}^{\mathrm{T}} = \boldsymbol{E}$ 的实矩阵称为**正交矩阵**. 证明: 正交矩阵的实特征值只能是 ± 1.

6.2 特征根与相似对角化

为简便, 本节恒设 $\mathbb{F} = \mathbb{C}$, 那么可以引用 5.4 节的代数基本定理.

本节给出方阵可相似对角化的第二个判别准则以及操作方法.

当说矩阵的全部特征根时, 有 "计重数" 和 "不计重数" 两种含义. 例如, $\boldsymbol{A} = \operatorname{diag}(1,1,2)$, 则 $\Delta_{\boldsymbol{A}}(\lambda) = (\lambda-1)^2(\lambda-2)$, 故 $\boldsymbol{A}$ 的全部互不相同特征根是 1, 2, 即 $\operatorname{Spec}(\boldsymbol{A}) = \{1,2\}$; 但计重数时 $\boldsymbol{A}$ 的全部特征根是 1, 1, 2 共三个. 参看定义 5.4.1.

回想: 在 4.9 节已引进记号: 对矩阵 $\boldsymbol{A} = (a_{ij})_{n\times n} \in M_n(\mathbb{C})$, 用 $\boldsymbol{A}\begin{pmatrix} i_1, \cdots, i_k \\ j_1, \cdots, j_k \end{pmatrix}$ 表示由第 $i_1, \cdots, i_k$ 行和第 $j_1, \cdots, j_k$ 列决定的子矩阵, 其行列式称为相应的 k 阶子式. 特别地, $\boldsymbol{A}\begin{pmatrix} j_1, \cdots, j_k \\ j_1, \cdots, j_k \end{pmatrix}$ 是位于主对角线的子矩阵, 故称主子矩阵, 其行列式 $\det \boldsymbol{A}\begin{pmatrix} j_1, \cdots, j_k \\ j_1, \cdots, j_k \end{pmatrix}$ 称为 k 阶**主子式**.

命题 6.2.1 设 $\lambda_1, \cdots, \lambda_n$ 是 n 阶复矩阵 $\boldsymbol{A} = (a_{ij})_{n\times n}$ 的 n 个特征根 (计重数), 则 $\boldsymbol{A}$ 的特征多项式 $\Delta_{\boldsymbol{A}}(\lambda) = \lambda^n + c_1\lambda^{n-1} + \cdots + c_{n-1}\lambda + c_n$ 的系数为

$$\begin{aligned} c_k &= (-1)^k \sum_{1\leqslant j_1<\cdots<j_k\leqslant n} \lambda_{j_1}\cdots\lambda_{j_k} \\ &= (-1)^k \cdot \sum_{1\leqslant j_1<\cdots<j_k\leqslant n} \det \boldsymbol{A}\begin{pmatrix} j_1, \cdots, j_k \\ j_1, \cdots, j_k \end{pmatrix}. \end{aligned}$$

证 引用命题 5.4.2 的根和系数的关系, 即得系数 c_k 的第一个表达式.

为证明系数 c_k 是所有 k 阶主子式之和外带符号 $(-1)^k$, 把特征矩阵 $\lambda\boldsymbol{E} - \boldsymbol{A}$ 的每列写成两个列向量之和, 那么其行列式 (即特征多项式) 为

$$\Delta_{\boldsymbol{A}}(\lambda)=\begin{vmatrix}\lambda-a_{11} & -a_{12} & \cdots & -a_{1n}\\ -a_{21} & \lambda-a_{22} & \cdots & -a_{2n}\\ \vdots & \vdots & & \vdots\\ -a_{n1} & -a_{n2} & \cdots & \lambda-a_{nn}\end{vmatrix}=\begin{vmatrix}\lambda-a_{11} & 0-a_{12} & \cdots & 0-a_{1n}\\ 0-a_{21} & \lambda-a_{22} & \cdots & 0-a_{2n}\\ \vdots & \vdots & & \vdots\\ 0-a_{n1} & 0-a_{n2} & \cdots & \lambda-a_{nn}\end{vmatrix},$$

利用行列式的线性性质, 它是 2^n 个行列式之和, 其中每个行列式的第 j 列为

$$\lambda\boldsymbol{\varepsilon}_j=\begin{pmatrix}0\\ \vdots\\ \lambda\\ \vdots\\ 0\end{pmatrix} \quad \text{或} \quad \begin{pmatrix}-a_{1j}\\ \vdots\\ -a_{jj}\\ \vdots\\ -a_{nj}\end{pmatrix}$$

之一. 如果后一类列有 k 个, 列号为 $j_1,\cdots,j_k$, 余下的 $n-k$ 个列为前一类型, 以这 $n-k$ 列对这个行列式作拉普拉斯展开 (定理 3.3.2), 得这个行列式的值为 $(-1)^k\det\boldsymbol{A}\begin{pmatrix}j_1,\cdots,j_k\\ j_1,\cdots,j_k\end{pmatrix}\cdot\lambda^{n-k}$, 让 $j_1,\cdots,j_k$ 跑遍所有的可能的列号选取, 就证得了 λ^{n-k} 项的系数 c_k 的第二个表达式. □

方阵 $\boldsymbol{A}$ 的对角线元之和称为 $\boldsymbol{A}$ 的**迹**, 记作 $\operatorname{tr}\boldsymbol{A}$.

推论 6.2.1 记号同上, 则

(1) $c_1=-\operatorname{tr}\boldsymbol{A}$, $c_n=(-1)^n\cdot\det\boldsymbol{A}$.

(2) $\operatorname{tr}\boldsymbol{A}$ 等于 $\boldsymbol{A}$ 的特征根 (计重数) 之和, $\det\boldsymbol{A}$ 等于 $\boldsymbol{A}$ 的特征根 (计重数) 之积. 特别地, $\boldsymbol{A}$ 可逆当且仅当 $\boldsymbol{A}$ 的特征根全非零.

证 (1) 注意到: $\boldsymbol{A}$ 的一阶主子式就是 $\boldsymbol{A}$ 的对角线元, $\boldsymbol{A}$ 的 n 阶主子式就是 $\boldsymbol{A}$ 的行列式, 所以上命题中系数的第二个表达式中 $k=1$ 和 $k=n$ 的两情形就是本结论 (1).

(2) 把上命题中系数的第一个表达式中 $k=1$ 和 $k=n$ 的两情形 $c_1=-(\lambda_1+\cdots+\lambda_n)$ 和 $c_n=(-1)^n(\lambda_1\cdots\lambda_n)$, 与 (1) 的结论比较, 即得 $\operatorname{tr}\boldsymbol{A}=\lambda_1+\cdots+\lambda_n$ 和 $\det\boldsymbol{A}=\lambda_1\cdots\lambda_n$. 特别地, $\boldsymbol{A}$ 可逆当且仅当 $\det\boldsymbol{A}\neq 0$, 当且仅当 $\boldsymbol{A}$ 的特征根全非零. □

定义 6.2.1 设 $\boldsymbol{A}\in M_n(\mathbb{C})$, $\operatorname{Spec}(\boldsymbol{A})=\{\lambda_1,\cdots,\lambda_k\}$, 则特征多项式有标准分解式 (见代数基本定理, 且注意特征多项式是首一多项式):

$$\Delta_{\boldsymbol{A}}(\lambda)=(\lambda-\lambda_1)^{m_1}\cdots(\lambda-\lambda_k)^{m_k}, \tag{6.2.1}$$

称 m_j 为特征根 λ_j 的**代数重数** (简称**重数**), 即多项式 $\Delta_{\boldsymbol{A}}(\lambda)$ 的根 λ_j 的重数.

又称特征子空间的维数 $d_j = \dim E_{\lambda_j}(\boldsymbol{A})$ 为特征根 λ_j 的**几何重数**.

以下通过分析特征根的代数重数与几何重数的关系, 给出矩阵可相似对角化的第二个判别准则, 而且在可相似对角化时给出对角化的具体操作方法. 需要两个重要引理做准备.

首先有下列基本关系式.

引理 6.2.1 记号同定义 6.2.1, 则

(1) $\boldsymbol{A}$ 的特征根的代数重数之和 $m_1 + \cdots + m_k = n$;

(2) $\boldsymbol{A}$ 的任何特征根 λ_j 的几何重数 d_j 满足 $1 \leqslant d_j \leqslant m_j$.

证 (1) $\deg \Delta_{\boldsymbol{A}}(\lambda) = n$ 与式 (6.2.1).

(2) 按定义, 存在非零向量 $\boldsymbol{X}_j \in E_{\lambda_j}(\boldsymbol{A})$ (即特征向量), 故 $d_j > 0$. 再设 $\{\boldsymbol{X}_{j1}, \cdots, \boldsymbol{X}_{jd_j}\}$ 是特征子空间 $E_{\lambda_j}(\boldsymbol{A})$ 的基底. 取 $\boldsymbol{P} \in GL_n(\mathbb{C})$ 使它的前 d_j 列为 $\boldsymbol{X}_{j1}, \cdots, \boldsymbol{X}_{jd_j}$, 则由引理 6.1.1 得

$$\boldsymbol{P}^{-1}\boldsymbol{AP} = \begin{pmatrix} \lambda_j \boldsymbol{E}_{d_j \times d_j} & \boldsymbol{B} \\ \boldsymbol{O} & \boldsymbol{C} \end{pmatrix},$$

所以 (下述第一个等号根据命题 6.1.1 得到)

$$\begin{aligned} \Delta_{\boldsymbol{A}}(\lambda) &= \Delta_{\boldsymbol{P}^{-1}\boldsymbol{AP}}(\lambda) = \det(\lambda \boldsymbol{E} - \boldsymbol{P}^{-1}\boldsymbol{AP}) \\ &= \det \begin{pmatrix} (\lambda - \lambda_j)\boldsymbol{E}_{d_j \times d_j} & -\boldsymbol{B} \\ \boldsymbol{O} & \lambda \boldsymbol{E}_{(n-d_j)\times(n-d_j)} - \boldsymbol{C} \end{pmatrix} \\ &= \det\left((\lambda - \lambda_j)\boldsymbol{E}_{d_j \times d_j}\right) \det\left(\lambda \boldsymbol{E}_{(n-d_j)\times(n-d_j)} - \boldsymbol{C}\right) \\ &= (\lambda - \lambda_j)^{d_j} \Delta_{\boldsymbol{C}}(\lambda). \end{aligned}$$

由 5.3 节的因式分解定理与式 (6.2.1), 得 $d_j \leqslant m_j$. □

引理 6.2.2 设 $\lambda_1, \cdots, \lambda_k \in \operatorname{Spec}(\boldsymbol{A})$ 互不相同, 设 $\boldsymbol{X}_{i1}, \cdots, \boldsymbol{X}_{id_i}$ 是 $E_{\lambda_i}(\boldsymbol{A})$ 中的线性无关组, $i = 1, \cdots, k$, 则下列合并向量组线性无关:

$$\boldsymbol{X}_{11}, \cdots, \boldsymbol{X}_{1d_1}, \boldsymbol{X}_{21}, \cdots, \boldsymbol{X}_{2d_2}, \cdots, \boldsymbol{X}_{k1}, \cdots, \boldsymbol{X}_{kd_k}.$$

证 对 k 作归纳法. $k = 1$ 时结论就是假设. 设 $k > 1$. 设 $c_{i1}, \cdots, c_{id_i} \in \mathbb{C}$, $i = 1, \cdots, k$, 使得

$$\sum_{j=1}^{d_1} c_{1j}\boldsymbol{X}_{1j} + \sum_{j=1}^{d_2} c_{2j}\boldsymbol{X}_{2j} + \cdots + \sum_{j=1}^{d_k} c_{kj}\boldsymbol{X}_{kj} = \boldsymbol{0}. \tag{6.2.2}$$

两边左乘 $\boldsymbol{A}$, 因 $\boldsymbol{A}(c_{ij}\boldsymbol{X}_{ij}) = \lambda_i c_{ij}\boldsymbol{X}_{ij}$, 故得

$$\sum_{j=1}^{d_1} \lambda_1 c_{1j}\boldsymbol{X}_{1j} + \sum_{j=1}^{d_2} \lambda_2 c_{2j}\boldsymbol{X}_{2j} + \cdots + \sum_{j=1}^{d_k} \lambda_k c_{kj}\boldsymbol{X}_{kj} = \boldsymbol{0}. \tag{6.2.3}$$

在式 (6.2.2) 两边乘以 λ_1 后与式 (6.2.3) 相减, 得到

$$\sum_{j=1}^{d_2}(\lambda_2-\lambda_1)c_{2j}\boldsymbol{X}_{2j}+\cdots+\sum_{j=1}^{d_k}(\lambda_k-\lambda_1)c_{kj}\boldsymbol{X}_{kj}=\mathbf{0}.$$

此等式只涉及 $k-1$ 个特征根, 按归纳假设, 引理结论对它成立, 即合并向量组 $\boldsymbol{X}_{21},\cdots,\boldsymbol{X}_{2d_2},\ \cdots,\ \boldsymbol{X}_{k1},\cdots,\boldsymbol{X}_{kd_k}$ 线性无关, 故得

$$(\lambda_i-\lambda_1)c_{ij}=0,\quad i=2,\cdots,k,j=1,\cdots,d_i.$$

又对 $2\leqslant i\leqslant k$ 有 $\lambda_i-\lambda_1\neq 0$, 故

$$c_{ij}=0,\quad i=2,\cdots,k,j=1,\cdots,d_i.$$

回到式 (6.2.2) 就得 $\sum\limits_{j=1}^{d_1}c_{1j}\boldsymbol{X}_{1j}=\mathbf{0}$, 从而 $c_{1j}=0,1\leqslant j\leqslant d_1$. □

注 此引理用口语表达就是 "属于不同特征根的特征向量线性无关". 按 10.11 节的几何语言则可表述为 "属于不同特征根的特征子空间的和是直和", 这是后话.

定理 6.2.1 设 $\boldsymbol{A}$ 为 n 阶复矩阵. 以下三条彼此等价:

(i) $\boldsymbol{A}$ 可相似对角化;

(ii) $\boldsymbol{A}$ 的各特征根的几何重数之和 $\geqslant n$;

(iii) $\boldsymbol{A}$ 的每一特征根的几何重数等于其代数重数.

证 沿用定义 6.2.1 中的记号.

(i) $\Rightarrow$ (ii). 因 $\boldsymbol{A}$ 可对角化, 由定理 6.1.1, $\boldsymbol{A}$ 有 n 个线性无关的特征向量 $\boldsymbol{X}_1,\cdots,\boldsymbol{X}_n$, 每个 $\boldsymbol{X}_i$ 恰属于一个特征子空间, 而 $\boldsymbol{X}_1,\cdots,\boldsymbol{X}_n$ 的任何部分组也线性无关, 故每个特征子空间 $E_{\lambda_j}(\boldsymbol{A})$ 包含 $\boldsymbol{X}_i$ 的个数 $\leqslant d_j$, 因此 $d_1+\cdots+d_k\geqslant n$.

(ii) $\Rightarrow$ (iii). 由引理 6.2.1, 每个 $d_j\leqslant m_j$, 故 (最后一不等号是因 (ii) 成立)

$$d_1+\cdots+d_k\leqslant m_1+\cdots+m_k=n\leqslant d_1+\cdots+d_k,$$

所以只能是每个 $d_j=m_j$.

(iii) $\Rightarrow$ (i). 取每个 $E_{\lambda_j}(\boldsymbol{A})$ 的基底 $\boldsymbol{X}_{j1},\cdots,\boldsymbol{X}_{jd_j}$, 由引理 6.2.2, 合并组

$$\boldsymbol{X}_{11},\cdots,\boldsymbol{X}_{1d_1},\ \cdots,\ \boldsymbol{X}_{k1},\cdots,\boldsymbol{X}_{kd_k}$$

线性无关, 但由 (iii), $d_1+\cdots+d_k=m_1+\cdots+m_k=n$, 即得到了 $\boldsymbol{A}$ 的 n 个线性无关的特征向量, 根据定理 6.1.1, $\boldsymbol{A}$ 可相似对角化. □

下面是一个简单有效的充分性判别办法, 但却不是必要的.

推论 6.2.2 若 $\boldsymbol{A}\in M_n(\mathbb{C})$ 的特征多项式无重根, 则 $\boldsymbol{A}$ 可相似对角化.

证　由于对每个 $i=1,\cdots,k$ 有 $1\leqslant d_i\leqslant m_i=1$, 即只能是 $d_i=m_i$. □

注　对 n 阶复方阵 $\boldsymbol{A}$, 定理提供了如下程序.

相似对角化操作程序

步骤 1. 目的: 求相异特征根 $\lambda_1,\cdots,\lambda_k$ 及其代数重数 $m_1,\cdots,m_k$.

做法: 计算求解特征多项式 $\Delta_{\boldsymbol{A}}(\lambda)$.

步骤 2. 目的: 求各特征子空间 E_{λ_i} 的基底 $\boldsymbol{X}_{i1},\cdots,\boldsymbol{X}_{id_i}$, 判别 $\boldsymbol{A}$ 是否可对角化.

做法: 对 $i=1,\cdots,k$, 逐个求解线性方程组 $(\lambda_i\boldsymbol{E}-\boldsymbol{A})\boldsymbol{X}=\boldsymbol{0}$.

如果某 $(\lambda_i\boldsymbol{E}-\boldsymbol{A})\boldsymbol{X}=\boldsymbol{0}$ 的解子空间维数 $<m_i$, 则终止程序给出答案 "$\boldsymbol{A}$ 不能对角化".

否则, 求出全部特征子空间的基底继续下一步.

步骤 3. 目的: 完成对角化.

做法: 以所有 $\boldsymbol{X}_{ij}$ 为列向量作矩阵 $\boldsymbol{P}=(\boldsymbol{X}_{11},\cdots,\boldsymbol{X}_{1d_1},\cdots,\boldsymbol{X}_{k1},\cdots,\boldsymbol{X}_{kd_k})$, 则 $\boldsymbol{P}^{-1}\boldsymbol{A}\boldsymbol{P}=\mathrm{diag}(\underbrace{\lambda_1,\cdots,\lambda_1}_{d_1},\cdots,\underbrace{\lambda_k,\cdots,\lambda_k}_{d_k})$.

例 1　$\boldsymbol{A}=\begin{pmatrix}0&0&1\\0&1&0\\1&0&0\end{pmatrix}$ 能对角化吗? 若能, 求 $\boldsymbol{P}\in GL_3(\mathbb{C})$ 使得 $\boldsymbol{P}^{-1}\boldsymbol{A}\boldsymbol{P}$ 为对角形.

解　$\boldsymbol{A}$ 的特征多项式是

$$\Delta_{\boldsymbol{A}}(\lambda)=\det\begin{pmatrix}\lambda&0&-1\\0&\lambda-1&0\\-1&0&\lambda\end{pmatrix}=\det\begin{pmatrix}0&0&-1\\0&\lambda-1&0\\\lambda^2-1&0&\lambda\end{pmatrix}=(\lambda-1)^2(\lambda+1),$$

故 $\lambda_1=1$ (重数 2), $\lambda_2=-1$ (重数 1).

解线性方程组

$$(\lambda_1\boldsymbol{E}-\boldsymbol{A})\boldsymbol{X}=\begin{pmatrix}1&0&-1\\0&0&0\\-1&0&1\end{pmatrix}\begin{pmatrix}x_1\\x_2\\x_3\end{pmatrix}=\boldsymbol{0}$$

得解空间基底 $\begin{pmatrix}1\\0\\1\end{pmatrix},\begin{pmatrix}0\\1\\0\end{pmatrix}$. 解线性方程组

$$(\lambda_2\boldsymbol{E}-\boldsymbol{A})\boldsymbol{X}=\begin{pmatrix}-1&0&-1\\0&-2&0\\-1&0&-1\end{pmatrix}\begin{pmatrix}x_1\\x_2\\x_3\end{pmatrix}=\boldsymbol{0}$$

得解空间基底 $\begin{pmatrix} 1 \\ 0 \\ -1 \end{pmatrix}$, 故 $\boldsymbol{A}$ 可对角化. 令 $\boldsymbol{P}=\begin{pmatrix} 1 & 0 & 1 \\ 0 & 1 & 0 \\ 1 & 0 & -1 \end{pmatrix}$, 就有 $\boldsymbol{P}^{-1}\boldsymbol{A}\boldsymbol{P}=$ $\begin{pmatrix} 1 & & \\ & 1 & \\ & & -1 \end{pmatrix}$. □

注 从 $\boldsymbol{P}$ 的构作方法看出, $\boldsymbol{P}$ 不是唯一的. 与此相对照, 定理 6.1.1 已断言相似对角形如存在则在不计对角线元次序意义下是唯一的.

例 2 设 $\boldsymbol{A}\in M_n(\mathbb{C})$, $\lambda_1\neq\lambda_2\in \mathrm{Spec}(\boldsymbol{A})$, $\boldsymbol{X}_1\in \boldsymbol{E}_{\lambda_1}(\boldsymbol{A})$, $\boldsymbol{X}_2\in \boldsymbol{E}_{\lambda_2}(\boldsymbol{A})$, $c_1\neq 0\neq c_2\in\mathbb{C}$. 证明: $c_1\boldsymbol{X}_1+c_2\boldsymbol{X}_2$ 不是 $\boldsymbol{A}$ 的特征向量.

证 反证法. 如果 $c_1\boldsymbol{X}_1+c_2\boldsymbol{X}_2$ 是 $\boldsymbol{A}$ 特征向量, 则有数 λ_3 使得

$$\boldsymbol{A}(c_1\boldsymbol{X}_1+c_2\boldsymbol{X}_2)=\lambda_3(c_1\boldsymbol{X}_1+c_2\boldsymbol{X}_2)=c_1\lambda_3\boldsymbol{X}_1+c_2\lambda_3\boldsymbol{X}_2,$$

但是

$$\boldsymbol{A}(c_1\boldsymbol{X}_1+c_2\boldsymbol{X}_2)=c_1\boldsymbol{A}\boldsymbol{X}_1+c_2\boldsymbol{A}\boldsymbol{X}_2=c_1\lambda_1\boldsymbol{X}_1+c_2\lambda_2\boldsymbol{X}_2,$$

所以 $c_1\lambda_3\boldsymbol{X}_1+c_2\lambda_3\boldsymbol{X}_2=c_1\lambda_1\boldsymbol{X}_1+c_2\lambda_2\boldsymbol{X}_2$, 即

$$c_1(\lambda_1-\lambda_3)\boldsymbol{X}_1+c_2(\lambda_2-\lambda_3)\boldsymbol{X}_2=\boldsymbol{0}.$$

由于 λ_1 和 λ_2 是不同的特征根, 所以它们的特征向量 $\boldsymbol{X}_1$, $\boldsymbol{X}_2$ 线性无关, 故

$$c_1(\lambda_1-\lambda_3)=c_2(\lambda_2-\lambda_3)=0,$$

但 $c_1\neq 0\neq c_2$, 因此 $\lambda_1=\lambda_3=\lambda_2$. 这与 $\lambda_1\neq\lambda_2$ 矛盾. □

例 3 设 $\boldsymbol{A}=\begin{pmatrix} 1 & & & \\ a & 1 & & \\ a_1 & b & 2 & \\ a_2 & b_1 & c & 2 \end{pmatrix}$. 问 a,b,c,a_1,a_2,b_1 满足什么条件时 $\boldsymbol{A}$ 可相似对角化?

解 $\Delta_{\boldsymbol{A}}(\lambda)=(\lambda-1)^2(\lambda-2)^2$, 故 $\boldsymbol{A}$ 有特征根 $\lambda_1=1$ 和 $\lambda_2=2$, 重数都为 2, 那么 $\boldsymbol{A}$ 可对角化的充要条件是它们的特征子空间的维数都是 2.

$\lambda_1=1$ 的特征子空间维数是 2 当且仅当

$$\mathrm{rank}(\boldsymbol{E}-\boldsymbol{A})=\mathrm{rank}\begin{pmatrix} 0 & & & \\ -a & 0 & & \\ -a_1 & -b & -1 & \\ -a_2 & -b_1 & -c & -1 \end{pmatrix}=2,$$

当且仅当 $a=0$.

$\lambda_2=2$ 的特征子空间维数是 2 当且仅当

$$\operatorname{rank}(2\boldsymbol{E}-\boldsymbol{A})=\operatorname{rank}\begin{pmatrix}1&&&\\-a&1&&\\-a_1&-b&0&\\-a_2&-b_1&-c&0\end{pmatrix}=2,$$

当且仅当 $c=0$.

所以 $\boldsymbol{A}$ 可相似对角化的充要条件为 $a=c=0$. □

注 还有一类重要的可对角化的矩阵: 实对称矩阵, 它们可在更强的形式下对角化, 在第 7 章中予以介绍.

习 题 6.2

1. 求 $\boldsymbol{R}=\begin{pmatrix}0&&&&-a_0\\1&0&&&-a_1\\&\ddots&\ddots&&\vdots\\&&1&0&-a_{n-2}\\&&&1&-a_{n-1}\end{pmatrix}$ 的特征多项式 $\Delta_{\boldsymbol{R}}(\lambda)$.

2. 如果方阵 $\boldsymbol{A}$ 可相似对角化, 证明: $\boldsymbol{A}$ 的秩等于 $\boldsymbol{A}$ 的非零特征根的个数 (计重数).

3. 下列矩阵 $\boldsymbol{A}$ 能否对角化? 若能, 求 $\boldsymbol{P}\in GL_3(\mathbb{C})$ 使得 $\boldsymbol{P}^{-1}\boldsymbol{A}\boldsymbol{P}$ 为对角形.

(1) $\boldsymbol{A}=\begin{pmatrix}4&6&0\\-3&-5&0\\-3&-6&1\end{pmatrix}$; (2) $\boldsymbol{A}=\begin{pmatrix}1&1&-4\\1&1&-4\\-4&-4&-2\end{pmatrix}$;

(3) $\boldsymbol{A}=\begin{pmatrix}2&3&2\\1&4&2\\1&-3&1\end{pmatrix}$; (4) $\boldsymbol{A}=\begin{pmatrix}1&2&2\\2&1&2\\2&2&1\end{pmatrix}$; (5) $\boldsymbol{A}=\begin{pmatrix}1&\cdots&1\\\vdots&&\vdots\\1&\cdots&1\end{pmatrix}$.

4. 证明: 下列矩阵有完全相同的特征根 (计重数), 但它们不相似.

$$\boldsymbol{A}=\begin{pmatrix}1&&\\&1&\\&&2\end{pmatrix},\quad \boldsymbol{B}=\begin{pmatrix}1&1&\\&1&\\&&2\end{pmatrix}.$$

5. 问下列 $\boldsymbol{A}$ 能否相似对角化?

(1) $\boldsymbol{A}=\begin{pmatrix}a&b\\c&d\end{pmatrix}$, 且 $ad-bc=1$, $|a+d|>2$;

(2) $\boldsymbol{A}$ 为三阶矩阵, 且 $\boldsymbol{E}-\boldsymbol{A}$, $3\boldsymbol{E}+\boldsymbol{A}$, $\boldsymbol{E}+\boldsymbol{A}$ 都不可逆;

(3) $A = \begin{pmatrix} 0 & & & \\ 1 & 0 & & \\ & \ddots & \ddots & \\ & & 1 & 0 \end{pmatrix}$, 阶数 $n > 1$.

6. 已知矩阵 $A = \begin{pmatrix} 2 & 0 & 0 \\ 0 & 0 & 1 \\ 0 & 1 & x \end{pmatrix}$ 相似于 $D = \begin{pmatrix} 2 & & \\ & y & \\ & & -1 \end{pmatrix}$. 求 x, y 和可逆矩阵 P 使得 $P^{-1}AP = D$.

7. 设 $A = \begin{pmatrix} 0 & 0 & 1 \\ x & 1 & y \\ 1 & 0 & 0 \end{pmatrix}$ 可相似对角化, 求 x, y 应满足的条件.

8. 已知 $A = \begin{pmatrix} 1 & 2 \\ 4 & 3 \end{pmatrix}$, 求 A^{100}.

9. 如果任意 n 维向量都是 n 阶矩阵 A 的特征向量, 证明: A 是纯量矩阵.

6.3 凯莱–哈密顿定理

设 $\mathbb{F}$ 是一个数域, $A \in M_n(\mathbb{F})$. 下面名词在 5.1 节末尾已出现.

定义 6.3.1 $f(\lambda) \in \mathbb{F}[\lambda]$ 称为 A 的**零化多项式**, 如果 $f(A) = O$. 记

$$\mathrm{Ann}(A) := \{ f(\lambda) \in \mathbb{F}[\lambda] \mid f(A) = O \},$$

称为矩阵 A 的**零化理想.**

一个著名结果是: 特征多项式 $\Delta_A(\lambda) \in \mathrm{Ann}(A)$. 为了证明它, 先介绍以 $M_n(\mathbb{F})$ 中的矩阵为系数的多项式, 称为**矩阵多项式**.

特征矩阵 $\lambda E - A$ 不是数值矩阵, 它的元素是多项式, 如它的 $(1,1)$ 项是一次多项式 $\lambda - a_{11}$. 这种以多项式为元素的矩阵称为**多项式矩阵**, 因为这种矩阵的元素多项式的变元用 λ 表示, 所以也称为λ **矩阵**.

任何 λ 矩阵可以写成矩阵多项式. 例如,

$$\begin{aligned} &\begin{pmatrix} \lambda^2+\lambda & 2\lambda-2 \\ \lambda^2-1 & \lambda^3+\lambda^2+1 \end{pmatrix} \\ =&\begin{pmatrix} 0 & 0 \\ 0 & \lambda^3 \end{pmatrix} + \begin{pmatrix} \lambda^2 & 0 \\ \lambda^2 & \lambda^2 \end{pmatrix} + \begin{pmatrix} \lambda & 2\lambda \\ 0 & 0 \end{pmatrix} + \begin{pmatrix} 0 & -2 \\ 1 & 1 \end{pmatrix} \\ =&\begin{pmatrix} 0 & 0 \\ 0 & 1 \end{pmatrix}\lambda^3 + \begin{pmatrix} 1 & 0 \\ 1 & 1 \end{pmatrix}\lambda^2 + \begin{pmatrix} 1 & 2 \\ 0 & 0 \end{pmatrix}\lambda + \begin{pmatrix} 0 & -2 \\ -1 & 1 \end{pmatrix}, \end{aligned}$$

显然, 这对任何 λ 矩阵总是可以办到的. 写成下述结论.

命题 6.3.1　λ 矩阵 $\boldsymbol{M}(\lambda)$ 可以写成系数为矩阵的变元 λ 的多项式; 反过来, 系数为同型矩阵的变元 λ 的多项式可以写成 λ 矩阵. □

这种矩阵系数多项式与数值系数多项式的性质不完全相同, 因为在 $M_n(\mathbb{F})$ 中乘法交换律、消去律等不成立. 不过某些术语可以借用. 如果矩阵多项式 $\boldsymbol{M}(\lambda)=\sum\limits_{i=0}^{k}\boldsymbol{M}_i\lambda^i$ 的 $\boldsymbol{M}_k\neq\boldsymbol{O}$, 则称 k 是矩阵多项式 $\boldsymbol{M}(\lambda)$ 的**次数**, 这里 $\boldsymbol{M}_i\in M_n(\mathbb{F})$.

把余式定理推广到矩阵多项式.

引理 6.3.1　设 $\boldsymbol{M}(\lambda)=\sum\limits_{i=0}^{k}\boldsymbol{M}_i\lambda^i$, $\boldsymbol{M}_i\in M_n(\mathbb{F})$, $\boldsymbol{A}\in M_n(\mathbb{F})$, 则存在唯一的 $\boldsymbol{Q}(\lambda)=\sum\limits_{i=0}^{k-1}\boldsymbol{Q}_i\lambda^i$, 其中 $\boldsymbol{Q}_i\in M_n(\mathbb{F})$ 和 $\boldsymbol{R}\in M_n(\mathbb{F})$, 使得

$$\sum_{i=0}^{k}\boldsymbol{M}_i\lambda^i=\boldsymbol{M}(\lambda)=\boldsymbol{Q}(\lambda)(\lambda\boldsymbol{E}-\boldsymbol{A})+\boldsymbol{R}$$

对一切数值 λ 成立, 而且 $\boldsymbol{R}=\sum\limits_{i=0}^{k}\boldsymbol{M}_i\boldsymbol{A}^i$.

证　存在性. 对 k 作归纳. $k=0$ 时显然成立. 下设 $k>0$. $\boldsymbol{M}(\lambda)-\boldsymbol{M}_k\lambda^{k-1}(\lambda\boldsymbol{E}-\boldsymbol{A})$ 的次数 $<k$, 由归纳法, 存在 $\boldsymbol{Q}_1(\lambda)$ 和 $\boldsymbol{R}$ 使得

$$\boldsymbol{M}(\lambda)-\boldsymbol{M}_k\lambda^{k-1}(\lambda\boldsymbol{E}-\boldsymbol{A})=\boldsymbol{Q}_1(\lambda)(\lambda\boldsymbol{E}-\boldsymbol{A})+\boldsymbol{R}.$$

令 $\boldsymbol{Q}(\lambda)=\boldsymbol{Q}_1(\lambda)+\boldsymbol{M}_k\lambda^{k-1}$, 就有 $\boldsymbol{M}(\lambda)=\boldsymbol{Q}(\lambda)(\lambda\boldsymbol{E}-\boldsymbol{A})+\boldsymbol{R}$.

唯一性. 若 $\boldsymbol{Q}(\lambda)=\sum\limits_{i=0}^{k-1}\boldsymbol{Q}_i\lambda^i$, R, $\widetilde{\boldsymbol{Q}}(\lambda)=\sum\limits_{i=0}^{k-1}\widetilde{\boldsymbol{Q}}_i\lambda^i$ 和 $\widetilde{\boldsymbol{R}}$ 满足

$$\boldsymbol{Q}(\lambda)(\lambda\boldsymbol{E}-\boldsymbol{A})+\boldsymbol{R}=\boldsymbol{M}(\lambda)=\widetilde{\boldsymbol{Q}}(\lambda)(\lambda\boldsymbol{E}-\boldsymbol{A})+\widetilde{\boldsymbol{R}},$$

则把两边展开, 比较系数, 得

$$\begin{cases}\qquad\quad -\boldsymbol{Q}_0\boldsymbol{A}+\boldsymbol{R}=\boldsymbol{M}_0,\\ \boldsymbol{Q}_0\quad -\boldsymbol{Q}_1\boldsymbol{A}\qquad=\boldsymbol{M}_1,\\ \cdots\cdots\\ \boldsymbol{Q}_{k-2}-\boldsymbol{Q}_{k-1}\boldsymbol{A}\quad=\boldsymbol{M}_{k-1},\\ \boldsymbol{Q}_{k-1}\qquad\qquad\quad=\boldsymbol{M}_k\end{cases}\tag{6.3.1}$$

和

$$\begin{cases} \qquad\ -\widetilde{\boldsymbol{Q}}_0\boldsymbol{A}+\widetilde{\boldsymbol{R}}=\boldsymbol{M}_0, \\ \widetilde{\boldsymbol{Q}}_0\ -\widetilde{\boldsymbol{Q}}_1\boldsymbol{A}\qquad=\boldsymbol{M}_1, \\ \cdots\cdots \\ \widetilde{\boldsymbol{Q}}_{k-2}-\widetilde{\boldsymbol{Q}}_{k-1}\boldsymbol{A}\qquad=\boldsymbol{M}_{k-1}, \\ \widetilde{\boldsymbol{Q}}_{k-1}\qquad\qquad\quad=\boldsymbol{M}_k, \end{cases}$$

从而

$$\begin{cases} \qquad\ -\boldsymbol{Q}_0\boldsymbol{A}+\boldsymbol{R}=\qquad\quad-\widetilde{\boldsymbol{Q}}_0\boldsymbol{A}+\widetilde{\boldsymbol{R}}, \\ \cdots\cdots \\ \boldsymbol{Q}_{k-2}-\boldsymbol{Q}_{k-1}\boldsymbol{A}\quad=\widetilde{\boldsymbol{Q}}_{k-2}\quad-\widetilde{\boldsymbol{Q}}_{k-1}\boldsymbol{A}, \\ \boldsymbol{Q}_{k-1}\qquad\qquad\quad=\widetilde{\boldsymbol{Q}}_{k-1}. \end{cases}$$

把最后一式代入倒数第 2 式, 得 $\boldsymbol{Q}_{k-2}=\widetilde{\boldsymbol{Q}}_{k-2}$; 再把它代入倒数第 3 式, 依次递推, 得 $\boldsymbol{Q}_i=\widetilde{\boldsymbol{Q}}_i(i=k-1,k-2,\cdots,1,0)$ 和 $\boldsymbol{R}=\widetilde{\boldsymbol{R}}$.

在式 (6.3.1) 的第 i 式两边右乘以 $\boldsymbol{A}^i$, 把所得等式两边对应加起来, 可以看出左边消去符号相反的项以后, 只剩下 $\boldsymbol{R}$, 即得 $\sum\limits_{i=0}^{k}\boldsymbol{M}_i\boldsymbol{A}^i=\boldsymbol{R}$. □

推论 6.3.1 若多项式 $f(\lambda)$ 满足 λ 矩阵等式 $f(\lambda)\boldsymbol{E}=\boldsymbol{Q}(\lambda)(\lambda\boldsymbol{E}-\boldsymbol{A})$, 则 $f(\boldsymbol{A})=\boldsymbol{O}$.

证 设 $f(\lambda)=\sum\limits_{i=0}^{n}a_i\lambda^i$. 推论的条件就是下述 λ 矩阵等式:

$$\sum_{i=0}^{n}(a_i\boldsymbol{E})\lambda^i=f(\lambda)\boldsymbol{E}=\boldsymbol{Q}(\lambda)(\lambda\boldsymbol{E}-\boldsymbol{A})+\boldsymbol{O}.$$

根据引理 6.3.1, 得 "余式"

$$\boldsymbol{O}=\sum_{i=0}^{n}(a_i\boldsymbol{E})\boldsymbol{A}^i=\sum_{i=0}^{n}a_i\boldsymbol{A}^i=f(\boldsymbol{A}).$$ □

引理 6.3.1* 记号同引理 6.3.1. 存在唯一的 $\boldsymbol{P}(\lambda)=\sum\limits_{i=0}^{k-1}\boldsymbol{P}_i\lambda^i$, 其中 $\boldsymbol{P}_i\in M_n(\mathbb{F})$ 和 $\boldsymbol{S}\in M_n(\mathbb{F})$, 使得 $\sum\limits_{i=0}^{k}\boldsymbol{M}_i\lambda^i=\boldsymbol{M}(\lambda)=(\lambda\boldsymbol{E}-\boldsymbol{A})\boldsymbol{P}(\lambda)+\boldsymbol{S}$, 并且 $\boldsymbol{S}=\sum\limits_{i=0}^{k}\boldsymbol{A}^i\boldsymbol{M}_i$.

证 证明同上. □

定理 6.3.1 (凯莱-哈密顿定理) 设 $\boldsymbol{A}\in M_n(\mathbb{F})$, $\varDelta_{\boldsymbol{A}}(\lambda)$ 是 $\boldsymbol{A}$ 的特征多项式, 则 $\varDelta_{\boldsymbol{A}}(\boldsymbol{A})=\boldsymbol{O}$, 即 $\varDelta_{\boldsymbol{A}}(\lambda)\in\mathrm{Ann}(\boldsymbol{A})$.

证 令 $\boldsymbol{B}(\lambda)=(\lambda\boldsymbol{E}-\boldsymbol{A})^*$ 是特征矩阵 $\lambda\boldsymbol{E}-\boldsymbol{A}$ 的伴随矩阵. 由命题 4.10.2 得 $\boldsymbol{B}(\lambda)(\lambda\boldsymbol{E}-\boldsymbol{A})=\det(\lambda\boldsymbol{E}-\boldsymbol{A})\cdot\boldsymbol{E}=\Delta_{\boldsymbol{A}}(\lambda)\boldsymbol{E}$. 据引理 6.3.1(及推论 6.3.1), 得

$$\boldsymbol{O}=\sum_{i=0}^{n}(a_i\boldsymbol{E})\boldsymbol{A}^i=\sum_{i=0}^{n}a_i\boldsymbol{A}^i=\Delta_{\boldsymbol{A}}(\boldsymbol{A}).$$ □

设 $\boldsymbol{A}\in M_n(\mathbb{F})$. 凯莱–哈密顿定理说明 $\mathrm{Ann}(\boldsymbol{A})\neq\{\boldsymbol{0}\}$, 因此下述结论在命题 5.1.2 及其注解中已论述清楚, 这里只是重述.

命题 6.3.2 $\mathrm{Ann}(\boldsymbol{A})$ 是 $\mathbb{F}[\lambda]$ 的非零理想, 从而存在 $m(\lambda)\in\mathbb{F}[\lambda]$ 满足以下两条:

(1) $m(\lambda)\neq 0$, 而 $m(\boldsymbol{A})=\boldsymbol{O}$;

(2) 对任意 $g(\lambda)\in\mathbb{F}[\lambda]$ 有 $g(\boldsymbol{A})=\boldsymbol{O}$ 当且仅当 $m(\lambda)\mid g(\lambda)$.

这种 $m(\lambda)$ 在相伴意义下唯一, 就是 $\mathrm{Ann}(\boldsymbol{A})$ 中次数最小的非零多项式. □

定义 6.3.2 称命题 6.3.2 中的 $m(\lambda)$ 为 $\boldsymbol{A}$ 的**极小多项式**.

注 $\boldsymbol{A}$ 的首一的极小多项式是唯一的 (习题 5.1 第 1 题 (4)), 记作 $m_{\boldsymbol{A}}(\lambda)$.

引理 6.3.2 设 $\boldsymbol{A}\in M_n(\mathbb{F})$, λ_0 是 $\boldsymbol{A}$ 的特征值, $\boldsymbol{X}_0$ 是相应的特征向量, 设 $f(\lambda)\in\mathbb{F}[\lambda]$, 那么 $f(\lambda_0)$ 是方阵 $f(\boldsymbol{A})$ 的特征值且 $\boldsymbol{X}_0$ 是相应的特征向量. 当 $\boldsymbol{A}$ 可逆时 λ_0 也可逆且 $f(\lambda_0^{-1})$ 是方阵 $f(\boldsymbol{A}^{-1})$ 的特征值且 $\boldsymbol{X}_0$ 是相应的特征向量.

证 由条件, $\boldsymbol{X}_0\neq\boldsymbol{0}$, 而 $\boldsymbol{A}\boldsymbol{X}_0=\lambda_0\boldsymbol{X}_0$, 那么

$$\boldsymbol{A}^2\boldsymbol{X}_0=\boldsymbol{A}(\boldsymbol{A}\boldsymbol{X}_0)=\boldsymbol{A}(\lambda_0\boldsymbol{X}_0)=\lambda_0(\boldsymbol{A}\boldsymbol{X}_0)=\lambda_0(\lambda_0\boldsymbol{X}_0)=\lambda_0^2\boldsymbol{X}_0.$$

如果已有 $\boldsymbol{A}^k\boldsymbol{X}_0=\lambda_0^k\boldsymbol{X}_0$, 则

$$\boldsymbol{A}^{k+1}\boldsymbol{X}_0=\boldsymbol{A}(\boldsymbol{A}^k\boldsymbol{X}_0)=\boldsymbol{A}(\lambda_0^k\boldsymbol{X}_0)=\lambda_0^k(\boldsymbol{A}\boldsymbol{X}_0)=\lambda_0^k(\lambda_0\boldsymbol{X}_0)=\lambda_0^{k+1}\boldsymbol{X}_0,$$

即对任意非负整数 i 有 $\boldsymbol{A}^i\boldsymbol{X}_0=\lambda_0^i\boldsymbol{X}_0$. 设 $f(\lambda)=\sum\limits_{i=0}^{m}a_i\lambda^i$, 则

$$f(\boldsymbol{A})\boldsymbol{X}_0=\left(\sum_{i=0}^{m}a_i\boldsymbol{A}^i\right)\boldsymbol{X}_0=\sum_{i=0}^{m}a_i\boldsymbol{A}^i\boldsymbol{X}_0=\sum_{i=0}^{m}a_i\lambda_0^i\boldsymbol{X}_0=\left(\sum_{i=0}^{m}a_i\lambda_0^i\right)\boldsymbol{X}_0,$$

即得下式:

$$f(\boldsymbol{A})\boldsymbol{X}_0=f(\lambda_0)\boldsymbol{X}_0, \tag{6.3.2}$$

它表明 $f(\lambda_0)$ 是方阵 $f(\boldsymbol{A})$ 的特征值且 $\boldsymbol{X}_0$ 是相应的特征向量.

设 $\boldsymbol{A}$ 可逆. 由推论 6.2.1 得 $\lambda_0\neq 0$. 在 $\boldsymbol{A}\boldsymbol{X}_0=\lambda_0\boldsymbol{X}_0$ 两边左乘 $\lambda_0^{-1}\boldsymbol{A}^{-1}$, 得 $\lambda_0^{-1}\boldsymbol{X}_0=\boldsymbol{A}^{-1}\boldsymbol{X}_0$, 那么由上述已证明结论即得 $f(\boldsymbol{A}^{-1})\boldsymbol{X}_0=f(\lambda_0^{-1})\boldsymbol{X}_0$, 即 $f(\lambda_0^{-1})$ 是方阵 $f(\boldsymbol{A}^{-1})$ 的特征值且 $\boldsymbol{X}_0$ 是相应的特征向量. □

命题 6.3.3 记号同定义 6.3.2, 则 $\{ m_{\boldsymbol{A}}(\lambda)$ 的根$\} = \{ \Delta_{\boldsymbol{A}}(\lambda)$ 的根$\}$.

证 由定理 6.3.1, $\Delta_{\boldsymbol{A}}(\lambda) \in \mathrm{Ann}(\boldsymbol{A})$, 由命题 6.3.2, 得 $m_{\boldsymbol{A}}(\lambda) \mid \Delta_{\boldsymbol{A}}(\lambda)$, 所以 $\{ m_{\boldsymbol{A}}(\lambda)$ 的根$\} \subseteq \{ \Delta_{\boldsymbol{A}}(\lambda)$ 的根$\}$ (习题 5.4 第 2 题 (1)).

设 $\lambda_0 \in \{ \Delta_{\boldsymbol{A}}(\lambda)$ 的根$\}$. 按极小多项式定义, $m_{\boldsymbol{A}}(\boldsymbol{A}) = \boldsymbol{O}$. 由上述引理, $m_{\boldsymbol{A}}(\lambda_0)$ 是零矩阵 $m_{\boldsymbol{A}}(\boldsymbol{A})$ 的特征根, 但零矩阵的特征多项式 $\Delta_0(\lambda) = \lambda^n$ 只有零根, 所以 $m_{\boldsymbol{A}}(\lambda_0) = 0$, 即 $\lambda_0 \in \{ m_{\boldsymbol{A}}(\lambda)$ 的根$\}$, 得 $\{ \Delta_{\boldsymbol{A}}(\lambda)$ 的根$\} \subseteq \{ m_{\boldsymbol{A}}(\lambda)$ 的根$\}$. □

推论 6.3.2 方阵 $\boldsymbol{A}$ 的任一特征根是 $\boldsymbol{A}$ 的任何零化多项式的根.

证 $\boldsymbol{A}$ 的特征根是 $m_{\boldsymbol{A}}(\lambda)$ 的根, 而 $m_{\boldsymbol{A}}(\lambda)$ 是任何零化多项式的因式. □

习 题 6.3

1. 设 $\boldsymbol{A} = \begin{pmatrix} 1 & 0 & 0 \\ 1 & 0 & 1 \\ 0 & 1 & 0 \end{pmatrix}$. 证明: 当 $n \geqslant 3$ 时, $\boldsymbol{A}^n = \boldsymbol{A}^{n-2} + \boldsymbol{A}^2 - \boldsymbol{E}$. 计算 $\boldsymbol{A}^{100}$.

2. 设 $\boldsymbol{A} \in M_n(\mathbb{F})$, 证明: 对任意多项式 $f(\lambda)$, 存在次数 $< n$ 的多项式 $g(\lambda)$ 使得 $f(\boldsymbol{A}) = g(\boldsymbol{A})$. 特别是 $\boldsymbol{A}$ 的任意次幂可表示为次数 $< n$ 的 $\boldsymbol{A}$ 的多项式.

3. 设 $\boldsymbol{A} = \begin{pmatrix} 1 & 0 & 1 \\ & 2 & -1 \\ & & -1 \end{pmatrix}$. 计算 $\boldsymbol{A}^{2k}$.

4. 设 $\boldsymbol{A}, \boldsymbol{B} \in M_2(\mathbb{C})$ 且 $\boldsymbol{AB} - \boldsymbol{BA} = \boldsymbol{A}$. 证明: $\boldsymbol{A}^2 = \boldsymbol{O}$.

5. 证明: (1) 如果 $\boldsymbol{A}$ 可逆, 则 $\boldsymbol{A}^{-1}$ 可写成 $\boldsymbol{A}$ 的多项式;

(2) 如果 $\boldsymbol{A}$ 可逆, 则 $\boldsymbol{A}^*$ 可写成 $\boldsymbol{A}$ 的多项式;

(3) 不论方阵 $\boldsymbol{A}$ 是否可逆, $\boldsymbol{A}^*$ 可写成 $\boldsymbol{A}$ 的多项式.

6. 如果 $\boldsymbol{A} \sim \boldsymbol{B}$, 则 (1) $\mathrm{Ann}(\boldsymbol{A}) = \mathrm{Ann}(\boldsymbol{B})$; (2) $m_{\boldsymbol{A}}(\lambda) = m_{\boldsymbol{B}}(\lambda)$.

7. 若 $\Delta_{\boldsymbol{A}}(\lambda)$ 无重根, 则 $m_{\boldsymbol{A}}(\lambda) = \Delta_{\boldsymbol{A}}(\lambda)$.

8. 如果 $\boldsymbol{N}$ 是幂零矩阵, 证明: $\det(\boldsymbol{E} + \boldsymbol{N}) = 1$.

9. 设 $\boldsymbol{A}$ 为 n 阶可逆矩阵, λ 是 $\boldsymbol{A}$ 的一个特征值. 证明: $(\boldsymbol{A}^*)^2 + \boldsymbol{E}$ 必有特征值 $(\det \boldsymbol{A}/\lambda)^2 + 1$.

10. 设 $h(\lambda)$ 是方阵 $\boldsymbol{A}$ 的零化多项式, $f(\lambda)$ 是任一多项式, 设 $d(\lambda) = \gcd(f(\lambda), h(\lambda))$ 是最大公因式. 证明: $\mathrm{rank}\, f(\boldsymbol{A}) = \mathrm{rank}\, d(\boldsymbol{A})$.

6.4 极小多项式与相似对角化

以下是复方阵可相似对角化的第三个判别准则.

定理 6.4.1 复方阵可对角化的充要条件是它的极小多项式无重根.

证 设 $\boldsymbol{A} \in M_n(\mathbb{C})$.

必要性. 设可逆矩阵 $\boldsymbol{P}$ 使得 $\boldsymbol{P}^{-1}\boldsymbol{A}\boldsymbol{P}=\mathrm{diag}(\lambda_1\boldsymbol{E}_{d_1\times d_1},\cdots,\lambda_k\boldsymbol{E}_{d_k\times d_k})$, 其中 $\lambda_1,\cdots,\lambda_k$ 两两不等, $\boldsymbol{E}_{d_i\times d_i}$ 是 d_i 阶单位矩阵, 则由习题 6.1 第 6 题 (1),

$$\boldsymbol{P}^{-1}(\boldsymbol{A}-\lambda_1\boldsymbol{E})\cdots(\boldsymbol{A}-\lambda_k\boldsymbol{E})\boldsymbol{P}=(\boldsymbol{P}^{-1}\boldsymbol{A}\boldsymbol{P}-\lambda_1\boldsymbol{E})\cdots(\boldsymbol{P}^{-1}\boldsymbol{A}\boldsymbol{P}-\lambda_k\boldsymbol{E})$$

$$=\begin{pmatrix}(\lambda_1-\lambda_1)\boldsymbol{E}_{d_1\times d_1} & & \\ & \ddots & \\ & & (\lambda_k-\lambda_1)\boldsymbol{E}_{d_k\times d_k}\end{pmatrix}\cdots$$

$$\times\cdots\begin{pmatrix}(\lambda_1-\lambda_k)\boldsymbol{E}_{d_1\times d_1} & & \\ & \ddots & \\ & & (\lambda_k-\lambda_k)\boldsymbol{E}_{d_k\times d_k}\end{pmatrix}$$

为 k 个对角分块矩阵之积, 对任第 i 个对角块, 至少第 i 个因子矩阵在这个位置上是 $(\lambda_i-\lambda_i)\boldsymbol{E}_{d_i\times d_i}=\boldsymbol{O}$ 零块, 那么乘积矩阵的第 i 个对角块也是零块, 所以 $\boldsymbol{P}^{-1}(\boldsymbol{A}-\lambda_1\boldsymbol{E})\cdots(\boldsymbol{A}-\lambda_k\boldsymbol{E})\boldsymbol{P}=\boldsymbol{O}$, 即 $(\boldsymbol{A}-\lambda_1\boldsymbol{E})\cdots(\boldsymbol{A}-\lambda_k\boldsymbol{E})=\boldsymbol{O}$.

以上证明了 $g(\lambda):=(\lambda-\lambda_1)\cdots(\lambda-\lambda_k)$ 零化 $\boldsymbol{A}$, 那么极小多项式 $m_{\boldsymbol{A}}(\lambda)$ 是 $g(\lambda)$ 的因式 (命题 6.3.2). 而 $g(\lambda)$ 无重根, 故 $m_{\boldsymbol{A}}(\lambda)$ 无重根 (实际上, 显然 $m_{\boldsymbol{A}}(\lambda)=g(\lambda)$).

充分性. 设 $m_{\boldsymbol{A}}(\lambda)=(\lambda-\lambda_1)\cdots(\lambda-\lambda_k)$, 其中 $\lambda_1,\cdots,\lambda_k$ 两两不等. 令

$$h_i(\lambda)=\frac{m_{\boldsymbol{A}}(\lambda)}{\lambda-\lambda_i},\quad i=1,\cdots,k.$$

任意 $\lambda-\lambda_i$ 不整除 $h_1(\lambda),\cdots,h_k(\lambda)$ 中的 $h_i(\lambda)$, 故 $\gcd\big(h_1(\lambda),\cdots,h_k(\lambda)\big)=1$. 据推论 5.2.1, 有多项式 $g_1(\lambda),\ldots,g_k(\lambda)$ 使 $h_1(\lambda)g_1(\lambda)+\cdots+h_k(\lambda)g_k(\lambda)=1$, 代入 $\boldsymbol{A}$ 得

$$h_1(\boldsymbol{A})g_1(\boldsymbol{A})+\cdots+h_k(\boldsymbol{A})g_k(\boldsymbol{A})=\boldsymbol{E}.$$

对任意 $\boldsymbol{X}\in\mathbb{C}^n$, 由上式得 $\boldsymbol{X}=\boldsymbol{E}\boldsymbol{X}=\Big(h_1(\boldsymbol{A})g_1(\boldsymbol{A})+\cdots+h_k(\boldsymbol{A})g_k(\boldsymbol{A})\Big)\boldsymbol{X}$, 即

$$\boldsymbol{X}=h_1(\boldsymbol{A})g_1(\boldsymbol{A})\boldsymbol{X}+\cdots+h_k(\boldsymbol{A})g_k(\boldsymbol{A})\boldsymbol{X}.\tag{6.4.1}$$

因为 $(\lambda-\lambda_i)h_i(\lambda)=m_{\boldsymbol{A}}(\lambda)$, 所以 $(\boldsymbol{A}-\lambda_i\boldsymbol{E})h_i(\boldsymbol{A})=m_{\boldsymbol{A}}(\boldsymbol{A})=\boldsymbol{O}$, 故

$$(\boldsymbol{A}-\lambda_i\boldsymbol{E})\Big(h_i(\boldsymbol{A})g_i(\boldsymbol{A})\boldsymbol{X}\Big)=g_i(\boldsymbol{A})(\boldsymbol{A}-\lambda_i\boldsymbol{E})h_i(\boldsymbol{A})\boldsymbol{X}=g_i(\boldsymbol{A})m_{\boldsymbol{A}}(\boldsymbol{A})\boldsymbol{X}=\boldsymbol{0}.$$

由定义 6.1.2,

$$h_i(\boldsymbol{A})g_i(\boldsymbol{A})\boldsymbol{X}\in E_{\lambda_i}(\boldsymbol{A}),\quad i=1,\cdots,k.$$

设 $\dim E_{\lambda_i}(\boldsymbol{A})=d_i$, 取 $E_{\lambda_i}(\boldsymbol{A})$ 的基底 $\boldsymbol{X}_{i1},\cdots,\boldsymbol{X}_{id_i}$, 那么 $h_i(\boldsymbol{A})g_i(\boldsymbol{A})\boldsymbol{X}$ 可以写成 $\boldsymbol{X}_{i1},\cdots,\boldsymbol{X}_{id_i}$ 的线性组合. 这推理对 $i=1,\cdots,k$ 都成立. 由式 (6.4.1), 任意 $\boldsymbol{X}$ 就写成了下述向量组的线性组合:

$$\boldsymbol{X}_{11}, \cdots, \boldsymbol{X}_{1d_1}, \ \cdots, \ \boldsymbol{X}_{k1}, \cdots, \boldsymbol{X}_{kd_k}. \tag{6.4.2}$$

因此向量组 (6.4.2) 生成向量空间 $\mathbb{C}^n$. 另一方面, 由引理 6.2.2, 特征向量构成的向量组 (6.4.2) 是线性无关的, 所以向量组 (6.4.2) 是 $\mathbb{C}^n$ 的基底. 由定理 6.1.1 (还可参看定理 6.2.1(ii)⇒(i)), $\boldsymbol{A}$ 可相似对角化. □

本节习题 2 提供了定理充分性的另一证明.

注 按命题 5.1.2(= 命题 6.3.2), 有以下两种求矩阵 $\boldsymbol{A}$ 的极小多项式的办法:

(1) 所有的 $\boldsymbol{A}$ 的非零的零化多项式中次数最小者;

(2) 找出 $\boldsymbol{A}$ 的一个非零的零化多项式 $f(\lambda)$, 如果 $f(\lambda)$ 的所有真因式不零化 $\boldsymbol{A}$, 则 $f(\lambda)$ 是 $\boldsymbol{A}$ 的极小多项式; 否则存在 $f(\lambda)$ 的真因式 $f_1(\lambda)$ 零化 $\boldsymbol{A}$, 按同样办法审视 $f_1(\lambda)$ 所有真因式是否零化 $\boldsymbol{A}$, 直至得到 $\boldsymbol{A}$ 的极小多项式.

后一种方法实用范围稍广一些, 命题 5.1.2 后的例题就是用的这种方法.

例 1 求 $\boldsymbol{A} = \begin{pmatrix} 1 & \cdots & 1 \\ \vdots & & \vdots \\ 1 & \cdots & 1 \end{pmatrix}_{n\times n}$ 的极小多项式, 判断 $\boldsymbol{A}$ 能否相似对角化.

解 显然 $\boldsymbol{A}^2 = n\boldsymbol{A}$, 故 $\lambda(\lambda - n) = \lambda^2 - n\lambda$ 零化 $\boldsymbol{A}$, 但 $\lambda(\lambda - n)$ 的真因式 λ, $\lambda - n$ 都不零化 $\boldsymbol{A}$, 所以 $\boldsymbol{A}$ 的极小多项式为 $\lambda^2 - n\lambda$. 这个多项式无重根, 所以 $\boldsymbol{A}$ 可以相似对角化. □

此题矩阵 $\boldsymbol{A}$ 比较特殊, 通过观察就找到了一个简单的非零的零化多项式. 在一般情形, 凯莱–哈密顿定理总可提供一个非零的零化多项式.

例 2 求 $\boldsymbol{J}_t = \begin{pmatrix} \lambda_t & & & \\ 1 & \lambda_t & & \\ & \ddots & \ddots & \\ & & 1 & \lambda_t \end{pmatrix}_{n_t\times n_t}$ 的极小多项式, 问 $\boldsymbol{J}_t$ 能否相似对角化?

解 特征多项式 $\Delta_{\boldsymbol{J}_t}(\lambda) = \det(\lambda\boldsymbol{E} - \boldsymbol{J}_t) = (\lambda - \lambda_t)^{n_t}$, 而 $(\lambda_t\boldsymbol{E} - \boldsymbol{J}_t)^k = \boldsymbol{O}$ 当且仅当 $k \geqslant n_t$ (见 4.3 节例 2), 所以 $\Delta_{\boldsymbol{J}_t}(\lambda)$ 的真因式不零化 $\boldsymbol{J}_t$. 故 $m_{\boldsymbol{J}_t}(\lambda) = \Delta_{\boldsymbol{J}_t}(\lambda) = (\lambda - \lambda_t)^{n_t}$. 因此 $n_t > 1$ 时 $\boldsymbol{J}_t$ 不能相似对角化, 而 $n_t = 1$ 时 $\boldsymbol{J}_t$ 是对角矩阵. □

例 3 设 $\boldsymbol{A}^2 = \boldsymbol{A}$ (即 $\boldsymbol{A}$ 为幂等矩阵). 证明: $\boldsymbol{A}$ 可对角化, 且 $\operatorname{rank}\boldsymbol{A} = \operatorname{tr}\boldsymbol{A}$.

证 由条件 $\boldsymbol{A}^2 - \boldsymbol{A} = \boldsymbol{O}$, 知 $\lambda^2 - \lambda$ 是 $\boldsymbol{A}$ 的零化多项式, 所以极小多项式 $m_{\boldsymbol{A}}(\lambda)$ 是 $\lambda^2 - \lambda$ 的因式, 但 $\lambda^2 - \lambda$ 无重根, 因而 $m_{\boldsymbol{A}}(\lambda)$ 无重根, 且 $\boldsymbol{A}$ 的特征根是 0 或者 1, 所以 $\boldsymbol{A}$ 可对角化为对角线元是 0 或者 1 的对角形, 即有可逆矩阵 $\boldsymbol{P}$ 使得 $\boldsymbol{P}^{-1}\boldsymbol{A}\boldsymbol{P} = \operatorname{diag}(\overbrace{1, \cdots, 1}^{r}, 0, \cdots, 0)$. 从而 (最后一个等式见习题 4.2 第 7 题)

$$\operatorname{rank} \boldsymbol{A} = \operatorname{rank}(\boldsymbol{P}^{-1}\boldsymbol{A}\boldsymbol{P}) = r = \operatorname{tr}(\boldsymbol{P}^{-1}\boldsymbol{A}\boldsymbol{P}) = \operatorname{tr}\boldsymbol{A}. \qquad \square$$

下面是求极小多项式 $m_{\boldsymbol{A}}(\lambda)$ 的另一种方法.

命题 6.4.1 设 $\boldsymbol{C}(\lambda) = (\lambda\boldsymbol{E} - \boldsymbol{A})^* = \big(c_{ij}(\lambda)\big)_{n\times n}$ 是 $\lambda\boldsymbol{E} - \boldsymbol{A}$ 的伴随矩阵, 设 $d(\lambda)$ 是所有 $c_{ij}(\lambda)(1 \leqslant i, j \leqslant n)$ 的首一的最大公因式, 则 $m_{\boldsymbol{A}}(\lambda) = \dfrac{\Delta_{\boldsymbol{A}}(\lambda)}{d(\lambda)}$.

证 从 $\boldsymbol{C}(\lambda)$ 的各位置提取公因式 $d(\lambda)$, 得 $\boldsymbol{C}(\lambda) = d(\lambda)\boldsymbol{D}(\lambda)$, 其中的 λ 矩阵 $\boldsymbol{D}(\lambda)$ 的所有元素互素 (见习题 5.2 第 2 题), 那么等式 $(\lambda\boldsymbol{E}-\boldsymbol{A})^*(\lambda\boldsymbol{E}-\boldsymbol{A}) = \Delta_{\boldsymbol{A}}(\lambda)\boldsymbol{E}$ (见命题 4.10.2) 就成为 λ 矩阵等式

$$d(\lambda)\boldsymbol{D}(\lambda)(\lambda\boldsymbol{E} - \boldsymbol{A}) = \Delta_{\boldsymbol{A}}(\lambda)\boldsymbol{E} = \operatorname{diag}\big(\Delta_{\boldsymbol{A}}(\lambda), \cdots, \Delta_{\boldsymbol{A}}(\lambda)\big).$$

从左端来看, $d(\lambda)$ 是左端这个 λ 矩阵的每元素的因式, 故 $d(\lambda)$ 必整除右端的 λ 矩阵的每一个元素, 即得 $d(\lambda)|\Delta_{\boldsymbol{A}}(\lambda)$. 设 $\Delta_{\boldsymbol{A}}(\lambda) = d(\lambda)g(\lambda)$, 从上面的 λ 矩阵等式, 得 $\boldsymbol{D}(\lambda)(\lambda\boldsymbol{E} - \boldsymbol{A}) = g(\lambda)\boldsymbol{E}$. 根据引理 6.3.1(及推论 6.3.1), 得 $g(\boldsymbol{A}) = \boldsymbol{O}$. 再引用命题 6.3.2, 得 $m_{\boldsymbol{A}}(\lambda)|g(\lambda)$.

另一方面, 根据引理 6.3.1*, 有

$$m_{\boldsymbol{A}}(\lambda)\boldsymbol{E} = (\lambda\boldsymbol{E} - \boldsymbol{A})\boldsymbol{G}(\lambda).$$

两边分别左乘 $d(\lambda)\boldsymbol{D}(\lambda) = \boldsymbol{C}(\lambda) = (\lambda\boldsymbol{E} - \boldsymbol{A})^*$, 得

$$\begin{aligned} d(\lambda)m_{\boldsymbol{A}}(\lambda)\boldsymbol{D}(\lambda) &= d(\lambda)\boldsymbol{D}(\lambda)\cdot m_{\boldsymbol{A}}(\lambda)\boldsymbol{E} = (\lambda\boldsymbol{E} - \boldsymbol{A})^*\cdot(\lambda\boldsymbol{E} - \boldsymbol{A})\boldsymbol{G}(\lambda) \\ &= \Delta_{\boldsymbol{A}}(\lambda)\cdot\boldsymbol{E}\cdot\boldsymbol{G}(\lambda) = \Delta_{\boldsymbol{A}}(\lambda)\boldsymbol{G}(\lambda). \end{aligned}$$

而 $\Delta_{\boldsymbol{A}}(\lambda) = d(\lambda)g(\lambda)$, 代入上式右端, 消去 $d(\lambda)$, 即得

$$m_{\boldsymbol{A}}(\lambda)\boldsymbol{D}(\lambda) = g(\lambda)\boldsymbol{G}(\lambda).$$

因此 $g(\lambda)$ 整除 λ 矩阵 $m_{\boldsymbol{A}}(\lambda)\boldsymbol{D}(\lambda)$ 的每一个元素. 但是, $\boldsymbol{D}(\lambda)$ 的所有元素是互素的, 故得 $g(\lambda)|m_{\boldsymbol{A}}(\lambda)$.

由上两段, $m_{\boldsymbol{A}}(\lambda) \sim g(\lambda) = \dfrac{\Delta_{\boldsymbol{A}}(\lambda)}{d(\lambda)}$. 又因为它们都首一, 故 $m_{\boldsymbol{A}}(\lambda) = \dfrac{\Delta_{\boldsymbol{A}}(\lambda)}{d(\lambda)}$. $\square$

例 4 求 $\boldsymbol{R}_n = \begin{pmatrix} 0 & & & & -a_0 \\ 1 & 0 & & & -a_1 \\ & \ddots & \ddots & & \vdots \\ & & 1 & 0 & -a_{n-2} \\ & & & 1 & -a_{n-1} \end{pmatrix}$ 的极小多项式 $m_{\boldsymbol{R}_n}(\lambda)$.

解 在特征矩阵中,

$$\lambda \boldsymbol{E}-\boldsymbol{R}_n=\begin{pmatrix} \lambda & & & & a_0 \\ -1 & \lambda & & & a_1 \\ & \ddots & \ddots & & \vdots \\ & & -1 & \lambda & a_{n-2} \\ & & & -1 & \lambda+a_{n-1} \end{pmatrix},$$

第 1 行、第 n 列的代数余子式为 $(-1)^{n+1}(-1)^{n-1}=1$, 故 $(\lambda \boldsymbol{E}-\boldsymbol{R}_n)^*$ 的所有元素的最大公因式只能是 1. 由命题 6.4.1 得极小多项式 $m_{\boldsymbol{R}_n}(\lambda)=\Delta_{\boldsymbol{R}_n}(\lambda)/1=\Delta_{\boldsymbol{R}_n}(\lambda)$, 因此 (见 3.5 节例 2)

$$m_{\boldsymbol{R}_n}(\lambda)=\Delta_{\boldsymbol{R}_n}(\lambda)=\det(\lambda \boldsymbol{E}-\boldsymbol{R}_n)=\lambda^n+a_{n-1}\lambda^{n-1}+\cdots+a_1\lambda+a_0. \qquad \square$$

习 题 6.4

1. 求下列矩阵 $\boldsymbol{A}$ 的极小多项式并判断 $\boldsymbol{A}$ 可否相似对角化 (其中 $n>1$):

(1) $\boldsymbol{A}=\begin{pmatrix} 0 & 1 & & \\ & 0 & \ddots & \\ & & \ddots & 1 \\ 1 & & & 0 \end{pmatrix}_{n\times n}$; (2) $\boldsymbol{A}=\begin{pmatrix} a & b & \cdots & b \\ & a & \ddots & \vdots \\ & & \ddots & b \\ & & & a \end{pmatrix}_{n\times n}$, 其中 $b\neq 0$;

(3) $\boldsymbol{A}=\begin{pmatrix} & & & a \\ & & a & \\ & \cdot^{\cdot^{\cdot}} & & \\ a & & & \end{pmatrix}_{n\times n}$, 其中 $a\neq 0$.

2. 设 n 阶矩阵 $\boldsymbol{A}$ 的谱 $\mathrm{Spec}(\boldsymbol{A})=\{\lambda_1,\cdots,\lambda_k\}$. 如果 $(\boldsymbol{A}-\lambda_1\boldsymbol{E})\cdots(\boldsymbol{A}-\lambda_k\boldsymbol{E})=\boldsymbol{O}$, 证明:

(1) $\mathrm{rank}(\boldsymbol{A}-\lambda_1\boldsymbol{E})+\cdots+\mathrm{rank}(\boldsymbol{A}-\lambda_k\boldsymbol{E})\leqslant(k-1)n$;

(2) $\dim E_{\lambda_1}(\boldsymbol{A})+\cdots+\dim E_{\lambda_k}(\boldsymbol{A})\geqslant n$;

(3) $\boldsymbol{A}$ 可相似对角化.

3. 设 $\boldsymbol{A}^2+\boldsymbol{A}=\boldsymbol{E}$, 证明: $\boldsymbol{A}$ 可以相似对角化.

4. 设 $\boldsymbol{A}^2=2\boldsymbol{A}$. 证明: $\mathrm{tr}\,\boldsymbol{A}=2\cdot\mathrm{rank}\,\boldsymbol{A}$.

5. 设三阶方阵 $\boldsymbol{A}$ 满足 $\boldsymbol{A}^2=\boldsymbol{E}$ 但 $\boldsymbol{A}\neq\pm\boldsymbol{E}$. 证明: $\mathrm{tr}\,\boldsymbol{A}=\pm1$.

6. 证明: 对角分块方阵 $\boldsymbol{A}=\mathrm{diag}(\boldsymbol{A}_1,\cdots,\boldsymbol{A}_k)$ 可相似对角化当且仅当每个 $\boldsymbol{A}_i$ 可相似对角化.

7. 设 $\boldsymbol{A}$, $\boldsymbol{B}\in M_n(\mathbb{C})$ 都可相似对角化且满足 $\boldsymbol{AB}=\boldsymbol{BA}$, 证明: 存在 $\boldsymbol{P}\in GL_n(\mathbb{C})$ 使得 $\boldsymbol{P}^{-1}\boldsymbol{AP}$ 和 $\boldsymbol{P}^{-1}\boldsymbol{BP}$ 都是对角矩阵.

6.5 矩阵相似三角化

6.1 节的开头例 1 就已表明：并非所有方阵可相似对角化. 这里则证明复方阵恒可相似三角化.

定理 6.5.1(三角化引理) 设 $\boldsymbol{A} \in M_n(\mathbb{C})$, 则存在 $\boldsymbol{P} \in GL_n(\mathbb{C})$ 使得 $\boldsymbol{P}^{-1}\boldsymbol{A}\boldsymbol{P}$ 是三角矩阵, 其对角线元恰好是 $\boldsymbol{A}$ 的全部特征根 (计重数).

证 对矩阵的阶做归纳法. $n=1$ 时显然正确. 下设 $n>1$.

设 $\lambda_1 \in \mathrm{Spec}(\boldsymbol{A})$ 和 $\boldsymbol{0} \neq \boldsymbol{X}_1 \in E_{\lambda_1}(\boldsymbol{A})$. 把 $\boldsymbol{X}_1$ 扩充成 $\mathbb{C}^n$ 的基底 $\boldsymbol{X}_1, \boldsymbol{X}_2, \cdots, \boldsymbol{X}_n$, 以它们为列向量作矩阵 $\boldsymbol{Q}$, 则 $\boldsymbol{Q} \in GL_n(\mathbb{C})$, 且由引理 6.1.1 得

$$\boldsymbol{Q}^{-1}\boldsymbol{A}\boldsymbol{Q} = \begin{pmatrix} \lambda_1 & * & \cdots & * \\ & b_{22} & \cdots & b_{2n} \\ & \vdots & & \vdots \\ & b_{n2} & \cdots & b_{nn} \end{pmatrix}.$$

对右下角 $n-1$ 阶矩阵使用归纳假设, 有 $\boldsymbol{T} \in GL_{n-1}(\mathbb{C})$ 使得

$$\boldsymbol{T}^{-1}\begin{pmatrix} b_{22} & \cdots & b_{2n} \\ \vdots & & \vdots \\ b_{n2} & \cdots & b_{nn} \end{pmatrix}\boldsymbol{T} = \begin{pmatrix} \lambda_2 & \cdots & * \\ & \ddots & \vdots \\ & & \lambda_n \end{pmatrix}.$$

令 $\boldsymbol{P} = \boldsymbol{Q}\begin{pmatrix} 1 & \\ & \boldsymbol{T} \end{pmatrix}$, 则 $\boldsymbol{P} \in GL_n(\mathbb{C})$ 且

$$\boldsymbol{P}^{-1}\boldsymbol{A}\boldsymbol{P} = \begin{pmatrix} \lambda_1 & * & \cdots & * \\ & \lambda_2 & \cdots & * \\ & & \ddots & \vdots \\ & & & \lambda_n \end{pmatrix}.$$

由命题 6.1.1 得

$$\Delta_{\boldsymbol{A}}(\lambda) = \Delta_{\boldsymbol{P}^{-1}\boldsymbol{A}\boldsymbol{P}}(\lambda) = \det(\lambda\boldsymbol{E} - \boldsymbol{P}^{-1}\boldsymbol{A}\boldsymbol{P}) = (\lambda-\lambda_1)(\lambda-\lambda_2)\cdots(\lambda-\lambda_n),$$

即 $\lambda_1, \lambda_2, \cdots, \lambda_n$ 是 $\boldsymbol{A}$ 的全部特征根 (计重数). □

尽管引理 6.3.2 指出：如果 λ_0 是方阵 $\boldsymbol{A}$ 的特征根, 则 $f(\lambda_0)$ 是方阵 $f(\boldsymbol{A})$ 的特征根, 这里 $f(\lambda)$ 是任意多项式, 但是它没有反映特征根的重数性质. 下面的结论可弥补这点.

命题 6.5.1 设 $\lambda_1, \cdots, \lambda_n$ 是 $\boldsymbol{A} \in M_n(\mathbb{C})$ 的全部特征根 (计重数), $f(\lambda)$ 是多项式, 则

(1) $f(\lambda_1), \cdots, f(\lambda_n)$ 是方阵 $f(\boldsymbol{A})$ 的全部特征根 (计重数);

(2) 当 $\boldsymbol{A}$ 可逆时, $f(\lambda_1^{-1}), \cdots, f(\lambda_n^{-1})$ 是 $f(\boldsymbol{A}^{-1})$ 的全部特征根 (计重数).

证 由三角化引理 (定理 6.5.1), 有 $\boldsymbol{P} \in GL_n(\mathbb{C})$ 使得

$$\boldsymbol{P}^{-1}\boldsymbol{A}\boldsymbol{P} = \begin{pmatrix} \lambda_1 & \cdots & * \\ & \ddots & \vdots \\ & & \lambda_n \end{pmatrix}. \tag{6.5.1}$$

设 $f(\lambda) = \sum_{i=0}^{m} a_i\lambda^i$. 利用式 (6.5.1), 由 4.3 节末尾三角矩阵的运算, 有

$$\boldsymbol{P}^{-1}f(\boldsymbol{A})\boldsymbol{P} = f(\boldsymbol{P}^{-1}\boldsymbol{A}\boldsymbol{P}) = \sum_{i=0}^{m} a_i \begin{pmatrix} \lambda_1 & \cdots & * \\ & \ddots & \vdots \\ & & \lambda_n \end{pmatrix}^i$$

$$= \sum_{i=0}^{m} \begin{pmatrix} a_i\lambda_1^i & \cdots & * \\ & \ddots & \vdots \\ & & a_i\lambda_n^i \end{pmatrix} = \begin{pmatrix} f(\lambda_1) & \cdots & * \\ & \ddots & \vdots \\ & & f(\lambda_n) \end{pmatrix}.$$

因此

$$\begin{aligned} \varDelta_{f(\boldsymbol{A})}(\lambda) &= \varDelta_{\boldsymbol{P}^{-1}f(\boldsymbol{A})\boldsymbol{P}}(\lambda) = \det\left(\lambda\boldsymbol{E} - \boldsymbol{P}^{-1}f(\boldsymbol{A})\boldsymbol{P}\right) \\ &= \left(\lambda - f(\lambda_1)\right)\cdots\left(\lambda - f(\lambda_n)\right). \end{aligned}$$

于是得结论 (1).

设 $\boldsymbol{A}$ 可逆, 则每个 $\lambda_i \neq 0$. 把式 (6.5.1) 两边取逆, 由 4.3 节末尾三角矩阵的逆矩阵性质, 得

$$\boldsymbol{P}^{-1}\boldsymbol{A}^{-1}\boldsymbol{P} = \begin{pmatrix} \lambda_1^{-1} & \cdots & * \\ & \ddots & \vdots \\ & & \lambda_n^{-1} \end{pmatrix}. \tag{6.5.2}$$

故 $\lambda_1^{-1}, \cdots, \lambda_n^{-1}$ 是 $\boldsymbol{A}^{-1}$ 的全部特征根 (计重数). 应用 (1) 于 $\boldsymbol{A}^{-1}$, 得结论 (2). □

例 1 设 4 阶矩阵 $\boldsymbol{A}$ 满足 $\boldsymbol{A}\boldsymbol{A}^{\mathrm{T}} = 2\boldsymbol{E}$ 和 $\det\boldsymbol{A} < 0$, 已知 $\boldsymbol{A}$ 的全部特征值是 $-2, -1, -1, 2$, 求 $\boldsymbol{A}^*$ 的特征值.

解 从条件得 $(\det\boldsymbol{A})^2 = \det(\boldsymbol{A}\,\boldsymbol{A}^{\mathrm{T}}) = 2^4$, 而由 $\det\boldsymbol{A} < 0$, 知 $\det\boldsymbol{A} = -4$, 所以 $\boldsymbol{A}^* = (\det\boldsymbol{A})\boldsymbol{A}^{-1} = -4\boldsymbol{A}^{-1}$, 那么 $\boldsymbol{A}^*$ 的全部特征值为

$$-4\cdot(-2)^{-1} = 2, \quad -4\cdot(-1)^{-1} = 4, \quad 4, \quad -4\cdot 2^{-1} = -2. \qquad \square$$

实际上, 任意复方阵可以相似变换为一种更简单的特殊形式的三角形.

若尔当标准形定理 复方阵 $\boldsymbol{A}$ 相似于对角分块形, 即

$$\boldsymbol{A} \sim \begin{pmatrix} \boldsymbol{J}_1 & & \\ & \ddots & \\ & & \boldsymbol{J}_s \end{pmatrix}, \quad \text{每个块形如} \quad \boldsymbol{J}_t = \begin{pmatrix} \lambda_t & 1 & & \\ & \lambda_t & \ddots & \\ & & \ddots & 1 \\ & & & \lambda_t \end{pmatrix}_{n_t \times n_t}.$$

这样的块 (称为**若尔当块**) 在不计顺序的意义下由 $\boldsymbol{A}$ 唯一确定. 而且, 两个同阶复方阵 $\boldsymbol{A} \sim \boldsymbol{B}$ 的充要条件是它们的若尔当块完全相同. □

这个定理的证明不容易, 说清楚如何求若尔当块也不容易. 有关情形将在第 12 章详细讲解, 这个定理就是那里的定理 12.5.1.

例 2 设 $\boldsymbol{A}$ 为方阵, $k > 0$. 若 $\text{rank}\boldsymbol{A}^k = \text{rank}\boldsymbol{A}^{k+1}$, 则 $\text{rank}\boldsymbol{A}^{k+1} = \text{rank}\boldsymbol{A}^{k+2}$.

证 设 $\boldsymbol{P} \in GL_n(\mathbb{C})$ 使 $\boldsymbol{P}^{-1}\boldsymbol{A}\boldsymbol{P} = \text{diag}(\boldsymbol{J}_1, \cdots, \boldsymbol{J}_t)$, 其中各 $\boldsymbol{J}_i$ 是若尔当块, 则

$$(\boldsymbol{P}^{-1}\boldsymbol{A}\boldsymbol{P})^m = \text{diag}(\boldsymbol{J}_1^m, \cdots, \boldsymbol{J}_t^m),$$

所以

$$\text{rank}\,\boldsymbol{A}^m = \text{rank}\,(\boldsymbol{P}^{-1}\boldsymbol{A}\boldsymbol{P})^m = \text{rank}\,\boldsymbol{J}_1^m + \cdots + \text{rank}\,\boldsymbol{J}_t^m.$$

对每个若尔当块

$$\boldsymbol{J}_i = \begin{pmatrix} \lambda_i & 1 & & \\ & \lambda_i & \ddots & \\ & & \ddots & 1 \\ & & & \lambda_i \end{pmatrix}_{n_i \times n_i},$$

如果其中 $\lambda_i \neq 0$, 则 $\boldsymbol{J}_i$ 可逆, 故对任意 m 有 $\text{rank}(\boldsymbol{J}_t^m) = \text{rank}(\boldsymbol{J}_t^{m+1})$; 否则 $\lambda_i = 0$, 此时 $\boldsymbol{J}_i$ 是幂零指数为 n_i 的幂零矩阵, 参看 4.3 节例 2, 易计算

$$\text{rank}\,\boldsymbol{J}_i^m = \begin{cases} n_i - m, & 1 \leqslant m < n_i, \\ 0, & n_i \leqslant m. \end{cases}$$

故从 $\text{rank}\,\boldsymbol{A}^k = \text{rank}\,\boldsymbol{A}^{k+1}$ 可得 $\text{rank}\,\boldsymbol{J}_i^k = \text{rank}\,\boldsymbol{J}_i^{k+1}$ 对所有 $i = 1, \cdots, t$, 从而 $\text{rank}\,\boldsymbol{J}_i^{k+1} = \text{rank}\,\boldsymbol{J}_i^{k+2}$ 对所有 $i = 1, \cdots, t$, 即得 $\text{rank}(\boldsymbol{A}^{k+1}) = \text{rank}(\boldsymbol{A}^{k+2})$. □

习 题 6.5

1. 已知三阶矩阵 $\boldsymbol{A}$ 的特征值为 $1, -1, 2$, $\boldsymbol{B} = \boldsymbol{A}^3 - 5\boldsymbol{A}^2$. 求 $\det \boldsymbol{B}$ 和 $\boldsymbol{B}$ 的相似对角形.

2. 设 $\boldsymbol{A}=\begin{pmatrix}1&0&1\\0&2&0\\1&0&1\end{pmatrix}$, $\boldsymbol{B}=(b\boldsymbol{E}+\boldsymbol{A})^2$. 求 $\boldsymbol{B}$ 的相似对角形.

3. 证明：对任意复方阵 $\boldsymbol{A}$ 存在可逆矩阵 $\boldsymbol{P}$ 使得 $\boldsymbol{P}^{-1}\boldsymbol{A}\boldsymbol{P}=\begin{pmatrix}\lambda_1&&\\\vdots&\ddots&\\ *&\cdots&\lambda_n\end{pmatrix}$.

4. 利用三角化引理证明：

(1) 方阵 $\boldsymbol{A}$ 可逆当且仅当 $\boldsymbol{A}$ 的特征值全非零;

(2) 方阵 $\boldsymbol{A}$ 是幂零矩阵当且仅当 $\boldsymbol{A}$ 的特征值全为零.

5. 如果幂零矩阵 $\boldsymbol{A}$ 的秩 $\operatorname{rank}\boldsymbol{A}=r$, 证明：$\boldsymbol{A}^{r+1}=\boldsymbol{O}$.

6.6 列斯里群体模型 †

从一个简单的例子说起.

假设一个野生动物区里, 雌鹿的较大寿命为 6 年. 把 6 年均分为 3 个年龄段 $[0,2)$, $[2,4)$, $[4,6]$. 假设初始时, 各年龄段的雌鹿数目分别是 (单位：千头)

$$x_{10}=3,\quad x_{20}=2,\quad x_{30}=1.$$

然后, 每 2 年统计一次：

2 年后第 1 次统计各年龄段的雌鹿数目分别记为 x_{11}, x_{21}, x_{31};

4 年后第 2 次统计各年龄段的雌鹿数目分别记为 x_{12}, x_{22}, x_{32};

$\cdots$.

这些数据与哪些因素有关?

显然, x_{21} 是初始时在 $[0,2)$ 年龄段的雌鹿中存活下来的部分, 所以它由 x_{10} 和 $[0,2)$ 年龄段的雌鹿的存活率 b_1 决定：$x_{21}=b_1x_{10}$, 设 $b_1=\dfrac{1}{2}$.

同理, x_{31} 由 x_{20} 和 $[2,4)$ 年龄段雌鹿存活率 b_2 决定：$x_{31}=b_2x_{20}$. 设 $b_2=\dfrac{1}{4}$.

但 x_{11} 的情况不同, 这是两年中出生的雌鹿数目, 它由已有雌鹿数量和**统计周期出生率**决定, 这里统计周期是两年, 统计周期出生率就是平均每头雌鹿两年中生小鹿头数. 设 3 个年龄段的雌鹿的统计周期出生率分别为

$$a_1=0,\quad a_2=4,\quad a_3=3,$$

其中 $a_1=0$ 是说雌鹿两岁后才开始生小鹿; $a_2=4$ 是说 2~4 岁的一头雌鹿两年中平均生 4 头小鹿; 等, 那么 $x_{11}=a_1x_{10}+a_2x_{20}+a_3x_{30}$. 综上, 得

$$\begin{cases}x_{11}=a_1x_{10}+a_2x_{20}+a_3x_{30},\\x_{21}=b_1x_{10},\\x_{31}=b_2x_{20},\end{cases}$$

显然, 第 2 次统计数据 x_{12}, x_{22}, x_{32} 由上一次的数据 x_{11}, x_{21}, x_{31} 按与上面同样的方程组决定, …… 总之,

$$\begin{cases} x_{1,k+1} = a_1x_{1k} + a_2x_{2k} + a_3x_{3k}, \\ x_{2,k+1} = b_1x_{1k}, \\ x_{3,k+1} = b_2x_{2k}. \end{cases} \tag{6.6.1}$$

把它们用矩阵形式写出, 上述线性变换 (6.6.1) 的矩阵是

$$\boldsymbol{L} = \begin{pmatrix} a_1 & a_2 & a_3 \\ b_1 & & \\ & b_2 & \end{pmatrix} = \begin{pmatrix} 0 & 4 & 3 \\ \dfrac{1}{2} & & \\ & \dfrac{1}{4} & \end{pmatrix}.$$

再把第 k 次统计数据排成向量, 称为**年龄分布向量**:

$$\boldsymbol{X}_k = \begin{pmatrix} x_{1k} \\ x_{2k} \\ x_{3k} \end{pmatrix}, \quad \boldsymbol{X}_0 = \begin{pmatrix} x_{10} \\ x_{20} \\ x_{30} \end{pmatrix} = \begin{pmatrix} 3 \\ 2 \\ 1 \end{pmatrix},$$

那么式 (6.6.1) 就是

$$\boldsymbol{X}_{k+1} = \boldsymbol{L}\boldsymbol{X}_k. \tag{6.6.1$'$}$$

递推得

$$\boldsymbol{X}_k = \boldsymbol{L}^k\boldsymbol{X}_0, \quad k = 0, 1, 2, \cdots. \tag{6.6.2}$$

将具体数据代入可算出

$$\boldsymbol{X}_1 = \begin{pmatrix} 11 \\ 1.5 \\ 0.5 \end{pmatrix}, \quad \boldsymbol{X}_2 = \begin{pmatrix} 7.5 \\ 5.5 \\ 0.375 \end{pmatrix}, \quad \boldsymbol{X}_3 = \begin{pmatrix} 23.13 \\ 3.75 \\ 2.75 \end{pmatrix}, \quad \cdots.$$

研究两个问题:

问题 1. 一般模型是什么?

问题 2. 情况表明, 不论初始状态如何, 只要稳定发展, 群体年龄结构会趋于稳定, 群体增长率也会趋于稳定, 能证明这一点并计算出年龄结构和增长率吗?

易从上述例子得一般模型. 把某个雌性群体的考察年龄 l 分为 n 个年龄段

$$\left[0, \frac{l}{n}\right), \quad \left[\frac{l}{n}, \frac{2l}{n}\right), \quad \cdots, \quad \left[\frac{(n-1)l}{n}, l\right].$$

统计周期就是 $p = \dfrac{l}{n}$. 设第 t 年龄段 $\left[\dfrac{(t-1)l}{n}, \dfrac{tl}{n}\right)$ 的存活率为 b_t, 统计周期出生

率为 a_t, 这里 $t=0,1,\cdots,n-1$, 那么矩阵

$$\boldsymbol{L}=\begin{pmatrix} a_1 & a_2 & \cdots & a_n \\ b_1 & 0 & & \\ & \ddots & \ddots & \\ & & b_{n-1} & 0 \end{pmatrix}$$

称为该群体模型的**列斯里矩阵**. 最后设第 k 次统计数据的年龄分布向量为

$$\boldsymbol{X}_k=\begin{pmatrix} x_{1k} \\ x_{2k} \\ \vdots \\ x_{nk} \end{pmatrix}, \quad k=0,\ 1,\ 2,\ \cdots,$$

其中 $\boldsymbol{X}_0$ 是初始状态. 如同式 (6.6.1′) 和式 (6.6.2), 得到

$$\boldsymbol{X}_{k+1}=\boldsymbol{L}\boldsymbol{X}_k, \tag{6.6.3}$$

$$\boldsymbol{X}_k=\boldsymbol{L}^k\boldsymbol{X}_0, \quad k=0,\ 1,\ 2,\ \cdots. \tag{6.6.4}$$

易计算矩阵 $\boldsymbol{L}$ 的特征多项式 $\Delta_{\boldsymbol{L}}(\lambda)$: 按行列式 $\det(\lambda\boldsymbol{E}-\boldsymbol{L})$ 的最后一列展开得

$$\Delta_{\boldsymbol{L}}(\lambda)=\lambda^n-a_1\lambda^{n-1}-a_2b_1\lambda^{n-2}-\cdots-(a_nb_1b_2\cdots b_{n-1}). \tag{6.6.5}$$

按实际意义可以假设

$$a_1,\cdots,a_{n-1}\geqslant 0, \quad a_n,b_1,b_2,\cdots,b_{n-1}>0, \tag{6.6.6}$$

那么式 (6.6.5) 中的 $\Delta_{\boldsymbol{L}}(\lambda)$ 的常数项非零, 故 $\Delta_{\boldsymbol{L}}(\lambda)$ 无零根. 因此 $\Delta_{\boldsymbol{L}}(\lambda)$ 与方程 $f(\lambda)=1$ 的根完全相同, 这里

$$f(\lambda)=1-\frac{\Delta_{\boldsymbol{L}}(\lambda)}{\lambda^n}=\frac{a_1}{\lambda}+\frac{a_2b_1}{\lambda^2}+\cdots+\frac{a_nb_1b_2\cdots b_{n-1}}{\lambda^n}. \tag{6.6.7}$$

因为 $a_jb_1\cdots b_{j-1}\geqslant 0$ 且 $a_nb_1\cdots b_{n-1}>0$ (见式 (6.6.6)), 所以当 $\lambda>0$ 时 $f(\lambda)$ 是严格单调递减函数, 而且, 在 $\lambda\to\infty$ 时 $f(\lambda)\to 0$; 在 $\lambda\to 0$ 时 $f(\lambda)\to\infty$. 因此 $f(\lambda)=1$ 有唯一正实根. 这就证明了下面命题的第 1 个结论.

命题 6.6.1 列斯里矩阵 $\boldsymbol{L}$ 有唯一正实特征根, 记作 λ_1, 它的代数重数为 1, 属于它的特征向量是向量 $\boldsymbol{P}_1=\begin{pmatrix} 1 \\ b_1/\lambda_1 \\ \vdots \\ b_1\cdots b_{n-1}/\lambda^{n-1} \end{pmatrix}$ 的非零倍.

证 作替换 $\mu=\dfrac{1}{\lambda}$, 函数 $f(\lambda)-1$ 变成关于 μ 的多项式 $g(\mu)$ 如下:

$$\big(f(\lambda)-1=\big)g(\mu)=a_1\mu+(a_2b_1)\mu^2+\cdots+(a_nb_1\cdots b_{n-1})\mu^n-1.$$

由式 (6.6.7) 知道 λ_1 是 $\Delta_{\boldsymbol{L}}(\lambda)$ 的 m 重根当且仅当 $\mu_1=1/\lambda_1$ 是 $g(\mu)$ 的 m 重根. 但 $g(\mu)$ 的微分 (导数) 多项式是

$$g'(\mu)=a_1+2(a_2b_1)\mu+\cdots+n(a_nb_1\cdots b_{n-1})\mu^{n-1},$$

由于 $\mu_1>0$, 所以 $g'(\mu_1)>0$ (引用式 (6.6.6)), 即 $\mu_1=1/\lambda_1$ 不是 $g'(\mu)$ 的根, 所以 μ_1 是 $g(\mu)$ 的单根 (见推论 5.4.3), 即 λ_1 是 $\Delta_{\boldsymbol{L}}(\lambda)$ 的 1 重根, 那么属于特征根 λ_1 的特征子空间是一维子空间 (见引理 6.2.1). 最后, $\boldsymbol{P}_1\neq\boldsymbol{0}$, 且直接计算得

$$\boldsymbol{L}\boldsymbol{P}_1=\lambda_1\boldsymbol{P}_1,$$

即 $\boldsymbol{P}_1$ 是属于特征根 λ_1 的特征向量, 其他特征向量都是它的非零倍. □

从式 (6.6.6), $a_1,a_2,\cdots,a_n$ 都是非负的且至少一个 >0.

命题 6.6.2 如果 $a_1,a_2,\cdots,a_n$ 中有相邻两个都不为 0, 则列斯里矩阵 $\boldsymbol{L}$ 的任何不等于 λ_1 的特征根绝对值 $<\lambda_1$.

证 设特征根 $\lambda_t=r(\cos\theta+\sqrt{-1}\sin\theta)\neq\lambda_1$, 那么由上述命题, λ_t 是虚根, 故 $0<\theta<2\pi$. 在式 (6.6.7) 中, 因 $\Delta(\lambda_t)=\Delta(\lambda_1)=0$, 故

$$f(\lambda_t)=f(\lambda_1).$$

比较此等式两边的实数部分得等式

$$\begin{aligned}&\frac{a_1}{r}\cos\theta+\frac{a_2b_1}{r^2}\cos2\theta+\cdots+\frac{a_nb_1b_2\cdots b_{n-1}}{r^n}\cos n\theta\\=&\frac{a_1}{\lambda_1}+\frac{a_2b_1}{\lambda_1^2}+\cdots+\frac{a_nb_1b_2\cdots b_{n-1}}{\lambda_1^n}.\end{aligned}$$

设 $a_t\neq0,a_{t+1}\neq0$. 从 $0<\theta<2\pi$ 知 $\cos t\theta$ 和 $\cos(t+1)\theta$ 中至少一个 <1. 假若 $r\geqslant\lambda_1$, 则有下述 n 个不等式且其中至少一个是 "严格小于" 不等式:

$$\frac{a_jb_1b_2\cdots b_{j-1}}{r^j}\cos j\theta\leqslant\frac{a_jb_1b_2\cdots b_{j-1}}{\lambda_1^j},\quad j=1,\cdots,n,$$

那么上面实数部分的等式不能成立. 于是只能是 $r<\lambda_1$, 即 $|\lambda_t|<\lambda_1$. □

显然, 对具体问题而言, 只要把年龄段适当划分, 命题条件能够成立.

以下设 $\boldsymbol{L}$ 可以对角化. 这是为了简化推导 (但也符合具体实例). 不过下面的推导对若尔当标准形也能进行, 只是麻烦一些.

设 $\lambda_1, \lambda_2, \cdots, \lambda_n$ 是 $\boldsymbol{L}$ 的全部特征根, 其中 λ_1 如上是 $\boldsymbol{L}$ 的唯一正实特征根. 存在 $\boldsymbol{P} \in GL_n(\mathbb{C})$, 它的第一列是命题 6.6.1 中的向量 $\boldsymbol{P}_1$, 使得

$$\boldsymbol{P}^{-1}L\boldsymbol{P} = \mathrm{diag}(\lambda_1,\ \lambda_2,\ \cdots,\ \lambda_n),$$

那么

$$\boldsymbol{L}^k = \boldsymbol{P}\,\mathrm{diag}(\lambda_1^k,\ \lambda_2^k,\ \cdots,\ \lambda_n^k)\,\boldsymbol{P}^{-1}.$$

代入式 (6.6.4) 得

$$\boldsymbol{X}_k = \boldsymbol{P}\,\mathrm{diag}(\lambda_1^k,\ \lambda_2^k,\ \cdots,\ \lambda_n^k)\,\boldsymbol{P}^{-1}\,\boldsymbol{X}_0,$$

两边乘以 λ_1^{-k} 得

$$\lambda_1^{-k}\boldsymbol{X}_k = \boldsymbol{P}\,\mathrm{diag}\left(1,\ \left(\frac{\lambda_2}{\lambda_1}\right)^k,\ \cdots,\ \left(\frac{\lambda_n}{\lambda_1}\right)^k\right)\,\boldsymbol{P}^{-1}\,\boldsymbol{X}_0.$$

由于对所有 $1 < t \leqslant n$ 有 $\left|\dfrac{\lambda_2}{\lambda_1}\right| < 1$, 取极限得

$$\lim_{k\to\infty}\lambda_1^{-k}\boldsymbol{X}_k = \boldsymbol{P}\,\mathrm{diag}(1,\ 0,\ \cdots,\ 0)\,\boldsymbol{P}^{-1}\,\boldsymbol{X}_0.$$

令 $\boldsymbol{P}^{-1}\,\boldsymbol{X}_0 = \begin{pmatrix} c_1 \\ c_2 \\ \vdots \\ c_n \end{pmatrix}$, 则 $\mathrm{diag}(1,\ 0,\ \cdots,\ 0)\,\boldsymbol{P}^{-1}\,\boldsymbol{X}_0 = \begin{pmatrix} c_1 \\ 0 \\ \vdots \\ 0 \end{pmatrix}$, 那么就得

$$\lim_{k\to\infty}\lambda_1^{-k}\boldsymbol{X}_k = c_1\boldsymbol{P}_1.$$

因此 k 足够大时有以下近似公式和结论:

$$\boldsymbol{X}_k \approx \lambda_1^k c_1\boldsymbol{P}_1. \tag{6.6.8}$$

结论 1 从长远看, 年龄结构, 即各年龄段的群体比例稳定于列斯里矩阵 $\boldsymbol{L}$ 的特征向量 $\boldsymbol{P}_1$ 的各分量的比例.

再把式 (6.6.8) 写成递归式, 就得以下近似公式和结论:

$$\boldsymbol{X}_k \approx \lambda_1\boldsymbol{X}_{k-1}. \tag{6.6.9}$$

结论 2 从长远看, 群体增长率稳定于 $\lambda_1 - 1$.

由结论 2, $\lambda_1 = 1$ 就是零增长. 由于 $f(\lambda_1) = 1$, 所以 $\lambda_1 = 1$ 当且仅当

$$a_1 + a_2b_1 + a_3b_1b_2 + \cdots + a_nb_1b_2\cdots b_{n-1} = 1.$$

易见, 此式左端表示的是一个雌体一生中生育后代的平均数, 称为**净生率**.

结论 3　长远增长率 $\lambda_1 - 1 > 0$ $(= 0$ 或 $< 0)$, 如果净生率 > 1 $(= 1$ 或 $< 1)$.

习　题　6.6

1. 设 n 阶方阵 $\boldsymbol{J} = \boldsymbol{D} + \boldsymbol{N}$, 其中 $\boldsymbol{D}$ 是对角矩阵而 $\boldsymbol{N}$ 是幂零矩阵满足 $\boldsymbol{DN} = \boldsymbol{ND}$. 如果 $\lim\limits_{k\to\infty} \boldsymbol{D}^k = \boldsymbol{O}$, 证明: $\lim\limits_{k\to\infty} (\boldsymbol{D} + \boldsymbol{N})^k = \boldsymbol{O}$.

2. 设 n_t 阶若尔当块 $\boldsymbol{J} = \boldsymbol{D} + \boldsymbol{N}$, 其中 $\boldsymbol{D} = \begin{pmatrix} \lambda_t & & & \\ & \lambda_t & & \\ & & \ddots & \\ & & & \lambda_t \end{pmatrix}$ 而 $\boldsymbol{N} = \begin{pmatrix} 0 & 1 & & \\ & \ddots & \ddots & \\ & & \ddots & 1 \\ & & & 0 \end{pmatrix}$. 如果 $|\lambda_t| < 1$, 证明: $\lim\limits_{k\to\infty} \boldsymbol{J}^k = \boldsymbol{O}$.

3. 在命题 6.6.2 之后假设了 $\boldsymbol{L}$ 可对角化, 推导出结论 1, 结论 2 和结论 3. 请去掉假设 "$\boldsymbol{L}$ 可对角化", 利用若尔当标准形推导出结论 1, 结论 2 和结论 3.

第 6 章补充习题

1. 设 λ_t 是 $\boldsymbol{A}$ 的特征值, 对应的特征子空间是 $E_{\lambda_t}(\boldsymbol{A})$, 证明: $\boldsymbol{P}^{-1}\boldsymbol{AP}$ 的属于特征值 λ_t 的特征子空间与 $\boldsymbol{A}$ 的属于特征值 λ_t 的特征子空间具有关系

$$E_{\lambda_t}(\boldsymbol{P}^{-1}\boldsymbol{AP}) = \boldsymbol{P}^{-1} \cdot E_{\lambda_t}(\boldsymbol{A}) = \{\, \boldsymbol{P}^{-1}\boldsymbol{X}_t \mid \boldsymbol{X}_t \in E_{\lambda_t}(\boldsymbol{A}) \,\}.$$

2. 设 $\boldsymbol{A} = \begin{pmatrix} 2 & 1 & 1 \\ 1 & 2 & 1 \\ 1 & 1 & 2 \end{pmatrix}$, 已知列向量 $\boldsymbol{\alpha} = (1, x, 1)^{\mathrm{T}}$ 是矩阵 $\boldsymbol{A}^{-1}$ 的特征向量, 求 x.

3. 对奇数阶实矩阵 $\boldsymbol{A}$, 若 $\det \boldsymbol{A} > 0$, 则 $\boldsymbol{A}$ 有正实特征值; 若 $\det \boldsymbol{A} < 0$, 则 $\boldsymbol{A}$ 有负实特征值.

4. 设 $\boldsymbol{\alpha} = (a_1, \cdots, a_n)$ 是非零实向量, 求 $\boldsymbol{A} = \boldsymbol{\alpha}^{\mathrm{T}}\boldsymbol{\alpha}$ 的特征值和特征向量.

5. 设 $\boldsymbol{\alpha}, \boldsymbol{\beta}$ 是非零 n 维列向量, 问 $\boldsymbol{A} = \boldsymbol{\alpha}\boldsymbol{\beta}^{\mathrm{T}}$ 能否相似对角化.

6. 设 $\boldsymbol{A}, \boldsymbol{B}$ 是 n 阶矩阵. 证明: 矩阵 $\Delta_{\boldsymbol{A}}(\boldsymbol{B})$ 可逆当且仅当 $\boldsymbol{A}$ 与 $\boldsymbol{B}$ 没有公共特征值.

7. 已知 $\boldsymbol{\alpha} = (1, 1, -1)^{\mathrm{T}}$ 是矩阵 $\boldsymbol{A} = \begin{pmatrix} 2 & -1 & 2 \\ 5 & a & 3 \\ -1 & b & -2 \end{pmatrix}$ 的特征向量.

(1) 求 a, b 的值和 $\boldsymbol{\alpha}$ 所属的特征值;

(2) 问 $\boldsymbol{A}$ 是否相似于对角矩阵.

8. 设 $\begin{pmatrix} 1 & a & 1 \\ a & 1 & b \\ 1 & b & 1 \end{pmatrix} \sim \begin{pmatrix} 0 & & \\ & 1 & \\ & & 2 \end{pmatrix}$, 求 a, b.

9. 设 $\boldsymbol{A}=(a_{ij})_{n\times n}$ 的特征值为 $\lambda_1,\cdots,\lambda_n$. 求 $\sum\limits_{i=1}^{n}\lambda_i^2$.

10. 设 $\boldsymbol{A}$ 是可逆矩阵且 $\boldsymbol{A}\sim\boldsymbol{A}^k$ 这里 $k>1$. 证明: $\boldsymbol{A}$ 的特征值都是单位根.

11. 求循环矩阵 $\boldsymbol{C}=\begin{pmatrix} c_0 & c_1 & \cdots & c_{n-1} \\ c_{n-1} & c_0 & \cdots & c_{n-2} \\ \vdots & \vdots & & \vdots \\ c_1 & c_2 & \cdots & c_0 \end{pmatrix}$ 的特征值.

12. 设 $\boldsymbol{A}\in M_n(\mathbb{C})$. 证明:

(1) 若有列向量 $\boldsymbol{\alpha}$ 使 $\boldsymbol{\alpha}, \boldsymbol{A\alpha}, \cdots, \boldsymbol{A}^{n-1}\boldsymbol{\alpha}$ 线性无关, 则 $\boldsymbol{A}$ 的任何特征值的几何重数是 1;

(2) 若 $\boldsymbol{A}$ 的特征多项式无重根, 则有列向量 $\boldsymbol{\alpha}$ 使得 $\boldsymbol{\alpha}$, $\boldsymbol{A\alpha}$, $\cdots$, $\boldsymbol{A}^{n-1}\boldsymbol{\alpha}$ 线性无关.

13. 求 $\lim\limits_{n\to\infty}\begin{pmatrix} \frac{1}{2} & 2 & 1 \\ & 0 & -1 \\ & & \frac{1}{3} \end{pmatrix}^n$.

14. 设 $\boldsymbol{A}, \boldsymbol{B}$ 是两个 n 阶实矩阵. 证明: 如果作为复方阵 $\boldsymbol{A}\sim\boldsymbol{B}$, 则作为实矩阵也相似, 即存在实可逆矩阵 $\boldsymbol{P}$ 使得 $\boldsymbol{P}^{-1}\boldsymbol{AP}=\boldsymbol{B}$.

15. (**可对角化方阵的谱分解**) 设复方阵 $\boldsymbol{A}$ 的谱 $\mathrm{Spec}(\boldsymbol{A})=\{\lambda_1,\cdots,\lambda_k\}$. 证明: $\boldsymbol{A}$ 可相似对角化当且仅当存在方阵 $\boldsymbol{F}_1,\cdots,\boldsymbol{F}_k$ 使得 $\boldsymbol{A}=\sum\limits_{i=1}^{k}\lambda_i\boldsymbol{F}_i$, 而且下述三条成立:

(1) $\boldsymbol{F}_i^2=\boldsymbol{F}_i, \forall\ 1\leqslant i\leqslant k$;

(2) $\boldsymbol{F}_i\boldsymbol{F}_j=\boldsymbol{O}, \forall\ 1\leqslant i\neq j\leqslant k$;

(3) $\sum\limits_{i=1}^{k}\boldsymbol{F}_i=\boldsymbol{E}$.

16. 设 $\lambda_1\neq\lambda_2$, $n=n_1+n_2$, 向量空间 $\mathbb{C}^n$ 的向量组 $\boldsymbol{X}_{11},\cdots,\boldsymbol{X}_{1n_1},\boldsymbol{X}_{21},\cdots,\boldsymbol{X}_{2n_2}$ 线性无关. 证明: 存在唯一 n 阶复矩阵 $\boldsymbol{A}$ 使得 λ_1 和 λ_2 是 $\boldsymbol{A}$ 的特征值其重数分别是 n_1 和 n_2, 而且 $\boldsymbol{X}_{11},\cdots,\boldsymbol{X}_{1n_1}$ 和 $\boldsymbol{X}_{21},\cdots,\boldsymbol{X}_{2n_2}$ 分别是它们的特征向量.

17. 设 $\boldsymbol{A}\in M_n(\mathbb{C})$, 有一无重根的非零多项式 $f(\lambda)$ 使得 $f(\boldsymbol{A})=\boldsymbol{O}$. 证明: $\boldsymbol{A}$ 可相似对角化.

部分习题答案与提示

习　题　1.1

2. 提示：由数乘定义，$\left|\frac{1}{|\boldsymbol{\alpha}|}\boldsymbol{\alpha}\right| = \left|\frac{1}{|\boldsymbol{\alpha}|}\right||\boldsymbol{\alpha}| = 1$.

3. 提示：利用基本性质交换律、结合律、分配律等.

$\boldsymbol{\alpha}+\boldsymbol{\beta}=(a_1+b_1)\boldsymbol{\varepsilon}_1+(a_2+b_2)\boldsymbol{\varepsilon}_2+(a_3+b_3)\boldsymbol{\varepsilon}_3$;　$k\boldsymbol{\alpha}=(ka_1)\boldsymbol{\varepsilon}_1+(ka_2)\boldsymbol{\varepsilon}_2+(ka_3)\boldsymbol{\varepsilon}_3$.

4. (1) 等号成立当且仅当 $\boldsymbol{\alpha}$ 与 $\boldsymbol{\beta}$ 共线同向. (2) 等号成立当且仅当 $\boldsymbol{\alpha}$ 与 $\boldsymbol{\beta}$ 共线同向且 $|\boldsymbol{\alpha}|\geqslant|\boldsymbol{\beta}|$.

6. $\overrightarrow{AD}=\frac{1}{m+n}(m\cdot\overrightarrow{AC}+n\cdot\overrightarrow{AB})$.

7. 重心.

习　题　1.2

1. (1) $\{\overrightarrow{AB},\overrightarrow{CD},\overrightarrow{B'A'}\}$; $\{\overrightarrow{BC},\overrightarrow{DA}\}$; $\{\overrightarrow{BB'},\overrightarrow{A'A}\}$.

(2) $\{\overrightarrow{AB}, \overrightarrow{BC}, \overrightarrow{CD}, \overrightarrow{DA}, \overrightarrow{B'A'}\}$; $\{\overrightarrow{AB}, \overrightarrow{BB'}, \overrightarrow{B'A'}, \overrightarrow{A'A}, \overrightarrow{CD}\}$;

(3) $\{\overrightarrow{AB}, \overrightarrow{BC}, \overrightarrow{A'A}\}$, 以及把其中任何一个换为与其共线的向量所得的向量组.

2. (1) 共线；(2) 不共线. 提示：证明若 $k(\boldsymbol{\alpha}-\boldsymbol{\beta})+l(\boldsymbol{\alpha}+\boldsymbol{\beta})=\mathbf{0}$, 则 $k=0=l$.

3. 它们之和为零.

4. 提示：(1) $\overrightarrow{AD}=-8\boldsymbol{\alpha}-2\boldsymbol{\beta}$ 与 $\overrightarrow{BC}$ 共线.　(2) $\overrightarrow{AD}=6\boldsymbol{\alpha}+6\boldsymbol{\beta}$ 与 $\overrightarrow{AB}$ 共线.

5. 提示：见例 2、例 3.

习　题　1.3

1. (1) $\boldsymbol{\gamma}=2\boldsymbol{\alpha}+5\boldsymbol{\beta}$;　(2) $\boldsymbol{\omega}=2\boldsymbol{\alpha}-3\boldsymbol{\beta}$.

2. $\overrightarrow{AC'}:(1,1,1)$;　$\overrightarrow{CA'}:(-1,-1,1)$;　$\overrightarrow{BD'}:(-1,1,1)$;　$\overrightarrow{DB'}:(1,-1,1)$.

3. $(0,5,0)$, $(6,-7,-3)$.

4. 提示：证明各线段的中点是同一点.

5. 提示：(1) 角平分线分对边的比等于两邻边的比；(2) 利用 (1).

习　题　1.4

1. 或者 $\boldsymbol{\alpha}\perp\boldsymbol{\beta}$ 且 $\boldsymbol{\beta}\perp\boldsymbol{\gamma}$, 或者 $\boldsymbol{\alpha}$ 与 $\boldsymbol{\gamma}$ 共线.

2. (1) $\boldsymbol{\alpha}\perp\boldsymbol{\beta}$.　(2) $|\boldsymbol{\alpha}|=|\boldsymbol{\beta}|$.

3. (1) $|\boldsymbol{\alpha}+\boldsymbol{\beta}|=\sqrt{19}$; $|\boldsymbol{\alpha}-\boldsymbol{\beta}|=7$.　(2) $-\frac{29}{2}$.

4. $\arccos\frac{1}{2}$.

5. $\pm\frac{1}{3}(1,-2,2)$.

6. 提示：定义 1.4.1.

习　题　1.5

1. (1) 正确. (2), (3), (4) 不正确.

3. -12, 左手系.

4. 22.5.

6. 提示：混合积的几何意义 1.5.1.

习　题　1.6

2. $(10,13,19)$, $(-7,14,-7)$.

4. 提示：利用 1.5 节例 1.

5. 当且仅当 $\overrightarrow{AB}$, $\overrightarrow{AC}$, $\overrightarrow{AD}$ 共面.

6. 利用二重外积公式.

第 1 章补充习题

1. 提示：$\overrightarrow{OW}=\overrightarrow{OA_i}+\overrightarrow{A_iW}=\overrightarrow{OA_i}+r(\overrightarrow{A_iA_{i-1}}+\overrightarrow{A_iA_{i+1}})$, 其中 r 与 i 无关.

2. 提示：(1) 利用 1.1 节例 1 或者利用例题的方法.

(2) 令 $\dfrac{AL}{LB}=\dfrac{k_2}{k_1}$, $\dfrac{BM}{MC}=\dfrac{k_3}{k_2}$, $\dfrac{CN}{NA}=\dfrac{k_1}{k_3}$; 参看习题 1.3 的第 5 题.

3. 提示：(1) 等式两边与 $\overrightarrow{OA}$ 作内积得 $\langle\overrightarrow{OA},\ \overrightarrow{OB}\times\overrightarrow{OC}\rangle=0$.

(2) 由 (1) 令 $\overrightarrow{OA}=r\overrightarrow{OB}+s\overrightarrow{OC}$, 代入已知条件.

4. 提示：从两已知条件解出 $\langle\boldsymbol{\alpha},\boldsymbol{\alpha}\rangle=\langle\boldsymbol{\beta},\boldsymbol{\beta}\rangle$, $\langle\boldsymbol{\alpha},\boldsymbol{\beta}\rangle=\frac{1}{2}\langle\boldsymbol{\beta},\boldsymbol{\beta}\rangle$, 从而计算出 $\boldsymbol{\alpha}$, $\boldsymbol{\beta}$ 的夹角为 60°.

5. 夹角余弦 $=-\frac{1}{2}$, 故夹角 $=120^\circ$.

6. 提示：$\boldsymbol{\alpha}\times\boldsymbol{\beta}+\boldsymbol{\beta}\times\boldsymbol{\gamma}+\boldsymbol{\gamma}\times\boldsymbol{\alpha}=(\boldsymbol{\alpha}-\boldsymbol{\beta})\times(\boldsymbol{\alpha}-\boldsymbol{\gamma})$.

8. 把 $\boldsymbol{\alpha}_1$, $\boldsymbol{\alpha}_2$ 作为空间直角坐标系 O-XYZ 的 O-XY 平面上的向量, 取 $\boldsymbol{\alpha}_3:(0,0,1)$, 考虑行列式 $\begin{vmatrix} a_{11} & a_{12} & 0 \\ a_{21} & a_{22} & 0 \\ 0 & 0 & 1 \end{vmatrix}$, 利用引理 1.5.1.

9. 提示：(1) 左边 $=\langle(\boldsymbol{\alpha}\times\boldsymbol{\alpha}')\times\boldsymbol{\beta},\ \boldsymbol{\beta}'\rangle$, 再利用二重外积公式.

(2) 左边 $=\big\langle(\boldsymbol{\beta}\times\boldsymbol{\beta}')\times(\boldsymbol{\gamma}\times\boldsymbol{\gamma}'),\ \boldsymbol{\alpha}\times\boldsymbol{\alpha}'\big\rangle$, 利用 (1).

10. 提示：三阶行列式等于零当且仅当它的三个列作为三维实向量共面.

习　题　2.1

1. 见方向余弦定义后的计算.

2. (1) 参数方程：$x=0$, $y=t$, $z=0$.　对称式方程：$\dfrac{x}{0}=\dfrac{y}{1}=\dfrac{z}{0}$.

(2) 参数方程: $x=1, y=t, z=-1$. 对称式方程: $\dfrac{x-1}{0}=\dfrac{y}{1}=\dfrac{z+1}{0}$. 距离为 $\sqrt{2}$.

3. (1) $x=1+2t, y=-1+5t, z=-3-t$.

(2) $x=1+2t, y=-1+5t, z=-3$.

4. $(3,7,-6)$.

5. $\dfrac{x}{2}=\dfrac{y}{3}, z=0$.

6. $\dfrac{x+1}{2}=\dfrac{y-2}{-3}=\dfrac{z+3}{6}$.

习 题 2.2

1. (1) $\dfrac{x}{1}=\dfrac{y-1}{-1}=\dfrac{z}{1}$. (2) $\dfrac{x-1}{-1}=\dfrac{y-1}{0}=\dfrac{z}{1}$. (3) $\dfrac{\sqrt{3}}{2}$. (4) $\dfrac{\pi}{2}$ (5) $\dfrac{1}{\sqrt{6}}$.

2. 直线 AB: $\dfrac{x-1}{1}=\dfrac{y}{0}=\dfrac{z}{0}$; 直线 EC: $\dfrac{x-1}{1/2}=\dfrac{y-1}{1/2}=\dfrac{z}{1/\sqrt{2}}$; 夹角 $\dfrac{\pi}{3}$.

提示: $E:(1/2,\ 1/2,\ 1/\sqrt{2})$.

4. (1) 如果直线 L_1 与 L_2 平行, 则 $\boldsymbol{\delta}_1\times\boldsymbol{\delta}_2=\mathbf{0}$ 不能成为方向向量, 而且有无数个方向与它们都垂直.

(2) 在一条直线上取一点, 计算这点到另一直线的距离.

5. L_1 与 L_3 平行, 距离为 3.

习 题 2.3

2. (1) $D=0$. (2) $A=D=0$. (3) $A=0$. (4) $B=C=0$. (5) $A=B=D=0$.

3. 法方向数: $(A,B,C)=(1,1,0)$; 法方向余弦: $(1/\sqrt{2},1/\sqrt{2},0)$; 一般式方程: $x+y-1=0$.

4. 参数方程: $x=2+3s, y=-s, z=t$; 一般式方程: $x+3y-2=0$.

5. $7x-y-5z=0$.

6. $x-y-z+1=0$.

7. (1) $x=0$. (2) $\dfrac{y}{b}+\dfrac{z}{c}=1$. (3) $\dfrac{z}{c}=1$.

习 题 2.4

1. $\dfrac{1}{\sqrt{a^{-2}+b^{-2}+c^{-2}}}\left(\dfrac{x}{a}+\dfrac{y}{b}+\dfrac{z}{c}-1\right)=0$.

2. $\dfrac{x}{\sqrt{2}}+\dfrac{y}{\sqrt{2}}-\dfrac{1}{\sqrt{2}}=0$; 到原点的离差 $-\dfrac{1}{\sqrt{2}}$; 到 C' 的离差 $\dfrac{1}{\sqrt{2}}$.

4. $(0,0,-2)$ 和 $\left(0,0,-\dfrac{82}{13}\right)$.

5. 同侧.

6. $(y_2-y_1)(x-x_1)+(x_1-x_2)(y-y_1)=0$. 提示: 所求平面的法向量垂直于 $\overrightarrow{P_1P_2}$ 和 Z 轴.

7. $(-5,1,0)$.

习 题 2.5

2. $x-y-z-1=0$.

3. 对称式方程: $\dfrac{x-27}{9}=\dfrac{y-15}{5}=\dfrac{z}{1}$; 参数式方程: $x=27+9t$, $y=15+5t$, $z=t$.

4. $\dfrac{x-2}{2}=\dfrac{y-3}{-4}=\dfrac{z+5}{-5}$.

5. $D=3$.

6. (1) $A(x-a)+B(y-b)+C(z-c)=0$. (2) $\dfrac{x-a}{A}=\dfrac{y-b}{B}=\dfrac{z-c}{C}$.

7. 距离 $\dfrac{1}{3}$; 公垂线: $\begin{cases} y+z-2=0, \\ 2x+5y+4z+8=0. \end{cases}$

第 2 章补充习题

1. (1) $D_1=D_2=0$. (2) $A_1=A_2=0$, 而 D_1 与 D_2 不全为零. (3) $B_1:B_2=D_1:D_2$ 且 $B_1B_2\neq 0$. (4) $C_1=C_2=D_1=D_2=0$.

2. $\dfrac{x}{-1}=\dfrac{y}{0}=\dfrac{z}{3}$; 所求直线的方向向量既垂直于向量 $(3,-2,1)$ 也垂直于 Z 轴.

3. $\dfrac{x+1}{1}=\dfrac{y-2}{-2}=\dfrac{z-3}{1}$; 所求直线的方向向量是所给直线的方向向量与所给平面的法向量的外积.

4. $15x-10y+9z+11=0$. 利用平面族方程.

5. $\dfrac{1}{2}\sqrt{a^2b^2+b^2c^2+c^2a^2}$. 提示: 原点与此三点所成的四面体体积为 $\dfrac{1}{6}|abc|$, 原点到此三角形的距离为 $1/\sqrt{a^{-2}+b^{-2}+c^{-2}}$.

6. $x+y+z-(a+b+c)=0$. 提示: 三个法方向数彼此相等.

7. 设 $\dfrac{x_0}{\cos\theta_1}=\dfrac{y_0}{\cos\theta_2}=\dfrac{z_0}{\cos\theta_3}=t$, 由点 (x_0,y_0,z_0) 在平面上, 可求得

$$t=\frac{-D}{A\cos\theta_1+B\cos\theta_2+C\cos\theta_3}.$$

9. $\dfrac{x}{0}=\dfrac{y}{2}=\dfrac{z+2}{1}$. 设交点为 $Q:(a,b,c)$, 可利用 Q 在已知直线上和向量 $\overrightarrow{PQ}$ 正交于已知平面的法向量两个条件求出 a,b,c.

10. 提示: 把此直线的方向数求出来.

习 题 3.1

1. (1) 所有偶对都为逆序对. (2) $\dfrac{n(n-1)}{2}-t$. 提示: $(j_nj_{n-1}\cdots j_2j_1)$ 的逆序对恰为 $(j_1j_2\cdots j_{n-1}j_n)$ 的顺序对.

2. (1) $k=8$, $l=3$. (2) $k=3$, $l=6$.

3. 提示: 对 t 归纳. 如果 $\tau(j_1j_2\cdots j_n)<n(n-1)/2$, 则排列 $(j_1j_2\cdots j_n)$ 中至少有一个相邻顺序对.

4. 提示 1: 引理 3.1.1 后的注解. 提示 2: 任意取定 $1\leqslant k,l\leqslant n$, 把任一奇排列的第 k 第 l 位对换得一偶排列, 证明这是奇排列集合到偶排列集合的一一在上映射.

5. 提示：参看推论 3.1.1 的证明.

6. $-a_{11}a_{23}a_{32}a_{44}$.

7. 都不是.

8. (1) $(-1)^{n-1}n!$; (2) 0.

10. 提示：参看 3.1 节例 2.

11. 提示：行列式定义计算式中每项中 b 的幂指数之和为 0.

12. 38. 提示：行列式定义计算式中只有 $(1,1)$ 位、$(2,4)$ 位乘积给出 x^2 项，这样的项有两个对应的列脚标排列为 (1423), (1432).

习　题　3.2

1. (1) 4.　(2) $(a+b+c)^3$.　(3) $a_0(x-a_1)\cdots(x-a_n)$.　(4) $(n-1)!$.

2. (1) $a_1a_2a_3a_4+a_1a_2a_3+a_1a_2a_4+a_1a_3a_4+a_2a_3a_4$.　(2) 0.

4. 把第 2,3,4 列加到第 1 列，得方程 $x^3(x+a_1+a_2+a_3+a_4)=0$.

6. $(-1)^{n-1}D$.

7. 1.

8. (3) 如 $\begin{vmatrix} 0 & 1 \\ -1 & 0 \end{vmatrix}$.

习　题　3.3

2. $(x_1-1)\cdots(x_n-1)\prod\limits_{1\leqslant i<j\leqslant n}(x_j-x_i)$. 提示：这是一个范德蒙德行列式.

3. (1) -90. (2) $\prod\limits_{k=1}^{n}k!$. 提示：范德蒙德行列式. (3) $a^n+(-1)^{n+1}b^n$. 提示：按行展开.

4. $(x-y)^{n-2}(\lambda(x+(n-2)y)-(n-1)ab)$. 提示：第 2 列 -1 倍加到第 $3,\cdots,n$ 列；第 $3,\cdots,n$ 行加到第 2 行.

5. $a_1a_2\cdots a_n$.

6. $\prod\limits_{i=1}^{n}(a_id_i-b_ic_i)$. 提示：按第 n 行、第 $n+1$ 行展开，递推.

7. 提示：证明 $A_{ij}=A_{i+1,j}$，为此，把 $n-1$ 阶行列式 D_{ij} 的所有行加到第 i 行，由条件“每列各元素之和为零”，第 i 行变为 $D_{i+1,j}$ 的第 i 行的 -1 倍.

习　题　3.4

1. (1) $x=\cos\theta_1\cos\theta_2,\ y=\cos\theta_1\sin\theta_2$.　(2) $x=0,\ y=1,\ z=0$.

(3) $x=a,\ y=b,\ z=c$.　(4) $x=abc,\ y=-(ab+bc+ca),\ z=a+b+c$.

2. $f(x)=x^2-5x+3$.

3. 反证. 如果两两不等的 $r_1,\cdots,r_n,r_{n+1}$ 都是 $a_0+a_1x+\cdots+a_nx^n$ 的根，则 $a_0,a_1,\cdots,a_n$ 是一次方程组 $x_0+r_ix_1+\cdots+r_i^nx_n=0,\ i=1,\cdots,n,n+1$，的一组解，它的系数行列式是一个范德蒙德行列式，非零，引用克拉默定理.

4. 参看 3.4 节的例 3.

5. 此三平面交于一点当且仅当三方程联立有唯一解; 引用克拉默定理 3.4.1 及其后的注解.

习 题 3.5

1. 提示: 通过列对换把和式下的行列式化为列的自然顺序排列时使用对换个数与该排列的奇偶性相同.

2. n 项. 递推证之.

3. $1, -(a_{11}+a_{22}+\cdots+a_{nn}),\ (-1)^n|a_{ij}|_{n\times n}$.

4. $\frac{1}{2}((x+a)^n+(x-a)^n)$. 提示: 本节例 4.

5. 1. 提示: 逐列相减再逐行相减, 利用组合数公式 $\binom{n+1}{k}-\binom{n}{k}=\binom{n}{k-1}$.

7. $F_n=\frac{1}{\sqrt{5}}\left(\left(\frac{1+\sqrt{5}}{2}\right)^{n+1}-\left(\frac{1-\sqrt{5}}{2}\right)^{n+1}\right)$. 递推计算.

8. (1) $A_n=(x_1+x_2+\cdots+x_n)\prod\limits_{1\leqslant i<j\leqslant n}(x_j-x_i)$.

(2) $B_n=\left(\sum\limits_{k=1}^{n}x_1\cdots x_{k-1}x_{k+1}\cdots x_n\right)\prod\limits_{1\leqslant i<j\leqslant n}(x_j-x_i)$.

提示: 把 $\begin{vmatrix} 1 & x_1 & x_1^2 & \cdots & x_1^{n-1} & x_1^n \\ 1 & x_2 & x_2^2 & \cdots & x_2^{n-1} & x_2^n \\ \vdots & \vdots & \vdots & & \vdots & \vdots \\ 1 & x_n & x_n^2 & \cdots & x_n^{n-1} & x_n^n \\ 1 & z & z^2 & \cdots & z^{n-1} & z^n \end{vmatrix}$ 作为 z 的多项式, 看 z^{n-1} 和 z 的系数.

9. $\left(2\prod\limits_{i=1}^{n}x_i-\prod\limits_{i=1}^{n}(x_i-1)\right)\prod\limits_{1\leqslant i<j\leqslant n}(x_j-x_i)$. 提示: 考虑 $\begin{vmatrix} 1 & 0 & \cdots & 0 \\ 1 & 1+x_1 & \cdots & 1+x_1^n \\ \vdots & \vdots & & \vdots \\ 1 & 1+x_n & \cdots & 1+x_n^n \end{vmatrix}$.

10. 提示: 按最后一列或最后一行展开.

11. 提示: 用因子法.

12. $\prod\limits_{1\leqslant l<k\leqslant n}(a_k-a_l)(b_k-b_l)\Big/\prod\limits_{1\leqslant i,j\leqslant n}(a_i+b_j)$. 提示: 把行列式写成

$$\frac{1}{\prod\limits_{1\leqslant i,j\leqslant n}(a_i+b_j)}\begin{vmatrix} \prod\limits_{j\neq 1}(a_1+b_j) & \cdots & \prod\limits_{j\neq n}(a_1+b_j) \\ \vdots & & \vdots \\ \prod\limits_{j\neq 1}(a_n+b_j) & \cdots & \prod\limits_{j\neq n}(a_n+b_j) \end{vmatrix},$$

再考虑用因子法.

13. 提示: 递推.

14. $x_k=\dfrac{c_k}{a-b}-\dfrac{b\sum\limits_{i=1}^{n}c_i}{(a-b)(a+(n-1)b)},\ k=1,\cdots,n.$

15. 提示: $f_i(x)$ 的系数之和为 $f_i(1)$, $1+x+\cdots+x^{n-1}$ 的根为 $n-1$ 个不同的 n 次单位根 $\omega_1,\ \cdots,\ \omega_{n-1}$, 由条件知它们都是多项式 $f_1(x^n)+xf_2(x^n)+\cdots+x^{n-2}f_{n-1}(x^n)$ 的根, 即

$$f_1(1)+\omega_i f_2(1)+\cdots+\omega_i^{n-2}f_{n-1}(1)=0,\quad i=1,\cdots,n-1,$$

所以 $f_1(1),\ \cdots,\ f_{n-1}(1)$ 是一个系数行列式非零的齐次线性方程组的解.

习　题　4.1

1. 提示: (1) 按定义验证.　(2) $(a+b\omega)^{-1}=\dfrac{(a-b)-b\omega}{a^2+b^2-ab}$.
2. 提示: 按定义验证.
3. 提示: $\boldsymbol{X}_0=\boldsymbol{X}_0+\boldsymbol{0}=\boldsymbol{X}_0+\boldsymbol{X}+(-\boldsymbol{X})=\boldsymbol{X}+(-\boldsymbol{X})=\boldsymbol{0}$.
4. (1) $\begin{pmatrix}0&2&6\\3&1&0\end{pmatrix}$.　(2) $\sum\limits_{i=1}^{n}\sum\limits_{j=1}^{n}a_{ij}x_ix_j$.
5. 左边 $=\left(\sum\limits_{i=1}^{n}a_{i1}x_i,\ \cdots,\ \sum\limits_{i=1}^{n}a_{in}x_i\right)\begin{pmatrix}x_1\\\vdots\\x_n\end{pmatrix}=\sum\limits_{j=1}^{n}\Big(\sum\limits_{i=1}^{n}a_{ij}x_i\Big)x_j$.
6. $\boldsymbol{AB}=\boldsymbol{O}$, $\boldsymbol{BA}=\begin{pmatrix}2&-4\\1&-2\end{pmatrix}$.
7. 设 $\boldsymbol{X}=\begin{pmatrix}x_{11}&x_{12}\\x_{21}&x_{22}\end{pmatrix}$, 由 $\boldsymbol{AX}=\boldsymbol{XA}$, 可得 $\boldsymbol{X}=\begin{pmatrix}x_{11}&x_{12}\\0&x_{11}\end{pmatrix}$.
8. 由 $\boldsymbol{AA}=-4\boldsymbol{A}$, 得 $\boldsymbol{A}^6=-2^{10}\boldsymbol{A}$.
9. 10. 均按定义验证.

习　题　4.2

3. 参看 4.1 节最后的例 1.
4. $\boldsymbol{A}^k=\begin{pmatrix}\lambda^k&k\lambda^{k-1}&\dfrac{k(k-1)}{2}\lambda^{k-2}\\&\lambda^k&k\lambda^{k-1}\\&&\lambda^k\end{pmatrix}$.
5. 设 $\boldsymbol{B}=(b_{ij})_{n\times n}$ 满足 $\boldsymbol{AB}=\boldsymbol{BA}$, 则 $a_ib_{ij}=a_jb_{ij}$.
6. 7. 按定义验证.
8. 利用第 7 题 (3).

习　题　4.3

2. (1), (2), (3) 都可直接计算检验, 方便的书写形式是作归纳法. (4) 对一阶矩阵 $\boldsymbol{A}=$

$\boldsymbol{B}=(1)$ 它就不成立. (5) 例如, $\boldsymbol{A}=\begin{pmatrix}1&1\\2&2\end{pmatrix}$, $\boldsymbol{B}=\begin{pmatrix}0&1\\1&0\end{pmatrix}$, $k=2$.

3. $$\boldsymbol{D}^2=\begin{pmatrix}0&0&1\cdot2&&&\\&0&0&2\cdot3&&\\&&\ddots&\ddots&\ddots&\\&&&0&0&(n-2)(n-1)\\&&&&0&0\\&&&&&0\end{pmatrix}.$$

$$\boldsymbol{D}^3=\begin{pmatrix}0&0&0&1\cdot2\cdot3&&\\&\ddots&\ddots&\ddots&\ddots&\\&&0&0&0&(n-3)(n-2)(n-1)\\&&&0&0&0\\&&&&0&0\\&&&&&0\end{pmatrix}.$$

$$\boldsymbol{D}^n=\begin{pmatrix}0&\cdots&0&(n-1)!\\&\ddots&\vdots&0\\&&0&\vdots\\&&&0\end{pmatrix}.\quad \boldsymbol{D}^{n+1}=0.$$

4. 利用本节习题 2(2), 并注意所有二项式系数之和等于 2^k.

5. (1) 从所给等式可得 $\boldsymbol{A}(-\boldsymbol{A}-\boldsymbol{E})=\boldsymbol{E}$. (2) $(\boldsymbol{E}-\boldsymbol{A})^{-1}=\boldsymbol{E}+\boldsymbol{A}+\cdots+\boldsymbol{A}^{k-1}$.

6. $\boldsymbol{A}^2-4\boldsymbol{E}=(\boldsymbol{A}+2\boldsymbol{E})(\boldsymbol{A}-2\boldsymbol{E})$, 所以 $(\boldsymbol{A}+2\boldsymbol{E})^{-1}(\boldsymbol{A}^2-4\boldsymbol{E})=\boldsymbol{A}-2\boldsymbol{E}=\begin{pmatrix}-1&-1&1\\1&-1&0\\2&1&-1\end{pmatrix}$.

7. 等式两边右乘 $\boldsymbol{A}^{-1}$ 后整理可得 $\boldsymbol{B}=6(\boldsymbol{A}^{-1}-\boldsymbol{E})^{-1}=\mathrm{diag}(3,2,1)$.

9. 令 $\boldsymbol{A}=(a_{ij})_{n\times n}$, 则 $\sum\limits_{i=1}^{n}a_{ij}^2=0$, $j=1,\cdots,n$. 对复方阵不成立, 如 $\boldsymbol{A}=\begin{pmatrix}1&\mathrm{i}\\\mathrm{i}&-1\end{pmatrix}$, 其中 $\mathrm{i}=\sqrt{-1}$. 修改为 $\bar{\boldsymbol{A}}^{\mathrm{T}}\boldsymbol{A}=\boldsymbol{O}$ 后结论可成立, 其中 $\bar{\boldsymbol{A}}$ 是把 $\boldsymbol{A}$ 的每元取复共轭所得矩阵.

10. 参看对称矩阵性质的证明.

11. $\boldsymbol{A}^k=3^{k-1}\boldsymbol{A}$. 参看本节例 1.

12. $a=6$, $\boldsymbol{A}=\frac{1}{5}\begin{pmatrix}3&-3\\-2&2\end{pmatrix}=\frac{1}{5}\begin{pmatrix}3\\-2\end{pmatrix}\begin{pmatrix}1&-1\end{pmatrix}$, $\boldsymbol{B}=\frac{1}{5}\begin{pmatrix}2&3\\2&3\end{pmatrix}=$

$\frac{1}{5}\begin{pmatrix} 1 \\ 1 \end{pmatrix}(2,3)$, 由此得 $\boldsymbol{A}^2=\boldsymbol{A}$, $\boldsymbol{B}^2=\boldsymbol{B}$, $\boldsymbol{AB}=\boldsymbol{BA}=\boldsymbol{O}$, 用本节习题 2(2).

13. 都按分块计算直接验证.

14. 把 $\boldsymbol{A}$ 转置后再分块即可验证.

15. $\begin{pmatrix} 0 & a_2^{-1} & 0 & \cdots & 0 \\ 0 & 0 & a_3^{-1} & \cdots & 0 \\ \vdots & \vdots & \vdots & & \vdots \\ 0 & 0 & 0 & \cdots & a_n^{-1} \\ a_1^{-1} & 0 & 0 & \cdots & 0 \end{pmatrix}$. 利用本节习题 13(2).

习　题　4.4

1. 线性无关.

2. 不一定唯一. 例如, $(1,1)=1\cdot(1,1)+0\cdot(-1,-1)=2\cdot(1,1)+1\cdot(-1,-1)$.

4. 不正确, 因为不一定存在同一组不全为零的数 $c_1,\cdots,c_k$ 使得它们的线性组合同时为零. 反例: $\boldsymbol{\alpha}_1=(1,0)$, $\boldsymbol{\alpha}_2=(0,0)$ 与 $\boldsymbol{\beta}_1=(0,0)$, $\boldsymbol{\beta}_2=(0,1)$.

5. (1) 设 $c_1(2\boldsymbol{\alpha}_1+3\boldsymbol{\alpha}_2)+c_2(\boldsymbol{\alpha}_2+4\boldsymbol{\alpha}_3)+c_3(5\boldsymbol{\alpha}_3+\boldsymbol{\alpha}_1)=\mathbf{0}$, 推出 $c_1=c_2=c_3=0$.

(2) $a\neq 1$.

7. 向量线性关系性质 4.

8. (1) 按定义.　(2) 令 $d_1=rc_1$, 则 $\sum\limits_{i=1}^{k}(rc_i)\boldsymbol{\alpha}_i=\sum\limits_{i=1}^{k}d_i\boldsymbol{\alpha}_i=\mathbf{0}$, 利用 (1).

习　题　4.5

1. 提示: 利用引理 4.5.1.

2. 提示: 按定义验证. 反过来不正确.

3. 提示: 利用第 2 题和引理 4.5.1.

4. (1) 提示: 考察 $\boldsymbol{\alpha}_1$ 由 $\boldsymbol{\alpha}_2,\boldsymbol{\alpha}_3,\boldsymbol{\alpha}_4$ 的线性表示式.

(2) 提示: $\operatorname{rank}(\boldsymbol{\alpha}_2,\boldsymbol{\alpha}_3,\boldsymbol{\alpha}_4)\leqslant 2<\operatorname{rank}(\boldsymbol{\alpha}_1,\boldsymbol{\alpha}_2,\boldsymbol{\alpha}_3,\boldsymbol{\alpha}_4)$, 或者用反证法.

6. 线性无关的定义.

7. 充分性: 设 $c_1\boldsymbol{\alpha}_1+\cdots+c_j\boldsymbol{\alpha}_j+\cdots+c_k\boldsymbol{\alpha}_k=\mathbf{0}$ 中 $c_j=0$, 若除 c_j 外其他系数都是 0, 则 $\boldsymbol{\alpha}_j=\mathbf{0}$, 于是 $\boldsymbol{\alpha}_j$ 不是 $\boldsymbol{\alpha}_1,\cdots,\boldsymbol{\alpha}_k$ 的唯一线性组合; 否则还有 $c_i\neq 0$, $i\neq j$, 那么 $\boldsymbol{\alpha}_j$ 不是 $\boldsymbol{\alpha}_1,\cdots,\boldsymbol{\alpha}_k$ 的唯一线性组合.

习　题　4.6

2. $\boldsymbol{AY}$ 是 $m\times 1$ 的 $\mathbb{F}$ 矩阵, 所以 $\boldsymbol{AY}\in\mathbb{F}^m$. $(\boldsymbol{AY}_1)+(\boldsymbol{AY}_2)=\boldsymbol{A}(\boldsymbol{Y}_1+\boldsymbol{Y}_2)$; $c(\boldsymbol{AY})=\boldsymbol{A}(c\boldsymbol{Y})$.

3. 若有 $c,c'\in\mathbb{F}(c\neq c')$ 使 $\boldsymbol{\alpha}+c\boldsymbol{\beta}\in W$ 和 $\boldsymbol{\alpha}+c'\boldsymbol{\beta}\in W$, 则 $c'(\boldsymbol{\alpha}+c\boldsymbol{\beta})-c(\boldsymbol{\alpha}+c'\boldsymbol{\beta})\in W$, 从而 $\boldsymbol{\alpha}\in W$.

4. 提示: $\operatorname{rank}(\boldsymbol{\alpha},\cdots,\boldsymbol{\alpha}_k)<m\leqslant\operatorname{rank}(\boldsymbol{\alpha},\cdots,\boldsymbol{\alpha}_k,\boldsymbol{\beta}_1,\cdots,\boldsymbol{\beta}_m)$; 扩充线性无关组 $\boldsymbol{\alpha},\cdots,\boldsymbol{\alpha}_k$.

5. 提示：参看上题.

6. 提示：$\boldsymbol{\beta}_1,\cdots,\boldsymbol{\beta}_k$ 的极大线性无关组也是 $\boldsymbol{\alpha}_1,\cdots,\boldsymbol{\alpha}_k$, $\boldsymbol{\beta}_1,\cdots,\boldsymbol{\beta}_k$ 的极大线性无关组.

7. 提示：性质 4.4.6.

8. (i) $\Rightarrow$ (ii). 根据基底和维数的定义. (ii) $\Rightarrow$ (iii). $L(\boldsymbol{\beta}_1,\cdots,\boldsymbol{\beta}_r)\leqslant W$ 而 $r=\dim W$. (iii) $\Rightarrow$ (i). 由 (iii), $L(\boldsymbol{\beta}_1,\cdots,\boldsymbol{\beta}_r)=W$, 从而 $\operatorname{rank}(\boldsymbol{\beta}_1,\cdots,\boldsymbol{\beta}_r)=\dim W$.

9. 提示：向量线性关系性质 2.

10. $\boldsymbol{\beta}_1=(1,1,0)$, $\boldsymbol{\beta}_2=(-5,0,1)$. 提示：答案不唯一.

12. $\boldsymbol{\alpha}_1+\boldsymbol{\beta}_1,\cdots,\boldsymbol{\alpha}_k+\boldsymbol{\beta}_k\in L(\boldsymbol{\alpha}_1,\cdots,\boldsymbol{\alpha}_k,\boldsymbol{\beta}_1,\cdots,\boldsymbol{\beta}_k)$; 4.6 节例 1.

习　题　4.7

2. 提示：利用 $\boldsymbol{E}_{ij}(a)=\boldsymbol{E}+a\boldsymbol{E}_{ij}$ 直接计算.

3. $\boldsymbol{B}=\boldsymbol{E}(1,2)\boldsymbol{E}_{31}(1)\boldsymbol{A}$, 答案不唯一.

4. $\boldsymbol{AB}^{-1}=\boldsymbol{E}(i,j)$.

5. $\begin{pmatrix} b_{33} & b_{32} & b_{31}\\ b_{23} & b_{22} & b_{21}\\ b_{13} & b_{12} & b_{11}\end{pmatrix}$. 提示：由初等变换马上知 $\boldsymbol{E}(1,3)\boldsymbol{CE}(1,3)=\boldsymbol{A}$.

7. (1) 提示：参看引理 4.7.1 的证明. (2) 例如, $\boldsymbol{A}=\begin{pmatrix}1&0\\0&0\end{pmatrix}$, $\boldsymbol{P}=\begin{pmatrix}0&1\\1&0\end{pmatrix}$ (即对换矩阵), 则 $0\boldsymbol{\alpha}_1+1\boldsymbol{\alpha}_2=\mathbf{0}$, 但是 $0\boldsymbol{\beta}_1+1\boldsymbol{\beta}_2\neq\mathbf{0}$.

8. 任意三个都是极大线性无关组；$2\boldsymbol{\alpha}_1-2\boldsymbol{\alpha}_2+\boldsymbol{\alpha}_3-\boldsymbol{\alpha}_4=\mathbf{0}$.

9. 维数 3; 基底 $\boldsymbol{\alpha}_1$, $\boldsymbol{\alpha}_2$, $\boldsymbol{\alpha}_4$. 基底答案不唯一.

提示：由命题 4.6.2, 生成组的极大线性无关组是基底.

习　题　4.8

1. $(\det\boldsymbol{A})^{-1}=\det\boldsymbol{A}\det\boldsymbol{A}^{\mathrm{T}}=\det(\boldsymbol{AA}^{\mathrm{T}})=\det\boldsymbol{E}=1$.

2. (3) $\det(\boldsymbol{E}-\boldsymbol{AB})=\det(\boldsymbol{A}(\boldsymbol{A}^{-1}-\boldsymbol{B}))$, 利用 (2).

3. 提示：利用分块行变换得 $\det\begin{pmatrix}\boldsymbol{A}&\boldsymbol{B}\\ \boldsymbol{C}&\boldsymbol{D}\end{pmatrix}=\det\begin{pmatrix}\boldsymbol{A}&\boldsymbol{B}\\ \boldsymbol{O}&\boldsymbol{D}-\boldsymbol{CA}^{-1}\boldsymbol{B}\end{pmatrix}=\det(\boldsymbol{A}(\boldsymbol{D}-\boldsymbol{CA}^{-1}\boldsymbol{B}))$.

5. 提示：计算 $\boldsymbol{AA}^{\mathrm{T}}$, 其中 $\boldsymbol{A}=\begin{pmatrix}a&b&c&d\\-b&a&d&-c\\-c&-d&a&b\\-d&c&-b&a\end{pmatrix}$.

6. 提示：$\begin{vmatrix}1&1&\cdots&1\\x_1&x_2&\cdots&x_n\\ \vdots&\vdots&&\vdots\\x_1^{n-1}&x_2^{n-1}&\cdots&x_n^{n-1}\end{vmatrix}\begin{vmatrix}1&x_1&\cdots&x_1^{n-1}\\1&x_2&\cdots&x_2^{n-1}\\ \vdots&\vdots&&\vdots\\1&x_n&\cdots&x_n^{n-1}\end{vmatrix}=\prod\limits_{1\leqslant i<j\leqslant n}(x_j-x_i)^2$.

7. 参看引理 4.8.1 的证明.

8. 参看引理 4.8.2 的证明.

9. 参看推论 4.8.1 的证明.

习　题　4.9

1. 提示：至多有 k 个非零行向量. $\operatorname{rank}\boldsymbol{A}=k$ 当且仅当每行至多一个 1 且每列至多一个 1.

2. (1) 2.　(2) 3.　(3) $n-1$.

3. $a=-\dfrac{1}{n-1}$. 提示：参看 3.2 节例 2.

4. $\lambda=3$ 时 $\operatorname{rank}\boldsymbol{A}=2$; $\lambda\neq 3$ 时 $\operatorname{rank}\boldsymbol{A}=3$.

5. 提示：若所有 k 阶子式为零, 按行列式按行按列展开定理, 所有 $k+1$ 阶子式为零.

6. 提示：用初等变换把左边 $\boldsymbol{A}$ 所在块化为拟对角, 右边块不受操作影响, 仍为零块.

7. (1) 提示：用初等变换分别把前 m 行中 $\boldsymbol{A}$ 所在块、后 p 行中 $\boldsymbol{B}$ 所在块化为拟对角. 或：直接从前 m 行取极大线性无关组, 从后 p 行取极大线性无关组, 证明合并组为大矩阵的行向量组的极大线性无关组.

8. 提示：这 r 行构成的子矩阵的秩等于 r, 仅用行初等变换可化为 r 个非零行的阶梯矩阵.

习　题　4.10

1. (1) $\begin{pmatrix} 2 & -1 & 1 \\ 4 & -2 & 1 \\ -\frac{3}{2} & 1 & -\frac{1}{2} \end{pmatrix}$; (2) $\begin{pmatrix} & & & 1 \\ & & 1 & \\ & 1 & & \\ 1 & & & \end{pmatrix}$; (3) $\begin{pmatrix} 1 & -1 & 1 & -1 \\ & 1 & -1 & 1 \\ & & 1 & -1 \\ & & & 1 \end{pmatrix}$.

2. (1) $\boldsymbol{A}^{-1}=\dfrac{1}{4}\begin{pmatrix} 1 & -1 \\ 2 & 2 \end{pmatrix}$; $\boldsymbol{X}=\dfrac{1}{4}\begin{pmatrix} -1 & 1 \\ 2 & 10 \end{pmatrix}$.　(2) 对 $(\boldsymbol{A}\,\vdots\,\boldsymbol{B})$ 作行初等变换把左边一块变为 $\boldsymbol{E}$, 则右边一块就是所求 $\boldsymbol{X}$.

4. $\det\boldsymbol{A}^*=3^4$; $\det(\boldsymbol{A}^*)^*=3^{16}$.

5. $\dfrac{1}{18}\boldsymbol{A}$.

6. $\boldsymbol{A}^{-1}+\boldsymbol{B}^{-1}=\boldsymbol{B}^{-1}(\boldsymbol{A}+\boldsymbol{B})\boldsymbol{A}^{-1}=\boldsymbol{A}^{-1}(\boldsymbol{A}+\boldsymbol{B})\boldsymbol{B}^{-1}$.

7. 提示: $\boldsymbol{A}^{-1}-\boldsymbol{E}=\boldsymbol{A}^{-1}(\boldsymbol{E}-\boldsymbol{A})$.

8. $(\boldsymbol{A}-2\boldsymbol{E})(\boldsymbol{A}^2+3\boldsymbol{E})=\boldsymbol{A}^3-2\boldsymbol{A}^2+3\boldsymbol{A}-\boldsymbol{E}-5\boldsymbol{E}=-5\boldsymbol{E}$, 所以 $(\boldsymbol{A}-2\boldsymbol{E})^{-1}=-\dfrac{1}{5}(\boldsymbol{A}^2+3\boldsymbol{E})$.

9. 提示: 设 $\boldsymbol{D}^{-1}=\begin{pmatrix} \boldsymbol{X}_1 & \boldsymbol{X}_2 \\ \boldsymbol{X}_3 & \boldsymbol{X}_4 \end{pmatrix}$, 从 $\boldsymbol{D}\boldsymbol{D}^{-1}=\boldsymbol{E}$ 解得

$$\boldsymbol{D}^{-1}=\begin{pmatrix} (\boldsymbol{A}+\boldsymbol{B})^{-1}+(\boldsymbol{A}-\boldsymbol{B})^{-1} & (\boldsymbol{A}+\boldsymbol{B})^{-1}-(\boldsymbol{A}-\boldsymbol{B})^{-1} \\ (\boldsymbol{A}+\boldsymbol{B})^{-1}-(\boldsymbol{A}-\boldsymbol{B})^{-1} & (\boldsymbol{A}+\boldsymbol{B})^{-1}+(\boldsymbol{A}-\boldsymbol{B})^{-1} \end{pmatrix}.$$

10. 提示：$\boldsymbol{A}$ 可逆时见习题 4.8 第 3 题; 对一般情况利用命题 4.10.3(3) 的证明方法.

11. 提示：参看定理 4.8.1 的注解.

习　题　4.11

2. 三个等价类; $\begin{pmatrix} 0 & 0 & 0 \\ 0 & 0 & 0 \end{pmatrix}, \begin{pmatrix} 1 & 0 & 0 \\ 0 & 0 & 0 \end{pmatrix}, \begin{pmatrix} 1 & 0 & 0 \\ 0 & 1 & 0 \end{pmatrix}$.

3. 提示：利用等价标准形定理, 参看推论 4.11.1 后的例 1, 例 1 是本题中 $r=1$ 的情形.

4. 提示：利用等价标准形定理，秩为 r 的拟对角矩阵可以写成 r 个秩为 1 的矩阵之和.

5. 提示：利用本节最后例 2 的方法.

6. 提示：以 $\boldsymbol{\beta}_1, \cdots, \boldsymbol{\beta}_k$ 为列向量作矩阵 $\boldsymbol{B}=(\boldsymbol{\beta}_1, \cdots, \boldsymbol{\beta}_k)$, 类似作 $\boldsymbol{C}=(\gamma_1, \cdots, \gamma_k)$, 则 $\boldsymbol{C}=\boldsymbol{BA}$. 注意 $\boldsymbol{B}$ 列满秩，利用命题 4.11.2(1).

7. 提示：设 $\boldsymbol{PAQ} = \begin{pmatrix} 1 & & \\ & \ddots & \\ & & 1 \end{pmatrix}_{m\times n}$，则 $\operatorname{rank}(\boldsymbol{Q}^{-1}\boldsymbol{B}) = \operatorname{rank}\boldsymbol{B}$, $\operatorname{rank}(\boldsymbol{AB}) = \operatorname{rank}(\boldsymbol{PAB}) = \operatorname{rank}(\boldsymbol{PAQQ}^{-1}\boldsymbol{B}) = \operatorname{rank}\left(\begin{pmatrix} 1 & & \\ & \ddots & \\ & & 1 \end{pmatrix} \cdot \boldsymbol{Q}^{-1}\boldsymbol{B}\right)$.

8. 提示：数学归纳法.

9. 提示: (1) 若 $\operatorname{rank}\boldsymbol{A}=n$ 利用定理 4.10.2; 否则由命题 4.11.2(3) 得 $\operatorname{rank}\boldsymbol{A}+\operatorname{rank}\boldsymbol{A}^*-n \leqslant \operatorname{rank}\boldsymbol{AA}^*=0$.　(2) 利用 (1) 和命题 4.10.2.

习　题　4.12

2. (1) $(0,1,1)$.　　(2) $(1,-2,1,0)$, $(1,-2,0,1)$.

3. n 为偶数时有非零解, 否则没有.

4. 提示: $\boldsymbol{A} \cong \begin{pmatrix} 0 & 1-\lambda & 0 \\ 0 & \lambda-1 & 1-\lambda \\ 1 & 1 & \lambda \end{pmatrix}$, 故 $\lambda \neq 1$ 时 $\boldsymbol{A}$ 可逆, 与 $\boldsymbol{B} \neq \boldsymbol{O}$ 但 $\boldsymbol{AB}=\boldsymbol{O}$ 矛盾. $\boldsymbol{AX}=\mathbf{0}$ 的解空间维数 <3, 故 $\operatorname{rank}\boldsymbol{B}<3$.

5. 将方程组 II 的通解代入方程组 I, 得非零公共解为 $(-t,t,t,t)$, $t \neq 0$.

6. (1) 由 $\operatorname{rank}\boldsymbol{A}=n-1$ 知存在 $A_{kj} \neq 0$.

(2) 利用 (1) 和 $\boldsymbol{AA}^*=\boldsymbol{O}$ 以及 $\boldsymbol{AX}=\mathbf{0}$ 的解空间是一维的.

7. 提示: 设 $c\boldsymbol{\beta}+\sum\limits_{i=1}^{s} c_i(\boldsymbol{\beta}+\boldsymbol{\alpha}_i)=\mathbf{0}$, 得 $\left(c+\sum\limits_{i=1}^{s} c_i\right)\boldsymbol{\beta}+\sum\limits_{i=1}^{s} c_i\boldsymbol{\alpha}_i=\mathbf{0}$. 若 $\left(c+\sum\limits_{i=1}^{s} c_i\right) \neq 0$, 则 $\boldsymbol{\beta}$ 会成为 $\boldsymbol{AX}=\mathbf{0}$ 的解, 故得 $c+\sum\limits_{i=1}^{s} c_i=0$.

8. (2) 提示：对任一实的 n 维列向量 $\boldsymbol{X}$, $\boldsymbol{AX}$ 是实向量, 所以 $\boldsymbol{AX}=\mathbf{0}$ 当且仅当

$(\boldsymbol{AX})^{\mathrm{T}}\boldsymbol{AX}=0$, 由此证明齐次线性方程组 $\boldsymbol{AX}=\mathbf{0}$ 与 $(\boldsymbol{A}^{\mathrm{T}}\boldsymbol{A})\boldsymbol{X}=\mathbf{0}$ 同解.

习　题　4.13

1. (1) $(1-t,\ -1+2t,\ t)$.　(2) $\left(t_1,\ t_2,\ 2-\dfrac{1}{4}t_1-\dfrac{9}{4}t_2,\ -\dfrac{5}{4}t_1-\dfrac{1}{4}t_2\right)$.

2. 提示: $\boldsymbol{A}\sum\limits_{i=1}^{k}b_i\boldsymbol{\beta}_i=\sum\limits_{i=1}^{k}b_i\boldsymbol{A}\boldsymbol{\beta}_i=\left(\sum\limits_{i=1}^{k}b_i\right)\boldsymbol{B}$.

3. 提示: 由第 2 题知 $\dfrac{1}{2}(\boldsymbol{\beta}_1+\boldsymbol{\beta}_2)$ 是特解, 而 $\boldsymbol{\alpha}_1,\ \boldsymbol{\alpha}_1-\boldsymbol{\alpha}_2$ 也是基础解系.

4. (1) $k\neq 4$ 且 $k\neq -1$ 时有唯一解; $k=-1$ 时无解; $k=4$ 时有无穷组解.

(2) $a\neq 2$ 时有无穷组解.

5. 由第 2 题知特解为 $\boldsymbol{\beta}_1=\dfrac{1}{2}(\boldsymbol{\alpha}_1+\boldsymbol{\alpha}_2)=(1,1,2,3)^{\mathrm{T}}$, $\boldsymbol{\beta}_2=\dfrac{1}{3}(\boldsymbol{\alpha}_1+2\boldsymbol{\alpha}_2)=(0,1,0,2)^{\mathrm{T}}$, $\mathrm{rank}\boldsymbol{A}=3$, 故通解为 $\boldsymbol{\beta}_1+t(\boldsymbol{\beta}_1-\boldsymbol{\beta}_2)=(1,1,2,3)^{\mathrm{T}}+t(1,0,2,1)^{\mathrm{T}}$.

7. 令 $\boldsymbol{A}=\begin{pmatrix}\boldsymbol{A}_1 & \boldsymbol{B}_1 & \boldsymbol{C}_1\\ \boldsymbol{A}_2 & \boldsymbol{B}_2 & \boldsymbol{C}_2\end{pmatrix}$, $\boldsymbol{B}=\begin{pmatrix}\boldsymbol{A}_1 & \boldsymbol{B}_1 & \boldsymbol{C}_1 & \boldsymbol{D}_1\\ \boldsymbol{A}_2 & \boldsymbol{B}_2 & \boldsymbol{C}_2 & \boldsymbol{D}_2\end{pmatrix}$.

(1) 当 $\mathrm{rank}\boldsymbol{A}=2$ 时, 两平面交于一条直线.

(2) 当 $\mathrm{rank}\boldsymbol{A}=1$ 时, $\mathrm{rank}\boldsymbol{B}=2$, 则两平面平行; $\mathrm{rank}\boldsymbol{B}=1$, 则两平面重合.

第 4 章补充习题

1. 提示: $(a+b\omega+c\omega^2)(a+b\omega^2+c\omega)=a^2+b^2+c^2-ab-bc-ca$.

2. 提示: 从 1 通过加减乘除运算可以得到所有有理数.

3. $\boldsymbol{A}$.

4. 提示: 必要性. 由 $(\boldsymbol{A}+\boldsymbol{B})^2=\boldsymbol{A}^2+\boldsymbol{B}^2$ 得 $\boldsymbol{AB}=-\boldsymbol{BA}$, 故 $\boldsymbol{AB}=\boldsymbol{A}^2\boldsymbol{B}=\boldsymbol{A}(-\boldsymbol{BA})=-(\boldsymbol{AB})\boldsymbol{A}=\boldsymbol{BA}^2=\boldsymbol{BA}$.

5. 提示: 把 $\boldsymbol{B}$ 写成相应的分块矩阵 $\boldsymbol{B}=\begin{pmatrix}\boldsymbol{B}_{11} & \cdots & \boldsymbol{B}_{1k}\\ \vdots & & \vdots\\ \boldsymbol{B}_{k1} & \cdots & \boldsymbol{B}_{kk}\end{pmatrix}$, 由 $\boldsymbol{AB}=\boldsymbol{BA}$ 得 $a_i\boldsymbol{B}_{ij}=a_j\boldsymbol{B}_{ij}$, 因此当 $i\neq j$ 时得 $\boldsymbol{B}_{ij}=\boldsymbol{O}$.

6. 提示: (1) $\boldsymbol{A}^2=\boldsymbol{E}-(2-\boldsymbol{\alpha}\boldsymbol{\alpha}^{\mathrm{T}})\boldsymbol{\alpha}^{\mathrm{T}}\boldsymbol{\alpha}$, 由 $\boldsymbol{A}^2=\boldsymbol{A}$ 得 $2-\boldsymbol{\alpha}\boldsymbol{\alpha}^{\mathrm{T}}=1$.　(2) 用反证法.

7. $\sum\limits_{i=0}^{n-1}a_i\boldsymbol{N}^i$, 其中 $a_0,\cdots,a_{n-1}$ 为任意数. 提示: 设 $\boldsymbol{A}=\sum\limits_{1\leqslant i,j\leqslant n}a_{ij}\boldsymbol{E}_{ij}$ 使得 $\boldsymbol{AN}=\boldsymbol{NA}$, 即 $\Big(\sum\limits_{1\leqslant i,j\leqslant n}a_{ij}\boldsymbol{E}_{ij}\Big)(\boldsymbol{E}_{12}+\cdots+\boldsymbol{E}_{n-1,n})=(\boldsymbol{E}_{12}+\cdots+\boldsymbol{E}_{n-1,n})\Big(\sum\limits_{1\leqslant i,j\leqslant n}a_{ij}\boldsymbol{E}_{ij}\Big)$; 比较两边对应位置元.

8. (1) 提示: 参看 4.2 节例 2 的解答.　(2) 利用 (1).

9. (1) $\begin{pmatrix}\dfrac{(a+b)^n+(a-b)^n}{2} & \dfrac{(a+b)^n-(a-b)^n}{2}\\ \dfrac{(a+b)^n-(a-b)^n}{2} & \dfrac{(a+b)^n+(a-b)^n}{2}\end{pmatrix}$. 提示: 令 $\boldsymbol{J}=\begin{pmatrix}0 & 1\\ 1 & 0\end{pmatrix}$, 则

$\boldsymbol{J}^2=\boldsymbol{E}$, $\begin{pmatrix} a & b \\ b & a \end{pmatrix}=a\boldsymbol{E}+b\boldsymbol{J}$.

(2) $\sum\limits_{i=0}^{k}\binom{k}{i}\lambda^{k-i}\boldsymbol{N}^i$, 其中 $\boldsymbol{N}$ 同第 7 题.

10. $\boldsymbol{X}=\boldsymbol{A}+\boldsymbol{E}$. 提示: 由条件可得 $(\boldsymbol{A}-\boldsymbol{E})\boldsymbol{X}=\boldsymbol{A}^2-\boldsymbol{A}=(\boldsymbol{A}-\boldsymbol{E})(\boldsymbol{A}+\boldsymbol{E})$.

11. 取 $a_1,\cdots,a_k\in\mathbb{F}$ 两两不等, 令 $\boldsymbol{\alpha}_j=(1,a_j,\cdots,a_j^{n-1})$, 利用范德蒙德行列式.

12. 提示: 从 $\sum\limits_{i=1}^{k}a_i(\boldsymbol{\beta}-\boldsymbol{\alpha}_i)=\boldsymbol{0}$, 可推出 $a_1=\cdots=a_k=0$.

13. 该向量组线性相关当且仅当 $\boldsymbol{\alpha}_1,\boldsymbol{\alpha}_2,\boldsymbol{\alpha}_3$ 线性相关.

14. 提示: 必要性. $\sum\limits_{i=1}^{m-1}a_i\boldsymbol{\beta}_i=\boldsymbol{0}$ 得 $\sum\limits_{i=1}^{m-1}a_i\boldsymbol{\alpha}_i+\left(\sum\limits_{i=1}^{m-1}a_ic_i\right)\boldsymbol{\alpha}_m=\boldsymbol{0}$.

充分性. 取 $c_1=\cdots=c_{m-1}=0$ 得 $\boldsymbol{\alpha}_1,\cdots,\boldsymbol{\alpha}_{m-1}$ 线性无关, 若 $\boldsymbol{\alpha}_1,\cdots,\boldsymbol{\alpha}_{m-1},\boldsymbol{\alpha}_m$ 线性相关, 则 $\boldsymbol{\alpha}_m=\sum\limits_{i=1}^{m-1}a_i\boldsymbol{\alpha}_i$, 且因 $\boldsymbol{\alpha}_m\neq\boldsymbol{0}$ 至少一个 $a_j\neq0$, 那么

$$a_1(\boldsymbol{\alpha}_1+0\boldsymbol{\alpha}_m)+\cdots+a_j\left(\boldsymbol{\alpha}_j+\frac{-1}{a_j}\boldsymbol{\alpha}_m\right)+\cdots+a_{m-1}(\boldsymbol{\alpha}_{m-1}+0\boldsymbol{\alpha}_m)=\boldsymbol{0},$$

得 $\boldsymbol{\alpha}_j=\boldsymbol{0}$, 这是矛盾.

15. 提示: 反证法, 若 $\det\boldsymbol{A}=0$, 则 $\boldsymbol{A}$ 的行向量线性相关, 有不全为零的 $c_1,\cdots,c_n$ 使得 $\sum\limits_{i=1}^{n}c_ia_{ij}=0$ 对所有 $j=1,\cdots,n$. 令 $|c_k|=\max\{|c_i|,\ i=1,\cdots,n\}$, 则

$$|c_k||a_{kk}|=|c_ka_{kk}|=\left|\sum_{i\neq k}c_ia_{ik}\right|\leqslant\sum_{i\neq k}|c_ia_{ik}|\leqslant\sum_{i\neq k}|c_k||a_{ik}|.$$

16. 提示: 用定义证之.

17. $\boldsymbol{A}^{-1}=\dfrac{1}{n-1}\begin{pmatrix} -(n-2) & 1 & \cdots & 1 \\ 1 & \ddots & \ddots & \vdots \\ \vdots & \ddots & \ddots & 1 \\ 1 & \cdots & 1 & -(n-2) \end{pmatrix}$.

18. $(\boldsymbol{E}_{n\times n}-\boldsymbol{AB})^{-1}=\boldsymbol{E}_{n\times n}+\boldsymbol{A}(\boldsymbol{E}_{m\times m}-\boldsymbol{BA})^{-1}\boldsymbol{B}$. 提示: $(\boldsymbol{E}_{m\times m}-\boldsymbol{BA})\boldsymbol{B}=\boldsymbol{B}(\boldsymbol{E}_{n\times n}-\boldsymbol{AB})$, 得 $\boldsymbol{B}=(\boldsymbol{E}_{m\times m}-\boldsymbol{BA})^{-1}\boldsymbol{B}(\boldsymbol{E}_{n\times n}-\boldsymbol{AB})$, 故 $(\boldsymbol{E}_{n\times n}+\boldsymbol{A}(\boldsymbol{E}_{m\times m}-\boldsymbol{BA})^{-1}\boldsymbol{B})(\boldsymbol{E}_{n\times n}-\boldsymbol{AB})=\boldsymbol{E}_{n\times n}$.

19. $(\boldsymbol{A}-\boldsymbol{B}^{-1})^{-1}-\boldsymbol{A}^{-1}=((\boldsymbol{AB}-\boldsymbol{E})\boldsymbol{B}^{-1})^{-1}-\boldsymbol{A}^{-1}=\boldsymbol{B}(\boldsymbol{AB}-\boldsymbol{E})^{-1}-\boldsymbol{A}^{-1}=\boldsymbol{A}^{-1}(\boldsymbol{AB}(\boldsymbol{AB}-\boldsymbol{E})^{-1}-(\boldsymbol{AB}-\boldsymbol{E})^{-1}+(\boldsymbol{AB}-\boldsymbol{E})^{-1}-\boldsymbol{E}=\boldsymbol{A}^{-1}(\boldsymbol{AB}-\boldsymbol{E})^{-1}$.

20. 提示: 利用满秩分解 (习题 4.11 第 3 题), 令 $\boldsymbol{B}=\boldsymbol{HL}$, 由命题 4.11.2(1) 得 $\operatorname{rank}(\boldsymbol{ABC})=\operatorname{rank}((\boldsymbol{AH})(\boldsymbol{LC}))\geqslant\operatorname{rank}(\boldsymbol{AH})+\operatorname{rank}(\boldsymbol{LC})-\operatorname{rank}\boldsymbol{B}\geqslant\operatorname{rank}(\boldsymbol{AHL})+\operatorname{rank}(\boldsymbol{HLC})-\operatorname{rank}\boldsymbol{B}$.

21. 提示: $\det(\boldsymbol{E}_{m\times m}-\boldsymbol{AB})=\det\begin{pmatrix}\boldsymbol{E}_{n\times n} & \boldsymbol{B}\\ \boldsymbol{A} & \boldsymbol{E}_{m\times m}\end{pmatrix}=\det(\boldsymbol{E}_{n\times n}-\boldsymbol{BA})$.

22. 提示: 利用习题 4.10 第 10 题.

23. (1) $\boldsymbol{PQ}=\begin{pmatrix}\boldsymbol{A} & \boldsymbol{\alpha}\\ \boldsymbol{0} & -\boldsymbol{\alpha}^{\mathrm{T}}\boldsymbol{A}^*\boldsymbol{\alpha}+b\cdot\det\boldsymbol{A}\end{pmatrix}$.

(2) 因 $\boldsymbol{P}$ 可逆, $\boldsymbol{Q}$ 可逆当且仅当 $\boldsymbol{PQ}$ 可逆, 当且仅当 $-\boldsymbol{\alpha}^{\mathrm{T}}\boldsymbol{A}^*\boldsymbol{\alpha}+b\cdot\det\boldsymbol{A}\neq 0$.

24. 提示: $\det(\boldsymbol{A}+\boldsymbol{E})=\det(\boldsymbol{A}+\boldsymbol{AA}^{\mathrm{T}})=\det\boldsymbol{A}\cdot\det(\boldsymbol{E}+\boldsymbol{A})$.

25. 提示: 必要性见 4.11 节例 1. 充分性. 按分块运算, $\boldsymbol{A}=(\boldsymbol{\alpha}_1,\cdots,\boldsymbol{\alpha}_r)\begin{pmatrix}\boldsymbol{\beta}_1^{\mathrm{T}}\\ \vdots\\ \boldsymbol{\beta}_r^{\mathrm{T}}\end{pmatrix}$, 利用命题 4.11.2(1).

26. 提示: 令 $\widetilde{\boldsymbol{C}}=\begin{pmatrix}\boldsymbol{A} & \boldsymbol{O}\\ -\boldsymbol{E}_{n\times n} & \boldsymbol{B}\end{pmatrix}$, 则用初等变换知 $\det\widetilde{\boldsymbol{C}}=(-1)^{n(m+1)}\det\boldsymbol{C}$, 再对行列式 $\det\widetilde{\boldsymbol{C}}$ 的前 m 行用拉普拉斯展开定理.

27. 提示: 令 $\boldsymbol{A}=\begin{pmatrix}a_1 & \cdots & a_n\\ b_1 & \cdots & b_n\end{pmatrix}$, $\boldsymbol{B}=\begin{pmatrix}c_1 & d_1\\ \vdots & \vdots\\ c_1 & d_n\end{pmatrix}$.

28. $a=-1$, $b=3$, $c=-1$, $d=0$, $e=3$, $f=2$. 提示: 用行初等变换

$$\begin{pmatrix}1&0&0&-2&0\\0&2&0&1&-1\\0&0&1&1&-1\\1&-2&a&-5&b\\1&1&c&-2&d\\1&e&1&f&-4\end{pmatrix}\to\begin{pmatrix}1&0&0&-2&0\\0&2&0&1&-1\\0&0&1&1&-1\\&&&-a-1&a+b-2\\&&&-c-1&c+d-1\\&&&f-e+1&e-3\end{pmatrix}.$$

29. $\begin{cases}-5x_1+10x_2-x_3+x_4=0,\\ -3x_1+6x_2+x_5=0.\end{cases}$ 答案不唯一. 提示: 设满足条件的方程为 $\sum\limits_{i=1}^{5}a_ix_i=0$, 代入所给基础解系得

$$\begin{cases}2a_1+a_2=0,\\ a_3+a_4=0,\\ a_1-5a_3+3a_5=0,\end{cases}$$

从而得它的基础解系 $(-5,10,-1,1,0)$, $(-3,6,0,0,1)$.

30. 提示: 增广矩阵行列式为 $\dfrac{1}{2}(a+b+c)((a-b)^2+(b-c)^2+(c-a)^2)$, 所以它们交于一点的充要条件是 $a+b+c=0$ 且系数矩阵秩为 2, 但系数矩阵秩 <2, 则推出这不是三条不同直线.

31. 系数行列式 $= (a-1)b$, 它不等于 0 时三平面交于一点. 它等于 0 时再分两种情形讨论. $b=0$ 时对增广矩阵做行初等变换可知三平面无公共点; $a=1$ 时有两种子情形: ① $b=\frac{1}{2}$ 时三平面交于一条线, ② $b\neq\frac{1}{2}$ 时三平面无公共点, 两两交线彼此平行.

32. (1) 设 $\sum\limits_{i=0}^{s} c_i\boldsymbol{X}_i=\boldsymbol{0}$, 即 $\left(\sum\limits_{i=0}^{s} c_i\right)\boldsymbol{\alpha}_0+\sum\limits_{i=1}^{s} c_i\boldsymbol{\alpha}_i=\boldsymbol{0}$, 由于 $\boldsymbol{\alpha}_0$ 不是 $\boldsymbol{AX}=\boldsymbol{0}$ 的解, 故 $\sum\limits_{i=0}^{s} c_i=0$, 从而进一步推出所有 $c_i=0$.

(2) 由条件 $\sum\limits_{i=0}^{s} c_i=1$ 推出 $\sum\limits_{i=0}^{s} c_i\boldsymbol{X}_i=\boldsymbol{\alpha}_0+\sum\limits_{i=1} c_i\boldsymbol{\alpha}_i$.

33. 34. 都可直接验证.

习 题 5.1

1. (2) 对任 $a\in\mathbb{F}^*$, $a=a1\in[1]$, 即 $\mathbb{F}^*\subseteq[1]$. 对任意 $b\in[1]$, 有 $c\in\mathbb{F}^*$ 使得 $b=c1=c\in\mathbb{F}^*$, 得 $[1]\subseteq\mathbb{F}^*$.

(4) 设相伴类 $[f]$ 非零, 即 $f\neq 0$, 则 $f=a_n\lambda^n+\cdots$, $a_n\neq 0$, 那么 $a_n^{-1}f\in[f]$ 是首一多项式. 若 $af,bf\in[f]$ 都是首一的, 则 $aa_n=1=ba_n$, 得 $a=b=a_n^{-1}$, 即 $[f]$ 中首一多项式是唯一的.

2. (4) 自反性: $f=1f$, 即 $f\sim f$. 对称性: 若 $f\sim g$, 即 $f=ag$, 其中 $a\in\mathbb{F}^*$, 则 $g=a^{-1}f$, 即 $g\sim f$. 传递性: $f\sim g$, $g\sim h$, 即 $f=ag$, $g=bh$, 其中 $ab\in\mathbb{F}^*$, 那么 $f=a(bh)=(ab)h$, $ab\in\mathbb{F}^*$, 得 $f\sim h$.

3. 提示: 类似于定理 5.1.1 的证明.

4. $\lambda-1$.

5. (1) λ^2. (2) $(\lambda-2)^2$.

6. (i)⇒(ii): 显然. (ii)⇒(iii): 取 $z\in[x]\cap[y]$, 则 $x\sim z\sim y$. (iii)⇒(i): $[x]=\{t\in S\mid t\sim x\}=\{t\in S\mid t\sim y\}=[y]$.

习 题 5.2

2. 提示: 令 $d=\gcd(f_1,\cdots,f_n)$, 则 $g\mid d$, $d=gh$, 验证 $\gcd(f_1/g,\cdots,f_n/g)=h$.

3. 提示: 从 $uf+vg=1$ 和 $pf+qh=1$, 得 $1=pf+q(uhf+vhg)=(p+quh)f+(qv)(hg)$.

4. 提示: (1) 从 $uf+vg=1$ 得 $u(f+g)+(v-u)g=1$.

(2) 由 (1) 得 $\gcd(f+g,f)=1$ 和 $\gcd(f+g,g)=1$, 利用 (1).

5. 按定义, $\gcd(f_1,\cdots,f_n)\mid\gcd(f_1,f_2)=1$. 反过来不对, 如 $(\lambda-1)(\lambda-2)$, $(\lambda-2)(\lambda-3)$, $(\lambda-3)(\lambda-1)$.

6. (1) 提示: 本节习题 3. (2) 推论 5.2.2(2).

7. 提示: 从 $f_1=af+bg$ 和 $g_1=cf+dg$, 得 $\gcd(f,g)\mid\gcd(f_1,g_1)$; 从 $ad-bc=1$ 得 $f=df_1-bg_1$ 和 $g=-cf_1+ag_1$.

8. 提示: $u\dfrac{f}{\gcd(f,g)}+v\dfrac{g}{\gcd(f,g)}=1$.

9. $d(\lambda)=\lambda^2-2,\ u(\lambda)=-\lambda-1,\ v(\lambda)=\lambda+2$.

10. 提示：在 $\mathbb{F}[\lambda]$ 中的辗转相除法也是在 $\mathbb{F}'[\lambda]$ 中的辗转相除法.

习 题 5.3

1. 提示：否则 λ^2-2 有一次有理因式, 因而有有理根 a/b, $ab\in\mathbb{Z}$, $\gcd(a,b)=1$, 由此导致矛盾.

2. $(x^2-2)(x^2+2)$, $(x-\sqrt{2})(x+\sqrt{2})(x^2+2)$, $(x-\sqrt{2})(x+\sqrt{2})(x-\sqrt{-2})(x+\sqrt{-2})$.

3. x^2+2.

4. 提示：若 $q=uv$, 其中 u 和 v 都是非常数多项式, 则 $q\nmid u$ 且 $q\nmid v$.

6. 提示：利用标准分解式.

7. 提示：利用标准分解式计算最大公因式.

习 题 5.4

1. 提示：三次多项式可若尔当且仅当它有一次因式.

3. 提示：对本原 3 次单位根 ω 有 $f(\omega)=f(\omega^2)=0$.

4. 提示：设 ω 是本原 n 次单位根, 则对 $i=1,\cdots,n-1$ 有 $g(\omega^i)=0$.

或者直接计算 $g(x)=f^2(x)+2x^nf(x)+x^{2n}-x^n$, 而 $f(x)\,|\,(x^{2n}-x^n)$.

5. $(-1\pm\sqrt{-3})/2$. 提示：求 $f(x)$ 与 $g(x)$ 的最大公因式.

6. $4p^3+27q^2=0$. 提示：设 x_0 是 x^3+px+q 与 $(x^3+px+q)'$ 的公共根, 得 $x_0^3+px_0+q=0$ 和 $3x_0^2+p=0$; 消去 x_0.

7. 提示：$f(x)-f'(x)=\dfrac{1}{n!}x^n$, 所以 $f(x)$ 与 $f'(x)$ 若有公共根就只能是 0, 但 0 显然不是它们的根.

8. 提示：设 λ_0 是实不可约多项式 $p(\lambda)$ 的一个复根. 若 λ_0 是实数, 则实多项式 $\lambda-\lambda_0\,|\,p(\lambda)$, 故 $p(\lambda)$ 是一次多项式; 否则易证 $f(\bar\lambda_0)=0$, 即共轭复数 $\bar\lambda_0$ 也是 $f(\lambda)$ 的根. 由于 $\gcd(\lambda-\lambda_0,\ \lambda-\bar\lambda_0)=1$，所以实多项式 $(\lambda-\lambda_0)(\lambda-\bar\lambda_0)=\lambda^2-(\lambda_0+\bar\lambda_0)\lambda+\lambda_0\bar\lambda_0$ 整除 $p(\lambda)$, 故 $p(\lambda)$ 是二次多项式.

第 5 章补充习题

1. $u=0,\ t=2$; 或 $u=-2,\ t=3$. 提示：$h(x)=f(x)-g(x)=x^2+2x+u$ 为二次多项式, 故必为公因式. $g(x)$ 除以 $h(x)$ 的余式 $(2t+u-4)x+u(t-3)=0$.

2. 必要性. 从 $u(\lambda)f(\lambda)+v(\lambda)g(\lambda)=1$ 得 $u(\lambda^m)f(\lambda^m)+v(\lambda^m)g(\lambda^m)=1$.

充分性. 若 $d(x)$ 是 $f(x)$ 与 $g(x)$ 的公因式, 则 $d(x^m)$ 是 $f(x^m)$ 与 $g(x^m)$ 的公因式.

3. 提示：将 x 换为 $y=\dfrac{x}{a}$, 知 $(x^d-a^d)\,|\,(x^n-a^n)$ 当且仅当 $(y^d-1)\,|\,(y^n-1)$, 当且仅当每个 d 次单位根是 n 次单位根, 当且仅当 $d\,|\,n$.

或证：令 $n=dq+r$, 则 $d\,|\,(n-r)$, $x^n-a^n=x^r(x^{n-r}-a^{n-r})+a^{n-r}(x^r-a^r)$.

4. $m=6k\pm1$. 提示：令 ω 为本原三次单位根, $1+\omega=-\omega^2$, 讨论何时 $(-1)^m\omega^{2m}-\omega^m-1=0$.

5. 提示: 从 $f(x)$ 的根 ω 是 $f(x^n)$ 的根, 可知 ω, ω^n, ω^{n^2}, $\cdots$ 都是 $f(x)$ 的根, 但 $f(x)$ 只有有限个根, 所以存在 k,l 使得 $\omega^{n^k}=\omega^{n^l}$.

6. (1) 记 $h(x)=\displaystyle\sum_{i=1}^{n}\frac{f(x)}{(x-a_i)f'(a_i)}$, 则 $\deg h(x)<n$, 但 $h(a_i)=1$ 对 $i=1,\cdots,n$.

(2) 令 $g(x)=f(x)q(x)+r(x)$, 记 $u(x)=\displaystyle\sum_{i=1}^{n}\frac{g(a_i)f(x)}{(x-a_i)f'(a_i)}$, 则 $\deg r(x),\deg u(x)<n$, 但 $r(a_i)=u(a_i)$ 对 $i=1,\cdots,n$.

7. 提示: (1) 参看命题 5.4.3 的计算. (2) 利用 (1).

8. 提示: $f/\gcd(f,f')=f/f'=a(x-r)$, 利用第 7 题结论.

9. 提示: 由习题 5.4 第 8 题, $f(x)=a\displaystyle\prod_i(x-r_i)^{m_i}\prod_j(x^2+a_jx+b_j)$, 每个 $x^2+a_jx+b_j$ 恒取正值, 可证 $a>0$, 每 m_i 为偶数. 剩下只需证 $\displaystyle\prod_j(x^2+a_jx+b_j)$ 可以写成平方和. 利用恒等式 $x^2+ax+b=(x+a/2)^2+(\sqrt{(4b^2-a)/2})^2$ 和 $(g^2+h^2)(p^2+q^2)=(gp+hq)^2+(gq-hp)^2$.

10. 提示: 令 $d(x)=\gcd(g(x),h(x))$, $g_1(x)=g(x)/d(x)$, $h_1(x)=h(x)/d(x)$, 则 $f(x)=d^2(x)(g_1^2(x)+h_1^2(x))$, 其中 $\deg(g_1^2(x)+h_1^2(x))>0$, 故 $g_1^2(x)+h_1^2(x)$ 有复根 c. 若 c 为实数, 则 $g_1(c)=0=h_1(c)$, 与 $g_1(x)$ 与 $h_1(x)$ 无公共根矛盾; 那么虚数 c 也是 $f(x)$ 的根.

11. 提示: 若 $f(x)=g(x)h(x)$, 因 $f(a_i)=-1$ 而 $g(a_i)$, $h(a_i)$ 都是整数, 知 $g(a_i)=\pm1=h(a_i)$, 且 $g(a_i)+h(a_i)=0$, 那么次数 $<n$ 的多项式 $g(x)+h(x)$ 有至少 n 个根, 这不可能.

12. 提示: 如果本原多项式 $f(x)=\displaystyle\sum_{i=0}^{n}a_ix^i$ 和 $g(x)=\displaystyle\sum_{j=0}^{m}b_jx^j$ 之积 $fg=\displaystyle\sum_{k=0}^{n+m}c_kx^k$ 不是本原多项式, 则有素数 p 整除每个 $c_k=\displaystyle\sum_{i+j=k}a_ib_j$. 设 $a_{i'}$ 和 $b_{j'}$ 分别是 f 和 g 的系数中不被 p 整除的脚标最小的一个, 则 $c_{i'+j'}=a_0b_{i'+j'}+\cdots+a_{i'}b_{j'}+\cdots+a_{i'+j'}b_0$ 中 $p\nmid a_{i'}b_{j'}$, 但 p 整除其他所有项, 这是矛盾.

13. 提示: 令 $f(x)=g(x)h(x)$, 可设 $f(x)=af_1(x)$, $g(x)=\dfrac{b'}{b}g_1(x)$, $h(x)=\dfrac{c'}{c}h_1(x)$, 其中 $f_1(x)$, $g_1(x)$, $h_1(x)$ 为本原多项式; 于是 $abcf_1(x)=b'c'g_1(x)h_1(x)$. 由上题知 abc 和 $b'c'$ 都是这个等式表达的整系数多项式的系数的最大公因数, 所以 $abc=\pm b'c'$, 因此 $\dfrac{b'c'}{bc}=\pm a$ 是整数, 那么 $f=af_1=\dfrac{b'c'}{bc}g_1(x)h_1(x)$ 是两个整系数多项式之积.

14. 提示: 若 $f(x)=\displaystyle\sum_{i=0}^{s}b_ix^i\sum_{j=0}^{t}c_jx^j$, $s+t=n$, $s,t<n$, b_i,c_j 都是整数. 因 $p\,|\,b_sc_t$, 但 $p^2\nmid b_sc_t$, 不妨设 $p\,|\,b_s$, $p\nmid c_t$. 因 $p\nmid b_0c_0$, 得 $p\nmid b_0$, c_0. 设 b_k 是 $b_0,\cdots,b_s$ 中不被 p 整除的脚标中最大的一个, 则 p 整除等式 $a_k=b_kc_0+b_{k-1}c_1+\cdots+b_0c_k$ 中除 b_kc_0 外的每一项, 这是矛盾.

15. 令 $x=y+1$, $\varphi_p(y+1)=\dfrac{(y+1)^p-1}{(y+1)-1}=y^{p-1}+\dbinom{p}{1}y^{p-2}+\cdots+\dbinom{p}{p-1}y+p$, 利用上题.

习　题　6.1

2. 例如, diag(1, 1) 与 diag(1, 2) 等价但不相似, 因为它们的秩相等但特征根不相同.

3. 提示: (1) 同阶方阵等价当且仅当秩相等. (2) 特征根不相同就一定不相似.

7. 提示: 定理 6.1.1 的唯一性部分.

8. $\boldsymbol{P}=\begin{pmatrix}1&2&-2\\2&-2&-1\\2&1&2\end{pmatrix}$, $\boldsymbol{P}^{-1}\boldsymbol{AP}=\mathrm{diag}(1,2,3)$, 故 $\boldsymbol{A}=\dfrac{1}{3}\begin{pmatrix}7&0&-2\\0&5&-2\\-2&-2&6\end{pmatrix}$.

9. 提示: 设 $\boldsymbol{AX}_0=\lambda_0\boldsymbol{X}_0$, 则 $\boldsymbol{X}_0^{\mathrm{T}}\boldsymbol{A}^{\mathrm{T}}=\lambda_0\boldsymbol{X}_0^{\mathrm{T}}$, 所以 $\lambda_0^2\boldsymbol{X}_0^{\mathrm{T}}\boldsymbol{X}_0=\boldsymbol{X}_0^{\mathrm{T}}\boldsymbol{A}^{\mathrm{T}}\boldsymbol{AX}_0=\boldsymbol{X}_0^{\mathrm{T}}\boldsymbol{X}_0$, 但 $\boldsymbol{X}_0^{\mathrm{T}}\boldsymbol{X}_0\neq 0$, 故 $\lambda_0^2=1$.

习　题　6.2

1. $\Delta_{\boldsymbol{R}}(\lambda)=\lambda^n+a_{n-1}\lambda^{n-1}+\cdots+a_1\lambda+a_0$.

3. 答案中 $\boldsymbol{P}$ 都不唯一. (1) $\boldsymbol{P}=\begin{pmatrix}0&-2&1\\0&1&-1\\-1&0&1\end{pmatrix}$, $\boldsymbol{P}^{-1}\boldsymbol{AP}=\begin{pmatrix}1&&\\&1&\\&&-2\end{pmatrix}$.

(2) $\boldsymbol{P}=\begin{pmatrix}1&1&1\\-1&1&1\\0&-1&2\end{pmatrix}$, $\boldsymbol{P}^{-1}\boldsymbol{AP}=\begin{pmatrix}0&&\\&6&\\&&-6\end{pmatrix}$.

(3) $\boldsymbol{A}$ 有二重特征根 3, 其特征子空间维数 $=1<2$, 故不能对角化.

(4) $\boldsymbol{P}=\begin{pmatrix}-1&-1&1\\1&0&1\\0&1&1\end{pmatrix}$, $\boldsymbol{P}^{-1}\boldsymbol{AP}=\begin{pmatrix}-1&&\\&-1&\\&&5\end{pmatrix}$.

(5) 由于 $\det\boldsymbol{A}=0$, 故 0 是特征根, 而 $\boldsymbol{AX}=\boldsymbol{0}$ 的解空间为 $n-1$ 维, 基础解系 $\begin{pmatrix}1\\-1\\\vdots\\0\end{pmatrix},\cdots,\begin{pmatrix}1\\0\\\vdots\\-1\end{pmatrix}$. 又显然 $\boldsymbol{A}\begin{pmatrix}1\\\vdots\\1\end{pmatrix}=n\begin{pmatrix}1\\\vdots\\1\end{pmatrix}$, 所以 n 是 1 重特征根, 特征向量 $\begin{pmatrix}1\\\vdots\\1\end{pmatrix}$, 故 $\boldsymbol{P}=\begin{pmatrix}1&1&\cdots&1\\1&-1&&\\\vdots&&\ddots&\\1&&&-1\end{pmatrix}$, $\boldsymbol{P}^{-1}\boldsymbol{AP}=\mathrm{diag}(n,0,\cdots,0)$.

4. 提示: $\boldsymbol{B}$ 不能对角化, 因为它的特征根 1 的几何重数是 1, 小于其代数重数 2.

5. (1) 特征多项式为 $\lambda^2-(a+b)\lambda+1$, 无重根, 可对角化.

(2) $\boldsymbol{A}$ 的全部特征根为 $1, -\dfrac{1}{3}, -1$, 无重根, 可对角化.

(3) 特征根 0, 重数 n, 几何重数 1, 不能对角化.

6. 由 $\operatorname{tr}\boldsymbol{A}=\operatorname{tr}\boldsymbol{B}$ 和 $\det\boldsymbol{A}=\det\boldsymbol{B}$, 解得 $x=0,\ y=1,\ \boldsymbol{P}=\begin{pmatrix}1&0&0\\0&1&1\\0&1&-1\end{pmatrix}$.

7. $\Delta_{\boldsymbol{A}}(\lambda)=(\lambda-1)^2(\lambda+1)$, $\lambda=1$ 是 2 重根, 故 $\operatorname{rank}(\boldsymbol{E}-\boldsymbol{A})=1$, 得 $x+y=0$.

8. $\boldsymbol{A}^{100}=\dfrac{1}{3}\begin{pmatrix}5^{100}+2&5^{100}-1\\2\times5^{100}-2&2\times5^{100}+1\end{pmatrix}$. 提示: $\boldsymbol{P}=\begin{pmatrix}1&-1\\2&1\end{pmatrix}$ 使得 $\boldsymbol{P}^{-1}\boldsymbol{A}\boldsymbol{P}=\operatorname{diag}(5,\ -1)$, 故 $\boldsymbol{A}^{100}=\boldsymbol{P}\cdot\operatorname{diag}(5,\ -1)^{100}\cdot\boldsymbol{P}^{-1}$.

9. 提示: 参看本节例 2.

习 题 6.3

1. $\Delta_{\boldsymbol{A}}(\lambda)=\lambda^3-\lambda^2-\lambda+1$, 故 $\boldsymbol{A}^3=\boldsymbol{A}^2+\boldsymbol{A}-\boldsymbol{E}$, 再用归纳法. $\boldsymbol{A}^{100}=50\boldsymbol{A}^2-49\boldsymbol{E}=\begin{pmatrix}1&&\\50&1&\\50&0&1\end{pmatrix}$.

2. 提示: 存在次数 $<n$ 的多项式 $g(\lambda)$ 使得 $f(\lambda)=\Delta_{\boldsymbol{A}}(\lambda)q(\lambda)+g(\lambda)$.

3. $\Delta_{\boldsymbol{A}}(\lambda)=(\lambda-1)(\lambda-2)(\lambda+1)$, 设 $\lambda^{2k}=\Delta_{\boldsymbol{A}}(\lambda)q(\lambda)+a\lambda^2+b\lambda+c$, 将 $\lambda=1,\ 2,\ -1$ 代入, 求得 $a=\dfrac{1}{3}(2^{2k}-1)$, $b=0$, $c=\dfrac{4-2^{2k}}{3}$, 故 $\boldsymbol{A}=\dfrac{1}{3}\Big((2^{2k}-1)\boldsymbol{A}^2-(2^{2k}-4)\boldsymbol{E}\Big)=\begin{pmatrix}1&0&0\\&2^{2k}&\dfrac{1}{3}(1-2^{2k})\\&&1\end{pmatrix}$.

4. 提示: 只需证明 $\Delta_{\boldsymbol{A}}(\lambda)=\lambda^2$, 而 $\operatorname{tr}\boldsymbol{A}=\operatorname{tr}(\boldsymbol{AB}-\boldsymbol{BA})=0$, 若 $\det\boldsymbol{A}\neq0$, 则 $\boldsymbol{B}-\boldsymbol{A}^{-1}\boldsymbol{BA}=\boldsymbol{E}$, 于是 $0=\operatorname{tr}(\boldsymbol{B}-\boldsymbol{A}^{-1}\boldsymbol{BA})=\operatorname{tr}\boldsymbol{E}\neq0$, 这是不可能的, 所以 $\det\boldsymbol{A}=0$.

5. (1), (2) 都利用 $\Delta_{\boldsymbol{A}}(\boldsymbol{A})=0$.

(3) 利用命题 4.10.3(3) 的方法.

6. 提示: 参见 6.1 节习题 6.

7. 提示: 命题 6.3.1 和推论 6.3.2.

8. 提示: $\boldsymbol{N}$ 的特征值都是 0, 所以 $\boldsymbol{E}+\boldsymbol{N}$ 的特征值都是 1.

9. 提示: $1/\lambda$ 是 $\boldsymbol{A}^{-1}$ 的特征值, 而 $(\boldsymbol{A}^*)^2+\boldsymbol{E}=(\det\boldsymbol{A}\cdot\boldsymbol{A}^{-1})^2+\boldsymbol{E}$.

10. 提示: $d(\lambda)=f(\lambda)g(\lambda)+h(\lambda)p(\lambda)$, 故 $d(\boldsymbol{A})=f(\boldsymbol{A})g(\boldsymbol{A})+h(\boldsymbol{A})p(\boldsymbol{A})=f(\boldsymbol{A})g(\boldsymbol{A})$, 得 $\operatorname{rank}d(\boldsymbol{A})\leqslant\operatorname{rank}f(\boldsymbol{A})$. 再从 $d(\lambda)|f(\lambda)$, 可得 $f(\lambda)=d(\lambda)q(\lambda)$, 得 $\operatorname{rank}f(\boldsymbol{A})\leqslant\operatorname{rank}d(\boldsymbol{A})$.

习 题 6.4

1. (1) λ^n-1, 可对角化.

(2) $(\lambda-a)^n$, 不可对角化; 提示: 本节例 2 或例 4 的方法都行.

(3) λ^2-a^2, 可对角化. 提示: $\boldsymbol{A}^2=a^2\boldsymbol{E}$, 且显然 $m_{\boldsymbol{A}}(\lambda)\neq\lambda-a,\ \lambda+a$.

2. 提示: 利用命题 4.11.2(3), 习题 4.11 第 8 题.

3. 提示: 极小多项式无重根.

4. 提示: 把 $\boldsymbol{A}$ 相似对角化.

5. 提示: 参看本节例 3 的证明.

7. 先把 $\boldsymbol{A}$ 对角化为 $\widetilde{\boldsymbol{A}}=\boldsymbol{Q}^{-1}\boldsymbol{A}\boldsymbol{Q}=\operatorname{diag}(\lambda_1\boldsymbol{E},\cdots,\lambda_k\boldsymbol{E})$, 其中 $\lambda_1,\cdots,\lambda_k$ 两两不等. $\widetilde{\boldsymbol{B}}=\boldsymbol{Q}^{-1}\boldsymbol{B}\boldsymbol{Q}$ 与 $\widetilde{\boldsymbol{A}}$ 可交换, 由第 4 章补充习题 5 知 $\widetilde{\boldsymbol{B}}=\operatorname{diag}(\boldsymbol{B}_1,\cdots,\boldsymbol{B}_k)$ 是相应的对角分块矩阵, 利用第 6 题把各对角块 $\boldsymbol{B}_i$ 对角化.

习 题 6.5

1. 利用命题 6.5.1, 得 $\boldsymbol{B}$ 的特征值为 -4, -6, -12; 相似对角形为 $\operatorname{diag}(-4,\ -6,\ -12)$.

2. $\Delta_{\boldsymbol{A}}(\lambda)=\lambda(\lambda-2)^2$, $\operatorname{rank}(2\boldsymbol{E}-\boldsymbol{A})=1$, 故 $\boldsymbol{A}$ 可相似对角化且对角形为 $\operatorname{diag}(0,2,2)$, 故 $\boldsymbol{B}$ 的相似对角形为 $\operatorname{diag}(b^2,\ (b+2)^2,\ (b+2)^2)$.

3. 提示: 对 $\boldsymbol{A}^{\mathrm{T}}$ 使用本节开头的三角化引理.

5. 提示: $\boldsymbol{A}$ 的特征根都是 0, $\boldsymbol{A}$ 的若尔当块都形如 $\begin{pmatrix}0&1&&\\&0&\ddots&\\&&\ddots&1\\&&&0\end{pmatrix}_{n_i\times n_i}$, 参看本节例 2.

习 题 6.6

1. 提示: $k>n$ 时, $(\boldsymbol{D}+\boldsymbol{N})^k=\sum\limits_{j=0}^{n}\begin{pmatrix}k\\j\end{pmatrix}\boldsymbol{D}^{k-j}\boldsymbol{N}^j$, 而 $\lim\limits_{k\to\infty}\begin{pmatrix}k\\j\end{pmatrix}\boldsymbol{D}^{k-j}=\boldsymbol{O}$.

2. 利用本节的习题 1.

3. 利用本节的习题 2.

第 6 章补充习题

1. 提示: $\boldsymbol{A}\boldsymbol{X}_t=\lambda_t\boldsymbol{X}_t$ 当且仅当 $\boldsymbol{P}^{-1}\boldsymbol{A}\boldsymbol{P}\cdot\boldsymbol{P}^{-1}\boldsymbol{X}_t=\lambda_t(\boldsymbol{P}^{-1}\boldsymbol{X}_t)$.

2. $x=1$. 提示: $\boldsymbol{\alpha}$ 也是 $\boldsymbol{A}$ 的特征向量.

3. 提示: 奇次数实多项式 $\Delta_{\boldsymbol{A}}(\lambda)$ 的虚根共轭成对, 所以必有实根, 而且虚根之积是正实数.

4. 特征值 $\sum\limits_{i=1}^{n}a_i^2, 0, \cdots, 0$; 对应特征向量 $c\boldsymbol{\alpha}^{\mathrm{T}}(c\neq 0)$ 和 $\boldsymbol{\alpha}\boldsymbol{X}=0$ 的非零解向量: $c_1(a_2, -a_1,\cdots,0)^{\mathrm{T}}+\cdots+c_{k-1}(a_n,0,\cdots,-a_1)^{\mathrm{T}}$, 其中 $c_1,\cdots,c_{n-1}$ 不全为零.

提示: $\boldsymbol{A}^2=\left(\sum\limits_{i=1}^{n}a_i^2\right)\boldsymbol{A}$.

5. 当 $\boldsymbol{\beta}^{\mathrm{T}}\boldsymbol{\alpha}\neq 0$ 时可对角化; 否则不能. 提示: $\boldsymbol{A}^2=(\boldsymbol{\beta}^{\mathrm{T}}\boldsymbol{\alpha})\boldsymbol{A}$, 特征值只能是 0 和 $\boldsymbol{\beta}^{\mathrm{T}}\boldsymbol{\alpha}$; $\operatorname{rank}(0\boldsymbol{E}-\boldsymbol{A})=1$, 特征值 0, 几何重数 $n-1$. 利用后面的极小多项式的定理 7.1.6 也可.

6. 设 $\Delta_{\boldsymbol{A}}(\lambda)=(\lambda-\lambda_1)^{m_1}\cdots(\lambda-\lambda_k)^{m_k}$, 则 $\Delta_{\boldsymbol{A}}(\boldsymbol{B})=(\boldsymbol{B}-\lambda_1\boldsymbol{E})^{m_1}\cdots(\boldsymbol{B}-\lambda_k\boldsymbol{E})^{m_k}$ 可逆当且仅当每 $\boldsymbol{B}-\lambda_i\boldsymbol{E}$ 可逆, 当且仅当每个 λ_i 都不是 $\boldsymbol{B}$ 的特征值.

7. (1) $a=-3, b=0$; (2) 不能, $\boldsymbol{A}$ 只有一个 3 重特征值 -1, 几何重数 1.

8. $a=b=0$. 提示：比较特征多项式的对应系数.

9. $\sum\limits_{1\leqslant i,j\leqslant n} a_{ij}a_{ji}$. 提示：$\boldsymbol{A}^2$ 的全部特征值为 $\lambda_1^2,\cdots,\lambda_n^2$.

10. 提示：设 λ_t 是 $\boldsymbol{A}$ 的特征值, 则 λ_t^k 是 $\boldsymbol{A}^k$ 的特征值. 由 $\boldsymbol{A}\sim\boldsymbol{A}^k$, λ_t^k 也是 $\boldsymbol{A}$ 的特征值. 同理 $(\lambda_t^k)^k=\lambda_t^{k^2}$ 也是 $\boldsymbol{A}$ 的特征值. 递推得, $\lambda_t,\lambda_t^k,\cdots,\lambda_t^{k^m},\cdots$ 都是 $\boldsymbol{A}$ 的特征值, 但 $\boldsymbol{A}$ 只有有限个特征值, 故 $\lambda_t^{k^m}=\lambda_t^{k^l}$, 但 $\lambda_t\neq 0$, 故有整数 q 使得 $\lambda_t^q=1$.

11. $g(1), g(\omega), \cdots, g(\omega^{n-1})$, 其中 $g(\lambda)=\sum\limits_{i=0}^{n-1}c_i\lambda^i$, ω 是本原 n 次单位根. 提示：令

$$\boldsymbol{T}=\begin{pmatrix} 0 & 1 & & \\ & 0 & \ddots & \\ & & \ddots & 1 \\ 1 & & & 0 \end{pmatrix}, \text{则 } \boldsymbol{C}=\sum_{i=1}^{n-1}c_i\boldsymbol{T}^i=g(\boldsymbol{T}), \text{ 而 } \Delta_{\boldsymbol{T}}(\lambda)=\det(\lambda\boldsymbol{E}-\boldsymbol{T})=\lambda^n-1.$$

12. 提示：(1) 令 $\boldsymbol{P}=(\boldsymbol{\alpha},\boldsymbol{A\alpha},\cdots,\boldsymbol{A}^{n-1}\boldsymbol{\alpha})$, 则

$$\boldsymbol{P}^{-1}\boldsymbol{AP}=\begin{pmatrix} 0 & & & & a_0 \\ 1 & 0 & & & a_1 \\ & \ddots & \ddots & & \vdots \\ & & 1 & 0 & a_{n-2} \\ & & & 1 & a_{n-1} \end{pmatrix},$$

其中 $\boldsymbol{A}^n\boldsymbol{\alpha}=\sum\limits_{i=0}^{n-1}a_i\cdot\boldsymbol{A}^i\boldsymbol{\alpha}$, 那么对 $\boldsymbol{A}$ 的任何特征值 λ_0 有 $\operatorname{rank}(\lambda_0\boldsymbol{E}-\boldsymbol{P}^{-1}\boldsymbol{AP})=n-1$.

(2) 设 $\boldsymbol{P}^{-1}\boldsymbol{AP}=\operatorname{diag}(\lambda_1,\cdots,\lambda_n)$, 令 $\boldsymbol{\gamma}=(1,\cdots,1)^{\mathrm{T}}$, 则 $\boldsymbol{P}^{-1}\boldsymbol{AP\gamma}=(\lambda_1,\cdots,\lambda_n)^{\mathrm{T}}$. 递推得 $\boldsymbol{P}^{-1}\boldsymbol{A}^i\boldsymbol{P\gamma}=(\lambda_1^i,\cdots,\lambda_n^i)^{\mathrm{T}}$, 令 $\boldsymbol{\alpha}=\boldsymbol{P\gamma}$, 得

$$\boldsymbol{P}^{-1}(\boldsymbol{A},\ \boldsymbol{A\alpha},\ \cdots,\ \boldsymbol{A}^{n-1}\boldsymbol{\alpha})=\begin{pmatrix} 1 & \lambda_1 & \cdots & \lambda_1^{n-1} \\ \vdots & \vdots & & \vdots \\ 1 & \lambda_n & \cdots & \lambda_n^{n-1} \end{pmatrix},$$

故 $(\boldsymbol{A},\ \boldsymbol{A\alpha},\ \cdots,\ \boldsymbol{A}^{n-1}\boldsymbol{\alpha})$ 是可逆矩阵.

13. 0. 提示：相似对角化.

14. 提示：设 $\boldsymbol{P}^{-1}\boldsymbol{AP}=\boldsymbol{B}$, $\boldsymbol{P}=\boldsymbol{Q}+\mathrm{i}\boldsymbol{R}$, 其中 i 是虚数单位, $\boldsymbol{Q},\boldsymbol{R}$ 是实矩阵, 则 $\boldsymbol{A}(\boldsymbol{Q}+\mathrm{i}\boldsymbol{R})=(\boldsymbol{Q}+\mathrm{i}\boldsymbol{R})\boldsymbol{B}$. 比较两边实部与虚部, 得 $\boldsymbol{AQ}=\boldsymbol{QB}$ 和 $\boldsymbol{AR}=\boldsymbol{RB}$. 若 $\boldsymbol{R}=\boldsymbol{O}$, 则无需证; 否则 $\boldsymbol{R}\neq\boldsymbol{O}$, 则 $\det(\boldsymbol{Q}+\lambda\boldsymbol{R})$ 是非零实多项式, 所以有实数 λ_0 使得 $\boldsymbol{Q}+\lambda_0\boldsymbol{R}$ 是可逆实矩阵, 而 $\boldsymbol{A}(\boldsymbol{Q}+\lambda_0\boldsymbol{R})=(\boldsymbol{Q}+\lambda_0\boldsymbol{R})\boldsymbol{B}$.

15. 提示：对角形容易写成此形式, 必要性易证. 充分性. 对任意 n 维列向量 $\boldsymbol{X}$ 有 $\boldsymbol{X}=\boldsymbol{EX}=\sum\limits_{i=1}^{k}\boldsymbol{F}_i\boldsymbol{X}$, 而 $\boldsymbol{A}(\boldsymbol{F}_i\boldsymbol{X})=\sum\limits_{j=1}^{k}\lambda_j\boldsymbol{F}_j(\boldsymbol{F}_i\boldsymbol{X})=\lambda_i(\boldsymbol{F}_i\boldsymbol{X})$, 即 $\boldsymbol{F}_i\boldsymbol{X}\in E_{\lambda_i}(\boldsymbol{A})$, 所以 $\sum\limits_{i=1}^{k}E_{\lambda_i}(\boldsymbol{A})=\mathbb{C}^n$, 由定理 6.1.1, $\boldsymbol{A}$ 可对角化.

16. $\boldsymbol{A}$ 必须满足 $\boldsymbol{A}\boldsymbol{X}_{1j} = \lambda_1\boldsymbol{X}_{1j}$ 和 $\boldsymbol{A}\boldsymbol{X}_{2j} = \lambda_2\boldsymbol{X}_{2j}$; 以 $\boldsymbol{X}_{11}, \cdots, \boldsymbol{X}_{1n_1}, \boldsymbol{X}_{21}, \cdots, \boldsymbol{X}_{2n_2}$ 为列向量作矩阵 $\boldsymbol{P}$, 即必须满足 $\boldsymbol{A}\boldsymbol{P} = \boldsymbol{P}\cdot\mathrm{diag}(\lambda_1, \cdots, \lambda_2, \cdots, \lambda_2)$.

17. 提示: 设 $f(\lambda) = (\lambda-\lambda_1)\cdots(\lambda-\lambda_k)$, 其中 $\lambda_1, \cdots, \lambda_k$ 两两不等, 由习题 4.11 第 8 题得

$$\mathrm{rank}(\boldsymbol{A}-\lambda_1\boldsymbol{E}) + \cdots + \mathrm{rank}(\boldsymbol{A}-\lambda_k\boldsymbol{E}) - (k-1)n \leqslant \mathrm{rank}\, f(\boldsymbol{A}) = 0.$$

参看 6.4 节例 3.

索　引

其他